산업안전교육론

산업안전교육론

THE THEORY OF INDUSTRIAL SAFETY EDUCATION

위국환 · 지상규 · 김선화 · 한홍경
방원석 · 서준호 · 용홍출 · 민윤경
공저

dm 동문사

재난은 자연적 요인(Natural Factors), 인공구조물(Artificial Structure), 사람의 영향(Human Effects)이 상호 간에 결합하여 발생하는 산물이기 때문에 위험과 위해의 종류와 범위가 매우 다양해서 항상 위험 요소로부터 위협을 받고 있다. 재난이 발생하면 이는 단순히 인간의 실수 또는 기계적 오류 등 개별적 요인에 기인한다고 보는 경향이 강했다. 하지만, 이러한 개별적 요인들은 단지 재난 발생의 계기가 되었을 뿐, 실제 이유로는 결국 다양한 개별적 요소들의 결합체인 시스템의 문제라고 보고 있다. 이러한 시스템은 큰 시각으로 보면 결국 우리가 사는 사회 자체가 될 수도 있다. 이렇게 복잡한 대상에 대해 개별적인 요소만을 보는 것에서 벗어나 요소 간의 관계 등 전체적 시각으로 보아야 할 것이다. 그러기 위해서는 교육(Education), 습관(Habitual Practice), 배려(Consideration)가 들어가는 생활 즉 안전에도 철학이 들어가는 가치관을 가져야 할 것이다.

첫째는 교육(Education)을 통한 의식 함양이다. 의식은 살아가는 가장 대표적인 관념이며, 그중 안전의식은 우리 생활의 가장 기본적인 조건이라고 할 수 있으며, 어떤 관념으로 안전을 바라보냐는 문제이다. 안전은 교육을 통해 이루어지고 다듬어지고 완성된다고 생각한다.

둘째는 습관(Habitual Practice)이다. 습관만이 인간을 변화시킨다고 생각한다. 그리스 철학자 헤라클레이토스는 “습관”이 그 사람을 “천재”로 만든다고 하였다. 헬라어로 “습관”이라는 단어는 에토스(ethos)인데 ”에토스“는 “매일 하고 자주 한다”라는 의미이다. 안전의식을 기르기 위해서는 “안전 습관”이 무엇보다 우선이 되어야 한다.

셋째는 배려(Consideration)이다. 인간은 교육과 습관을 통해 배려하는 마음을 가질 수 있다. 소크라테스는 인간에게 절대적인 기준이 있어야 한다고 이야기한다.“ ~을 능숙한 상태”로 하거나 “~유익하게 할 때“ 德과 善을 가질 수 있다고 하였다. 안전에 대한 절대적인 기준을 충실하게 지킨다면 능숙한 상태가 되어 나와 다른 사람을 위험에서 벗어나게 할 수 있는데 이것이 바로 안전을 위한 “배려”라고 할 수 있다.

이 책의 목적도 교육, 습관, 배려를 통해 안전의식을 고취하는 데 있다. 안전보건교육에 기초적인 교재가 되기를 바라며, 공동으로 참여하신 저자분들과 함께 계속된 연구를 통해 보다 나은 교재가 될 수 있도록 노력을 다할 것이다.

2022년 8월

대표저자 위국환

제1장 안전교육

차 례

제2장 산업안전보건교육

제3장 강의 교수법

CHAPTER 01

안전교육

1. 안전교육 개념
2. 기업교육
3. 성인교육
4. 안전코칭
5. 다른 법률 상 안전교육

CHAPTER 01 안전교육

1. 안전교육 개념

1.1 안전교육의 개념

교육은 사회의 구성원들에게 삶을 살아가는 데 있어서 필요한 능력을 길러 주고 사회 속에서 인간 상호 간에 가져야 할 관계를 원만하게 유지하게 함으로써 바람직한 인간을 육성하고 능력을 개발할 수 있도록 다양한 기회를 제공하는 데 있다. 교육은 시대적 · 사회적으로 변화하는 환경에 따라 그 실천 방식과 형태가 다르게 나타나고 있다. 안전교육도 예외가 될 수 없다.

인간은 미완성의 존재로서 누구나 부족한 부분을 채우고자 하는 욕구를 가지고 있다. 건강하게 살고자 하는 욕구, 무엇인가 되고자 하는 욕구 등이다. 그리고 자신의 욕구를 충족시키기 위해 지속적인 행동을 하며 살아간다. 욕구가 충족되면 행복감을 느끼고 그렇지 않으면 불행하다고 생각하는 데 안전도 예외 일 수 없다.

Maslow는 인간의 욕구를 5단계로 소개한다. 1단계는 생리적 욕구로 인간의 생명을 유지해가기 위한 기본적인 욕구이며, 의식주, 호흡, 배설, 성생활 등이 이에 속한다. 2단계는 안전의 욕구로 생리적 욕구가 충족되고서 나타나는 욕구이다. 신체적인 위험에 대한 공포로부터 벗어나 안전과 보호를 유지하려는 자기보존에 대한 욕구이다. 3단계는 사회적 욕구로 가족, 친척, 친구, 이웃 등과 친교를 맺고 원하는 집단에 귀속되고 싶어하는 욕구이다. 4단계는 존경의 욕구로 사람들과 친하게 지내고 싶은 인간의 기초가

되는 욕구이다. 자아존중, 자신감, 성취, 존중, 존경 등에 관한 욕구가 이에 속한다. 5단계는 자아실현 욕구로 자신의 재능과 잠재력을 충분히 발휘해서 자기가 이룰 수 있는 모든 것을 성취하려는 가장 높은 수준의 욕구이다. 다른 욕구와 달리 욕구가 충족될수록 더욱 증대되는 경향을 보여 성장 욕구라고도 한다.

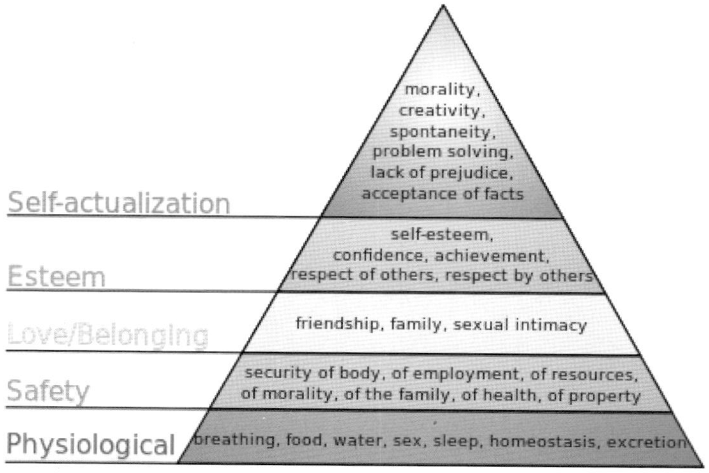

[그림 1-1] Maslow's hierarchy of needs

Maslow의 관점에서 보편적 교육이 가지고 있는 기능을 살펴보면 교육은 인간의 잠재적 능력을 성장·발달시켜 이상적인 인격의 형성과 자아실현을 돕는 기능을 수행하는데 이상적 삶이란 각 개인의 잠재적 능력이 신체적, 심리적, 정신적, 사회적, 지적으로 골고루 성장·발달하여 원만한 인격을 형성하고 자아를 실현하는 것이다. 또한 각 개인으로 하여금 그들이 지니고 있는 잠재적 가능성을 최대한으로 그리고 조화적으로 발달시켜 이상적인 삶을 살 수 있도록 돕는 부분이 안전의 기초적인 부분이라 할 수 있겠다. 그리고 개인이 안전한 생활의 경험을 습득하고 체험하도록 돕는 기능을 담당하려면 미래 생활만을 준비하기 위한 교육이나 피 교육생이 생활 속에서 경험할 수 없는 고정된 지식만을 주입하는 교육은 생명력을 가질 수 없다. 각 개인에게 안전한 생활 경험을 습득하도록 돕는 교육의 기능은 개인적인 성격과 사회적인 성격을 동시에 지니고 있다. 교육은 각 개인에게 개인적·

사회적 안전한 생활경험을 습득하도록 함으로써 더욱 풍부하고 의미 있는 삶을 영위할 수 있도록 돕는 기능을 수행한다. 교육은 인간의 성장 발달과 과정을 말하고 있으며, 인간의 성장 발달은 인간의 생리적 유기체와 환경과의 상호작용에 의하여 이루어진다. 또한 교육은 사회의 자기보존과 유지의 기능이며, 사회의 생식작용이다. 그러므로 교육은 인간 사회가 발생함과 동시에 시작되었다고 할 수 있다. 인간은 본래 사회적 동물로서 반드시 사회집단 속에서 태어나며 그 속에서 다른 사람들과의 사회적 접촉을 통하여 그 사회의 문화를 습득하며 살아간다. 안전문화는 일정한 사회집단이 공동으로 가지고 있는 생활방식 또는 행동양식이며 인간이 인간으로서의 생활을 지속발전 하려면 반드시 문화의 습득을 필요로 하고, 이를 위해서 사회적 과정으로서 교육을 받지 않으면 안 된다.

교육의 사회적 기능은 문화유산을 중요시하는 보수주의적 관점과 사회적응을 중요시하는 진보주의적 관점 그리고 사회개조를 강조하는 사회개조주의적 관점으로 나누어 볼 수 있다. 그리고 교육의 기능은 본질적 기능과 비본질적 기능으로 나눌 수 있는데 본질적 기능은 먼저 교육 그 자체가 가지고 있는 목적을 실현하기 위한 기능과 인격완성, 자아실현 등 보다 넓은 사회적, 개인적 목적을 실현하고자 하는 것이다. 또 다른 입장은 수단적 기능인 비본질적 기능이 있는데 교육이 또 다른 도구로써 활용되는 것으로 보는 기능과 발전론적 교육입장 마지막으로 교육을 국가·정치·경제 등의 발전을 위한 수단으로 보는 입장 등이 있다.[1)]

1.2 안전심리

1.2.1 안전문화

안전문화가 사고 및 재해를 감소시키는 효과가 있다면, 이러한 효과는 어떻게 생기는 것일까?

조직심리학자들이 생각하는 기본적인 가정은 다음과 같다. 첫째, 우리의

1) 갈원모 외(2018), 안전보건교육론, 동화기술;서울, 13~14면.

궁극적인 관심은 사고와 재해를 예방하는 것이지만, 조직심리학자들은 사고나 재해 발생 자체보다는 작업자들의 행동에 초점을 둔다. 그 이유 중 하나는 사고와 재해는 기본적으로 발생빈도가 낮다. 통계적으로는 발생빈도가 낮은 현상은 예측하기 어렵다. 또한, 안전사고의 원인 중 일부는 조직에서 통제하기 어려울 수 있다. 챌린저호 사고에서 기온이 내려가지만 않았어도 챌린저호 사고는 발생하지 않았을 것이다. NASA도 기온을 통제할 수는 없다. 하지만 O링의 특성을 고려하여 그날 발사를 연기하는 결정을 내릴 수는 있었으며, 만약 발사를 연기했다면 사고는 나지 않았을 것이다. 이처럼 사람의 행동은 사고와 재해에 직접적인 영향을 주며, 동시에 상대적으로 조직에서 통제 가능하므로 조직심리학자들은 사고 발생 자체보다는 그에 앞선 사람들의 행동을 연구한다.

둘째, 조직심리학자들이 사람의 행동에 초점을 둔다는 것은 사고의 원인을 사고를 낸 사람의 책임으로 본다는 의미는 아니다. 기본적으로 사람의 행동은 개인의 의지뿐만 아니라 다양한 환경적 영향을 받을 수 있다. 심리학에는 이러한 효과를 보여주는 수많은 연구들이 있다. 심리학 연구 중에서 가장 유명한 실험 중 하나인 Asch 실험도 그 하나이다. 이 연구에서는 8명의 대학생이 그룹으로 실험에 참가해서 그림 1-2에서처럼 오른쪽 선 중 왼쪽과 같은 길이의 선을 고르는 과제를 수행한다. 그런데 이때 8명 중 1명을 제외한 7명은 가짜 참가자였고, 진짜 참가자가 항상 맨 마지막으로 답하게 진행했다.

누구나 정답을 맞힐 수 있는 문제였지만, 가짜 참가자들이 모두 각본에 있는 대로 틀린 답(예를 들어 A)을 하면, 누구라도 당황스러워질 것이다. 실제로 이 연구에서 참여자의 응답 중 37%가 앞사람들이 고른 틀린 답을 선택했고, 전체 참여자의 약 75%가 적어도 한

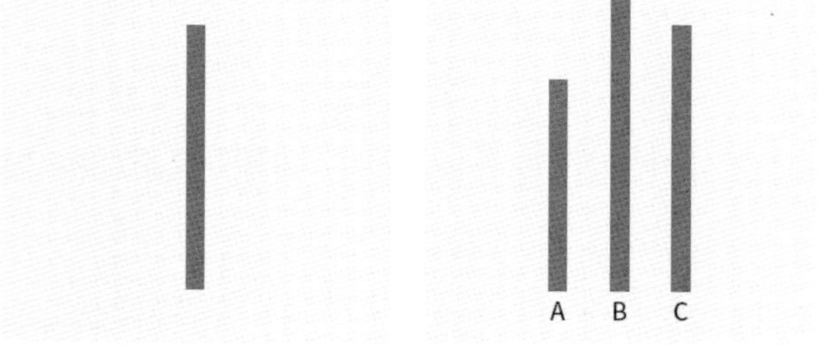

[그림 1-2] Asch의 동조 실험 자극

번은 틀린 답을 골랐다고 한다. 이런 현상을 심리학에서는 '동조'라고 한다.

앞 연구는 실험실에서 한 것이라서 그럴 수도 있겠다고 생각할 수 있다. 이번에는 현실 상황에서의 실험을 하나 소개한다. 한 연구자가 상황적 자극이 사람들의 행동에 미치는 효과를 알아보기 위해, 2주간 슈퍼마켓 와인 매장에서 하루씩 번갈아 가면서 프랑스 음악과 독일 음악을 틀었다.

그랬더니 프랑스 음악을 튼 날은 프랑스 와인이, 독일 음악을 튼 날은 독일 와인이 더 많이 팔린 것으로 나타났다. 따로 와인을 산 사람들에게 조사를 해봤더니 본인들은 음악의 영향을 받았다는 것을 전혀 몰랐다고 응답했다. 이처럼 외부 자극이 무의식적으로 행동에 영향을 주는 현상을 프라이밍(priming)이라고 하는데, 프라이밍은 환경적 자극이 사람들이 의식하지 않는 상황에서도 그들의 행동에 많은 영향을 줄 수 있다는 것을 보여주는 좋은 예이다. 정리해보면, 사람의 행동은 개인의 능력, 성격, 태도 등뿐만 아니라 상황적 요인의 영향을 받는다. 따라서 우리는 사고와 재해를 예방하기 위해 안전행동에 초점을 두지만, 안전한 행동을 하거나 하지 않는 것에는 개인의 특성뿐만 아니라 상황적 요인이 작용한다는 것을 알아야 한다.

셋째, 조직심리학자들은 안전행동은 '직무행동', 즉, 조직에서 직무를 수행하기 위해 하는 행동의 한 유형이라고 가정한다. 따라서 안전행동에도 일반적인 '직무행동 모형'을 적용할 수 있다. 직무행동 모형은 모든 직무행동이 지식, 기술, 동기에 의해 결정된다고 본다(그림 1-3). 즉, 이 세 가지만 알면 조직 내의 구성원들이 어떤 행동을 할지, 혹은 하지 않을지를 예측할 수 있다. 이 모형을 안전행동에 적용해 보면, 한 개인이 안전한 행동을 하려면, 1) 그 상황에서 어떻게 해야 안전하게 작업하는지 알고(지식), 2) 그 행동을 실제 할 수 있으며(기술), 3) 그렇게 행동하겠다는 마음이 있어야(동기) 한다. 만약 이 중 하나라도 없으면, 그러한 행동을 할 수 없을

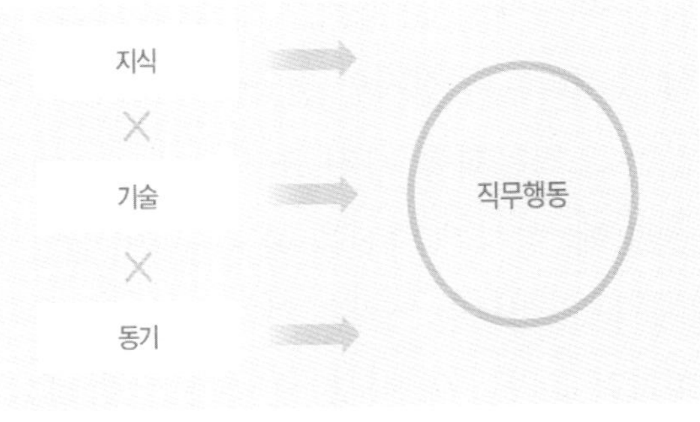

[그림 1-3] Campbell의 직무행동 모형

것이다.

우리는 현장에서 안전절차를 알고 그것을 수행할 기술이 있는 작업자들이라고 해도 모두가 절차대로 작업하지는 않는다는 것을 잘 알고 있다. 반대로 안전하게 작업하겠다는 의지는 분명히 있는데, 안전절차를 잘 몰라 불안전하게 행동하는 경우도 존재한다.

조직심리학자들은 안전문화는 안전에 대한 지식, 기술, 동기를 결정하고, 이를 통해 안전행동, 그리고 궁극적으로 사고 및 재해발생에 영향을 미친다고 본다. 실제 연구결과들도 이러한 효과모형에 대한 경험적인 증거를 제시하고 있다. 안전문화는 어떻게 사람들의 안전행동에 대한 지식, 기술, 동기에 영향을 미칠 것인가와 관련해서도 여러 이론이 있다. 안전문화의 효과를 설명할 수 있는 대표적인 심리학적 이론 중의 하나인 '행동-결과에 대한 기대이론에 따르면, 안전문화는 조직의 구성원들에게 안전과 관련된 '행동'을 하는 것이 어떤 '결과'를 낳을 것인가에 대한 '기대'를 제공한다고 한다.

예를 들어, 그림 1-4에서처럼 안전을 최우선으로 하는 문화를 가진 조직에 근무하는 근로자는 작업장의 위험요인에 대해 상사에게 보고하면(행동), 상사에게 칭찬을 받거나 더 나아가 회사에서 문제점을 개선할 것이라는 긍정적인 결과(결과)를 기대할 수 있다. 반대로 안전을 중시하지 않는 조직문화를 가진 조직에서 근무하는 근로자는 같은 행동이 부정적인 결과(예: 상사가 자신을 불평불만이 많은 직원으로 생각함)나 중립적인 결과(예: 듣고 아무런 조처를 하지 않음)를 가져올 것이라고 기대할 수 있을 것이다. 이처럼 조직의 안전문화에 따라 특정 행동에 특정 결과가 생길 것이라는 기대를 하게 되고, 이러한 기대는 근로자가 위험요인을 상사에게 보고할 동기를 일으키거나 혹은 그런 동기를 떨어뜨리기도 한다.

[그림 1-4] 행동 · 결과 기대이론의 예

지식과 기술에도 비슷한 설명이 가능하다. 예를 들어, 안전을 중요시하는 문화에서는 안전에 대한 지식과 기술을 쌓는 것이 좋은 결과(예: 칭찬, 존경, 상점, 승진 등)를 낳을 것이라는 기대를 하게 만든다. 이러한 기대는 안전교육에 적극적으로 참여하게 하고, 결과적으로 안전한 행동을 할 수 있는 능력이 높아질 수 있다. 반대로 안전을 중요시하지 않는 조직문화를 가진 조직의 구성원은 안전교육을 시간이나 채우는 요식행위라고 생각하고, 결과적으로 필요한 안전 관련 능력을 기르지 못할 수 있다.

안전행동을 하나로 다루었지만, 사실은 사고를 예방하는 데 도움이 되는 안전행동은 다양한 종류가 있을 수 있다. 우선 일반적으로 안전행동이라고 하면, 필요한 보호장비를 착용하고 작업하는 행동, 작업장 안전을 유지하기 위해 정해진 작업 절차를 지키는 행동 등을 떠올릴 수 있다. 이처럼 안전을 위해 지켜야 하는 안전규정과 절차에 따르는 행동은 사고예방에 매우 중요한 요소가 된다. 학자들은 이러한 행동을 '안전준수 행동'이라고 부른다.

그런데 사고와 재해를 예방하기 위해서는 단순히 규정을 준수하는 행동 이상이 필요하다. 아무리 꼼꼼히 안전규정을 정해놓더라도 작업장에 존재하는 모든 위험요인에 관한 규정을 만든다는 것은 불가능하다.

따라서 안전한 작업장을 만들기 위해서는 보다 적극적인 안전행동이 필요하고, 이러한 행동들을 학자들은 '안전참여 행동'이라고 부른다. 아래는 안전참여 행동의 예를 보여준다. 이러한 행동은 대부분 조직에서 꼭 해야 한다고 요구하는 행동은 아니지만 사고를 예방하고 안전을 지키기 위해 매우 중요한 행동들이다.

- 신입 직원에게 안전절차를 알려주는 행동
- 동료들이 보호장구를 제대로 착용하지 않았을 때 이를 지적해주는 행동
- 자기가 맡은 일이 아니더라도 동료가 위험작업을 하면 지켜봐 주는 행동
- 작업장의 위험요소를 적극적으로 찾아 개선을 요청하는 행동
- 안전 위원회에 자발적으로 참여하는 행동
- 안전활동에 적극적으로 참여하는 행동
- 안전하지 않은 작업을 지시받았을 때 과감히 해당 작업을 거부하는 행동

정리하면, 안전문화는 구성원들에게 안전과 관련된 특정한 행동을 하는 것이 어떤 결과를 낳을 것인지에 대한 기대를 제공한다. 이러한 기대는 구성원의 안전 관련 지식, 기술, 그리고 동기에 영향을 미치고, 안전지식, 기술, 동기는 다시 안전준수 행동과 안전참여 행동을 하게(혹은 하지 않게) 하고, 이러한 행동이 결과적으로 재해와 사고 발생을 일으키기도 하고 예방하게도 하는 것이다. 따라서 현장에서 건강한 안전문화를 조성하여 사고와 재해를 예방하고자 한다면, 우리 조직문화 중 구성원의 안전에 대한 지식, 기술, 그리고 동기에 영향을 미칠만한 것이 무엇인지, 그리고 이러한 지식, 기술, 동기가 어떻게 사고를 예방할 수 있는 행동에 영향을 미치는지, 우리 작업장의 직원들은 어떤 안전행동은 잘하고 어떤 안전행동은 미진한지 등을 잘 살펴보는 것이 중요할 것이다[2].

1.2.2 불안전한 행동

불안전한 행동이란 사고를 초래하게 된 작업자 자신의 행동에 대한 불안전한 요소를 말한다.라고 언급하면서 일반적으로 불안전한 행동은 재해요인의 하나로 인적 요인을 뜻하는데 안전한 상태를 불안전한 상태로 변화시키는 습관적 행동이며, 사고발생의 직접 원인이 되는 행동이다.

리즌(J. Reason)은 불안전한 행동을 의도의 유무에 따라서 의도하지 않은 행동과 의도한 행동으로 나누었고, 의도하지 않은 행동에는 착오(slip), 망각(lapse)이 있고, 의도한 행동에는 착각(mistake)과 위반(violation)이 있다. 위 4개의 행위 중 착오(slip), 망각(lapse), 착각(mistake)은 휴먼 에러(Human Error)이고, 위반(violation)은 위반 행동에 속한다. 착오(slip)란, 의도하지 않은 잘못된 행위 중 아차 하는 사이에 부주의로 수행된 행위(의도와는 다른 행위)로 계획되지 않은 행위가 표면화된 것이고, 망각(lapse)이란, 의도하지 않는 잘못된 행위가 숨겨진 형태로 발생하는 것으로, 단시간의 기억력 부족으로 발생한다. 착각(mistake)이란, 계획과 행위가 정확하게 합치되지만, 부

2) 한국산업안전보건공단(2021), "안전문화 길잡이"

적절한 행위가 계획된 것이다. 즉 의도(계획)가 부적절한 것으로, 올바른 규칙을 잘못 적용한 것이다.

위반(violation)이란, 사용자가 의도적으로 부적절한 행동을 하는 것이다. 이것에는 일상적 위반, 낙관적 위반, 상황적 위반, 예외적 위반, 사보타주([프] sabotage, 겉으로는 일을 하지만 의도적으로 일을 게을리함으로써 사용자에게 손해를 주는 노동 쟁의 방법)가 있다.

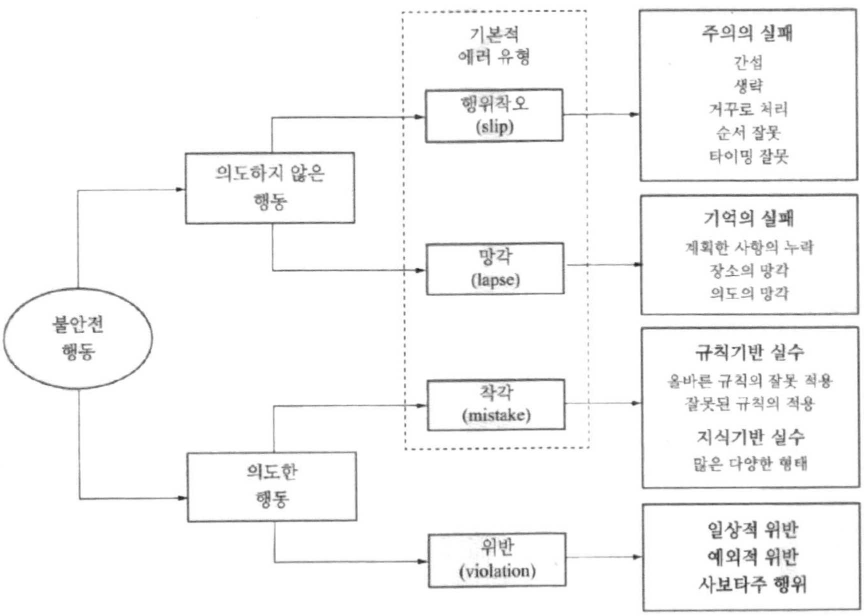

[그림 1-5] J. Reason-Classification of unstable behavior

그림 1-5 리즌(J. Reason)의 분류와 같이 불안전한 행동은 휴먼 에러(Human Error)와 위반행동으로 분류한다. 휴먼 에러(Human Error)는 자신이 의도하지 않은 행위가 나쁜 행위나 나쁜 결과를 발생시키는 것으로 착오(Slip), 망각(lapse), 착각(mistake) 등이 있으며, 의도와 결과가 어긋난 것이다. 즉 최적의 행위(행동)를 하려고 하였지만, 결과적으로 적절하지 않은 행위가 되어 버린 것을 말한다.

리즌(J. Reason)은 위반 행동이란 법률, 규칙, 규정, 지침 그리고 사회적인 관습에 반하는 행동 중 본인 또는 타인의 안전을 저해할 가능성이 있는 행동을 의도적으로 하는 것이라고 정의하고 있다. 이것은 위험을 알면서 굳이 위험한 행동을 하는 것을 의미한다. 위반(violation)이란, 사용자가 의도적으로 부적절한 행동을 하는 것이다[3].

1.2.3 안전 상담[4]

근로자 상담은 작업장 내에서 발생할 수 있는 위험요소를 사전에 인지하고 예방대책을 마련하는 데 중요하다. 상담 시 사업주가 숙지해야 할 주요 내용을 제시함으로써 상담의 효율성을 높이는 것을 목적을 두어야 한다.

안전보건에 관한 근로자 상담의 필요성은 근로자와 상담을 함으로써 근로자가 작업장 내에서 느끼는 위험요소를 확인하고 평가하여 그것을 통제 또는 제거하는 방법을 개발하는 데 매우 유용하며, 이것은 궁극적으로 보다 안전하고 쾌적한 작업장을 만드는 데 많은 도움이 된다. 또한 상담의 결과로 얻게 되는 근로자의 경험과 지식은 안전보건 정책 결정에 중요한 근거로 제공될 수 있고, 상담 시 사업주와 근로자의 대화는 상호 간 이해를 증진시키고, 신뢰와 협력을 보다 강화시킨다. 그리고 근로자 상담을 통하여 작업장의 안전보건상의 문제를 해결하는 데 있어서 근로자와의 협력 시스템을 구축할 수 있다.

1) 상담 내용

① 작업장과 작업과정에 잠재되어 있는 위험요소에 대한 정보
② 작업장 내의 잠재 위험요소에 대한 대응방안
③ 안전 보건에 관한 교육 계획과 안전보건관리조직
④ 새로운 기술 도입 시의 안전보건상의 영향

2) 상담 대상

① 상담자는 작업장 내의 모든 근로자를 대상으로 상담을 하여야 한다.
② 상담자는 근로자가 직접 상담을 원하는지의 여부를 확인해야 한다.

---

3) 김영권 외(2021), "건설안전교육이 불안전한 행동에 미치는 영향에 관한 연구", Journal of the Society of Disaster Information, Vol. 17, No. 1, pp. 154-164.

4) 한국산업안전보건공단(2011), 근로자 안전보건 상담에 관한 기술지침, KOSHA GUIDE.

3) 상담시기

① 근로자의 입사 시
② 근로자가 수행하고 있던 기존 작업을 마치고 새로운 작업 수행 시
③ 정기적 작업 회의 시
④ 근로자가 직접 드는 사업주 및 근로자 대표를 통하여 면담 신청 시

4) 상담방법(사업주는 다음의 방법 중 하나 또는 혼합으로 실행할 수 있다.)

① 각 근로자별로 심도 있는 스텝조사를 통해서 근로자의 역할과 작업내용에 적합하게 상담을 실시한다.
② 근로자가 작성하여 제출한 내용에 대해 해당 근로자에게 서면으로 답하는 방법으로 상담을 실시한다.
③ 특정 개인이 아닌 공동에 해당하는 상담내용에 대해서는 모든 근로자가 볼 수 있도록 질의 및 답신 내용을 게시판에 게시한다.

5) 상담 시 고려사항

① 사업주는 근로자에게 단순히 정보를 제공하는 것뿐만 아니라, 안전보건정책을 수립하고 심의하는 과정에서 근로자의 의견을 청취하고 최대한 반영하여야 한다.
② 근로자들로 하여금 자신이 상담하길 원하는 문제에 대해 충분히 시간을 갖고 숙고하도록 하여야 한다.

1.3 안전교육과 평생교육

1.3.1 평생교육 프로그램

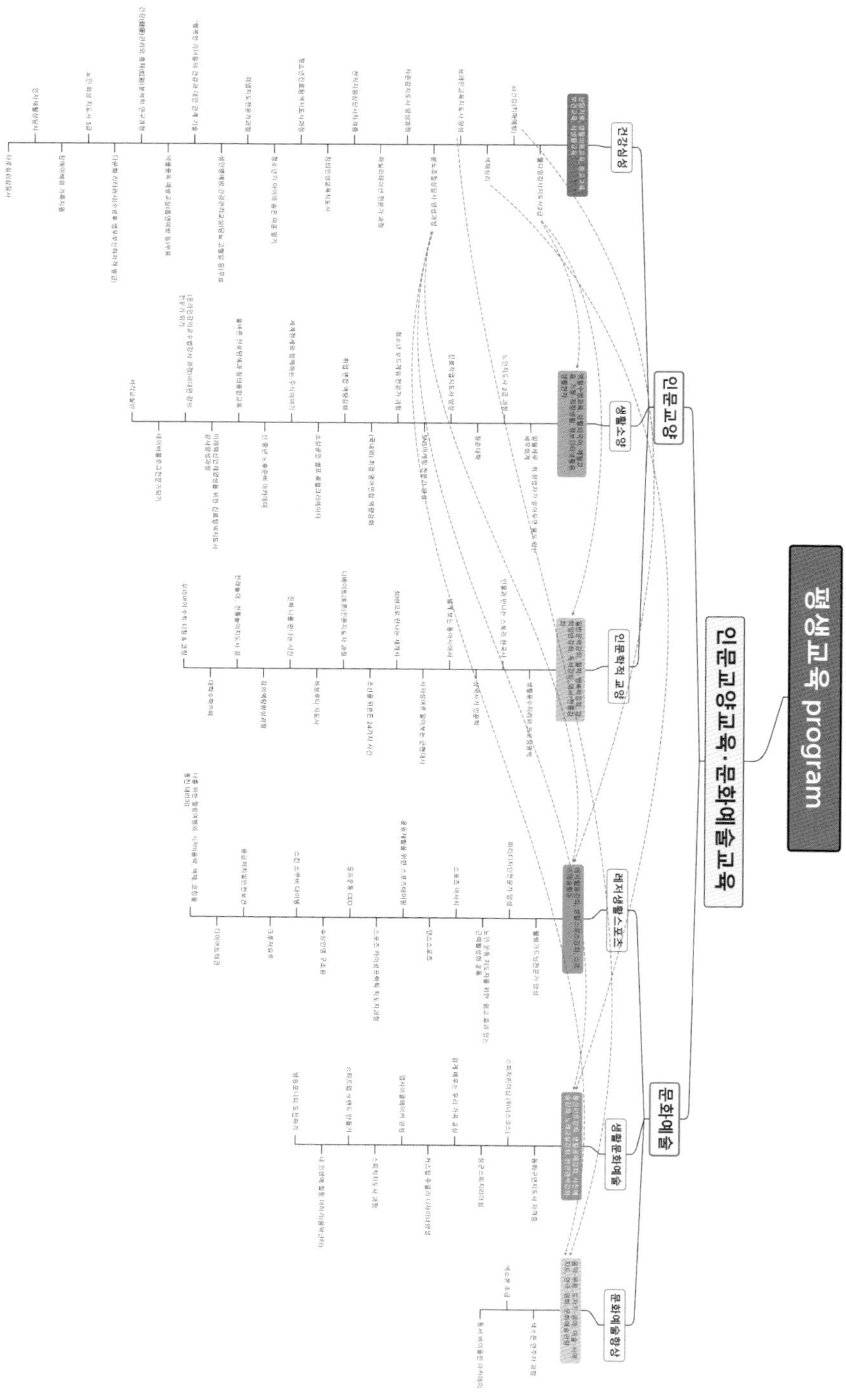

1.3.2 영역별 평생교육

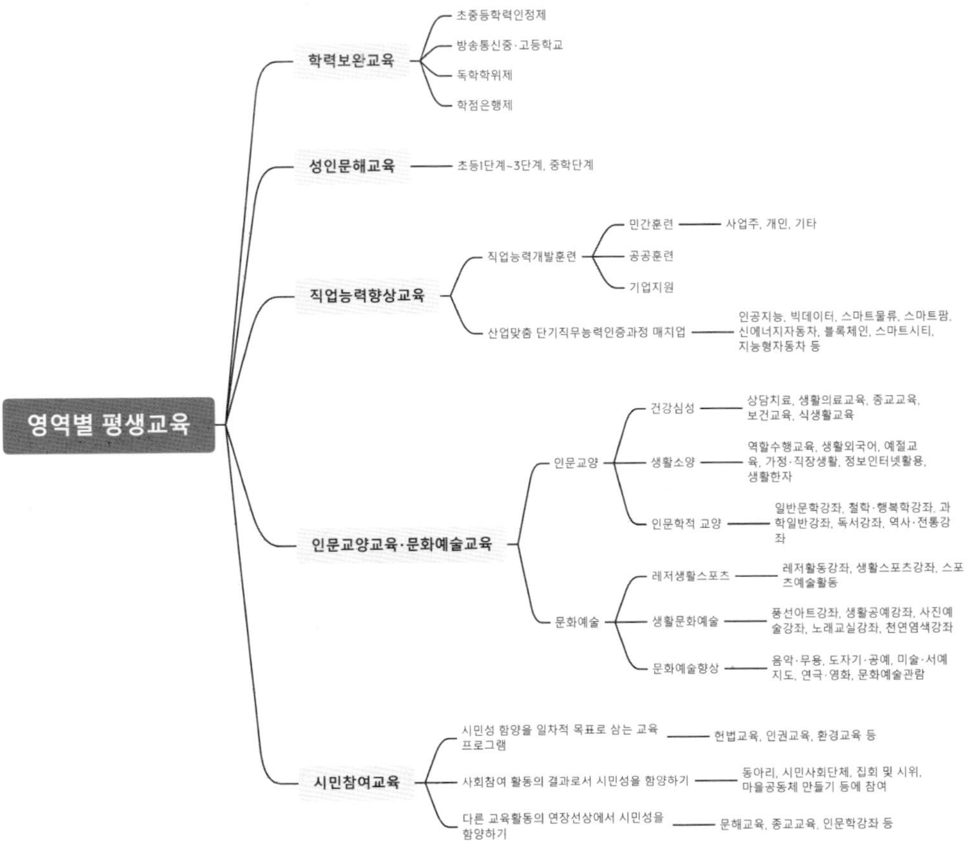

영역별 평생교육
학력보완교육
초중등학력인정제
방송통신중·고등학교
독학학위제
학점은행제
성인문해교육
초등1단계~3단계, 중학단계
직업능력향상교육
직업능력개발훈련
민간훈련
사업주, 개인, 기타
공공훈련
기업지원
산업맞춤 단기직무능력인증과정 매치업
인공지능, 빅데이터, 스마트물류, 스마트팜, 신에너지자동차, 블록체인, 스마트시티, 지능형자동차 등
인문교양교육·문화예술교육
인문교양
건강심성
상담치료, 생활의료교육, 종교교육, 보건교육, 식생활교육
생활소양
역할수행교육, 생활외국어, 예절교육, 가정·직장생활, 정보인터넷활용, 생활한자
인문학적 교양
일반문학강좌, 철학·행복학강좌, 과학일반강좌, 독서강좌, 역사·전통강좌
문화예술
레저생활스포츠
레저활동강좌, 생활스포츠강좌, 스포츠예술활동
생활문화예술
풍선아트강좌, 생활공예강좌, 사진예술강좌, 노래교실강좌, 천연염색강좌
문화예술향상
음악·무용, 도자기·공예, 미술·서예지도, 연극·영화, 문화예술관람
시민참여교육
시민성 함양을 일차적 목표로 삼는 교육 프로그램
헌법교육, 인권교육, 환경교육 등
사회참여 활동의 결과로서 시민성을 함양하기
동아리, 시민사회단체, 집회 및 시위, 마을공동체 만들기 등에 참여
다른 교육활동의 연장선상에서 시민성을 함양하기
문해교육, 종교교육, 인문학강좌 등

1.3.3 안전교육(직업평생교육) 프로그램

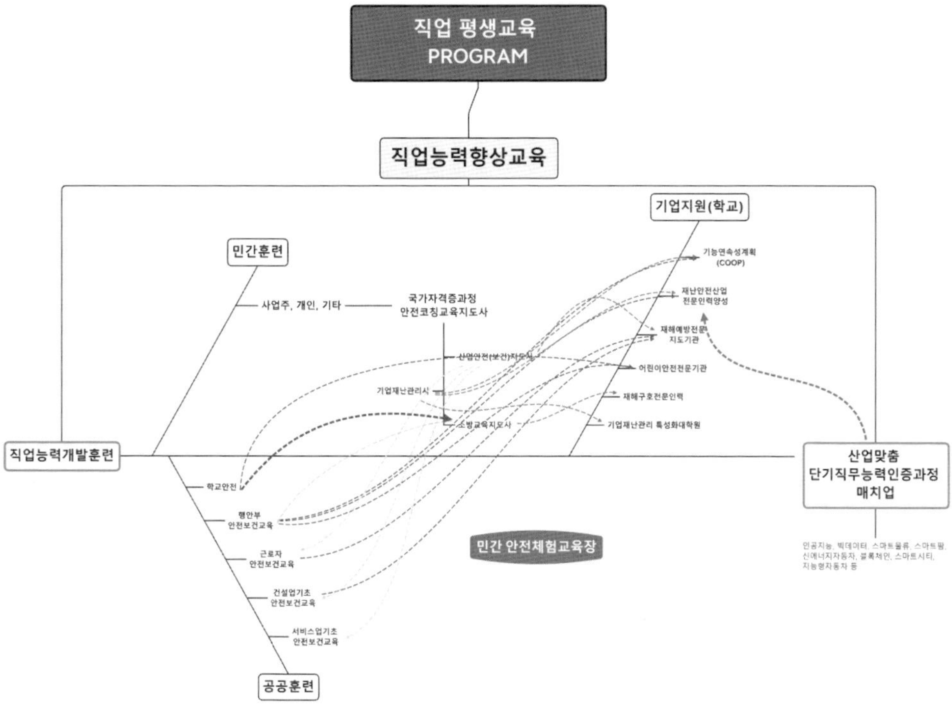

1.3.4 대상별 평생교육

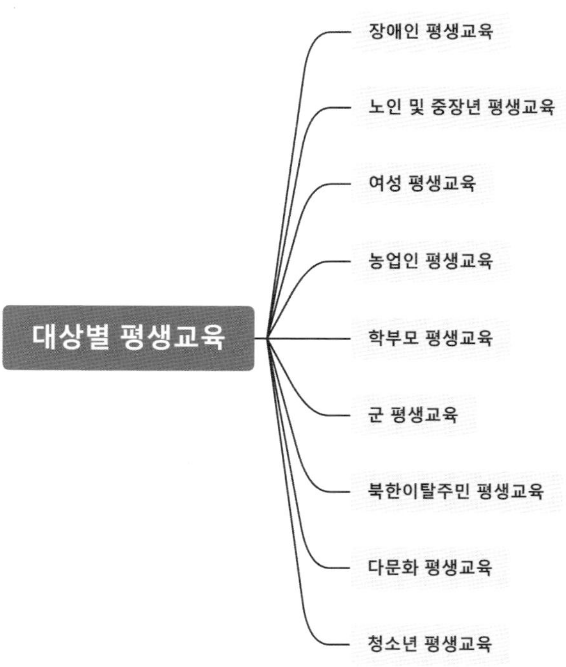

2. 기업교육

기업의 자원이라고 하면 보통 물적자원과 인적자원으로 나누어지는데 과거에는 물리자원이 중요한 자원으로서 인식되어 왔기 때문에 상대적으로 인적자원에 대한 인식과 그에 대한 노력은 소홀히 되어 온 것이 사실이다. 그러나 사회가 발전하고 환경이 변화되면서 특히 4차 산업화되어 인적자원은 그 중요성이 빠르고 급격하게 올라가고 있다.

사회가 발전하고 기업의 수준이 높아지면 결국 재정적인 부분이나 물리적인 자원은 그 한계에 다다를 수밖에 없으며 모든 것은 인적인 부분으로 귀결될 수밖에 없는 것이다. 따라서 인적자원과 그 개발이야말로 기업자원의 핵이라 할 수 있다.

또한 일반적으로 조직이나 국가의 생산성 및 경쟁력을 제고하는 데 필요한 자원으로 물적 자원, 재무자원, 정보자원 그리고 인적자원 등이 거론된다. 조직운영이나 국가 정책 집행의 성과는 자원의 수준과 규모, 적기 공급 여부, 체계적 운영 등에 따라 달라질 수 있다. 이 중 인적자원은 다른 물적자원, 재무적 자원 그리고 정보자원 등을 효율적으로 활용하는 데 결정적인 역할을 할 수 있다는 점에서 정책적 중요성을 가지고 있다.

그러나 인적자원에서 오는 사고는 계속 발생하고 있어 안전교육의 중요성이 매우 커지고 있는 상황이다. 안전교육은 생명의 안전기능 향상과 신체적 적용능력을 적성화시키고 안전에 대한 포괄적 감수성과 위험인지 능력을 향상시킬 수 있어야 한다.

인적자원을 극대화하는 노력은 기업의 발전에 영향을 줄 수 있다. 그 중 기업의 안전과 위험에 대한 인식은 기업에서 가장 중요시해야 할 것이다. 기업에 있어서의 안전교육은 기업에 소속된 근로자에게 안전의 중요성을 인식시키고, 구체적으로 부여된 작업에 관하여 안전작업 방법에 대한 지식과 기능을 습득시킴으로써 작업에 관한 안전태도를 육성시키고 위험으로부터 물적, 인적손실을 줄이는 위한 체계적인 노력이다. 그러나 안전교육의 정의와는 다르게 실제적으로 기업인 인식하고 적용하고 있는 안전교육은 여러 가지 문제점을 갖고 있었으며 그 대표적인 문제점은 안전교육을 전공한 전문강사나 전문가의 부족이라 할 수 있다. 이로 인하여 체계적인 교육과 훈련은 기대하기가 힘들었던 것이 사실이며 이로 인해 기업의 관리자나 근로자들 사이에는 안전교육은 아무나 시켜도 된다는 의식이 팽배해 있었던 것이 최근까지의 일이다. 또한 법적 교육시간만 충족시키는 교육이 주류를 이루었으며 이는 법적 제재와 감독에 의한 타율적 교육이 될 수밖에 없는 이유이기도 했다. 현장에서 바로 써먹을 수 있는 실행위주의 교육으로 일관되어 왔고 안전 의식교육은 많이 부족하여 실효성 있는 교육이 되질 못했다.

안전은 아는 만큼 확보되는 특성이 있는데 이는 근로자들이나 관리자들의 안전에 대한 지식 교육의 정도나 내용에 따라 일어날 수 있는 위험이나 사고를 예지하고 불안전한 상태나 행동을 효과적으로 개선하고 억제할 수 있다. 기능교육은 안전을 확보하기 위한 기능적 이해와 요령을 필요로 하는데 주어진 도구나 안전시설, 설비 등은 사용하는 근로자에 의해 그 기능이 제대로 발휘될 때 비로소 안전을 확보할 수 있기 때문이다. 위험이나 사고에 가장 근접한 사람은 결국 근로자이므로 자기의 업무를 대하는 태도나 일상적인 안전의식은 안전지식이나 안전기능 수행 이전에 그 자체를 성실하게 수행하게 하는 원동력일 수밖에 없다. 근로자의 안전에 대한 태도는 결국 인식하고 기능화된 안전행동을 하게 하는 힘이 된다. 결국 기업의 안전교육은 점차 지식이나 기능교육에서 태도교육으로 그 중심이 이동할 수밖에 없다. 기업의 안전 교육에서 태도 교육은 기본 과정(순서)은 청취, 이해, 모범, 평가의 순으로 진행된다.

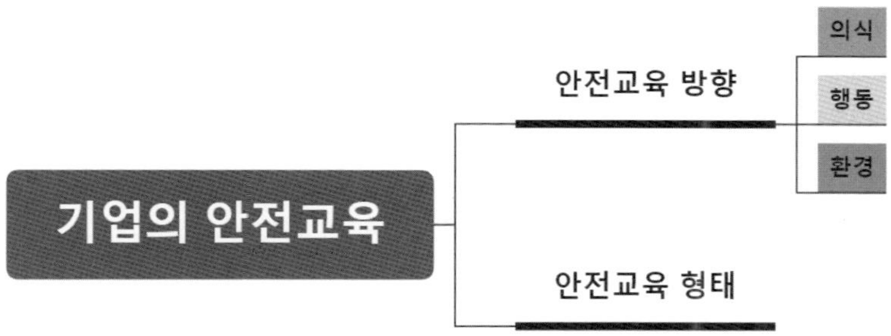

[그림 1-6] 기업의 안전교육

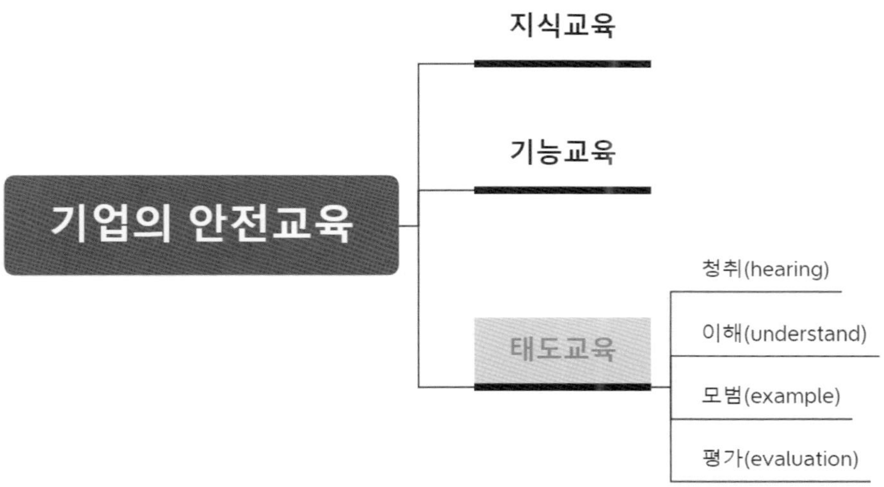

[그림 1-7] 기업의 안전교육 형태

3. 성인교육

학습은 연습이나 경험의 결과로 일어나는 행동의 지속적인 변화로 이해된다. 성인학습은 경험의 결과로 인하여 사회에서 성인으로 간주되는 사람들의 지식, 태도 그리고 행동이 비교적 지속적으로 변화되는 과정을 말한다. 즉 성인학습의 특징은 행동변화와 경험과 훈련을 활용하며 비교적 오래 지속되도록 한다는 것이다.

기존의 학습이론은 주로 페다고지(pedagogy)를 대상으로 발달한 것이 사실이다. 손다이크(Thorndike) 이래 성인 학습자에 대한 흥미가 증가되어 왔고 성인도 학습할 수 있으며 아동과는 다르게 학습하기 때문에 성인교육은 성인의 교육과 학습을 돕는 기술과 과학으로 성인학습의 통일된 이론이라는 개념을 지닌 안드라고지(andragogy) 교육의 실천과정에 적용되는 근본원리와 기술을 중심으로 하여 연구되어 왔다. 제도권의 학습을 끝내고 영리를 위해 노동을 제공하거나 강제되는 것이 없는 상태에서 자율적으로 학습해야 하는 성인의 경우에는 일반적으로 학습기간 중에 있는 학생들이나 특수한 조건 하에 있는 교육생과는 다른 차원에서 접근해야 한다. 평생학습 또는 직무와 관련한 학습이라는 관점에서 접근하여야 하며 이것은 일반적인 학교나 제도권에서의 학습과는 다른 방법과 각도에서 접근되어야 한다. 성인은 학습이 자신의 요구와 관심을 충족시키는 것이라고 실감했을 때 학습동기가 유발되고 경험은 성인학습에 있어서 가장 풍부한 자원이다. 성인교육에서 교수 원리의 중심은 경험의 분석이며 자기지시적 혹은 자기주도적 학습이 성인학습의 또 다른 일면이다. 성인은 연령과 함께 개인차가 커지고 자기 교육의 고유한 영역이 형성되어 있기 때문에 반감을 가지기 쉽다는 특성도 있다.

성인교육의 특징은 자각적 자발성에 기초한 자기 성취추구의 면과 동시에 자유로운 이성의지에 의한 자기교육이라는 점이다. 따라서 성인학습은 학습자 개인의 자발적 학습의지를 북돋아 주고 그 적용 -학습효과를 높이고 지속시키는 방법을 알려주고 조정해주는 데 중점을 두어야 한다. 이를 위해서는 학습자 자신의 자기 학습의지를 계속해서 유지할 수 있도록 하기 위한 동기부여가 절대적이라고 할 수 있다.[5][6]

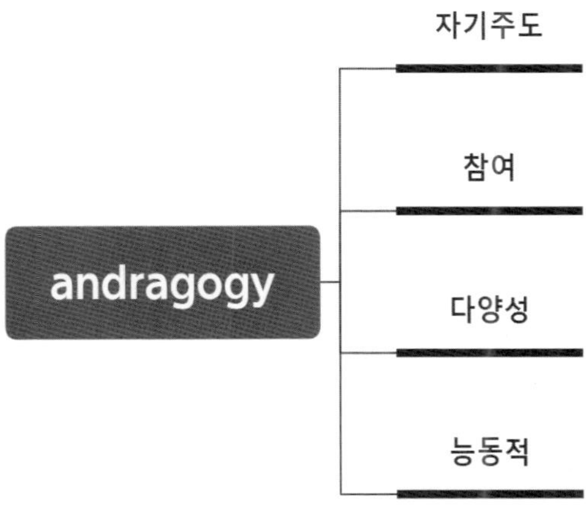

[그림 1-8] 성인교육 형태

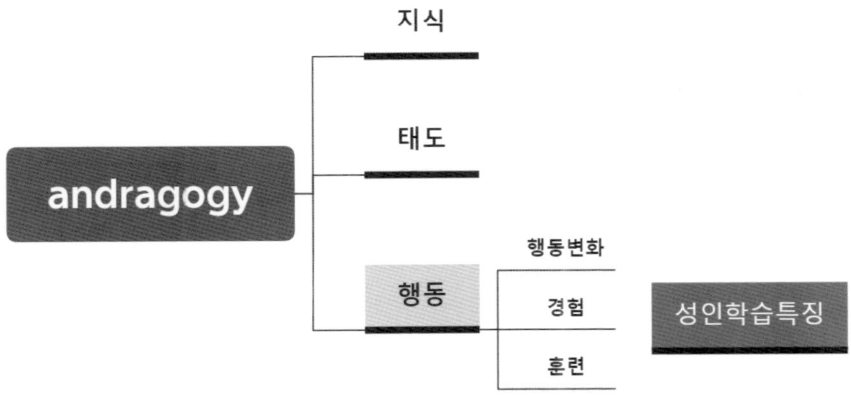

[그림 1-9] 성인교육 유형

5) 갈원모 외(2018), 안전보건교육론, 동화기술;서울, 43면.
6) 박경실 외(2013), 평생교육론, 학지사;서울, 87~88면.

3.1 Active Learning

3.1.1 Active Learning의 개념

자기 주도적(능동적인) 학습은 학습자가 목표를 세우는 일에서부터 시작하여 평가에 이르기까지 학습의 전 과정에 있어서 주도권을 갖는다는 것이다. 이렇게 볼 때, 자기 주도적 학습이라는 용어에는 학습자의 자유 의지가 강조되고 있으며, 자기 조절적 학습이라는 용어에는 학습자의 자율적인 통제권이 강조되고 있다.7)

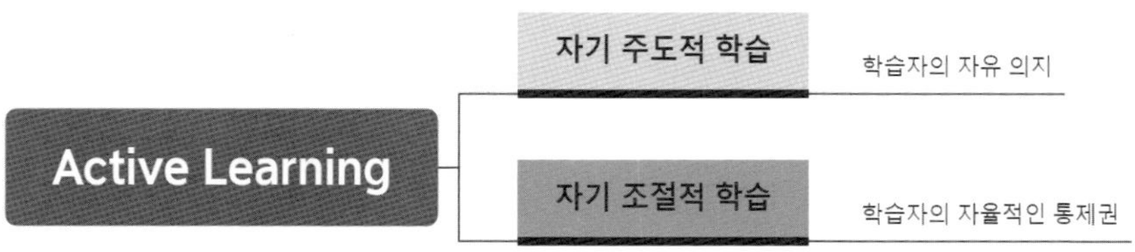

[그림 1-10] Active Learning의 개념

'인간과 자연과의 공생적 관점'을 찾기보다 제4차 산업혁명의 도구적 관점에서 교육을 보려는 시각의 위험성은 상존하지만, 최근 일본 교육계에서 주목받는 코칭기반 액티브 러닝은 기존의 교육-학습의 패러다임 변화를 추구하고 있다. 일반적으로 액티브 러닝은 1980년대 미국 대학에서 개발된 획기적인 교육·학습법으로 알려져 있다.

하지만 오가사와라 마사아키(小笠原正明)는 "액티브 러닝은 대학에서 전통적인 사고방식이나 학습습관을 부정하고 이를 리셋하는 것이 아니라, 오히려 예전의 전통적인 대학에 한정되어 있던 엘리트적 학습을 위한 방법을 대중화 단계의 대학에서도 기능할 수 있도록 하려는 것"8)이라 하였다. 즉 대학의 대중화·보편화로 인해 오늘날 대학에 들어오는 학생들의 학력 수준이 낮아졌기에, 그에 맞춰 단순히 지식 전달의 강의식 수업으로 진행하던

7) Kwon, Soon Chul, "The Effects Analysis of General Arts Class of Core Competencies based on Action Learning"(Korean Journal of General Education 7(6), 2013), 169.

8) 小笠原正明, "アクティブ・ラーニングの陥穽と構造的問題"(IDE現代の高等教育,582, 2016), 4-8.

수업방식을 새로운 시대변화에 맞춰 과거의 연구중심 대학에서 진행되던 학습환경으로 수업 방식을 바꾸려는 노력이라는 것이다.

일본에서는 active learning을 'アクティブ・ラーニング' 혹은 'アクティブラーニング'로 표기하고 있다. 가운데 방점 유무(有無)의 차이이지만, 아직 용어적 통일성은 이루어지지 않았다.[9] 일본에서 액티브 러닝의 전문가인 미조가미 신이치(溝上慎一)나 나카이 도시키(中井俊樹) 등은 자신의 책에서 방점을 찍지 않고 있지만, 문부과학성의 용어집에서는 방점을 찍고 있으며 '액티브 러닝(アクティブ・ラーニング)'을 다음과 같이 정의하고 있다.

"교원에 의한 일방적인 강의형식의 교육과는 달리 학수자(學修者)의 능동적인 학수(學修)에의 참여를 끌어내는 교수・학습법의 총칭하며 학수자가 능동적으로 학수함으로써 인지적, 논리적, 사회적 능력, 교양, 지식, 경험을 포함한 범용(汎用) 능력을 육성할 것을 의도한다. 발견학습, 문제해결학습, 체험학습, 조사학습 등이 포함되는데, 교실 내에서의 집단 토론(group discussion), 논쟁(debate), 집단 활동 등도 유효한 액티브 러닝의 방법이다."[10]

2016년부터 교육 현장에서는 기존의 수업 방식에서 교육자와 학습자가 개인의 특성과 고유의 강점으로 차별화된 잠재적 능력을 발산하여 입체적인 학습효과를 지향하고자 하는 플립드 러닝(Flipped Learning), 이른바 '거꾸로 학습'에 대한 다양한 시도가 시행되고 있다. 교육자가 학습자를 가르치고, 학습자에게 수동적으로 해당 교과 내용을 받아들여 그것을 피동적으로 저장하는 전통적 수업 방식을 벗어나 교육자의 새로운 수업 진행 방식을 다양하게 시도할 수 있는 기회를 제공하고, 학습자는 능동적 수업 참여와 입체적인 정보 습득 방식을 자기 주도적으로 해결함으로써 학습 효과의 극대화와 새로운 파생적 응용력을 기를 수 있다는 점에서 플립 러닝은 국내 학습 환경에 맞추어 '거꾸로 교실', '거꾸로 학습'이라는 슬로건으로 출발하여 꾸준히 시도되어 오고 있다.

'액티브 러닝'이란 일반적으로 학생주도, 또는 학생이 능동적으로 참여하

9) 溝上慎一, "アクティブ・ラーニングの背景と展開"(IDE現代の高等教育, 582, IDE大學協會, 2016), 9-13.
10) 文部科學省用語集アクティブ・ラーニング, 2012.

는 수업 정도로 이해되고 있는데, '액티브 러닝'의 개념을 명확히 하고 왜 그것이 미래 지향적인 학습법이 될 수 있는지 알아보기로 한다. 먼저, '액티브 러닝'의 개념을 명확히 하기 위해 액티브 러닝에 대한 다양한 의견들을 살펴보면 다음과 같다.

능동적인 학습, 즉 '액티브 러닝'은 쓰기・말하기・발표하기 등의 활동을 함으로써 발생하는 인지(認知) 프로세스의 외화(外化)를 동반한 학습이다. 즉, 단순히 말하기와 쓰기를 하면 액티브 러닝인 것이 아니라, 그러한 활동을 통하여 수용한 지식을 자신의 것으로 만드는 기능과, 그를 위해 필요한 태도와 능력을 키우는 결과를 낳는 것이 액티브 러닝이라고 할 수 있다.[11)]

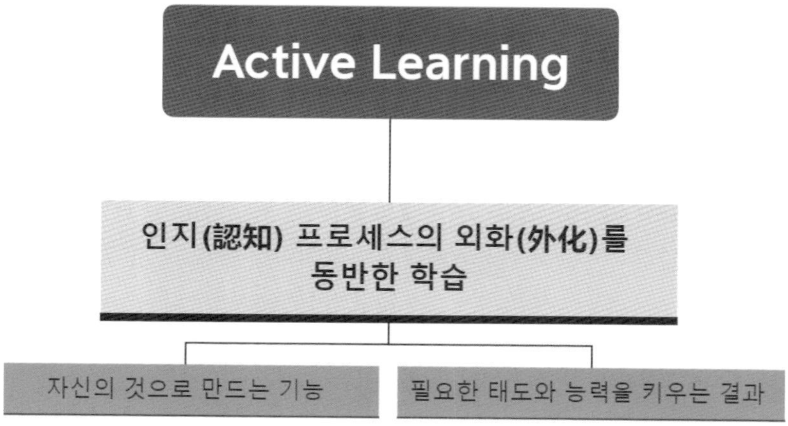

[그림 1-11] Active Learning의 의견

船橋(2016)에서는 溝上(2014)의 분류를 인용하여 '액티브 러닝'의 '전략성'의 정도에 따라 액티브 러닝형 수업이 4개의 타입으로 나뉜다고 소개하고 있는데, 이 분류에 의하면 '전략성'의 정도에 따라 차이는 있지만 보통 수업 시간에 학생이 행하는 모든 수업 활동, 즉 말하기, 프레젠테이션, 토론, 협동 학습, PBL형 수업 등이 모두 '액티브 러닝'인 셈이다. 그러나 溝上(2014)가 강조한 것은 단순히 활동의 주체가 학생이냐 아니냐가 아니라, 그런 활동을 통하여 수용한 지식을 자신의 것으로 만드는 능력 및 그에 필요한 태도와 능력의 함양이야 말로 '액티브 러닝'의 핵심이라고 할 수 있다. 그렇기

11) 溝上慎一"アクティブラーニングと教育学習パラダイムの変換"(東信堂, 2014).

때문에 세부적인 지식 이전에 타인과의 커뮤니케이션 능력과 통섭 능력이 요구되는 미래에 대비하기 위해 필요한 학습법이라 할 수 있다.

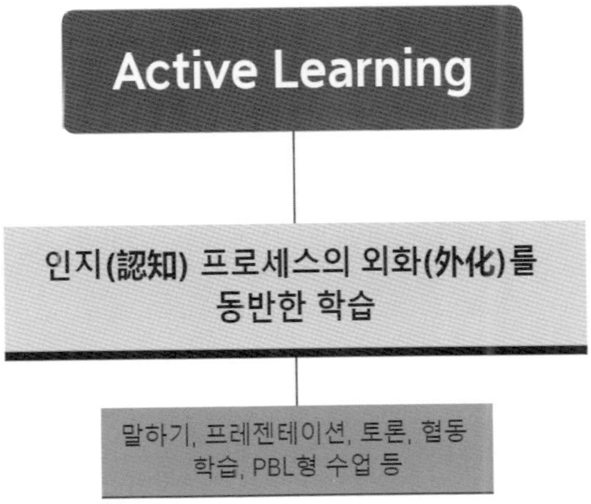

[그림 1-12] Active Learning의 분류

또한, 문부과학성이 중앙교육심의회에 '중장기적인 대학교육의 위상에 대해' 자문을 구한 결과, 심의회가 내놓은 답신에서도 앞으로 도래할 시대에 대비하는 교육방식으로 액티브 러닝을 제안하고 있다. 다가올 미래는 사회구조가 급변하면서 기존의 가치관이 흔들리는 가운데 사회에 공헌할 수 있는 인재를 양성하기 위해 '액티브 러닝(능동적학습)'이 대안적인 교육방식으로 제시되어 있다. 또한, 효과적인 '액티브 러닝'을 위한 구체적인 수업 방식, 즉 사전 준비, 토론 중심의 수업 수강, 이를 심화시키는 수업의 사후 전개 등 구체적인 '액티브 러닝'의 방법도 제시되어 있다.

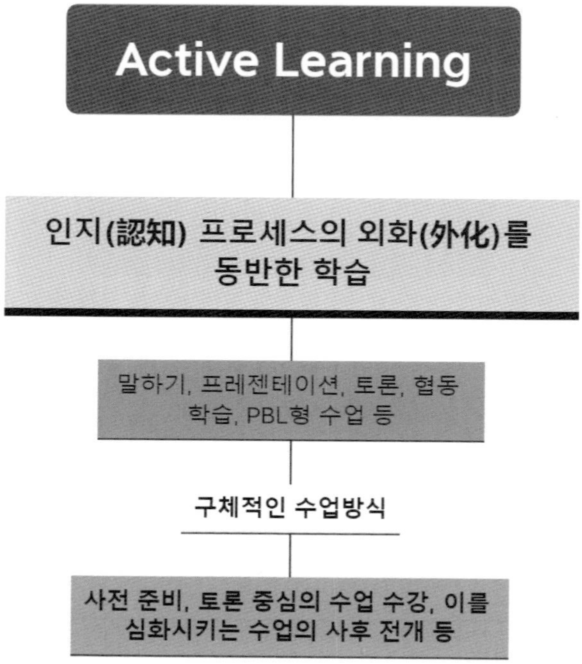

[그림 1-13] Active Learning의 수업방식

최근 대학사회에는 새로우면서도 다양한 교수학습법이 파급되고 있다. 다양한 교수학습법을 현장에서 시도하였던 교수자들이 겪었던 체험을 공유하고, 이를 성찰하여 좀 더 나은 교수학습법을 모색하고자 하는 노력의 하나이다.

새로운 교수학습법을‘ 액티브 러닝(Active Learning)’이라는 용어로 지칭하고 있다. 액티브 러닝이란 이름 그대로“ 학습자들이 교수학습 과정에 적극적이고도 능동적으로 참여하는 교수학습법”12)을 말한다. 액티브 러닝의 유형에는 사례 중심학습법(Case-Based Learning), 플립러닝(Flipped Learning), 액션러닝(Action Learning), 문제 중심학습법(Problem-Based Learning), 목표 중심학습법(Goal-Based Learning), 팀 중심학습법(Team-Based Learning), 프로젝트 중심학습법(Project-Based Learning) 등이 있다. 현재 액티브 러닝(Active Learning)과 액션 러닝(Action Learning)은 교육 현장에서 혼용해 사용되는 듯한데, 역사적으로 '액션 러닝'이 먼저 사용된 것으로 보인다. 일본

12) Weltman, D, "A Comparison of Traditional and Active Learning Methods: An Empirical Investigation Utilizing a Linear Mixed Model"(The University of Texas at Arlington, 2007).

에서는 2012년 문부과학성이 '액티브 러닝'을 교육정책 용어로 채택하였고, 이후 이 용어가 일본 교육계에 널리 알려지게 되었다.

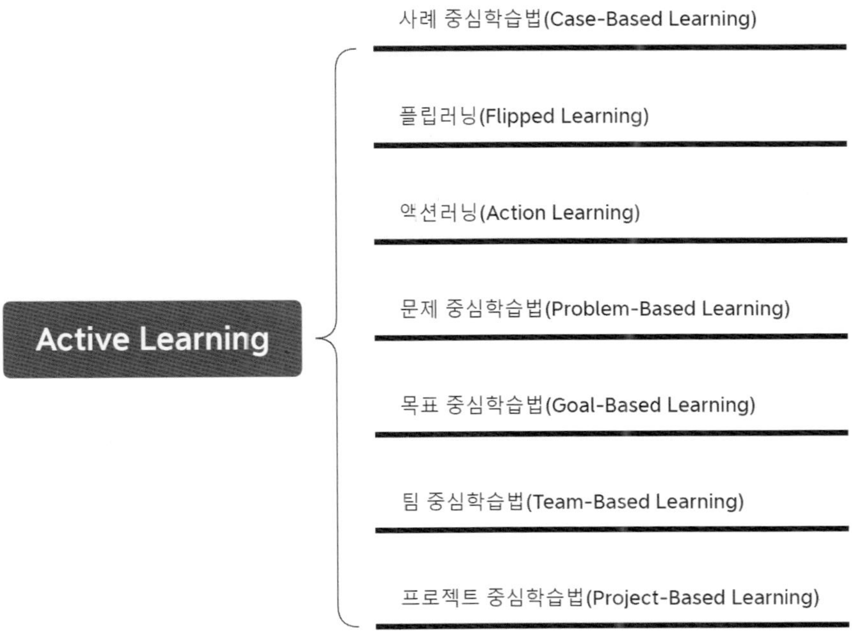

[그림 1-14] Active Learning의 유형

한국에서 AL(Action Learning 혹은 Active Learning)에 관한 연구는 2000년대 들어서면서부터 활성화되고 있는 양상이다. 다수의 학위논문과 연구논문이 발표되면서 프로그램 개발이나 운영 방법에 대한 정보 공유가 이루어지고 있다.[13] 장경은(2011),[14] 고은현(2013),[15] 권순철(2013),[16] 김미옥(2017).[17] 임영규 외(2017)[18] 등은 대학에서 AL 수업의 실태를 제시하면서 그 효과성을 입증하려 노력하였으며, 김윤민(2012), 김지운(2015), 이춘애

13) 장경원 외, "학교에서의 액션러닝에 대한 연구 동향 분석"(교육방법연구, 27(3), 2015), 429-455. 고은현, "대학교수의 액션러닝 수업개발 경험에 관한 연구"(교육방법연구, 25(1), 2013), 69-94.

14) 장경원 외, "학교에서의 액션러닝에 대한 연구 동향 분석", (교육방법연구, 27(3), 2015), 429-455.

15) 고은현, "대학교수의 액션러닝 수업개발 경험에 관한 연구". (교육방법연구, 25(1), 2013), 69-94.

16) 권순철, "액션러닝 기반 핵심역량 교양수업의 효과 분석", (교양교육연구, 7(6), 2013), 163-204.

17) 김미옥, "중소기업 억션러닝 프로그램의 핵심성공요인 탐색에 관한 연구", (전북대학교 석사학위논문, 2013).

18) 임영규 외, "액티브러닝의 효용에 관한 실증적 연구", (교양교육연구, 11(1), 2017), 475-500.

(2016) 등은 간호대학이나 유아교육에서 활용되고 있는 AL의 운영에 관해 초점을 두어 논의를 전개하였다. 이 밖에도 공기업이나 산업체에서 활용되는 AL의 상황을 제시한 연구도 발표되었다.[19] 그런데 이들 연구는 AL을 하나의 바람직한 교수 방법 및 학습 방법으로 전제하고 그것의 효과성을 입증하는데, 혹은 그것의 긍정적 측면을 부각시키는 데 주목하고 있다.

한편, 2017년 10월 한국일본교육학회에서는 연차 학술대회에서 "제4차 산업혁명과 교수·학습 패러다임의 전환"이라는 주제로 일본의 '액티브 러닝'에 관한 내용을 논의한 바 있다. 여기서는 '액티브 러닝'에 대해 일본 정부가 관심을 갖게 된 배경이다. '액티브 러닝'의 의미 및 범위, 일본에서 실천된 '액티브 러닝'의 사례 및 연구동향 등에 관한 발표가 이루어졌다.[20]

3.1.2 Active Learning 종류

'액티브 러닝'은 학습자의 체험이나 활동을 중심으로 전개되는 교수·학습방법 전체를 의미한다. '액티브 러닝'의 의미와 지향점에 관한 논의가 각종 연구서를 통해 활발히 이루어졌는데 여기서 주목해야 할 것은 '액티브 러닝'의 의미를 어떤 수준에서 논의하느냐에 따라 그 방향이 다양하게 전개될 가능성을 내포하고 있다는 점이다.

'액티브 러닝'을 교수·학습방법으로 파악한 경우가 있는가 하면, 이를 번역해 '능동적 학습' 전체로 파악하는 경우도 있다. 예를 들면 '액티브 러닝'의 대표적 방법으로 제시되었던 토론이나 토의를 수업에 활용하는 것으로 '액티브 러닝'이 이루어지고 있다는 시각은 전자의 경우에 해당한다. 즉, 토론이나 토의를 통해 학생 스스로가 문제를 파악하고 해결해 나가는 방법을 터득함으로써 사회에서 필요로 하는 문제해결 능력을 함양할 수 있다는 것이다. 그러나 이런 방식의 해석은 학교현장에서 '액티브 러닝'을 교육의 목

19) 황성원, "공공부문에 효과적인 Action Learning 도입방안"(한국행정연구원, 2005). 김형숙, "액션러닝코치의 역량모델 개발에 관한 연구"(전북대학교 박사학위논문, 2010). 김미옥, "액션러닝 방식 대학 수업의 핵심성공요인에 관한 연구"(전북대학교 박사학위논문, 2017). 강재훈 "액션러닝 활용 소상공인 산학협력 모델 사례연구"(경남과학기술대학교 석사학위논문, 2013).

20) 이명실, "일본 액티브러닝 정책의 표와 리"(한국일본교육학연구, 22(3), 2018), 36.

적달성을 위한 수단, 즉 기능적 교수학습방법으로 활용하는 결과를 가져왔고, '딥 액티브 러닝'이라는 용어를 만들어내는 배경이 되기도 하였다.[21]

한편, 후자의 시각으로 '액티브 러닝'을 파악할 경우 '액티브 러닝'의 영역은 시간적・공간적으로 광범위하게 확대될 수 있다. 즉, 학습자의 능동성과 주체성을 강조하는 교육방법이나 사상이 모두 여기에 포함될 수 있다는 것이다. 역사적으로 학습자 중심교육의 기원은 18세기 이후 루소나 페스탈로치에 의해 그 사상적 기반이 확립된 이후 19세기 말부터 20세기 초에 이르기까지 전 세계적으로 유행되었던 신교육운동 혹은 진보주의 운동으로까지 거슬러 올라간다.

일본의 경우에 국한해 보더라도, 넓은 의미의 액티브 러닝, 혹은 학습자 중심교육의 역사는 1910-20년대의 다이쇼(大正) 자유교육 운동에서 시작해 1945년 이후의 '전후 신교육운동', 그리고 1980년대 이후 전개된 대안학교 형태의 교육운동으로 이어진다고 볼 수 있다.[22] 이러한 흐름에서 주목해야 할 것은 비제도권을 중심으로 전개되었던 학습자 중심교육이 1980년대 후반 이후에는 '학습지도요령 개정' 등을 통해 국가교육과정의 기본 방침으로 구체화 ・ 체계화되고 있다는 점이다. 이처럼 넓은 의미의 액티브 러닝은 긴 역사를 가지고 있으며, 현재는 비제도적 영역뿐 아니라 제도적 학교 교육의 영역에서까지 적극 도입되어 교육의 한 패러다임을 형성하는 의미로 파악될 수 있다.

'액티브 러닝'을 어떤 수준에서 파악하느냐에 따라 그에 대한 논의는 다양하게 확산될 여지를 가지고 있다. 이러한 혼란을 정리하기 위해 '액티브 러닝'을 '수단으로서의 액티브 러닝'과 '목적으로서의 액티브 러닝'으로 나누어 설명[23]하기도 하고, '액티브 러닝'과 '딥 액티브 러닝'의 차이를 드러내기도 한다. 여기서 주목해야 할 것은 '액티브 러닝'을 내걸고 이루어지는 체험이나 활동 중심의 교수・학습 과정이 모두 똑같은 지향점을 가지고 있지 않다

21) 한국일본교육학회, "제4차 산업혁명과 교수・학습 패러다임의 전환-일본의 액티브 러닝을 중심으로"(한국일본교육학회 연차 학술대회 자료집, 2017).
22) 이명실, "일본은 공교육 개혁과 학습자 중심교육의 전개"(한국일본교육학연구,20(2), 2016), 91-113.
23) 西川純, アクティブ・ラニング入門. 明治図書, 2015.

는 것이며, 더 나아가 어떤 수준의 '액티브 러닝'을 지향하고 있는지를 분명히 파악해야 한다는 점이다.

액티브 러닝의 주요 7요소는 다음과 같다.

① 사례 중심 학습법(Case-Based Learning) - 실생활 중심의 지식들을 재구성한 사례들을 잘 함축하여 인지적, 사회적 문제 해결력을 증진시킴

② 플립드 러닝(Flipped Learning) - 융합형 강좌 방식에 적용되며 능동적 참여를 중심으로 학습자 기반의 자기주도 활동중심으로 교육 및 과업이 진행됨

③ 액션 러닝(Action Learning) - 교양교과 중심의 실생활과 연계성이 높은 학습 내용에 적합하며 학습자 역량강화 중심으로 적용되는 교육 대안

④ 문제 중심학습법(Problem-Based Learning) - 문제해결 지향 방식으로서 교수자의 부분적 의도가 융통적으로 반영될 수 있는 학습자 중심 교수학습법

⑤ 목표 중심학습법(Goal-Based Learning) - 문제해결에 요구되는 지식들을 습득하면서 지속적으로 과업을 해결하는 과정을 통해 우연함의 맥락 속에서 목표에 도달함

⑥ 프로젝트 중심 학습법(Project-Based Learning) - 실제 활동을 중심으로 장기간 프로젝트를 맡아 지속적으로 협업을 통해 과업을 수행함. 대개 공동 진행됨으로써 팀 중심 학습법과 병행

⑦ 팀 중심 학습법(Team-Based Learning) - 학습법과 병행되어 문제의 특성을 규명하고 자연스럽게 학습과정이 도출될 수 있는 계기가 생성된다.

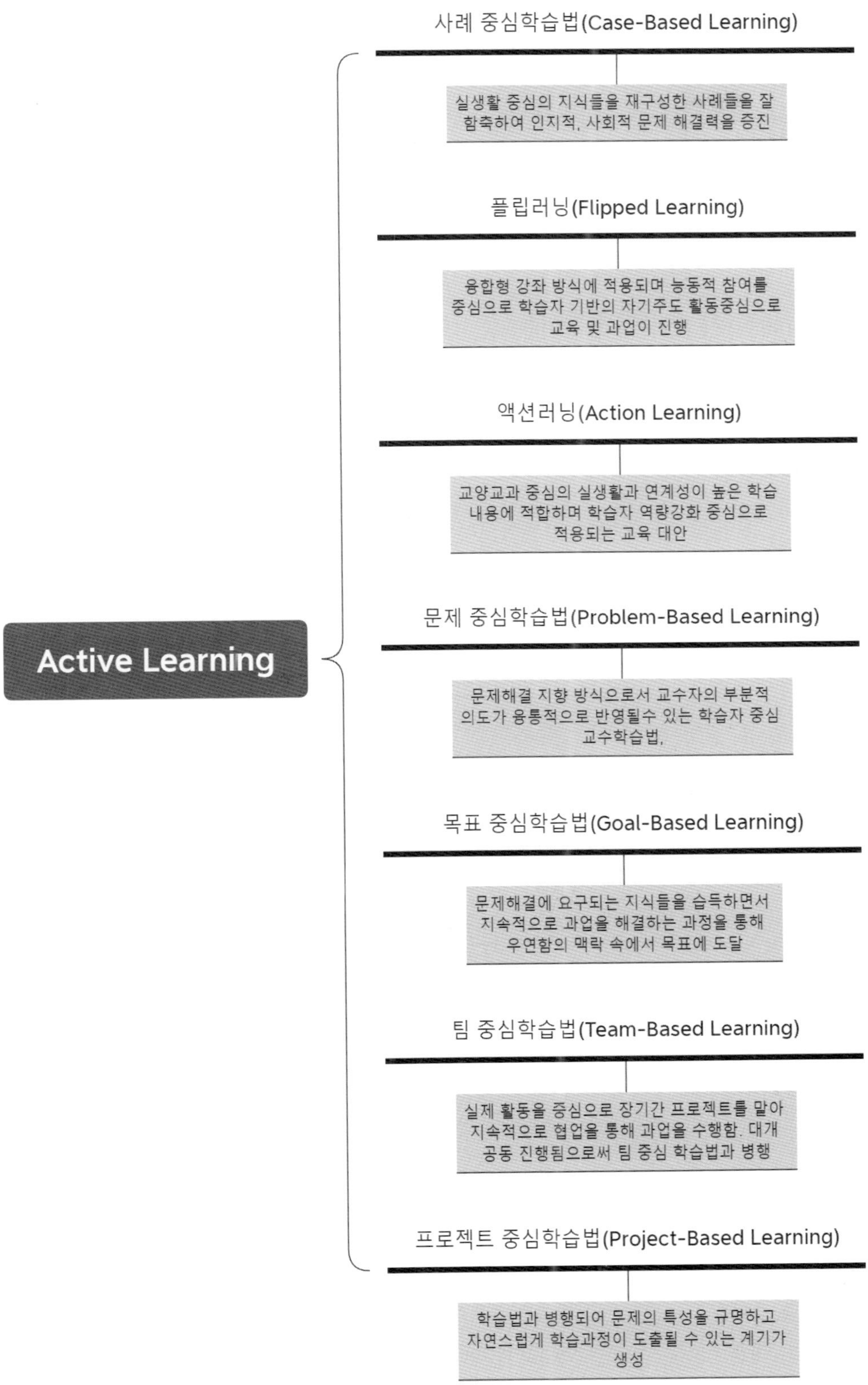

[그림 1-15] Active Learning의 유형1

액션러닝은 기존 지식전달형 교육패러다임의 강력한 대안으로 대두되고 있는 실천과 학습을 동시에 진행하는 실천학습(learning by doing)형의 교육방법으로 실무현장의 경험을 통해 학습자들이 자신의 학습을 장래의 삶과 일에 전환시킬 수 있도록 하는 학습전략이다. 액션러닝은 교수자 중심의 교육에서 벗어나 학습자들이 소집단을 구성하여 팀워크를 바탕으로 각자 또는 전체가 실패의 위험을 갖는 실제의 문제(real problem with real risk)를 정해진 시점까지 해결하는 동시에, 문제해결과정에 관한 성찰을 통해 학습하도록 지원하는 새로운 패러다임의 교육방식이다.24)

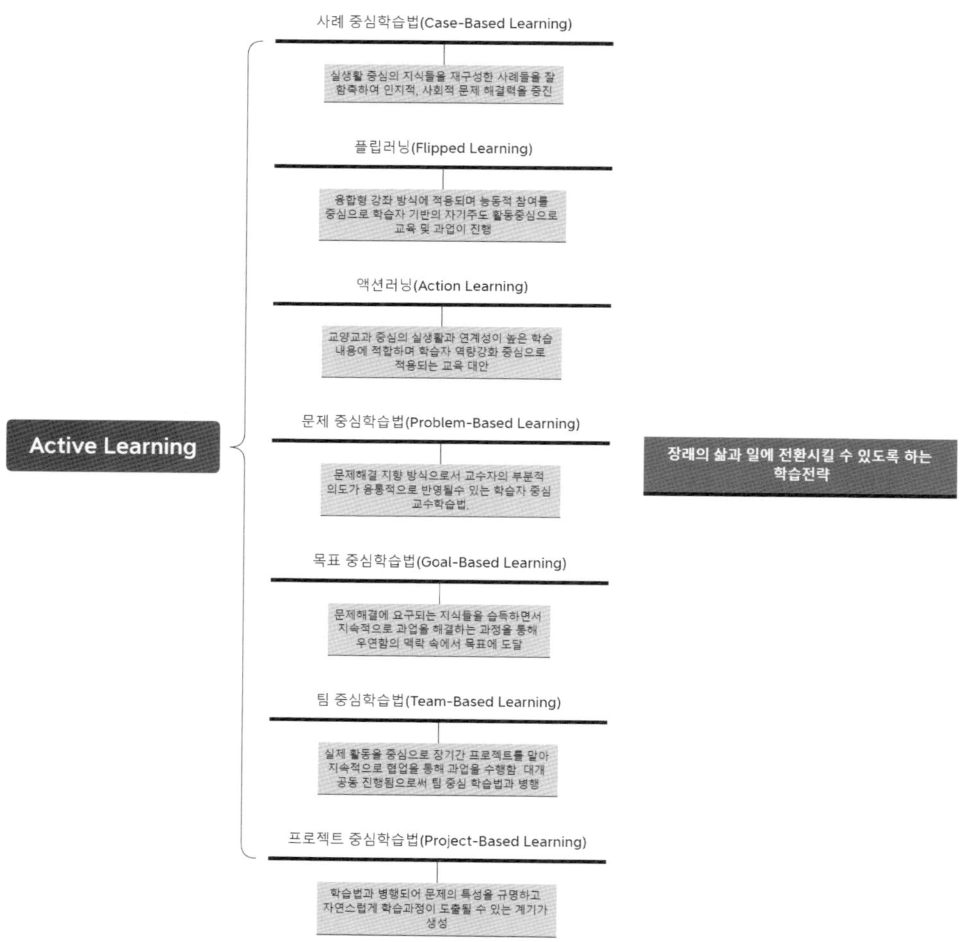

[그림 1-16] Active Learning의 미래교육 대안

24) Yun Min Kim, "Evaluation of Design and Operation of Action Learning based Nursing Professionalism Course for Nursing Students"(Department of Nursing Graduate School, Chonnam National University a doctoral dissertation, 2012), 3.

3.1.3 Flipped Learning의 종류

최근 고등교육에서 학생의 주체적인 학습을 촉진하는 액티브러닝 학습방법의 하나로 '반전 수업'이 최근 주목을 받고 있다. 반전 수업의 목적과 실천한 반전 수업에 대해 분석했다. 그 결과, 수업 보조 교재로 사용할 수 있는 오픈 교재(OER)로 인터넷에서 활성화 학생들에게 제공했다. 그러나 이를 위해서는 몇 가지 과제도 나타났다.

하나는 가정이나 학교에서 인터넷 환경이 정비되고, 또한 저렴한 정보 단말기가 보급되어 있는지 등 ICT 기술의 고급 발달을 전제로 필요하다, 또한 대학교육에 반전 수업을 도입・보급시켜 나가기 위한 유의점으로는 대학교원이 수업 전체를 설계하는 능력을 몸에 익힐 필요성이나 동영상 교재에 대한 인식 전환의 필요성 또한 동영상 교재 자체의 자료화의 필요성 등이 밝혀졌다.

반전 수업은 일반적으로 flip teaching 또는 flipped classroom으로 불리고. 혼합형 학습의 형태의 하나로, 학습자는 새로운 학습 내용을 자택 등에서 동영상에 의한 수업을 시청하고 예습을 하고 교실에서 수업은 강의 대신 문제 해결 학습 등의 협동 학습을 통해 배운 지식과 기술을 실생활에서 일어나는 다양한 문제 해결 결정에 활용하는 것을 학습한다. 반전 수업의 높은 성과는 액티브러닝에 의한 효과도 크게 포함되어 있다. 액티브러닝 수업의 질을 높이기 위해서는 학습 내용의 깊은 이해가 필요하다. 깊은 수업 이해를 위해서 예습은 매우 중요한 역할을 하는데 강의 전에 예습으로 동영상을 시청하는 경우가 많다. 반전 수업을 통해 깊은 이해를 목표 깊은 배움을 실현하는 것이 가능해진다고 생각된다. 반전 수업의 교육 효과를 높이기 위해서 교사는 강의식 수업과 동영상 학습과의 연계를 강화해야 한다. 또한 수업의 운영 또는 수업 설계, 교재 작성 등에 관해 많은 노력을 기울여야 한다.

1) 기본 플립 러닝

학생들은 숙제로 동영상 강의를 보고 다음 날 수업에 필요한 자료들을 읽어야 한다. 그리고 수업 시간에 학생들은 원래 학업 방식을 통해 배운 것을 연습해보는 시간을 가진다. 이때 선생님은 학생들과 1:1로 추가적으로 자유롭게 시간을 갖기도 한다.

2) 토론 중심의 플립 러닝

선생님은 그 날 배울 주제에 맞는 동영상 강의와 읽을 자료들을 숙제로 낸다. 예를 들어서 TED Talks, YouTube 비디오 등 여러 자료들이 있다. 수업 시간은 토론과 주제에 대한 탐구 위주로 이루어진다. 이러한 방법은 역사, 미술, 영어와 같이 내용 위주의 과목을 배우는 데 가장 유용한 수업 방식이다.

3) 설명 중심의 플립 러닝

화학이나 물리, 수학 같은 과목들은 외워야 할 내용도 많고 또 반복적인 학습도 필요한 주제들이다. 이러한 과목들에는 설명을 해주는 동영상 강의를 통해서 모르는 부분은 다시 되돌아가서 학습하는 방법이 유용하다. 이러한 학습방식 예시에서는 선생님이 화면을 녹화해서 학생들이 자신들의 속도에 맞게 따라 하면서 학습할 수 있도록 한다.

4) 가짜 플립 러닝

Education Drive에서 발견한 한 가지 좋은 방식은 실제로 숙제를 하기에는 아직 너무 어린 나이의 학생들에게 적합한 방식으로, 이 “가짜” 플립 러닝 예시는 수업에서 동영상 강의를 시청하게 하는 방법을 사용한다. 그래서 자신의 속도에 맞게 수업 자료를 다시 리뷰하는 기회를 준다. 또한, 선생님이 어린 학생들이 필요할 때 개인적인 도움을 줄 수 있다.

5) 그룹 활동 중심의 플립 러닝

이 방식은 학생들이 배우는 데 살짝 더 난이도가 있다. 다른 수업 방식과 마찬가지로, 수업은 동영상 강의와 다른 수업 자료를 통해 시작한다. 다른 점은 학생들이 수업에 왔을 때 그 날의 과제를 하기 위해 그룹을 형성하는 것이다. 이러한 수업 방식은 학생들이 서로에게 배울 수 있도록 유도하며, 학생들이 옳은 답을 찾는 것뿐만 아니라 그 과정을 설명할 수 있는 법을 배우는 것을 도와준다.

6) 가상 플립 러닝

플립 러닝은 나이가 많은 학생들에게 교실에서의 학습시간의 필요를 없애준다. 어떤 대학교수들은 학생들을 위한 동영상 강의를 공유하고, 온라인 시스템을 통해서 과제를 발표하고 검사한다. 학생들에게는 궁금한 것이 있거나 1:1로 상담이 필요할 때 개인 필요에 맞게 직접 사무실을 찾아 교수와 시간을 맞추도록 하고 있다.

7) 거꾸로 선생님

플립 러닝에 맞게 만들어진 모든 동영상의 시작과 끝에 꼭 선생님이 필요하지는 않다. 학생들도 자신에 실력을 향상시키기 위해 직접 동영상을 만드는 "선생님"이 될 수도 있다. 학생들에게 롤 플레이 활동을 녹화하는 숙제를 통해 실력을 기르고, 또 서로 배우는 내용을 발표하는 영상을 촬영하도록 만들 수도 있다. 다른 말로 "선생님을 가르치는" 방법이다.

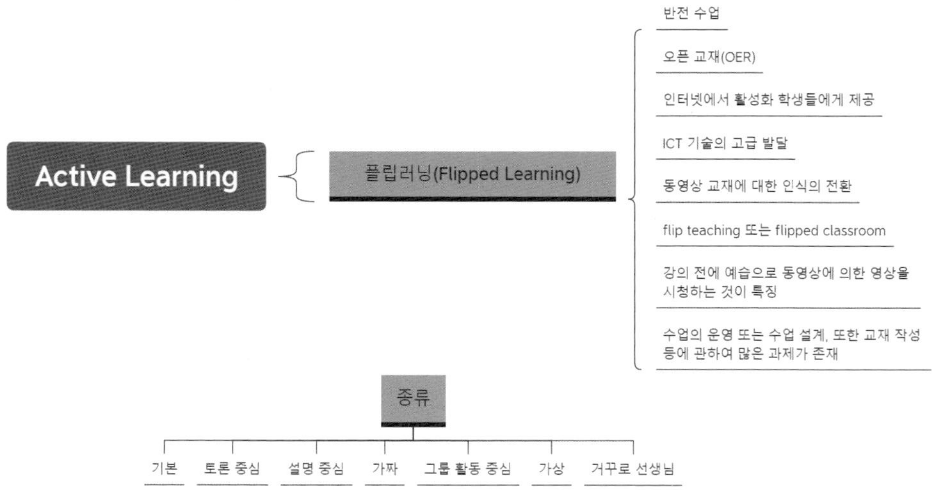

[그림 1-17] Flipped Learning

3.1.4 교수학습방법의 혁신 방향

1) 학습자 중심 교수학습 방법으로의 변화 필요

시대적 변화를 고등교육에 반영하면, 대학은 사회, 경제적 가치 등 미래 가치를 스스로 창출할 수 있는 인재를 양성하는 데 목표를 두는 방향으로 개편되어야 한다. 개인의 새로운 사회, 경제적 가치를 창출하는 지식의 융합은 물론이고, 상호 협력 능력을 갖춘 인재 양성을 위한 새로운 목표 설정이 필요하며 이를 위해서 대학의 교육과정 개편뿐만 아니라 적합한 교수-학습 활동이나 새로운 교수법 적용 등 교육 패러다임의 변화가 필요하다. 기존의 지식전달 위주의 교수자 중심의 교육에서 교수와 학생, 학생 상호 간의 협력이 활발한 학습자 중심의 교육 패러다임으로 전환이 필요하고 이를 통해 학생 개인 혹은 집단의 창의성을 유연하게 계발하여 21세기가 필요로 하는 인재를 양성할 수 있다. 뿐만, 아니라 정보화시대의 디지털 기술 발전으로 탄생한 밀레니엄 세대의 특징을 고려할 필요가 있으며 이들은 태어나면서부터 각종 디지털 테크놀로지에 친숙하고, 교육과 관련된 학습방법, 학습환경에 있어서도 선택권을 갖기를 원한다.[25]

25) 진성희 외, "공학전공 교수를 위한 플립러닝 교수설계 가이드북", (공학교육혁신센터 연구보고, 2016). 7.

2) 학습자 중심 교수학습 방법의 특징

구성주의 패러다임에 기반한 학습자 중심의 교수학습은 학습자가 가지고 있는 지식과 경험을 바탕으로 동료 학습자, 교수자, 학습환경 등과의 상호작용을 통해 새로운 지식과 경험을 재구성할 수 있는 기회를 제공하고 학습자 중심의 교수학습방법은 학습자가 실제 문제 상황에서 자신이 가진 지식과 경험을 활용하고, 다른 학습자와의 상호작용을 통해 문제를 해결하며, 이를 통해 문제해결력, 창의력 등 고차원적 역개발할 수 있다.[26] 또한, 학습자 중심의 학습환경은 다양성, 개별성, 상대성을 강조하며, 학습자가 스스로 필요성을 느끼며, 지식과 의미를 추구해가는 학습방식을 강조한다.[27]

창의력과 문제해결력과 같은 고차원적 능력을 키우기 위해서는 실무 현장에서 문제해결이 가능할 수 있도록 비구조화된 문제 해결에 필요한 지식을 습득할 수 있는 학습자 중심의 학습환경을 구축해야 한다. 비구조화된 문제 해결을 위해서는 사실 정보에 기반한 내용적 지식뿐만 아니라 상황적 지식, 전략적 지식에 대한 학습도 필요하다. 학습자 중심의 교수학습이란 학습자에게 수업의 초점을 맞춘 것으로 학습자는 교수자의 안내를 받아 자신의 학습에 책임을 지는 것을 의미한다(Eggen & Mauchak, 1999). 즉 학습자들의 요구와 흥미를 반영하여 학습 목표와 내용을 설정하고, 실행, 평가에 이르는 교수-학습의 전 과정에 학습자의 선택권과 참여 기회를 제공하는 교수-학습 방법이다.[28]

3) 플립러닝의 등장 배경

① 새로운 교수학습 방법의 필요

교육현장에서 주로 활용되어온 설명식 강의 교수법은 21세기를 살아가는데 필요한 역량을 갖춘 인재를 양성하기 위한 교수법으로써는 한계가 있다.

---

26) 이민경 외,"교실수업 혁신을 통한 미시적 교육개혁에 대한 시론적 고찰: 거꾸로 교실을 중심으로"(한국사회과학연구회, 95, 2015).

27) 김판수, 백현기, "공부의 절대시기:자기주도학습법", (서울:교육과학사, 2007).

28) 진성희 외, "공학전공 교수를 위한 플립러닝 교수설계 가이드북", (공학교육혁신센터 연구보고, 2016). 8.

비판적 논리적 사고능력, 창의력, 문제해결력 등과 같은 고차원적 사고력은 수동적인 설명식 강의법으로는 증진시키기 어렵기 때문이다. 전통적 교수학습 방법의 대안으로 협업을 통한 상호보완적 학습이 가능한 협력학습, 팀기반학습, 프로젝트기반학습, 문제기반학습 등이 이루어지고 있다. 하지만, 팀 내의 개별 학습자 간의 수준 차이 등의 문제로 완전학습에는 미치지 못하는 경우가 많다. 완전학습이 이루어지기 위해서는 강의실에서 이루어지는 학습자 개인 활동/수행시간을 확보할 필요가 있으며, 이를 위해서는 학습자들이 사전에 수업자료를 학습하고, 강의 시간에는 해결하지 못한 과제를 수행하는 방법의 새로운 교육방법이 필요하다.[29]

② 플립러닝의 시작

미국 콜로라도주 시골학교의 화학교사 Bergman과 Sams가 학습과 문제해결이 뒤바뀐 구조의 Flipped Learning을 처음으로 시도하였다. Bergman과 Sams는 플립러닝을 전달식 강의를 전체 교실 공간에서 개별 학습 공간으로 옮기고, 남겨진 전체 교실 공간을 상호작용적인 학습이 가능하고, 역동적인 환경으로 바꾸는 교육 실천이라고 정의한다.

그들의 시도 이후 미국 초등학교뿐만 아니라 대학에 이르기까지 다양한 교과목에 확대 적용되었고, 전 세계적으로 퍼져나가게 되었다. 플립러닝은 기존의 수업 과정과 활동내용을 뒤집는 '거꾸로(flipped)' 형태의 학습유형으로 교실에서 이루어지던 강의 수강 및 자료 읽기 활동을 학생들이 미리 가정에서 수행하도록 하고, 교실에서는 이미 습득한 지식을 적용하고 활용하는 토론, 문제해결, 프로젝트 수행 등을 하도록 한다.

전통적 수업은 교수자가 지식 전달자의 역할을 수행하며, 강의 중심으로 정해진 수업 시간 내에 전해야 할 지식을 학생들에게 학습하도록 하는 수업 방식이지만 플립러닝은 전통적인 수업의 패턴을 뒤집어 기존의 강의와 가정학습 과제 수행 요소를 뒤바꾼 교수 모형이다. 교실 수업에서 이루어지던 교수자의 강의 내용을 비디오나 오디오 자료를 통해 가정에서 사전

29) 최정빈, 김은경, "공과대학의 Flipped Learning 교수학습 모형 개발 및 교과운영사례", (Journal of Engineering Education Research, 18(2), 2015), 78.

학습하고, 교실에서는 교수자의 안내에 따라 사전 학습한 개념을 문제해결이나 프로젝트 수행에 적용, 실험, 토론 등의 과제를 수행하게 한다.[30)]

즉, 교수자 주도의 강의가 가정학습으로 이동하고, 수업 후 적용, 전이, 파지 활동의 의미를 가졌던 가정에서 해야 했던 '과제'가 교실로 이동한 형태라 할 수 있으며 이러한 형태의 교수학습 상황은 학습자에게 보다 많은 주도성과 책임감을 부과하고, 교수자는 지식 전달자의 역할 대신 수업 시간에 학습자들과 보다 많은 상호작용과 개별 학습을 지원하는 안내자의 역할을 수행하게 된다. 더 나아가 수업시간에 수동적 역할을 했던 학습자들에게 능동적 역할을 수행하게 함으로써 학습자가 고차원적 인지 활동을 하게 된다는 것이다.

플립러닝은 고차원적 학습목표를 달성하도록 하는데 적합한 교수학습 방법이다. Bloom(1956)의 교육목표 분류에 의하면, 지식 · 이해 · 적용 · 분석 · 종합 · 평가의 순으로 고차원적 목표였으며 이 분류를 수정하여 최근에는 기억 · 이해 · 적용 · 분석 · 평가 · 창안하기로 교육목표를 분류하고 있다 (Anderson, Krathwohl, & Bloom, 2001). 플립러닝은 기억하기, 이해하기와 같은 단순한 학습 목표는 학습자가 가정에서 사전 학습을 통해 스스로 학습하도록 하고, 교실에서는 적용, 분석, 평가, 창안하기와 같은 고차원적 학습 목표에 관한 교수-학습 활동이 이루어지도록 하는 것이다.[31)]

플립러닝의 본질은 테크놀로지를 상호작용 수단으로 하여 교사중심의 수업 방식을 학습자 중심의 참여형 학습으로 전환함으로써 교실 수업의 혁신을 도모하는 것에 있다. 지식 전달 위주의 학습에서 실제 생활에서 학습이 이루어질 수 있는 환경으로 변화함에 따라 플립러닝은 시대가 요구하는 창의 · 융합형 인재를 양성하는 데 최적의 교수학습 방법이라 할 수 있으며 특히, 변해 가는 교육 패러다임에 부합하는 학습자 중심의 교수-학습방법으로 학습자의 학업성취도와 만족도 측면에서도 효과가 입증되어 공학교육에서

30) 이희숙, 강신천, 김창석, "플립러닝 학습이 학습동기 및 학업성취도에 미치는 효과에 관한 연구" (한국컴퓨터교육학회 논문지, 18(2), 2015), 48-49.

31) 진성희 외, "공학전공 교수를 위한 플립러닝 교수설계 가이드북", (공학교육혁신센터 연구보고, 2016). 10.

의 적용이 확대되고 있다 하겠다.

플립러닝의 장점으로는 학습자들의 학업 성위도 향상에 긍정적인 영향을 미친다는 것이다. 사전 학습으로 제공된 이러닝 자료를 기반으로 사전학습 후, 수업과 중간고사, 기말고사 학습을 위해 자료를 계속적으로 활용하여 학습자 개인의 학습 수준을 상승시키는 데 효과적이었고,[32] KAIST 미적분학 II 교과목에서 플립러닝을 적용한 분반의 경우 타 분반에 비해 중간고사 결과가 평균 10점 향상되었다.[33] 삼육대학교 해부병리학 교과목에서도 간호대 학생을 대상으로 플립러닝을 적용하여 그 효과를 포커스 그룹과 개별 면담을 통해 학습자들의 플립러닝에 대한 인식을 현상학적 분석방법으로 분석한 연구결과 '효율적인 수업 방향 도모', '미디어 매체를 활용한 효율적인 강의' 등의 연구결과가 나타났다. 플립러닝 수업을 받은 학생들은 전반적으로 학습효과에 대해 매우 긍정적인 태도를 보였다.[34] 신정숙(2014)에 의하며 조선대 교양교과목 수강생 199명을 대상으로 학생들의 발표・토론 영상을 활용하여 플립러닝 실시 이전과 이후의 조별 발표 점수를 비교한 연구결과 '전달내용/글쓰기 영역'이 9점에서 9.2점으로, '발표 및 토론 영역'의 점수가 8.9점에서 9.3점으로 향상되었다.

이들을 대상으로 수업 참여도, 흥미도에 대한 설문조사를 실시한 결과 52.3%의 학생들이 기존의 전통적인 수업방식보다 플립러닝 방식이 흥미롭다고 응답했으며, 42.7%의 학생들이 기존 수업과 비교해 더 적극적으로 참여했다고 응답하였다.[35]

그리고 임정훈(2016)은 인천대 창의인재개발학과에서 2개의 전공교과목 수강생 76명을 대상으로 A과목은 이러닝 콘텐츠를 활용하고, B 과목은 교

---

32) 임경화, 김태현, "공학전공수업에서 플립드러닝(Flipped Learning) 적용을 위한 설계모형 탐색"(실천공학교육논문지, 6(2), 2014), 82.

33) 진성희 외, "공학전공 교수를 위한 플립러닝 교수설계 가이드북", (공학교육혁신센터 연구보고, 2016). 14.

34) 한숙정, 정현철, "플립러닝 학습 효과와 경험에 대한 연구"(Asia-pacific Journal of Multimedia Services Convergent with Art, Humanities, and Sociology, 6(1), 2016), 105.

35) 진성희 외, "공학전공 교수를 위한 플립러닝 교수설계 가이드북", (공학교육혁신센터 연구보고, 2016). 14-15.

수자 강의 내용을 동영상으로 촬영한 콘텐츠를 활용하여 플립 러닝을 실시한 연구결과, 학생들은 학습자 중심의 학습 활동이 가능하고, 미리 예습해 오는 습관을 기를 수 있어서 전통적 교육 방법보다 플립러닝 방식에 대한 만족도가 높은 것으로 나타났다.[36)]

학습자 중심의 역동적인 학습문화를 형성하는데 기여했으며,[37)] 학습자가 직접 토론과 퀴즈 활동을 수행하기 때문에 수업참여도가 증가 되며 이로 인해 수업 집중 효과가 탁월하다. 교실 분위기가 긍정적으로 개선되며 궁극적으로 학습자의 학습역량이 증진되는 데 효과적이다.

플립러닝의 단점으로는 사적 학습 시 개별학습의 부담을 느낄 수 있다는 것이다. 플립러닝을 수행할 때 사전 학습을 수강하지 않고 강의에 참여하는 일부 학생들의 경우는 본 수업에 순조롭게 참여하지 못할 가능성이 있다. 학습자들이 일정을 준수하지 않는 것도 플립러닝을 꺼리는 요인이다. 사전 학습으로 제공된 동영상의 내용 수준이 난해할 경우 학습자가 교수자에게 즉각적인 도움을 받기가 어렵고 교수자는 난이도를 고려해야 함과 동시에 보충학습자료를 준비해야 한다. 교수자가 사전 학습자료, 수업 중 활동자료 등을 설계하고 제작해야 하므로 교수자의 많은 노력이 요구되고, 이로 인한 업무 가중의 우려가 있다.[38)]

이는 기존 개발된 타 이러닝 자료 활용으로 부담을 경감할 수 있으며. 플립러닝 운영 중, 후에 교수자가 지속적으로 학습자의 요구를 반영하여 학습자의 부담을 경감하는 노력이 필요하다. 또한, 학습자들에게 새로운 교수학습방법에 적응하려는 노력을 요구해야 하며 플립러닝에 유용한 교수학습 활동은 상호적 질문 및 토론 활동(본 학습에서 교수자-학습자 또는 학습자-학습자의 상호적 질문과 토론이 활성화될 수 있는 강의주제가 적합함), 동

---

36) 진성희 외, "공학전공 교수를 위한 플립러닝 교수설계 가이드북", (공학교육혁신센터 연구보고, 2016). 15.

37) J. Bergmann, and A. Sams, "Flip your classroom: Reach every student in every class every day"(Washington DC:International Society for Technology in Education, 2012).

38) 진성희 외, "공학전공 교수를 위한 플립러닝 교수설계 가이드북", (공학교육혁신센터 연구보고, 2016). 15-16.

료학습과 병행하는 문제 풀이(학습자 1인이 해결하기에는 난이도가 높지만, 팀 협동학습을 통해 해결할 수 있는 난이도의 문제가 유용함), 콘텐츠와 아이디어 탐구(학습자의 지적 호기심을 자극하고 인지적 도전감을 줄 수 있는 탐구과제는 보다 고차원적인 사고활동을 필요로 하기 때문에 유용함), 학생간 콘텐츠 제작(팀 활동으로 발표를 위한 콘텐츠를 제작하는 것은 프레젠테이션 역량과 더불어 발표과제의 구조화 능력, 내용탐색 등 다양한 학습 활동을 유도하기 때문에 플립러닝에 매우 유용하며 보편적으로 활용하는 방법임) 등이 있다.

플립러닝에 유용하지 않은 교수학습 활동들은 교사의 일방적인 강의(플립러닝 시 학습자들의 이해정도가 낮다고 판단하여 토론 활동을 중단하고 교사의 일방적인 강의가 진행될 경우 플립러닝은 실패한 것으로 볼 수 있음, 교사의 일방적인 설명식 강의가 필요하면, 사전 학습으로 제공하는 것이 바람직하고 강의 내용상 설명식 강의가 주류를 이룬다면, 부득이하게 플립러닝은 포기해야 함), 단순기억(지식전달)의 학습('A국가의 수도는 B이다.'라는 식의 단순명제를 암기하거나 보편적인 지식을 전달할 경우에는 설명식의 강의나 암기를 위한 인지 활동을 유도하는 교사 주도식의 강의가 필요함. 다만 단순기억학습 이후에 지식을 적용하거나 분석 활동 등을 수반하지 않으면 단순기억 활동도 학습효과가 감소할 수 있으므로 플립러닝 수업형태로 구성하여 사전 학습에서 단순 암기 위주의 영상을 제공하고, 본 학습에서 암기내용에 대한 고차원적인 학습 활동을 수반하기를 권장함), 장기적인 도제식 학습유형(장기간의 시간에 걸쳐 습득되는 기술도 플립러닝으로 분절하고, 체계화하면 학습이 가능하지만, 도제식 수업방식 중에서 직접적인 실습이 아닌 참관형태의 수업이 장기간 지속될 경우 부적절할 수 있다) 등이 있다.

③ 플립러닝의 교육적 효과

- 플립러닝의 일반적 교육 효과

플립러닝은 이러닝 학습자료를 최적화하여 활용함으로써 교육적 효과를 가져올 수 있으며 이러닝의 장점은 언제 어디서나 학습을 진행할 수 있는 장점이 가장 큰 특징이고 플립러닝에서 사전/사후로 제공되는 이러닝 자료는 본 수업을 지원하는 최고의 수업 자료로 볼 수 있다. 이론과 실습으로 구성된 수업의 경우 실습 후에도 반복적으로 이론 동영상 강의를 수강할 경우 반복 학습 활용으로 인해 지식의 체계화에 도움이 되며 밀레니얼 세대의 특징 중 하나인 정보화 기기의 손쉬운 사용은 이러닝 자료의 활용도가 더욱 높아질 것으로 기대된다. OER(Open Education Resource), MOOC 등의 자료를 활용하면 교수자가 직접 제작하지 않아도 양질의 사전학습용 이러닝 자료를 대체할 수 있다. Youtube, TED 등의 강좌도 활용 가능하고 이러닝 교육자료 활용만이 아니라 이러닝을 탑재하고 있는 학사관리시스템(LMS)의 지원을 받을 수 있다. 공지 사항, 자료실, Q&A 등의 시스템을 활용하여 학습자와의 상호작용으로 학습자에게 다양한 지원이 가능하다.

플립러닝의 적용은 학습자 중심의 수준별 학습을 제공할 수 있고 학습 전/후 제공되는 이러닝 자료를 통해 다양한 수준의 학습자료를 제공할 수 있을 뿐만 아니라, 강의실 내 활동에서 교수자의 강의식 설명이 배제되어 있기 때문에 많은 시간을 할애하여 학습자의 수준에 맞게 퀴즈, 토론, 팀 활동 등을 수행할 수 있다. 교실 내 활동에서 팀 수준에 맞게 팀 과제를 부여한다거나, 개인 수준에 맞게 난이도별로 다양한 문제 풀이를 제공하여, 수준별 학습활용이 가능하다.

학습자들의 자기주도 학습능력을 향상시키고, 이러닝 수강 및 강의실 활동 위주 수업 방식은 학습자 중심의 수업 방식이므로 자연스럽게 학습자의 자기 주도성이 향상되는데, 이때 교수자는 학습자가 수행해야 할 책무의 범위를 규명해 주고, 목표한 바를 성취할 수 있도록 조력자의 역할을 수행해야 한다. 특히 본 수업에서는 학습자들이 다양한 학습활동에 능동적으로 참여하고, 타 학습자들과 상호작용을 수행하면서 학습 주체의 역할을 수행하게 된다. 실제 학교와 교실에서 실험을 통해 보여준 프로그램에서 학습자들은 학습 의욕이 자극되어 왕성한 활동력을 보여주었고 기대치를 넘는 변화를 보여주었다[39] 이러닝 수강 시 개인이 학습속도에 맞추어 학습을 수행하기 때문에 학습속도에서도 개인이 자기조절이 가능하고, 학습자들이 토론, 문답, 문제풀이 등의 학습 활동에 참여하면서 자신이 모르는 것을 스스로 인지하게 되는 등 다양한 메타인지(메타 인지: 앎에 대한 지각)를 향상시켜 자기주도력을 향상시킬 수 있다.[40]

플립러닝은 학습자 개별학습 후 강의실에서 팀 협동학습을 진행하는 것이 보편적이며 타인과의 협업을 통해 학습하는 협동학습 역량은 학습자가 가져야 할 핵심역량 중 하나이다. 협동학습 참여가 많을수록 협동학습역량은 향상된다. 기존 수업 방식과 달리 협업과 학습자 참여가 많아지게 되므로 지식 전달 위주가 아닌 소통중심의 학습이 이루어지며 이에 소통을 지향하는 학습문화 형성에도 이바지한다.

고차원적인 학습 목표를 달성할 수 있는 학습 활동을 제공하며 블룸의 지식의 체계의 분류에서는 지식, 이해, 적용, 분석, 종합, 평가의 단계를 거쳐 지식의 체계와 난이도가 상승하는 것으로 보고되고 있다. 이전 수업 방식의 경우 지식, 이해, 적용의 하위 차원의 강의 내용으로 강의의 비중이 높고, 분석, 종합, 평가의 경우 시간 제약으로 인해 다루는 비중이 적거나 사후과제로 대체하는 경우를 볼 수 있으며, 플립러닝의 경우 사전 학습으로 저차원의 학습 활동을 수행하고, 고차원의 학습활동을 강의실 내에서 수행하기 때문에 강의실 내

39) 정찬필, "저널리스트의 눈으로 본 교육, 거꾸로교실과 변명의 카르텔"(서울:교육광장, 52, 2014), 48-50.

40) 이민경 외, "교실수업 혁신을 통한 미시적 교육개혁에 대한시론적 고찰: 거꾸로 교실을 중심으로"(한국사회과학연구회, 95, 2015), 223-251.

수업의 질 개선과 함께 고차원의 학습 내용 접근이 가능하다. 또한, 사후 과제의 경우보다 더 창의적인 과제를 요구하더라도 고차원 학습을 경험한 학습자들의 과제 성공률이 높다.

- 수준별 수업 교실

교수자들이 학습자들에게 사용하는 기술이나 가려치는 노하우, 동기부여 방법은 전부 다 다르다. 교수자는 무대의 주요한 배우가 되기보다는 옆에서 도움을 주는 사람이 되어야 한다.

accd.org에 따르면, 플립 러닝 수업 방식을 이용하는 453명의 교수자가 가르치는 학생의 67%가 시험 성적이 올라 고급 학습과정의 수업을 수강할 수 있게 되었으며, 80%는 학생들의 태도가 발전했다고 한다. 그리고 무려 99%가 다음 해에도 플립 러닝 수업 방식을 유지하고 싶다고 밝혔고, 이를 바탕으로 설계한 플립러닝 수업 과정은 다음과 같다.

첫째, 플립러닝 수업은 학습자가 지식 구성 과정에 주체가 되도록 설계해야 한다. 플립러닝 수업의 특성상 학습자는 사전에 동영상을 통해 개별적으로 학습하고 교실 수업에서는 이를 응용할 수 있는 다양한 활동에 참여한다.

둘째, 플립러닝 수업에서 학습은 교실 밖, 교실 안에서 시·공간에 제한받지 않고 일어나기 때문에 유연한 학습 환경으로 설계되어야 한다. 이에 본 연구는 학습자들이 학습 수행을 위한 충분한 시간을 부여하고 교실 밖 수업에서도 학습자와 동료 학습자, 학습자와 교수자 간의 원활한 의사소통을 유도하기 위해 LMS상의 온라인 팀플 공간을 제공하였다.

셋째, 플립러닝 수업은 의도된 교수·학습 내용을 지녀야 한다. 즉 학습자의 이해와 참여를 돕기 위한 교수학습 전략과 수업 활동, 교육자료 제작 등의 전반적인 교수학습 내용을 사전에 철저히 준비되어야 한다. 이에 본 연구는 E 대학교 내 교수학습지원시스템(Center for Teaching and Learning, CTL)의 녹음장치를 사용하여 사전 학습 영상을 제작하고 차시별 학습 활동지 등의 교육자료를 제작하였다.

넷째, 플립러닝 수업은 전문적인 교수자의 역할이 중요하다. 교수자는 효과적인 플립러닝 수업을 위해 적절한 수업 내용을 선정하고 재구성하기 위한 계획이 필요하다. 즉, 선행학습으로 학습할 내용과 이 중 교실 수업에서 심층적으로 다룰 내용을 선정해야 한다. 또한, 교수자는 선수학습을 통해 학습한 지식을 교실 수업에서 응용하기 위해 학습자의 학습 수준을 고려한 수업 활동을 통해 개별화된 학습과 심화 학습이 가능하도록 설계해야 한다.[41] 본 연구에서 교수자는 플립러닝 수업이 본격적으로 시작되기 전 학습자들에게 플립러닝 수업과 활동에 관해 명확히 정의되고 구조화된 안내를 제공했으며 전반적인 수업 과정에서 적절한 피드백이나 코칭을 제공하였다.

다섯째, 플립러닝 수업은 혁신적인 네트워크 활동으로 구성되어야 한다. 학습자는 교실이나 교과서와 같은 제한적인 학습 환경에서 벗어나 다양한 멀티미디어 자료를 활용하여 언제, 어디서든 원하는 정보를 수집하고 이를 활동에 적용할 수 있다.

여섯째, 플립러닝 수업은 학습자의 참여적이고 효과적인 경험을 유도해야 한다. 이에 본 연구는 플립러닝의 교실 내 수업을 도입-전개-정리의 세 단계로 구분하고 각 단계별 사전에 습득한 지식을 점검해 보는 활동, 본격적인 지식 응용 활동, 그리고 발표나 성찰 활동 등의 마무리 활동 순으로 구성하였다. 또한, 매 차시 수업의 진행 사항과 다음 차시를 위한 준비 및 예고사항을 미리 온라인 포털에 공유하여 구체적인 안내와 스캐폴딩을 제공하였다.

일곱째, 플립러닝 수업은 다양하고 매끄러운 학습 플랫폼을 가져야 한다. 플립러닝 수업에서 학습자는 수업 이전에 미리 학습 동영상을

41) 이동엽, "플립드 러닝(Flipped Learning) 교수학습 설계모형 탐구"(디지털융복합연구, 11(12), 2013). 83-92.

통해 선행학습을 실시하고, 수업 활동에서 이를 적극적으로 응용하는 활동을 수행해야 한다.

④ MOOC

무크(MOOC)는 'Massive Open Online Course'의 앞 글자를 딴 약자로 수강인원에 제한 없이(Massive), 모든 사람이 수강 가능하며(Open), 웹 기반으로(Online) 미리 정의된 학습목표를 위해 구성된 강좌(Course)이다. 대표적인 MOOC 사이트인 'Coursera', 'edx', 'Udacity' 등은 온라인으로 무료 강좌를 제공하고, 해당과목의 모든 프로젝트를 완료하면 수료증을 발급하고 있다.

일본은 2014년 4월부터 JMOOC가 공인하는 배달 플랫폼 'gatto' 가 시작되었다. 대학 교수진의 강의를 무료 온라인으로 수강할 수 있는데 강의 동영상 1편은 10분 정도로 제작되어 있다. 자율 학습과 게시판을 통해 다른 수강생들과 토론이 가능하며 일정의 수료 조건을 채우면 수료증을 받을 수 있다. 일부 강좌는 반전학습코스를 유료로 제공하고 있다.

⑤ 칸 아카데미

대학 등의 고등 교육 기관 이외에서는 칸아카데미가 무료 동영상을 제공하고 있다. 사르만 헤르만 칸이 수학, 수학이나 물리 등 다양한 같은 분야에 걸쳐 동영상을 만들어 공개하고 있다. 초・중・고교 수준의 수학, 화학, 물리학부터 컴퓨터공학, 금융, 역사, 예술까지 다양한 분야의 동영상 강의를 제공하고 있으며, 미국 내 2만여 개 학급에서 교육 자료로 쓰이고 있다.[42)]

⑥ 교사 자신이 만드는 동영상

반전 수업이라고 하면 일반적으로 교사가 스스로 동영상를 만들고 그것을 이용하여 반전 수업을 실시한다고도 한다. 또한, 교사들이 만든 동영상을 공유하는 것도 가능하다. 학교 내외에서 연계를 할 수 있다면 동영상을

42) 三保紀裕, "反転授業における予習の仕方とアクティブラーニングの関連"(日本教育工学会論文誌, 40, 2016), 161-164.

공유할 수도 있다. 교사가 만든 동영상에는 자신만의 가르치는 노하우가 녹아 있다. 이러한 동영상을 공유하게 되면 효과적인 방법으로 통합할 수도 있다. 이렇게 함으로써 보다 질 높은 교육을 제공하게 된다.[43]

[그림 1-18] 교수학습방법의 혁신방향

3.1.5 주요국가의 Active Learning

1) 미국의 Active Learning

① 미국의 Active Learning의 역사

미국고등교육학회(American Association for Higher Education, 이하, AAHE) 연구그룹이 작성한 "Involvement in Learning(1984)" 보고서에서 처음으로 사용되었다. 이후 Chickering & Gamson가[44] 작성한 "Seven Principles For Good Practice in Undergraduate Education(1987)"에서도 언급되는데, 이를 계기로 미국 고등교육의 학습개념은 일대 변화의 전기를 맞이하게 된다. 특히, Chickering & Gamson(1987)가 지적한 "교육실천 7원칙"은 AAHE 보고서의 기본개념인 "학생을 학습에 참여시키는 것(=능동적 학습)"을 골자로 작성되었으며, 현재까지도 미국 고등교육뿐만 아니라 세계 여러 대학에서 활용[45]될 만큼 고등교육 분야에 미친 영향력은 매우 크다고 볼 수 있다.

미국의 대학교육에 7원칙이 수용된 이유는 무엇인가? 1980년대 당시 교

---

43) 三保紀裕, "反転授業における予習の仕方とアクティブラーニングの関連"(日本教育工学会論文誌, 40, 2016), 161-164.

44) Chickering, W. & Gibbs, Zealda F, "Seven Principles for Good Practice in Undergraduate Education"(AAHE Bulletin, March 39, 1987), 1-7.

45) 中井俊樹・中島英博, "優れた授業実践のための7つの原則とその実践手法"(名古屋高等教育研究第5号, 2005), 283-299.

육현황에 대한 연방정부 보고서 "A Nation at Risk: The Imperative for Educational Reform"(National Commission on Excellence in Education, 1983)는 다음과 같이 설명하고 있다. ① 국내 17세 청소년의 13%가 기능적 문맹자로 간주된다. 특히, 소수민족 청소년의 경우 40%에 이른다. ② 17세 청소년의 상당수가 고차원의 지적능력이 없다. ③ 대학입시위원회 진학적성시험(SAT) 성적은 1963년부터 1980년에 걸쳐 사실상 저하되고 있다. 언어시험 및 수학 평균점은 각각 50점, 40점 저하 등 공교육의 투자대비 성과의 악화를 지적하였다(National Commission on Excellence in Education, 1983: 115-116).[46] 무엇보다 미국의 고등교육현장은 변함없이 "교수는 이야기하고 학생은 듣는" 전통적 교수법에 따라 진행되고, 교사와 학생 간의 의사소통의 부재와 협동학습의 부족으로 인한 학생의 수동적 학습태도에 대한 한계 극복 노력이 보이지 않았다는 점이다.[47] 다음은 Lyman & Foyle(1990)[48]가 묘사한 교육현장의 모습이다.

수많은 미국 학생들은 침묵 속에서 학습하고 그들의 동료들과 분리되어 있는 쓸쓸한 학교에 다닌다. 종종 학생 간 상호작용은 보상받기보다 처벌받는다. 그런 학습 환경은 사회경제적 배경, 학업준비, 학습방식, 그리고 어렵고 불가능한 환경 속에서 성취해내는 것을 배우는 학습동기 유발 가능한 학생들을 좌절시킨다. 〈중략〉 학생 간 상호작용과 협력은 문제해결 능력의 증진, 성적 향상, 기억 유지, 그리고 친구, 교사, 과목, 학교에 대한 보다 나은 태도에 대한 기반을 형성할 수 있다.[49]

---

46) National Commission on Excellence in Education (1983). A Nation at Risk: The Imperative for Educational Reform, The Elementary School Journal 84(2) 112-130.

47) Bonwell, C. C. & Eison, J. A, "Active Learning: Creating Excitement in the Classroom"(ASHE-ERIC Higher Education Report No.1, Washington, D.C. George Washington University, 1991).

48) Lawrence Lyman & Harvey C. Foyle, "Cooperative Grouping for Interactive Learning: Students, Teachers, and Administrators"(Washington, DC: National Education Association, 1990).

49) Lawrence Lyman & Harvey C. Foyle, "Cooperative Grouping for Interactive Learning: Students, Teachers, and Administrators"(Washington, DC: National Education Association, 1990).

② 미국 Active Learning의 학교현장

학생들 간 원활한 주체적 상호작용이 없는 학습환경에 대해 당시 고등교육분야의 수많은 지도자와 국가 보고서는 학습과정에 있어 학생들의 관심을 끌고 학습 참여를 독려할 능동적 학습방법을 지속적으로 권고하였다.[50] 그 결과, 추상적이거나 난해하지 않으며 이해하기 쉬울 뿐만 아니라 실천 가능한 교육방법, 이른바 7원칙이 제기되기에 이른다.

7원칙의 구체적 내용은 ① 학생과 교원의 접촉 촉진, ② 학생 간 호혜와 협력의 기회 늘림, ③ 능동적 학습 기법 사용, ④ 신속한 피드백, ⑤ 학습에 요구되는 시간의 중요성 강조, ⑥ 높은 기대의 전달, ⑦ 다양한 재능과 학습법 존중[51]이다. 여기에서도 엿볼 수 있듯이 학생의 학습실천 촉진은 교육주체의 상호작용에 기반을 두고 진행되는 능동적 학습에 대한 교수자의 적극적 협조를 중시하고 있음을 이해할 수 있다. 결국, 교수자가 실천하기 어려운 종래의 교수법에 대한 변화와 능동적 학습에 대한 기대를 함축하고 있다고 할 수 있다.

이에 AAHE 관련 연구자들은 7원칙을 어떻게 교원에게 소개하고 참여를 이끌어 낼 수 있는지에 대해 ① 모든 교원이 실천할 수 있는 행동으로 표현하기, ② 이해하기 쉬운 용어 사용하기, ③ 각 원칙에 대한 충실한 정보 제공하기, ④ 교원의 학문분야와 관계없이 실천 가능케 하기를 그 방법으로 제시하였다.[52]

액티브러닝은 "교육실천 7원칙"이라는 교수법과 이에 상응하는 4가지 실천수법이 이해하기 쉽게 교원들에게 보급됨으로써 미국의 고등교육에 등장·수용될 수 있었다고 볼 수 있다. 그러나 1990년대 이전까지 그 개념이 명확히 정의되지 않았다. 이후 Bonwell & Eison은[53] 1991년 발표한 "Active

50) Bonwell, C. C. & Eison, J. A, "Active Learning: Creating Excitement in the Classroom"(ASHE-ERIC Higher Education Report No.1, Washington, D.C. George Washington University, 1991).

51) Chickering, W. & Gibbs, Zealda F, "Seven Principles for Good Practice in Undergraduate Education"(AAHE Bulletin, March 39, 1987), 1-7.

52) Gamson, Z, "A Brief History of the Seven Principles for Good Practice in Undergraduate Education"(New Directions for Teaching and Learning, No.47, 1991), 5-12.

53) Bonwell, C. C. & Eison, J. A, "Active Learning: Creating Excitement in the Classroom. ASHE-ERIC

Learning: Creating excitement in the classroom"에서 액티브러닝에 대한 정의 도출을 통해 학습개념의 하나로 이론화하였다. 이어 Barr & Tagg(1995)[54]는 고등교육잡지 "CHANGE"27(6)에서 "교육(Teaching)에서 학습(Learning)으로", 즉 "교수패러다임"에서 "학습패러다임"으로의 전환을 지적함으로써 How to teach보다 How to learn에 중점을 둔 학습론적 성격을 포괄적으로 해석하고자 하였다.

미국의 고등교육 분야에 불어 닥친 액티브러닝에 대한 학계의 관심은 종래의 타율적 교수법에서 벗어나 학생의 능동적 학습법을 통한 대학교육 개혁의지를 담고 있었다. 그런데 왜 미국의 대학사회는 교수・학습 패러다임의 전환시대를 맞이하게 되었는가? 그 이유는 다양하겠지만 근본적으로 다음 2가지를 들 수 있을 것이다.[55]

첫째, 미국 대학의 대중화이다. 1960~70년대 초에 걸쳐 여성, 소수민족, 유학생 등 미국 대학의 학생은 다양화가 가속화된 반면, 변함없는 전통적 강의방식은 그들의 학습 만족도를 향상시킬 수 없었다. 둘째, 대학교원의 역할분화이다. 제1・2차 세계대전을 겪으며 대학교원의 연구자로서의 역할이 주목받게 되고, 대학교원은 전문가이자 연구자라는 이미지가 확립되었다. 이로 인해 다수의 대학교원은 교육활동을 부차적인 것으로 간주하게 되고 연구활동에 몰두하게 됨으로써 학생이 무엇을 어떻게 학습해나가야 하는지에 대한 교육적 역할에 대한 의문을 제기하기에 이른다.

이러한 교육적 환경 속에서 출발한 액티브러닝은 학자에 따라 그 개념에 차이를 보이며 명확하게 정립되어 있지 않다. 먼저, 액티브러닝의 개념화에 선도적 역할을 견인했던 Bonwell & Eison에 따르면, 액티브러닝이란 "학생들이 행하는 무언가에 관한 생각과 행동 속에 그들이 참여할 수 있도록 하는 모든 것"[56]이라고 정의하고 있다. 이와 관련하여 Bonwell & Eison(1991)

Higher Education Report No.1"(Washington, D.C. George Washington University, 1991).

54) Robert B. Barr & John Tagg "From teaching to learning: A new paradigm for undergraduate education"(Change, 27(6), 1995), 12-25.

55) 溝上慎一, "アクティブ・ラーニングの背景と展開"(IDE, 582, 2016), 9-13.

56) Bonwell, C. C. & Eison, J. A, "Active Learning: Creating Excitement in the Classroom"(ASHE-ERIC Higher Education Report No.1, Washington, D.C. George Washington University, 1991).

은 액티브러닝에 요구되는 5가지 특징을 다음과 같이 논한다. ① 학생들은 수업을 듣는 것 이상의 것에 관여한다. ② 정보전달이 강조되기보다 학생의 능력개발에 역점이 주어진다. ③ 학생들은 고차사고(분석, 종합, 평가)에 관여한다. ④ 학생들은 활동(읽기, 토론, 쓰기)에 종사한다. ⑤ 학생 자신의 태도와 가치에 대한 탐구를 가장 강조한다. 결국, Bonwell & Eison(1991)가 생각한 액티브러닝이란, 단순히 수동적으로 듣는 "지식전달형 수업"이 아닌 학생 스스로가 능동적 사고과정을 통해 읽기, 토론, 쓰기 등에 관여하는 참여형(체험형) 학수(学修)방법이라고 볼 수 있겠다.

AAHE 등에서 활동해온 심리학자 Mckeachie(1986)[57]에 따르면, 학생들의 메타인지적 학습방법과 비판적 사고능력의 획득은 협동학습과정의 동료 간 토론에 의해 이루어짐을 밝히고 있다. 특히, 학생들이 수동적이거나 생각없이 정보를 수용하는 문제에 대해 그들 스스로가 학습내용을 기억・활용할 수 있기 위해 학습에 능동적 사고를 가질 것을 주장해왔다는 점에서 Bonwell & Eison(1991)[58]와 일치한다. 즉, 학생들 주도 하의 상호작용을 통해 학습할 수 있는 교수학습환경을 지원함으로써 그들이 학습내용에 대해 명확하게 이해하고 장기간 기억할 수 있도록 할 것을 당부하였다. 또한, 그 과정에서 학생들이 어떠한 생각을 하고 있는지 파악하고 학생의 표정과 몸짓을 이해할 수 있다. 물론, 교수자 역시 그들로부터 피드백을 얻을 수 있음을 지적하였다. 결국, Mckeachie가 생각한 액티브러닝은 학생을 학습과정에 맞닥뜨리게 하여 그 과정에 적극적으로 참여하게 만들기 위한 교수학습 전략이며, 학생에게 질문하는 것과 그들로 하여금 질문하도록 장려함으로써 능동적 학습과 사고가 촉진되는 과정임을 이해할 수 있다.[59]

액티브러닝에 대한 Mckeachie(1998)의 생각은 그의 강의 철학에서도 드

57) Mckeachie, W. J. & Gibbs, Graham (1978). Mckeachie's teaching tips: A guidebook for the beginning college teacher 7th ed. Lexington, Mass: Heath.

58) Bonwell, C. C. & Eison, J. A. (1991). Active Learning: Creating Excitement in the Classroom. ASHE-ERIC Higher Education Report No.1, Washington, D.C. George Washington University.

59) Mckeachie, W. J. & Gibbs, Graham, "Mckeachie's teaching tips: A guidebook for the beginning college teacher 7th ed. Lexington"(Mass: Heath, 1978).

러난다. 교육은 가르치는 것이 아니라 협력·협동 등 상호작용에 의해 이루어지는 "협력기업"(cooperative enterprise)과 같은 성격을 지닌다. 또한, 강의목표는 다양하지만, 학생의 동기부여와 지속적 학습능력 향상에 유용해야 한다. 그리고 대다수 학생의 학습은 교실 밖에서 이루어진다.

이처럼 액티브러닝이란 학생이 전문적 지식을 이해·향상시킬 수 있도록 매개하는 중재자 역할에 머무르지 않고 학생 개인의 고유한 자질, 존엄성, 인간적 성장에 대한 책임, 이런 것들에 대한 역할 확대가 기대되는 학습자 참여 중심의 교수학습법인 것이다. 다시 말해, "교수자가 무엇을 실시하는 것에 중점을 두는 것이 아니라, 학습자가 어떤 생각을 하는 것"[60]에 중심을 두고 그들의 학습지원을 하는 것이다.

고등교육 수업컨설턴트 전문가 Fink(2003)[61]는 Bonwell & Eison(1991) 및 Mckeachie의 주장과 같이 지식전달방식의 수업을 수동적 학습으로 정의하였다. 그러나 "의미 있는 학습경험의 창출"을 위해서는 능동적 학습에 대해 주목해야 하며, 무엇보다 수동적 학습과 능동적 학습이라는 이분법적 논리에서 생각하기보다 양자를 전체론적(holistic) 관점에서 이해하고자 했다는 점에서 그 특색을 찾을 수 있다.

Fink(2003)[62]가 생각한 액티브러닝은 단순히 교수자의 강의를 듣고 책을 읽음으로써 획득하는 정보(information)·아이디어(ideas), 또한 그 과정에서 이루어지는 경험(experience)·성찰(reflecting)의 산술적 총합 이상의 의미를 내포한다. 이는 3요소 및 해당 실천과제 해결만으로 액티브러닝 그 자체를 이해할 수 없으며, 학습에 대한 학생의 적극적 참여와 높은 열의가 수반됨으로써 최종적으로 "의미 있는 학습경험"이 성립됨을 시사하고 있다.

그 구체적 방법으로 Fink(2010)[63]는 ① 기초적 지식, ② 응용, ③ 통합, ④

---

60) Mckeachie, W. J. & Gibbs, Graham, "Mckeachie's teaching tips: A guidebook for the beginning college teacher 7th ed."(Lexington, Mass: Heath, 1978).

61) Fink, L. D, "Creating significant learning experiences: An integrated approach to designing college courses"(San Francisco, CA: Jossey-Bass, 2003).

62) Fink, L. D, "Creating significant learning experiences: An integrated approach to designing college courses"(San Francisco, CA: Jossey-Bass, 2003).

63) Fink, L. D, "Designing our course for greater student engagement and better student learning."

인간의 차원, ⑤ 관심 전환, ⑥ 학습방법의 습득을 제언하였다.

Fink(2003, 2010)는 액티브러닝을 수동적 학습・능동적 학습의 전체론적 교수학습방식으로 이해하는 데 그치지 않고, "의미 있는 경험학습"의 창출과 접목시켜 파악함으로써 교육현장 속 액티브러닝 형 수업을 적용시키고자 하였다. 특히, 기초 지식 및 응용 등 지식 전달만이 아니라 인간성장 및 생애학습 등 기존 교수학습 패러다임을 바꾸는 새로운 도전을 제시하였다. 다시 말해, 학습경험 6요소 간 위계질서를 통한 계층적 관계성이 아닌, 각 요소 간 상호보완적 관계성 속에서 정의하고자 하였다는 점에서 학습 경험론의 구체화에 노력하였다고 할 수 있다.[64]

[그림 1-19] 미국학교현장교육실천 7원칙

2) 일본의 Active Learning

① 일본 Active Learning의 역사

일본의 교육정책 속에서 액티브러닝이 대두되기 시작한 것은 2012년 12월 문부과학성 중앙교육심의회 답신, 이른바 "질적전환답신"이 발표된 시점이다. 그러나 1960~70년대 대학의 대중화를 계기로 액티브러닝이라는 용어가 체계화되지는 않았지만 교육계의 능동적 학습에 대한 관심은 날로 높아져 갔다. 일본의 교육정책의 기본은 1960년대 이후 미국의 경제이론에 근간을 둔 능력주의 교육관에서 점차 신자유주의 교육관으로 이행해 왔으며, 그 저류에는 경쟁주의에 의한 인간의 종별화(種別化)가 존재하고 있다.[65] 이를

(Perspectives on Issues in Higher Education. 13(1), 2010), 3-12.

64) 오민석, 장지은, "일본 액티브러닝의 도입과 전개"(한국일본교육학회 연차학술대회, 2017), 14~17.

부추겨 글로벌화와 정보화의 진전 등 급격한 사회변화는 또한 인적관계성의 희박화, 사회 양극화의 고정화・재생산, 고용・취업의 유동화, 지식정보 유통의 급변 등 장래 예측 불가능한 시대의 도래를 촉발시켰다고 해도 과언이 아니다. 특히, 1990년대 불어 닥친 대학의 국제화, 수업 중 학생의 사적인 대화, 자율적・자립적 대학생의 타율적・의존적 고등학생화(化) 등의 문제로 인해 대학현장에서는 수업진행의 어려움이 가속화되었다.[66)]

1991년 "대학설치기준의 대강화"라는 제도가 도입되면서 전통적인 교수학습법에서 벗어나 교원과 학생 간의 의사소통, 학생 간의 의사소통 등 쌍방향 수업을 통한 교수학습법에 대한 전환 요구가 제기되었다.

2000년대에 들어서면, 대학의 주체적 교육연구활동은 대학입학희망자 전원이 입학 가능한 대학전입(全入)시대의 도래, 정보통신(ICT)의 발전, 글로벌 인재육성의 필요성이 대두되는 가운데 실천적 학습이 구체화되었다. 그 정책적 역할을 담당했던 문부과학성 중앙교육심의회에서는 2008년「학사과정교육의 구축을 향하여」에서 액티브러닝에 대한 교육적 속성에 대해 처음으로 언급한다. 주요 내용은 "학생의 주체성・능동성을 이끌어낼 수 있는 교수법"에 의한 교육정책의 변환을 골자로 학생의 주체적 참여 학습을 강조하였다.

한편 예측곤란한 시대를 살아가기 위해 개인이 갖추어야 할 다양한 능력을 기르기 위한 방법을 평생교육적 관점에서 액티브러닝을 통해 찾고자 하였다. 생애에 걸쳐 지속적으로 배우는 힘, 주체적으로 생각하는 힘을 수동적인 교육의 장에서는 육성할 수 없다. 교원과 학생이 의사소통을 도모하고 서로 자극을 주며 학생이 주체적으로 문제를 발견하고 답을 찾아가는 능동적 학습이 필요하다.

액티브러닝은 학생 개개인의 "인지적・윤리적・사회적 능력"을 끌어낼 수 있는 쌍방향 수업으로의 전환을 통해 학생의 주체적 사고능력을 촉진할

65) 梅原利夫(2011). "学力と生きる力を育てる: 人間像の相克を通して."(和光大学現代人間学部紀要, 2011), 147.
66) 溝上慎一, "アクティブ・ラーニングの背景と展開."(IDE, 582, 2016), 10.

수 있음은 물론, 생애 지속 가능한 능력을 체득할 수 있게끔 고안된 평생교육학적 학습방법이다. 즉, 인식의 주체인 학생을 수동적 존재로 본 객관주의(objectivism)에서 벗어나 개인의 경험과 인지에 따라 지식 구성이 가능하다고 본구성주의(constructivism)로의 지향을 통해 주체적 배움을 구현화하고자 하였다.

2014년 문부과학성 중앙교육심의회는 대학교육뿐만 아니라, 중고등학교교육 및 고등학교교육에 액티브러닝을 도입함으로써 주체적・능동적 배움에 대한 사회적 공감대를 형성하고자 하였다. 또한, 2015년 「향후 학교교육을 담당하는 교원의 자질 향상」(답신) 발표를 통해 액티브러닝에 대응 가능한 교원의 자질능력 향상을 위한 연수・양성・채용에 관한 교육개혁을 제언하였다.

이와 같이 일본사회에서 액티브러닝은 학생 스스로가 현사회・실생활 속에서 과제를 발견하고, 그 해결에 대해 주체적・협동적으로 탐구하며, 나아가 배움의 성과[67]등을 일생에 걸쳐 표현・실천할 수 있는 평생학습력 증진을 육성하고자 하였다는 점에서 그 의의를 찾을 수 있다.

액티브 러닝(Active Learning) 또는 액션 러닝(Action Learning)이란 학생을 중심으로 하는 학습방법의 하나로, 학생의 능동적으로 학습에 참가하는 학습방법을 총칭하는 말이다. 즉, 기존의 강의중심의 일방적 수업방식에서 벗어나 21세기에 필요한 범용적 능력을 스스로 키워간다는 의미가 내포되어 있다. 이처럼 광범위한 활동을 포괄하는 액티브 러닝 혹은 액션 러닝은 학습자 중심교육의 유형에 포함된 문제해결학습이나 문제기반 학습(PBL) 등과 달리, 실제 조직 및 경영상의 개선이라는 현안에 초점을 두어 개발되었다는 특징을 지닌다.[68]

일본 사회에서 액티브 러닝은 개개인이 현 사회・실생활 속에서 과제를 발견하고, 그 해결에 대해 주체적・대화적・깊이 있는 배움의 탐구・실천

---

67) 文部科学省, "初等中等教育における教育課程の基準等の在り方について: 資料1-2 (答申)."(文部科学省, 2015), 2.

68) 이명실, "일본'액티브 러닝' 정책의 표(表)와 리(裏)"(한국일본교육학연구, 22(3), 2018), 19-41.

하며, 나아가 배움의 성과 등을 일생에 걸쳐 표현・실천할 수 있는 평생학습력 증진을 육성하고자 하였다. 이러한 액티브 러닝의 평생교육 실천은 지식의 일방적 수혜자에서 의사소통적 공유자로의 변화를 기대하는 "집합적 참여경험학습"과, 사회적 지성 배양을 위한 "상호소통의 순환교육"을 통해 개인의 주체적 배움을 구현화함은 물론, 지역 정체성 및 공동체 육성을 촉진 시킨다는 점에서 지역평생교육의 의의를 지니고 있었다.[69)]

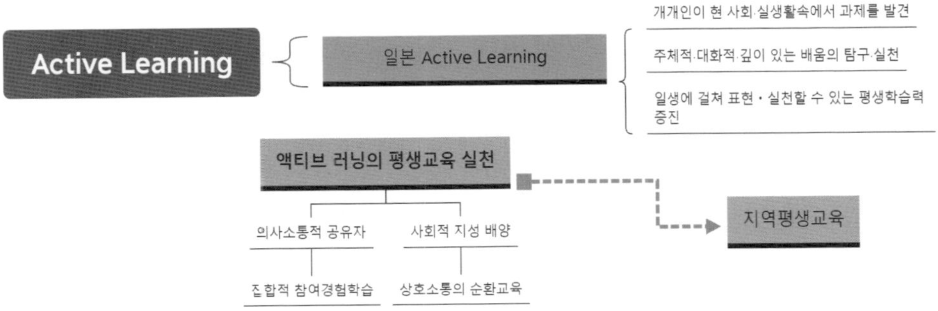

[그림 1-20] 일본의 Active Learning

② 일본 Active Learning의 학교현장

Bonwell & Eison의 능동적 학습이론에 영향을 받은 溝上慎一은 액티브러닝을 일방적인 지식전달형 강의가 아닌 모든 능동적인 학습이라고 정의하고 있다. 능동적인 학습에는 쓰기 말하기, 발표하기 등의 활동과 그 과정에서 발생하는 인지과정의 외화가 포함된다. 다시 말해, 읽기, 듣기 등을 통한 학생 개개인의 지식습득과 학습활동에 대한 이해를 중시하는 내화(internalization)보다 내부에서 발생하는 인지과정을 관찰 가능한 형태로 외계에 표현[70)]하는 일련의 활동・결과에 초점을 맞춘 외화(外化)를 중시하는 것이다.

山地 弘起가 생각한 액티브러닝이란 "사고를 활성화하는 학습형태"이며, 효과적 학습에 불가결한 요소로 학습자 간 혹은 학습자와 교수자 간의 상호작용, 이른바 상호 주체적 참여 학습이라고 할 수 있다.

종래 주요 학습형태인 강의형식은 정리된 지식정보를 전달하기에는 편리

69) 오민석, "일본 액티브러닝교육의 평생교육적 함의"(Korean Journal of the Japan Education, 2018).
70) 日本認知科学会編, "認知科学辞典."(東京: 共立出版, 2002), 105.

하지만, 수업을 듣는 사람은 어느 정도 이상의 시간은 집중 할 수 없고, 이미 습득한 지식과 기능을 통합해나갈 여유가 없기 때문에 기억에도 남기 어렵고 응용도 어려운 결점이 있다.[71)]

이에 반해 액티브러닝은 학생 자신의 의지로 다른 학생들과 협력하여 적극적으로 행동하는 학생 참여형 학습이자, 학생 주체형 학습인 동시에 대화적 배움의 학습이라고 할 수 있다.

교원에 의한 일방적 강의형식의 교육과 달리, 학습자의 능동적 학습 참여를 도입한 교수학습법인 액티브러닝은 학습자의 능동적 학습에 의한 인지적・윤리적・사회적 능력, 교양, 지식, 경험을 포함한 범용적 능력 육성을 도모한다. 발견학습, 문제해결학습, 체험학습, 조사학습 등이 포함되지만, 교실 내 그룹토의, 토론, 그룹워크 등도 유효한 액티브러닝의 방법이다.[72)]

액티브러닝에 대한 다양한 주장은 액티브러닝을 어떻게 인식을 하고 어떠한 교수방법을 활용하여 실시할 것인가? 또한, 이런 방법을 통해 학생들이 어떠한 힘, 이른바 주체성, 협동성, 능동성을 체득하기를 기대하는지에 따라 그 정의가 상이하다고 볼 수 있다. 그러나 종래의 타율적 학습방법에서 벗어나 협동학습, 토론학습, 발견학습, 문제해결학습 등과 같은 주체적 참여 학습방법을 지향했다는 유사성에는 주목할 필요가 있다.

또한 세계경제포럼에서 발표한 '직업의 미래(The future of the jobs, 2016)' 보고서에서는 앞으로 요구되는 직업 역량으로 다음의 열 가지를 들고 있다.

일본 정부는 '액티브 러닝의 관점'으로 학교 교육 과정을 계획했고, 개인・사회・국가의 변화 가능성을 기대하였다. 이를 위해 2017년 2월에 발표된 '학습지도요령 개정안'에서는 새로운 시대에 필요한 자질・능력을 함양토록 하기 위해 새로운 교과를 설치하고 외국어 교육을 실시한다는 방침을 분명히 하였다. 여기에는 학습자가 국가교육과정에 따라 학습을 충실해 행한다면 새로운 시대에 필요한 자질・능력을 가질 수 있게 될 것이라는 전제가 깔려있다.

71) 山地弘起, "アクティブラーニングとはなにか"(大学教育と情報, 1, 2-7. 2014), 2-2
72) 中央教育審議会, (2012), 37

그렇다면 액티브 러닝을 현재 일본 정부가 제시한 교육과정을 통해 평화롭고 민주적인 국가·사회가 형성될 수 있는가? 액티브 러닝을 통해 학생들이 주체적이고 대화 가능한 인간이 될 수 있는가? 그리고 자기답게 살 수 있는 삶의 구축이 가능해지는가?라는 의문을 갖게 된다.

이러한 의문은 비단 액티브 러닝에만 국한되는 것이 아니다. 다시 말하면, 지금까지 일본 정부가 추진해 왔던 표상으로서의 '학습자 중심교육' 전체에 대한 질문일 수 있다는 것이다. 그렇다면 이러한 일본 정부의 교육 방침을 어떻게 파악해야 할까?

먼저, 일본 정부의 논리가 많은 사람들에게 당연한 것으로 받아들여지는 이유가 무엇인지 살펴볼 필요가 있다. 일본 정부에서 추진하는 학습자 중심의 교육과정 및 교육정책에서 국가나 학교의 역할은 사회, 즉 기업에서 요구하는 인재를 공급해 주기 위한 하드웨어, 즉 교육환경이나 교육내용 및 방법을 제공하는 것이고, 그것을 작동시키는 소프트웨어는 철저하게 학습자의 자유로운 선택이나 학습자의 자기 계발 노력에 맡겨진다는 점에 주의를 기울일 필요가 있다.

이 과정에서 국가나 대학, 그리고 기업은 '액티브 러닝'의 필요성과 중요성을 강조하는 논리를 끊임없이 학습자에게 주입하는 역할을 담당한다. 이들은 현재 사회의 급속한 변화나 현재의 학습자들이 앞으로 살아가야 할 미래의 불투명성, 그리고 현재의 지식이 미래 사회에 활용되기 어렵다는 불안을 반복해 증폭해 간다. 그리고 이를 더욱 확대 재생산하며 이러한 사회를 살아가야 하는 현재 학습자들이 스스로의 미래를 스스로 책임질 수밖에 없음을 당연한 것으로 인식하게 하는 구조를 만들어간다.

그런데 이러한 예측은 정말 그대로 실현될까? 우리에게 미래의 불확실성을 확산시키는 이유는 무엇일까? 미래의 불확실성을 위기로 의식토록 하고, 이에 대비하도록 하는 이유는 무엇일까? 유발 하라리(2015)는 실체가 없는 상상의 질서가 확고하게 믿음으로 사람들에게 받아들여지는 구조를 다음과 같이 설명한다.73)

---

73) 유발 하라리, 조현욱 역, "사피엔스"(서울:김영사, 2015).

농업 생산력 확대를 위해 많은 노력이 이루어졌지만, 그 결과가 농부들 개인에게 돌아간 것은 아니라고 유발 하라리는 말한다. 제4차 산업혁명이라고 일컬어지는 시대에 과학・기술은 발달하고 새로운 정보가 넘쳐나고 있지만 이로 인한 혜택이 그 일에 관여한 모든 사람에게 고루 분배된다고 보기는 어렵다. 이러한 설명은 액티브 러닝의 과정을 통해 이루어진 성과가 과연 학습자에게 돌아갈 수 있는가에 대해 의문을 갖게 만든다.

두 번째로 일본 정부가 제시했던 액티브 러닝을 비롯한 학습자 중심 교육에서 학습의 결과가 자칫 학습자의 책임으로 귀결될 가능성이 있다는 점에도 주의할 필요가 있다. 일본 정부의 논리에 따르면 현재 우리에게 닥친 위기를 해결할 수 있는 방법은 개인의 주체적 판단과 결정이며, 이를 가능하게 해 줄 수 있는 교육 방법의 하나가 액티브 러닝이다. 국가나 학교가 개개인에게 일일이 학습내용을 제시해 주는 시대는 지나갔고, 스스로 체험하고 활동하는 학습의 과정을 통해 스스로 선택하고 판단해 자신의 삶을 주체적으로 개척해 나갈 수 있는 힘을 기르는 것이 필요하다는 것이다. 2012년 중앙교육심의회의 답신에서 학습을 강조한 것도 이러한 맥락으로 파악할 수 있다.

일본 문부성이 발표한 신학습지도요령에서 강조하는 액티브 러닝은 이러한 전반적 흐름에 따르는 것이며, 학생의 활동이나 주체성을 더욱 강조하는 방향으로 나아간다는 특징을 띠고 있다. 이는 과학・기술의 급속한 진보가 가져온 미래 사회에 대한 불투명한 전망에 기인하는 것이며 현재 예측하기 어려운 미래를 상정하고 교육정책을 구축해야 하는 정부의 고민과도 연계된 것이라 볼 수 있다.

4. 안전코칭

4.1 코칭의 역사

Collins(2004)[74]는 "코칭은 한 개인이나 그룹을 현재 있는 지점에서 그들이 바라는 더 유능하고 만족스러운 지점까지 나아가도록 인도하는 기술이자 행위이다." 즉 사람들을 격려하고 동기를 부여함으로써 그들의 잠재력을 끌어내고 목표를 달성하도록 도와준다는 개념이라고 정의하고 있다. 권수영(2010)은 내담자의 단계에 더욱 민감하게 대응하면서 변화에 대한 숙고를 하기 이전 단계의 내담자를 초기 상담에서 접하는 상담자가 가져야 할 임상적 태도와 질문에 대해 탐구하면서 특히 코칭 분야에서 사용하는 미래지향적이고 해결 도모를 위한 학습자적인 질문들이 상담사의 임상 질문과는 대별되고 무의미한 것이 아니라 오히려 초기 상담에서 유용하게 통합될 수 있음을 제안하였다.[75]

코칭이 인적자원개발 분야를 비롯한 여러 부문에서 다양한 주제와 대상으로 실천되고 있다. 1990년대 이래로 코칭이 비약적으로 성장하여 1992년 국제 코칭연맹(International Coach Federation; IFC)이 설립되고 2000년 이후 미국, 영국, 호주에서는 대학과 대학원에서 코칭과목과 과정이 개설되기에 이르렀다.[76]

코칭은 새로운 환경에 적응할 수 있는 경영전략인 동시에 새로운 관리방식과 리더십의 패러다임 변화로 인식되기도 한다.[77]

따라서 코칭과 멘토링의 개발방식은 한때의 유행이 아닌 지속적인 실천과 연구가 활발히 추진될 것으로 전망되고 있다.[78]

---

74) Collins, G. R, Christian coaching. Colorado Spring, (CO: Nav Press, 2001).

75) Yeon Jeong Kang, Eun Kyeong Yang, "Christian Coaching Program for self-management and leadership development of adolescent"(Korean Journal of Christian Counseling 22, 2011). 18.

76) Palmer, S., & Whybrow, A, "Coaching psychology: An introduction. In S. Palmer & A, Whybrow (Eds.), Handbook of coaching psycholgogy: Aguide for practioners"(London: Routledge, 2007).

77) Evered, R. D., & Sclman, J. E, "Coaching and the art of management"(Organizational Dynamics, Autumn, 15, 1989).

코치라는 단어는 본래 네 마리의 말이 끄는 마차를 의미하는 것으로서 이 마차는 마차에 탑승한 손님을 목적지까지 모시고 가는 것이 중요한 목적이기 때문에 여기서 유래되어 코치는 누군가가 자신의 목적을 달성하도록 지원하는 사람으로 인식되었다. 1860년대에 옥스퍼드 대학교는 코치를 개인교사를 의미하는 것으로 명명하였다고 한다. 이때부터 코칭은 개인이나 집단이 목표나 목적을 달성하도록 지시하고 가르치고 훈련을 시키는 기법으로 인식되었으며, 1880년대부터 주로 스포츠 분야에서 선수들이 좋은 성적을 낼 수 있도록 코치들이 도움을 주는 데 응용되기 시작하였다. 하지만 스포츠 분야에서의 코칭은 다소 지시적인 부분을 강조하고 있다. 다음에서 언급할 현대적 의미의 코칭은 미국의 비즈니스 분야에서 관리자급 이상을 대상으로 코칭이 시작되면서 본격적으로 활성화되기 시작하였다. 이후 현재의 코칭 철학은 1950년대 미국에서 인본주의 심리학이 융성하면서 인간은 무궁무진한 잠재력을 가지고 있고 적절한 지원을 받으면 이러한 잠재력을 개발할 수 있다는 믿음에서 영향을 받은 것으로 볼 수 있다.[79)]

이 당시 대표적인 인본주의 심리학자들은 Maslow[80)]와 Rogers가 있는데, 모두 인간의 잠재력 개발을 중요시하고 있다. Maslow(1954)는 그의 욕구 위계 이론에서 자아실현 욕구를 가장 상위에 두고 있으며, 인간은 누구나 이러한 상위의 자아실현 욕구에 도달할 수 있다고 주장하였다. 자아실현 욕구는 다양하게 정의될 수 있으나 자신의 잠재력을 파악하고 이를 지속적으로 개발하려는 욕구로 해석할 수 있다.

Rogers(1951)의 경우에도 상담 분야에서 인간중심 상담 또는 내담자 중심 상담을 주장하면서 기존의 상담에서 중요시해 왔던 상담자의 역할에 있어서 중요한 변화를 촉구하였다. 기존에 상담자의 역할은 내담자에게 문제해결을 위한 방법을 제시해 주는 것이 중요하였다면 인간중심 상담에서는 내

78) Ju. seob. Kim, "Linkage of the Principle of Andragogy and Major Adults Learning Theories to Mentoring and Coaching Process"(Andragogy Today Interdisciplinary Journal of Adult & Continuing Education, 15(4), 2012), 56.

79) Jinko° k Tak, "Coaching Psychology"(Seoul:haki1sa, 2018), 17-18.

80) Maslow, A.H, "Motivatioη aη dpersoη ality"(New York: Harper & Row.1954).

담자가 스스로 자신의 문제를 해결할 수 있는 잠재력이 있다고 믿고 상담자는 내담자가 스스로 해결방법을 찾도록 격려하고 지원해 주는 역할을 하는 것이 중요함을 강조하였다.

코칭이 활성화된 배경에 대해 심리학적 관점에서 고찰해 보기로 하자. 심리학은 전통적으로 심리적인 어려움을 경험하는 사람들만을 대상으로 도움을 주는 데 초점을 두어 왔다. 임상 심리와 상담심리 분야가 대표적으로서 이 분야에 종사하는 전문가들은 심리적으로 건강하지 못한 사람들을 대상으로 심리치료를 통해 이들의 심리 건강을 증진시키는 데 목표를 두어 왔다. 이로 인해 심리적으로 별다른 문제가 없는 사람들은 심리치료를 제공할 사람들이 아니라고 가정하고 이들에게는 별다른 관심을 두지 않았다.

하지만 심리적으로 별다른 문제가 없는 사람들도 지금보다 더 나은 삶을 살려는 욕구가 있으며 특히 기업에서 많은 직원을 관리해야 하는 관리자 입장에서 보면 구성원들을 어떻게 관리하고 이끌어 가야 할지 늘 고민을 갖게 된다. 예를 들어, 관리자 입장에서 어떻게 하면 구성원들의 동기를 향상시켜 부서의 생산성을 높일 수 있을지, 또는 새로운 임원으로 발령받은 신임 임원이 어떤 리더십을 발휘하여 구성원들을 이끌고 나갈 수 있을지에 대해 고민이 있게 마련이다. 이 경우 해당 관리자나 임원 입장에서 이러한 어려움을 해결하기 위하여 임상심리학자나 상담심리학자를 방문한다는 생각을 하기 어려우며, 실제 찾아가서 도움을 청한다 하더라도 이러한 주제에 관한 심리치료 경험의 부족으로 인해 이들이 도움을 주기는 어려울 것이다. 코칭은 이러한 사각지대에 놓인 사람들을 대상으로 이들의 고민을 해결하기 위한 목표를 가지고 시작되었다.

코칭은 처음에 비즈니스 영역에서 시작되었다. 1960년대 들어오면서 인적자원 분야와 훈련과 관련된 논문집에서 코칭이 등장하기 시작했고 코칭과 관련된 책도 출판되기 시작했으며, 본격적으로 코치들도 비즈니스 코칭 시장에 진출하게 되었다. 1970년대 들어 미국에서 임원코칭(executive coaching) 이란 용어가 등장하기 시작하면서 코칭은 조직에서 관리자들의 수행 향상을 위해 도움을 주는 기법으로 인정받게 되었다. 이후 1980년대와 1990년대를 거쳐 비즈니스 영역에서 코칭은 급속도로 성장하기 시작하였다.

1986년에 Gallwey는 "테니스의 이너 게임 (The inner game of tennis)"이란 책을 출간하였는데, 이 책에서 테니스 게임 선수는 외부의 적과 내부의 적을 구분할 필요가 있다고 주장하면서 상대방의 실력과 같은 외부의 적보다 자신감 결여나 자신에 대한 비난과 같은 내부의 적이 더 중요함을 강조하였으며 이러한 내부의 적을 이기는 방법에 관해 기술하였다. Gallwey로부터 훈련을 받기도 한 영국인 Whitmore[81)]는 1992년에 이 책을 토대로 비즈니스 분야에서의 코칭을 위한 교재로 "수행 향상을 위한 코칭 (Coaching for performance)"이란 책을 영국에서 출간하였고 이 책에서 코칭을 진행할 때 가장 많이 활용하는 GROW 모형을 제시하였다. 이를 계기로 영국에서도 비즈니스 분야에서 코칭이 성장하기 시작하였다.

이 과정에서 코치에 대한 교육이 중요해지기 시작하였고, 코치에 대한 교육과 훈련을 맡아서 코치를 양성하는 기관들이 생겨나기 시작하였으며 현재 세계에서 가장 많은 코치 회원이 있는 국제코치연맹(International Coach Federation: ICF)은 1995년에 미국에서 설립되었으며, 2017년 기준으로 140개 국가에 약 3만 명의 회원이 있는 것으로 알려져 있다.

비즈니스 영역에서 출발한 코칭은 점차 영역과 대상이 확대되면서 커리어코칭, 라이프코칭, 건강코칭, 부모코칭, 리더십코칭 등 다양한 분야로 확대되어 가고 있다.

국내에서는 대략적으로 2000년대 초반에 코칭이 들어와서 미국과 같이 비즈니스 영역에서 시작되었다. 2003년에는 코치들의 모임으로서 현재 규모가 가장 큰 한국코치협회가 발족하였다. 2004년부터 매년 한 차례 대한민국 코치대회를 개최하여 다양한 코칭 관련 주제를 발표 및 교육을 해 오고 있다. 또한, 코치들의 역량 향상과 자격에 대한 검증을 위해 현재 KAC(Korea Associate Coach), KPC(Korea Professional Coach), KSC(korea Supetvisor

---

81) Whitmore, J, Coaching for performance, 3rd Eds. London:Nicholas Brealey Publishment. (International Coach Federation, 2002).

Coach) 등 세 가지 증류의 자격증을 수여하고 있다.

코칭의 발달이 비즈니스 코칭에서 시작됨에 따라 마치 비즈니스 코칭이 코칭의 모든 것으로 오해하는 경우가 있다. 특히 코치에게 필요한 역량이나 코칭이 이루어지는 과정에 관한 설명을 할 때, 비즈니스 코칭과 다른 코칭이 요구되는 전문성이 다름에도 불구하고 비즈니스 코칭에 국한해서 기술하는 경우가 자주 나타나고 있다.

비즈니스 코칭은 주로 기업의 임원을 비롯한 관리자급 이상을 대상으로 이들이 피코치가 되어 코칭이 이루어진다. 임원들이 조직에서 업무가 매우 바쁘기 때문에 대부분의 비즈니스 코칭은 코치가 조직을 방문하여 이루어지며 코칭 비용도 임원 본인이 아니라 조직에서 지급하게 된다. 따라서 비즈니스 코칭은 개인 코치가 외부에 개설한 코칭 사무실에 피코치가 커리어나 라이프에 관한 코칭을 받으러 자신이 비용을 지불하고 사무실에 방문하는 일반 코칭과는 운영 체계가 다르다고 볼 수 있다. 이러한 차이점을 이해할 필요가 있다.

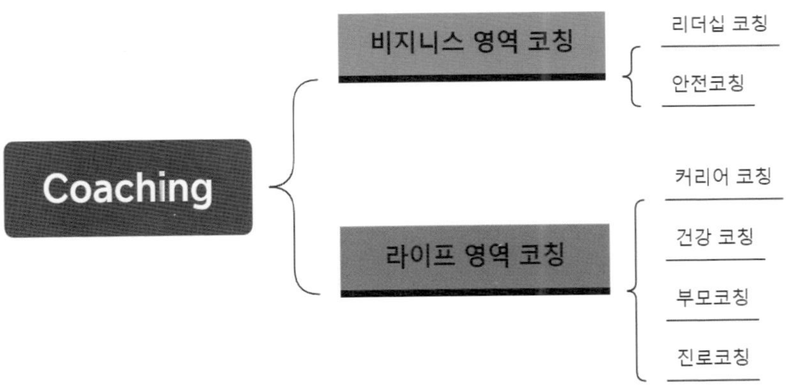

[그림 1-21] Coaching의 분류

4.2 코칭의 개념

Reinhard와 Ho Law(2010)는 코칭의 흐름을 크게 세 가지 '시대'(generation)로 구분한다. 첫째, 문제 혹은 목적의 관점을 가진 코칭을 1세대 접근법으로 본다. 여기에는 스포츠 코칭, GROW(그로우) 모델, NLP(신경언어 프로그래밍), 그리고 CBT(인지행동적) 코칭 등이 포함된다. 이 모델들의 주된 목적은 코칭 받는 사람이 보여주는데 특정하고 구체적인 문제를 해결하는 것이고 코칭 세션은 문제를 다뤄 구체적인 목적을 달성하는 데 집중한다. 이 과정에서 코치는 전문가나 현자의 역할로서 본인이 원치 않는 모습을 갖게 할 수도 있다. 둘째, 해결책 그리고 미래의 관점을 가진 코칭을 2세대 접근법이라고 한다. 체계적이고 해결책에 집중한 코칭, 긍정 탐구(appreciative inquiry) 코칭, 그리고 긍정심리학 코칭 등이 여기에 포함된다. 이것의 주목적은 현존하는 자원과 장점을 이용해, 실현 가능한 새로운 미래를 만들어나가는 것이다. 따라서 세션은 과거의 어려움이 아닌 미래의 가능성에 더 많은 중점을 두게 된다. 셋째, 반성적 관점에서의 코칭을 3세대 접근법이라고 한다. 사회구조적, 이야기, 그리고 철학적 코칭이 여기에 포함된다. 이 접근의 목적은 2세대 접근법 모델을 계속 발전시키는 것에 있다. 더불어 공동의 창조와 협동 측면에 초점을 두게 된다. 따라서 코치와 피코치 모두 전문가이자 현자가 된다. 코칭 대화의 주된 주제는 가치와 의미, 즉 일상의 도전을 넘어선 반성적 공간에서 중요하게 여겨지는 문제들이 된다. 양측 모두 인생의 큰 문제를 탐구하는 철학자가 되는 것이다. 그러면 기존에 존재했던 관계적 불균형이 줄어들게 되며, 동등한 위치에서 인간의 기본적 이슈를 탐구하고 존재를 이해할 새 관점을 찾으려 하는 시도를 하게 된다.[82)]

82) Kim, Seon-Young, "The Changes in Identity through Narrative Coaching:Based on the Stories of Esther and Mordecai"(Korean Journal of Christian Counseling 26(4), 2015), 12.

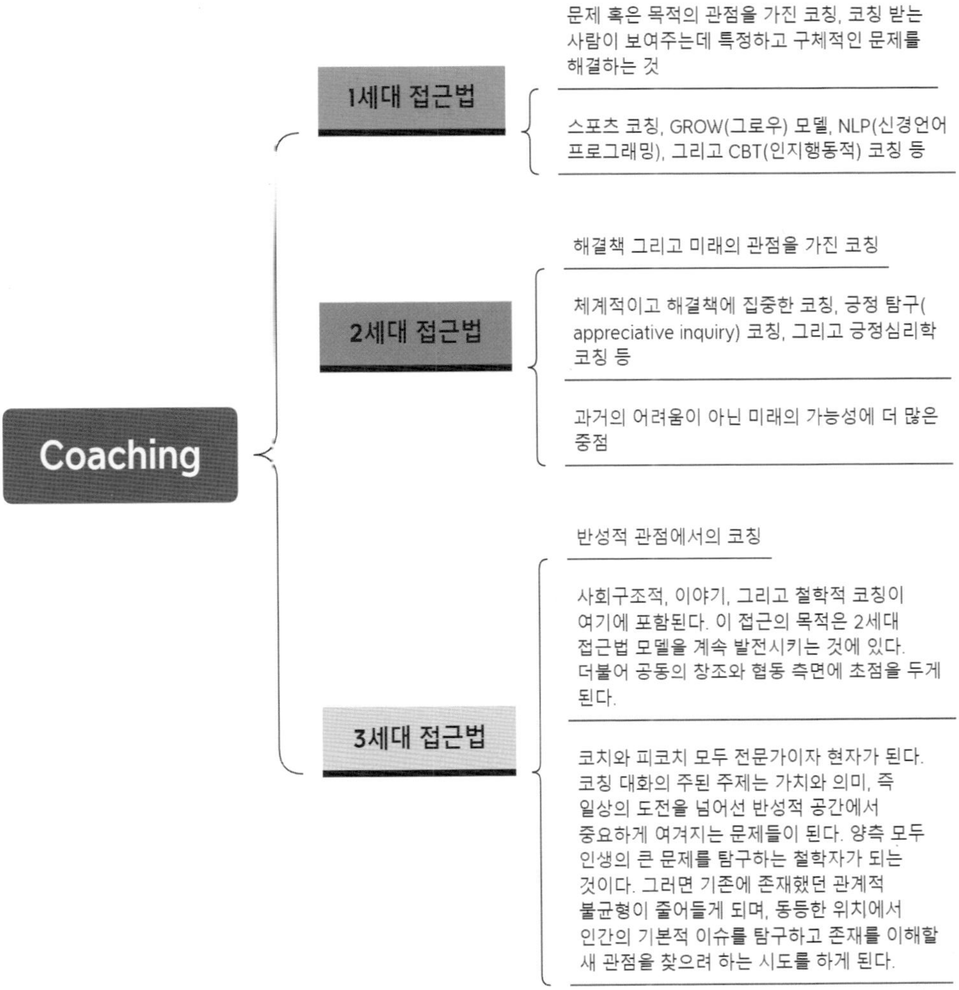

[그림 1-22] Coachinhg의 접근법

코칭 과정을 심리학의 관점으로 바라보고 이해한다는 특징이 있다. 첫째, 당면한 코칭 이슈 해결에서 벗어나 이슈를 가진 한 인간에 초점을 맞추고 관련된 다양한 개인의 독특성을 이해한다는 것이다. 예를 들어, 다른 사람이 아닌 왜 이 피코치가 이런 이슈에 자주 직면하는지, 동일한 이슈를 가진 다른 사람들과 달리 이슈와 관련 상황을 어떻게 독특하게 바라보고 있는지, 이슈해결을 넘어서 이슈를 통해 어떻게 하면 자신에 대한 이해를 더 높일 수 있는지 등이다. 둘째, 단순한 이슈 해결이나 목표 달성을 넘어 피코치의 지속적인 성장 토대를 구축하는 것을 목표로 한다. 인간의 발달 과정에 대한 이해는 코칭을 끊임없이 변화하고 성장하는 과정으로 그리고 피코치를 이러한 변화를 주도하는 주체로 바라보도록 이끈다. 코치가 코칭 과정에서 피코치 주도의 변화를 도움으로써 피코치는 변화에 대한 자신감을 갖고 성공 경험을 통해 지속적인 성장을 위한 자원을 확보할 수 있다. 이 과정에서는 피코치의 자기 성찰을 돕는 심리학 도구와 이론들이 활용된다. 셋째, 코칭의 성공 여부 확인은 주로 행동 변화에 초점을 두지만, 이에 선행되는 사고와 관점의 변화, 행동 유발을 위한 정서와 동기의 변화는 중요하게 다루어야 할 요소이다. 이처럼 행동 변화의 기저에는 다양한 심리 요소들이 존재하므로 정서, 인지 및 행동 간의 관계를 이해하고 이를 토대로 효과적인 변화를 이끌어 내는 전략을 수립한다는 것이다.[83)]

코칭의 형식은 전문코치로서 코칭 프로세스를 가지고 코칭을 하는 '코칭하기'와 자신의 전문영역에서 코칭의 방식을 활용하는 '코칭접근법 활용하기'의 두 가지로 구분된다.[84)] 코칭하기는 코칭철학과 윤리 및 역량에 근거하여 코칭 프로세스를 진행하는 것으로, COACH 모델의 경우, Call − Open − Aim − Choose - Hearten으로 코치이가 달성하고자 하는 분명한 목표(Aim)를 성취하기 위한 단계별 프로세스를 나타낸다. 반면에 '코칭접근법 활용하기'는 '코칭하기'처럼 뚜렷한 목표를 설정해서 정해진 기간 동안 진행하는 것이라기보다는 코칭의 응용된 영역으로서 코칭의 스킬을 부분적으로 일반 대화에 활용하는 것으로, 일상적인 자녀양육이나 교육·보육기관에서의 교수 상황에서 활용하는 데 더 효과적인 접근 방법이라고 보고 있다. 이러한 맥락에서 긍정심리학과 코칭이론 및 코칭철학에 근거하여 '코칭접근법 활용하기'의 관점으로 아동에게 의미 있는 성인이 아동과의 효과적인 상호작용을 하도록 돕기 위해 Treasure Talk 코칭모델을 개발하였다.[85)]

---

83) Eun Jeong Kim, "An Integrative Coaching Model of Development : The Implications for Research and Professional Training in Coaching Psychology"(THE KOREAN JOURNAL OF COACHING PSYCHOLOGY 1(1), 2017), 53.

84) Park, J. Y, "The study for the classification of coaching science-Focused on the forms of coaching practice."(Journal of Korean Coaching research, 2(1), 2009), 61-77.

85) Il-Bu Kim, "The Effects of the Interaction Training of Early Childhood Parents Using the Method of Mentor Coaching and the TREASURE Talk Coaching Model"(Korean Journal of Family Welfare, 21(3), 2016), 491.

코칭은 교육, 카운슬링, 치료심리학, 가족 치료학, 관리자 교육 및 훈련, 조직 심리학 등 다양한 분야에서 논의되어 왔고, 각 분야의 학문적 특징에 따라 조금씩 다른 개념으로 사용되어 왔다. 코칭은 멘토링/ 카운슬링/ 컨설팅과 유사한 점이 많아 혼용되어 사용되기도 한다. 학자들은 경영분야에서 사용되는 코칭은 용어의 차이는 있지만 크게 컨설팅과 카운슬링(심리치료)에서 찾아볼 수 있다고 밝히고 있다.[86][87][88]

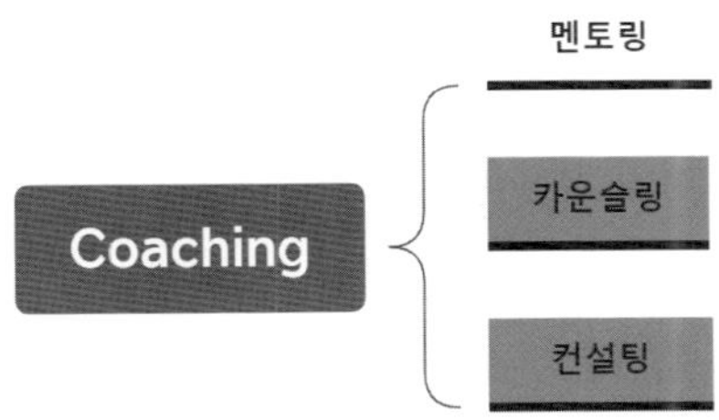

[그림 1-23] Coachinhg의 분야

Ellinger(1997)는 코칭의 구성을 동기부여(Facilitation)와 권한위임(Empowering)으로 제시하였으며, Hamlin et al.(2006)은 지도(Guidance), 촉진(Facilitation), 영감(Inspiration)의 세 가지 차원으로 정의하였다. 정태영(2011)[89]은 Stowell(1986)[90]의 네 가지 구성요인 중 동질성이 있다고 판단되는 요소를 통합하여 방향제시, 역량개발, 수행평가를 '직무기반 코칭리더십'으로, 관계 중심적인 요소인 관계는 '관계기반 코칭리더십'으로 명명하여 각각의 영향력을 검증하였다.[91]

---

86) Bacon, T. R. & Spear, K. I, "Adaptive coaching; The art and practice of a client-centered approach to peformance improvement."(Palo Alto, CA: Davis-Black, 2003).

87) Joo, BK, "Executive Coaching: A Conceptual Framework From and Integrative Review of practice and Research."(Human Resource Development Review, 4(4),2005), 462-88.

88) Kets de Veris, M. F. R, "Leadership group coaching in action: The Zen of creating high performance team."(Academy of Management, 19(1), 005), 61-76.

89) Chung Tae youn, "The Structural Relationship between Corporate Managers' Life-Long Education Coaching Leadership and Its Member's Problem Solving Ability and Interpersonal Ability"(The Ajou University Graduate School, Department of Education a doctoral dissertation, 2011), 35.

90) Stowell, J. S, "Leadership and the Coaching in organization"(University of Utha, 1986).

91) Mi-Kyung Kwon, "A Study on Airlines Employee's Coaching Leadership, Service Attitude, and Innovation Behavior-Focusing on Moderation Effects from Job Autonomy-"(한국항공경영학회지, 13(1), 2015), 108-109.

Talrarico(2002).[92] Grant(2003)[93]은 과학적으로 검증된 코칭은 네 가지의 지식, 즉 행동과학, 경영 및 경제과학, 성인학습 그리고 철학을 토대로 하고 있다고 언급하고 있다. Kampa-Kokesch & Anderson(2001)은 경영학, 심리학, 교육 훈련 분야에서 코칭을 연구하고 있다고 밝히고 있다. 많은 학자들이 경영자 코칭을 카운슬링(심리치료) 또는 컨설팅 측면에서 접근하고 있는 것이 일반적이다(Bacon & Spear, 2003; Joo, 2005: Kets de Vries, 2005).[94]

상담과 심리치료의 과정에서 어떤 내담자에게는 과거에 초점을 맞추고 병리 중심적으로 문제의 원인을 주로 심리 내적인 요소들에 집중하고자 하는 부정적인 초점보다 현재와 미래에 초점을 맞추고 성장 중심적으로 변화 행동이 진행되도록 돕는 긍정적인 초점이 보다 중요할 수 있다. 인간 변화를 도모한다는 측면에서는 치료자들과 동일한 관심을 가지면서 이러한 보다 긍정적인 변화 과정에 초점을 집중하는 방식으로 코칭이라는 신개념이 등장하기 시작하였다.[95] Erik de Haan(2008)은 코칭의 주제를 무엇(what), 어떻게(how), 그리고 누구(who)와 관련된 것으로 나누고 있다. 그리고 무엇(what)은 전문적 지식이나 기술의 문제로 인접 전문가에게서 얻을 수 있는 차원이고, 어떻게(how)는 소통과 관계형성의 과정에 관한 것으로 전문 코치에게서 얻을 수 있는 차원으로 보았다. 그러나 누구(who)의 주제는 한 개인의 특성과 근본적인 욕구를 파악해야 하는 주제로 치료자에게서 얻을 수 있는 심도 있는 차원이라고 보고, 이러한 주제를 다루는 것이 가장 발전된 코칭의 단계라고 지적하고 있다(de Haan, 2008).[96]

---

92) Talarico, M, “Manager as coach in a pharmacy benefit management organization: A critical incidents analysis. Doctoral dissertation”(University of Minnesota, 2002).

93) Grant, A. M, “Keeping up with cheese Research as a foundation for professional coaching of the future. International Coach Federation Conference Symposium.”(Denver, Colorado, 2003).

94) Bacon, T. R., & Spear, K. I, “Adaptive coaching: The art and practice of a client-centered approach to performance improvement.”(Palo Alto, CA: Davis- Black, 2003).

95) Soo Young Kwon, “The Integration of Coaching and Counseling in Early Sessions: Based on Short-Term Question-Centered Therapy”(Korean Journal of Christian Counseling 20, 2010), 30.

96) Soo Young Kwon, “Interface between Counseling and Coaching for Couple`s Interpersonal Desires: On the Clinical Use of the FIRO-B Instrument”(Korean Journal of Christian Counseling 24(1), 2013), 28.

코칭(coaching)의 개념은 스포츠 분야에서 주로 활용되었다. 이후 1970년대를 전후하여 경영학 분야에 적용되고 있다[97]. 경영분야에서 코칭은 경영자 코칭과 관리자 코칭으로 구분한다. 경영자 코칭은 1980년대 성과가 낮은 경영자의 성과향상[98]과 저성과로 이직을 해야 하는 경영자의 개인 경력을 유지하기 위해 외부전문가를 활용하는 학습과정이다. 관리적 코칭은 조직 내에서 상사와 부하가 한 팀이 되어 팀 성과를 향상시키기 위한 과정이다.[99]

코칭은 비단 스포츠나 경영학에서뿐만 아니라 조직심리학이나, 청소년 교육 등 다양한 분야에서 폭넓게 논의되어온 개념이다. 연구자들마다 코칭에 대하여 다양하게 정의하는데 크게 역량개발의 관점과 성과달성의 관점으로 분류해 볼 수 있다.[100] 코칭이 비즈니스계에 본격적으로 등장한 것은 미국 경제가 불황의 늪에서 허덕이던 1980년대 후반으로 거슬러간다. 컨설팅개념과 더불어 컨설팅의 하위개념으로 인식되었으나, 이후 다양한 연구와 검증을 거쳐 일본에서도 개인변화와 조직변혁을 위한 리더십 육성에 필수적인 직무요건처럼 급속히 성장했다. 특히, 리더십 코칭은 코칭의 대상(리더)의 개인적인 요구와 상황에 맞추어 시행되는 맞춤형 역량 개발기법이라는 점에서 이전에 전통적으로 행하여온 집단적 훈련(training)의 일방성을 극복할 수 있는 대안으로 제시되고 있는 것이다.[101][102][103] 그리고 판매관

97) Kilburg, R. R, "Toward a conceptual understanding and definition of executive coaching"(Consulting Psychology Journal:Practice and Research, 48(2), 1996), 134-144.

98) Tobias, L. L, "Coaching executive"(Consulting Psychology Journal: Practice & Research, 48(2), 1996), 87-95.

99) Peterson, D. B. & B. Little, "Invited reaction: Development and initial validation of an instrument measuring managerial coaching skill"(Human Resource Development Quarterly, 16(2), 2005), 179-183

100) J. J. Park, "An analysis on the trend of theses regarding coaching leadership and the performance variables of organizational members"(The Journal of Lifelong Education and HRD, Vol. 8, Issue 1, 2012), 107 -132.

101) Boyatzis, R. E., Smith, M. L., & Blaize, N, "Developing sustainable leaders through coaching and compassion"(The Academy of Management Learning and Education, 5, 2006), 8-24.

102) Bacon, T. R., & Spear, K. I. (2003). "Adaptive Coaching: The art and practice of a clientcentered approach to performance improvement"(Palo Alto, CA: Davis-Black, 2003).

103) Blattner, J, "Coaching: the Successful adventure of a downwardly mobile executive"(Consulting Psychology Journal: Practice and Research, 57, 2005), 3-13.

리자의 코칭행동은 조직몰입, 역할지각과 같은 판매원의 태도에 영향을 미친다. 이는 최근 기업들이 도입하고 있는 코칭 프로그램이나 판매관리자들의 코칭스킬 향상은 단순한 코칭 스킬이나 프로세스로서뿐만 아니라, 판매관리자가 긍정적 피드백을 통해 판매원들을 동기부여 시키고 바람직한 역할 모델을 제시함으로써 신뢰와 존경의 대상이 될 수 있도록 노력하는 것이 선행되어야 하며, 조직운영 구조에 있어서도 판매원들에 대한 코칭 환경 조성에 힘써야 한다는 것을 시사해 주고 있다라고 하며, 판매원의 조직몰입과 역할지각은 성과에 영향을 미친다. 판매원의 조직몰입과 역할지각은 이미 Allen과 Meyer(1984)[104], Angle과 Perry(1983)[105], Bagozzi(1978)[106]와 Kohli(1985)[107] 등의 선행연구자들을 통해 성과에 영향을 미치는 것으로 확인된 바 있으며 본 연구 결과를 통해서도 고성과 조직의 판매원들의 조직몰입도가 저성과 조직의 판매원들보다 높게 나타났으며, 판매원의 역할지각 또한 고성과 조직의 판매원들이 더 명확한 것으로 나타났다. 따라서 판매원의 조직몰입과 역할지각은 판매성과에 영향을 미치는 중요한 요인이 될 수 있다는 것을 확인하였다.[108]

다문화가족센타장이 코칭리더십의 구성요인인 구성원들에게 방향을 제시하고, 구성원들의 역량을 개발하고, 합리적이고 공정한 수행평가를 진행하며, 구성원들과의 신뢰관계를 통하여 구성원들의 직무자율성에 영향을 미친다고 설명할 수 있다. 리더의 코칭 활동 자체가 조직시민행동을 증가시

---

104) Allen, N. and J. Meyer, "Testing the 'Side-Bet theory' of Organizational Commitment: Some Methodological Considerations,"(Journal of Applied Psychology, 69, 1984), 372-378.

105) Angle, H. and J. Perry, "Organizational Commitment," Work and Occupation, 10, 1983), 123-146.

106) Bagozzi, Richard P, "Salesforce Performance and Satisfaction as a Function of Individual Difference, Interpersonal and Satisfactional Factors,"(Journal of Marketing Research, 15, 1978), 517-531.

107) Kohli, Ajay K, "Some Unexplored Supervisory Behaviors and Their Influence on Salespeople's Role Clarity, Specific Self-Esteem, Job Satisfaction, and Motivation,"(Journal of Marketing Research, 22, 1985), 424-33.

108) Kim, Sang bum, "A Case Study on Differences between High- and Low-Sales Organizations -With a focus on the Coaching behavioral of sales managers at K-"(CRM Research, 3(1), 2010), 67.

키는 것이 아니며, 코칭 활동을 통해 구성원들의 직무에 대한 인식이 긍정적으로 형성될 때, 자발적인 행동을 하게 된다는 권기창(2016)의 연구와 같은 결과가 나타났다. 구성원들의 직무에 자율성이 부여되면 구성원들이 조직생활에 책임의식을 가지고 솔선수범하는 시민의식, 조직과 동료들에게 신사행동을 하는 스포츠맨십, 타인과의 관계에서 배려하는 예의성, 조직의 규칙과 규정 등을 잘 따르는 성실성을 가진 양심성, 그리고 동료를 돕거나 자발적인 행동을 하는 이타주의 등 조직시민행동에 영향을 미친다고 설명할 수 있다.

코칭리더십과 조직시민행동의 하위요인인 시민의식, 스포츠맨십, 양심성에도 유의미한 영향을 미침을 알 수 있다. 이는 구성원의 직무자율성을 통하여 구성원들이 보다 조직생활에 책임의식을 가지고 업무에 임하게 되고, 조직과 동료들과의 관계향상이 되는 것과 더불어 조직의 규칙과 규정 등을 잘 따르는 성실성을 증가시켜주는 역할을 하는 중요한 변인임을 알 수 있다.[109)]

또한, 코칭은 다양하게 정의되고 있다. 다양한 배경을 가진 학자나 코치들이 코칭을 정의하고 있으며 배경이나 코칭분야에 따라 코칭에 대한 정의는 다소 차이가 있다. 특히, 코칭 이슈를 해결하기 위한 방법을 찾는 과정에서 차이가 있다. 현재 많은 학자 및 코치들이 코칭과정을 비지시적인 과정으로 강조하고 있지만 모든 코칭의 정의가 이러한 관점에 동의하는 것은 아니다. 예를 들어, Peterson과 Hicks(1996)는 코칭을 코치(coach)가 피코치(coachee)들에게 이들이 자신을 개발할 수 있는 도구, 지식, 기회를 제공하는 과정으로 정의하면서 코치의 지시적인 역할을 주장하고 있다. Parsloe(1995)도 코칭을 개인교습 또는 가르침을 통해 개인의 즉각적인 수행 향상과 발달을 돕는 것으로 정의한 바 있다.[110)]

---

109) Kim, Il · Park, "A Study of Coaching Leadership Influence on the Job Autonomy and Organizational Citizenship Behavior - Multicultural Family Support Center -"(Human Resource Management Study, 24(5), 2017), 140-141.

110) Ives, Y. "What is coachmg? An exploration of conflictmg paradigms"(International journal of Evidence Based Coεchiŋ g and Mentoriŋ g, 6(2), 2008), 100-113.

한편, 코칭과정에서 코치의 비지시적인 역할을 강조하는 정의도 많이 있다. 세계 최대의 코치협회로 볼 수 있는 국제코치연맹(International Coach Federation: ICF)은 코칭을 "고객과 파트너 관계를 맺고 고객이 성찰과 창의적인 과정을 통해 개인 및 전문적인 잠재력을 극대화할 수 있도록 돕는 것"(partnering with clients in a thought-provoking and creative process that inspires them to maximize their personal and professional potential)으로 정의하고 있다. 한국코치협회는 "코칭은 개인과 조직의 잠재력을 극대화하여 최상의 가치를 실현할 수 있도록 돕는 수평적인 파트너십"으로 정의하고 있다.[111]

코칭 과정에서 GROW 모형을 제시하여 유명한 Whitmore는 코칭은 "개인의 잠재력을 개발하여 수행을 극대화하기 위한 것으로서 가르치는 것이 아니라 학습하도록 돕는 것"으로 정의한 바 있다.[112]

코칭심리 분야를 개척한 Grant는 Stober와 함께 코칭을 "코치와 고객이 상호협력적이고 평등한 관계를 유지하면서 함께 목표를 설정하고 해결방법을 찾고 이를 실행하는 과정을 의미하며 이를 통해 고객의 지속적인 자기주도적 학습과 성장을 함양하는 것을 목표로 하는 것"으로 정의하였다.[113] 또한, Grant와 Stober는 이들은 이 과정에서 코치는 반드시 특정 분야의 전문가일 필요는 없음을 강조하였다.[114] Cox, Bachkirova와 Clutterbuck은 코칭을 구조화되고 집중적인 상호작용을 포함하며 적절한 전략, 도구 및 기법을 활용하여 피코치 및 다른 관련된 사람들의 바람직하고 지속적인 변화를 촉진하는 개발과정으로 보았다.[115] 심리학자인 Passmore와 Fillery-Travis는 코칭을 코치와 피코치 또는 참여자 간의 소크라테스식 문답법을 기반으로

---

111) 탁진국, "코칭심리학"(서울:학지사, 2018), 14.

112) Whitmore, J, "Coaching for peformance: A practical guide to growing your own skills"(London, UK: Nicholas Brealey Publishing, 1992), 10.

113) (Grant & Stober)

114) Grant, A. M., & Stober, D. "Introduction. In D. Stober & A. Grant (Eds.)" (New Jersey: Wiley and Sons. Evidence based coaching: Puttiŋ g best practices to work for your clients, 2006), 2.

115) Cox, E., Bachkirova, T., & Clutterbuck, D. "Tbe complete handbook of coaching"(London: Sage, 2010).

한 미래 지향적 대화법으로서, 코치는 개방 질문, 요약과 성찰을 활용하여 피코치의 자기인식과 책임감을 촉진하는 데 목표를 둔 과정으로 정의하였다.[116] 한편 임원 코칭을 전문으로 하는 Peltier(2001)는 코칭을 조직의 외부에서 온 사람이 심리 스킬을 활용하여 관리자가 더 효율적인 리더로 성장할 수 있도록 돕는 것이라고 정의하였다.[117]

앞에서 기술한 다양한 정의에서 공통점을 찾아보면, 코치는 목표달성을 위해 피코치를 돕다는 것이며 이 과정에서 코치는 피코치와 수평적인 관계를 유지하면서 지시적인 방법이 아닌 피코치의 자발적인 학습을 강조한다는 점이다. 즉, 피코치의 학습을 통해 해결방법을 스스로 찾는 것을 중요시한다. 또한 피코치의 자기인식과 성찰을 언급하며, 피코치의 성장을 목적으로 한다는 점도 강조하고 있다. 코칭에 대한 정의에서 중요한 것은 대상, 목적 그리고 방법 풍 세 가지 요인을 포함해야 한다는 것이다. 앞서 기술한 코칭에 대한 다양한 정의를 고려하고 Cox 등이 강조한 세 가지 요인을 포함하면서 다양한 대상이나 코칭 분야에 대한 적용을 높이기 위해 필자는 코칭을 "코치가 피코치와 동반자적 관계를 유지하면서 피코치의 자기인식을 바탕으로 자신이 설정한 목표를 달성하기 위한 방법을 찾고 이를 지속적으로 실행해 나가도록 도우며 궁극적으로 피코치의 성장을 돕는 것을 목적으로 하는 과정"으로 정의하고자 한다.

코치와 피코치가 동반자적 관계를 유지한다는 것의 의미는 코치는 피코치와 수직적인 관계에서 피코치에게 어떻게 할 것을 지시하면서 진행하는 것이 아니라 수평적인 관계에서 문제를 해결하는 방법을 같이 찾아 나간다는 의미를 강조하는 것이다. 예를 들어, 의사와 비교해서 설명하면 의사의 경우 찾아온 환자가 무엇이 문제인지 잘 모르기 때문에 치료 과정에서 몇 가지 간단한 질문과 진단을 토대로 자신이 판단하여 적절한 처방을 내리게 된다.

---

116) Passmore, j. & Fillery-Travis, A. "A critical review of executive coaching research:A decade of progress and what's to come"(Coaching: An International journal of Tbeory, Practice, and Research, 4(2), 2011), 70-88.

117) Peltier, B. "Tbe psychology of executive coaching: Theory and application"(New York: Brunner-Routledge, 2001).

이 과정에서 환자와 수평이 아닌 수직적 관계가 형성되어 환자는 별다른 질문도 하지 못하고 수동적인 위치에서 의사가 처방한 내용을 그대로 수용하게 된다. 피코치의 자기인식(self-awareness)은 자기성찰(self-reflection)과 통찰(insight)을 포함하는 개념이다. 자기성찰은 피코치가 평소 시간이 부족하다거나 귀찮아서 깊게 생각하지 않았던 자신에 대해 다시 한번 돌아보는 것을 의미하며 통찰은 이를 토대로 관점 변화를 통해 새로운 사실을 깨닫는 것을 의미한다. 예를 들어, 자기성찰은 자신이 중요시하는 가치는 무엇인지 자신의 강점은 무엇인지와 같은 자신의 특성에 대한 이해부터 시작해서 자신의 평소 생각, 감정 및 행동은 어떠한지에 대해 생각하는 것을 의미한다. 반면, 통찰은 왜 그런 생각을 하고 감정을 느끼고 행동을 하는지에 대한 분석을 통해 그 이유를 깨닫는 것을 의미한다.

많은 사람이 일상생활에서 시간적 여유가 부족하여 자기성찰을 할 기회를 갖지 못하고 있다. 하지만 자기성찰을 한다고 해도 성찰에 그치고 통찰로 이어지지 않는 경우도 많다. 예를 들어, 아침에 배우자와 말다툼한 것에 대해 자기 전에 오늘 하루 자신이 했던 일들을 생각해 보면서 떠올렸다고 하자. 그때 자신이 순간적으로 화가 났었고 그럴 필요가 없었다고 정리를 하지만 거기서 그쳤다면 통찰이 이루어진 것이 아니다. 한편, 추가 분석을 통해 화가 난 원인을 별것 아닌 배우자의 말에 자신이 필요 이상으로 흥분해서 발생한 것으로 이해하고 향후 유사한 상황에서 심호흡을 통해 흥분을 가라앉히겠다는 다짐을 했다면 이는 통찰이 이루어진 것으로 해석할 수 있다.

코칭 과정에서 코치는 적절한 질문을 통해 피코치가 혼자서는 하기 힘든 다양한 관점에서 자신을 돌아볼 수 있도록 유도할 필요가 있다. 자신과 주변 환경을 다시 돌아봄으로써 현재의 문제를 다른 관점에서 바라볼 수 있는 기회가 생기며, 이를 통해 문제를 해결할 수 있는 방법을 도출할 수 있게 된다. 피코치 스스로 자신이 설정한 목표를 달성하기 위한 방법을 찾는다는 것의 의미는 코칭 과정에서 피코치 자신이 원하는 목표(코칭이슈)를 설정하는 것이 중요하며 이러한 목표를 달성하기 위한 방법을 찾는 과정에서 코치는 가능한 해결방법을 제시하지 않고 피코치 스스로 방법을 찾도록 유도하고 격려하는 것이 중요함을 강조하는 것이다. 하지만 실제로 코칭을 진행하다 보면 피코치가 스스로 해결방법을 도출하지 못하는 경우가 생기게 된다. 이러한 경우 코치는 피코치가 해결안을 제시할 때까지 계속 기다리는 것은 바람직하지 못하다. 코치와 피코치 간에 오랜 시간 동안 침묵이 흐르게 되면 서로 어색함을 느끼게 되고 이는 코칭 진행에 부정적인 영향을 끼치게 된다. 이러한 상황에 직면하게 되면 코치는 가능한 한 자신이 알고 있는 범위 내에서 해결방안을 제안할 수 있다. 즉, 특정 방법을 제시하면서 이렇게 하라고 하는 것이 아니라 이러한 방법도 있을 수 있는데, 이 방법에 대해 피코치는 어떻게 생각하는지 물어보고 최종적으로는 피코치가 선택하도록 하는 것이 좋다. 또한, 코칭 과정에서 피코치가 해결방안을 제시하였지만 코치의 경험과 지식에 따라 고려해 볼 때 피코치가 제시하는 방안이 효과가 낮다고 판단되는 경우도 발생한다. 코치는 이러한 해결방안에 대해 가능한 판단을 유보하는 것이 좋다. 엄밀히 말해 피코치가 해결하려는 코칭 이슈는 모두 삶에 관련된 것이라서 어떤 하나의 해결방안이 최선이라고 하기 어렵다. 특히 코치가 경험하였고 코치에게 효과가 있었다고 해서 피코치에게도 효과가 있으리라는 보장은 할 수 없다. 개인 특성에 따라 효과가 달라지기 때문이다. 하지만 코치가 판단할 때 객관적인 관점에서 좀 더 효과가 있을 수 있는 방안을 알고 있다면 이를 피코치에게 고려해 볼 것을 제안할 수는 있을 것이다. 물론 최종 선택은 피코치의 몫이다.

지속적으로 실행해 나가도록 돕는다는 의미는 코칭 과정에서 피코치가 문제의 해결방법을 스스로 찾고 이를 실행하겠다는 의지를 보인다 하더라도 코칭이 끝난 후 이를 실행하지 않으면 코칭의 효과는 없게 된다. 따라서 코칭 과정에서 코치는 피코치가 제시한 해결방법을 코칭이 종료된 이후에도 이를 실행할 수 있도록 동기부여를 하고 실행 의지를 높이는 지속적인 노력을 기울일 필요가 있음을 강조하기 위한 것이다.

최근의 조직 환경은 고객 최우선 접점에 있는 실무자의 역할이 강조되면서 직무자율성이 강조되고 있다. 직무를 수행하는 과정에서 자율적 의사

결정에 따라 얻게 되는 성취감은 효능감 생성에 긍정적 영향을 미치게 된다.[118]

마지막으로 피코치의 성장을 목적으로 한다는 것의 의미는 코칭의 목적은 단순히 피코치가 자신의 문제를 해결하는 방법을 찾고 이를 실행하여 목표를 달성하는 선에서 끝나는 것이 아니라 이러한 과정을 통해 피코치 스스로 자신의 문제를 해결할 수 있다는 자기효능감을 증진시킴으로써 향후 유사한 문제에 직면할 때 스스로 해결할 수 있는 역량을 향상시키는 데 있다는 점을 강조하기 위한 것이다. 즉, 코칭의 궁극적인 목적은 코칭을 통해 피코치가 지금보다 한 단계 더 성장할 수 있도록 돕기 위한 것이다.[119]

Ives(2008)는 다양한 코칭에 대한 접근방법에서의 차이를 세 가지 관점에서 정리하고 이를 토대로 다양한 코칭 유형들을 세 가지 관점에서 요약하였다.

첫 번째 관점은 지시적(directive)이냐 비 지시적(non-directive)이냐에 관한 것이다. 이 두 접근방법에서의 차이는 코칭 과정에서 코치의 역할에 관한 것이다. 코치가 피코치에게 문제 해결을 위해 어떻게 하라고 제시하는 것이 지시적 관점이며 반면에 피코치가 스스로 해결안을 도출하도록 돕는 역할을 하는 것이 비지시적 관점에 해당한다. 구체적인 통계를 내기는 어렵지만 일반적으로 코칭에서는 코치의 비지시적인 역할을 강조한다. 하지만 앞서 코칭 정의에서도 기술하였듯이 코치의 지시적 역할을 강조하는 전문가들도 있어서 코칭과정에 대한 접근방법에서의 차이가 여전히 존재한다.

두 번째 관점은 발달중심(development-focused)이냐 아니면 해결중심(soultionfocused)이냐에서의 차이이다. 발달중심은 코칭 과정에서 피코치의 학습과 발달을 통해 현재의 수행을 향상시키는 것을 중시하는 데 반해서 해결중심은 피코치가 가지고 있는 이슈를 해결하는 것을 중시한다는 점에서 차이가 있다. 발달중심에서는 코칭을 통한 피코치의 학습과 발달이 중요

118) 김해룡, "직무자율성과 조직구성원 태도 간의 관계에 대한 자기효능감의 매개효과에 관한 연구"(조직과 인사관리연구, 30(3), 한국인사관리학회, 2006), 193-226.
119) 탁진국, "코칭심리학"(서울:학지사, 2018), 15-17.

하기 때문에 코칭 시간도 다소 장기적으로 가져가면서 피코치의 특성을 파악하고 이해하는 부분을 중요시한다. 반면, 해결 중심상담에서 파생된 해결중심 코칭 접근법[120]에서는 해결중심을 중요시하며 코칭 시간에서도 단기적인 접근방법을 선호하는 편이다.

세 번째 관점은 치료중심(therapeutic)이냐 또는 수행중심(performance-driven)이냐에 관한 것이다. 치료중심은 코칭 과정에서 코치와 피코치 간의 관계를 중요시하며 수행중심은 이러한 관계보다는 해결중심에서 기술하였듯이 해결안을 도출하여 수행이 증진되는 것을 중시한다. 또한, 치료중심에서는 피코치의 감정과 같은 내면의 상태를 이해하는 데 좀 더 초점을 두고 있으며 이를 위해 Stober(2006)는 피코치에 대한 공감과 무조건적인 수용을 중시하고 있다. 반면, 수행중심에서는 피코치의 외적 행동에 중심을 두며 피코치의 감정상태에 대한 인식보다는 주변 상황을 객관적으로 이해하고 이를 토대로 현 상황에서 적절한 행동을 유도하는 수단으로 자기인식을 활용하는 편이다.[121]

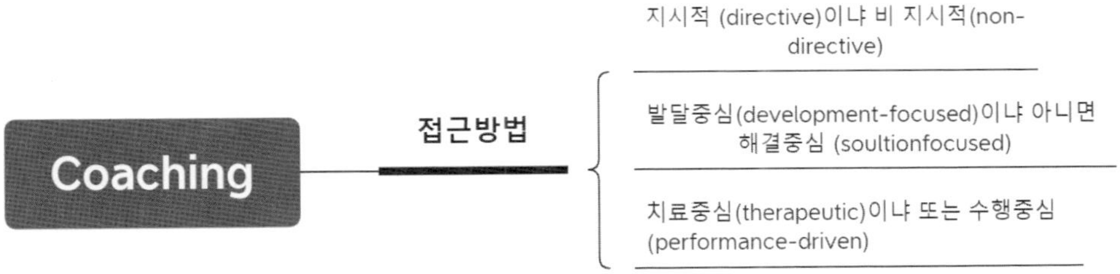

[그림 1-24] Coaching의 접근방법

Ives(2008)는 이러한 세 가지 관점을 토대로 코칭 접근방법에서의 차이를 기술하였다. 이러한 접근방법에서 차이가 존재하고 코치나 학자마다 자신이 주장하는 코칭 접근방법에 따라 코칭을 진행하는 것은 인정할 수 있다. 하지만 코치로서 반드시 각 접근방법에서 주장하는 특정 방법을 선택하여 그 방법으로만 코칭을 진행할 필요는 없을 것으로 판단된다. 피코치의 심리

120) de Shazer, 1985
121) Ives, Y. "What is coaching? An exploration of conflictmg paradigms"(International journal of Evidence Based Coaching and Mentoring, 6(2), 2008) 100-113.

적 상태, 코칭이슈, 코칭 계약기간 등 여러 가지 요인이 영향을 줄 수 있다. 또한, 반드시 어떤 접근방법이 바람직하다고 주장하는 것도 적절하지 않을 수 있다. 예를 들어, 비지시적 방법을 중시하면서 상황에 따라 피코치가 해결안을 찾지 못하는 경우 지시적인 방법으로 코치가 해결방법을 제시할 수도 있을 것이다. 코칭의 궁극적인 목적을 피코치의 성장에 두면서 코칭 과정에서 얼마든지 피코치가 해결방법을 찾고 이를 실행하는 데 주의를 기울일 수 있을 것이다. 즉, 각 접근방법의 강점을 살리는 포괄적인 방법도 가능할 것으로 판단된다.[122)]

아동기 부모의 진로지도 요구에 맞춰 프로그램을 구성하고 실시하면서 부모 요구에 충실한 프로그램의 내용과 진행을 통해 부모는 아동기는 진로지도가 진로선택이나 결정의 단계가 아니라는 인식을 갖게 되었다. 초등기 진로지도를 위해 의사소통 기술을 습득하고 자녀의 강점을 파악하면서 자녀가 스스로 자신이 원하는 것을 찾을 수 있는 기초과정임을 인식하는 효과를 가지고 왔고 다양한 직업을 탐색하는 과정에서 아버지의 직업을 중심으로 탐색하면서 부모에 대한 존경의 마음과 가족에 대한 마음을 가질 수 있도록 함으로써 자녀의 진로지도에 있어서 근본적으로 어떤 부분을 부모가 해야 하는지에 대한 인식이 생겼음을 알 수 있었다. 또한, 자녀의 성격, 강점, 꿈 찾기 과정을 통해 자녀에 집중하면서 자녀에 대해 더욱 관심과 이해할 수 있게 되면서 부모로서 자신을 내려놓는 과정을 경험하고, 아이와 작업하면서 어머니 자신의 성격과 강점, 꿈에 대해 생각하게 되면서 본 프로그램의 필요성을 강하게 느끼게 되었다.[123)]

전통적인 부모교육에도 강사 주도의 지시적 · 강의식 교수 방법에 한계를 개선한 부모 코칭 접근을 시도하고 있으며, 부모와 자녀 개개인에 대한 인간발달 지식과 전문적인 코칭 기술을 기반으로 사회환경변화와 부모 · 자녀 간의 관계 변화에 유연히 대처하고 있다.[124)]

---

122) Jinko° k Tak, "Coaching Psychology"(Seoul:haki1sa, 2018), 17-18. 21-23.

123) Eung-Ja Kim, "The Construction and Effect of Parents Coaching Program for Childhood Career Guidance"(Korean Journal of Family Welfare, 19,(4), 2014), 992-993.

124) Kang Ki Jung, "A Study on Parent Coaching Experiences for Strengthening Parent Skills of

코칭은 코칭 대상자에 따라, 혹은 코칭이 행해지는 목적과 형태에 따라 다양하게 분류할 수 있다. Cavanagh & Grant(2004)는 경영 전반에서 일어나는 코칭은 크게 경영자 코칭(executive coaching)과 직장 코칭(workplace coaching) 그리고 라이프 코칭(life coaching) 세 가지가 있다고 언급하였다. 그에 의하면 경영자 코칭이란 경영자를 대상으로 한 코칭으로 리더십과 경영(관리)에 관한 코칭을 주로 다루며 조직 성과와 개인의 경력 개발을 목적으로 한다고 하였다. 직장 내 코칭에서 코칭 대상은 경영자가 아닌 조직 구성원이며, 이들이 상사로부터 받는 코칭과 외부에서 코치를 고용하여 받는 코칭을 모두 포함하는 개념이다. 직장 내 코칭은 직무성과에 초점을 맞춘 코칭이다. 이와 달리 라이프 코칭에서 코치 받는 고객은 삶의 만족을 추구하는 개인이다.

최근 일부 기업들이 조직의 구성원들에게 라이프 코칭을 제공하고 있는데 이는 일과 삶의 균형적인 발전이 개인과 기업에 도움이 될 수 있다고 보기 때문이다. 분류를 정리하면 〈표 1-1〉과 같이 정리할 수 있다.

〈표 1-1〉 경영자 코칭, 직장 코칭 그리고 라이프 코칭의 차이점[125]

구분	경영자 코칭	직장코칭	라이프코칭
코칭내용	리더십/경영	고용/업무	삶의 절반
코칭상황	코치 받는 사람의 경력과 성과 중심 -경영자와 조직의 아젠다에 따라	직무와 성과에 초점을 둠 -조직의 아젠다에 따라	고객의 아젠다에 따라
중요결과	조직 성과와 개인의 경력 개발	개인과 팀의 성과	개인적 만족
고객	경영자(임원)와 조직	종업원과 조직	개인

한편 이외에도 코칭은 분류 기준을 설정함에 따라 보다 세부적으로도 나눌 수 있다. 코칭의 형태에 따른 분류, 코칭 방식에 따른 분류, 고객 즉 코칭료를 지불하는 주체에 따른 분류나 코칭 대상자에 따른 분류도 할 수 있다. 분류 기준에 따른 코칭의 종류를 예시하면 〈표 1-2〉와 같다. 이것 외에도

Muticuitural Family Women"(Korea Journal of Family Welfare, 14(3), 2009), 112.

125) Cavanagh, M. J. & Grant, A. M, "Executive Coaching in Organizations: The Personal is the Professonnal"(International Journal of Coaching in Organisations, 2(1). 2004), 6-15.

분류기준을 추가하여 또 다른 분류도 가능할 것이다. 코칭은 코칭 대상자에 따라, 혹은 코칭이 행해지는 목적과 형태에 따라 다양하게 분류할 이러한 다양한 분류에 따른 코칭이 있음에도 불구하고 코칭이라는 공통적인 접근법은 다양한 코칭에 있어 보편적으로 적용된다.[126)]

〈표 1-2〉 분류 기준에 따른 코칭의 종류 예시

분류 기준	코칭의 종류		
코칭의 형태에 따라	일대일 코칭	그룹 코칭, 팀 코칭	블랜디드 코칭(일대일 코칭과 그룹 코칭을 포함)
코칭의 방식에 따라	면대면 코칭	원격 코칭 (전화, 화상회의, 인터넷 등 통신 이용)	
코칭의 대상에 따라	임원 코칭, 경영자 코칭, 팀 코칭, 여성 리더 코칭, 해외주재 인력(expat) 코칭, 청소년 코칭, 부모 코칭, 교육자 코칭, 전문가 코칭 등 다양하게 분류 가능		
코칭계약의 주체와 맥락에 따라	기업 코칭 (조직에 의해 코칭계약이 이루어짐	개인 코칭 (코칭받는 사람이 계약의 주체임)	
코치의 존재 형태에 따라	외부 코치에 의한 코칭	조직 내부 코치 혹은 상사에 의한 직장 코칭	
코칭의 주제에 따라	리더십 코칭, 비즈니스 코칭, 학습 코칭, 대인관계 코칭, 진로 코칭, 커리어 코칭 등 다양하게 분류 가능		

조직의 커리어관리와 기업체 팀장의 커리어코칭에서 지식정보화, 국제화, 다양·다변화 사회에서 개인의 주관적 가치와 인식이 중시되면서 기업의 커리어 개발과 관리 방향이 바뀌고 있다.[127)128)129)130)] 개인 차원의 커리어 개발은 커리어 목표를 구체화하고 달성하기 위한 계획을 수립하고 실천하며 점검하는 활동과정이고, 조직 차원은 조직의 성장과 경쟁력 제고를 위해 인재를 선발, 평가, 배치, 개발하는 과정과 조직 및 개인의 요구가 일치될

126) Ko, Hyonsook, "Comparison of coaching models and process"(Leadership research, 5(2), 2014), 44-45.

127) Kim Heung-guk, "The Theory and Practice of Career Development" (Seoul: Dasan Publishing Co., 2000).

128) Park Yun Hee, "The Theory and Practice of Career Coaching" (Seoul: Sigma Press, 2015).

129) Hall, D. T, "Human resource development and organizational effectiveness. In C"(Fombrun, N. M. Tichy, & M. A. Devanna (Eds.), Strategic human resource management, New York: John Wiley & Sons, 1984).

130) Yates, J, "The Career Coaching Handbook.)"London & NewYork, Routledge, 2014).

수 있도록 개인의 커리어개발을 지원하고 관리하는 활동이다.[131] 이러한 고찰을 볼 때 조직에서 커리어관리는 개인과 조직의 요구를 통합적으로 반영할 수 있는 커리어개발지원을 의미한다.[132][133][134]

기업은 형식학습(formal learning), 무형식(informal learning), 비형식학습(nonformal learning)을 활용하여 교육훈련 및 현장실습을 진행하고 실질적인 직무순환을 통해 구성원의 커리어 개발을 지원한다.[135] 그리고 기업의 이러한 활동 및 제도는 구성원의 커리어 개발 및 인재양성의 역할을 수행하는 팀장의 승인으로부터 시작되므로 이와 관련된 팀장의 역할을 강조하고 있다.[136][137] 개인의 커리어 경험 중 팀장의 지원이 부하의 커리어개발에 가장 중요한 요소이며, 부하의 커리어 성과와 관계가 높음을 주장하면서 연구자들은 구성원의 커리어개발지원을 위한 팀장의 역할을 교육훈련지원자, 코치, 멘토로 구체화 하였다.[138][139] 그러나 잦은 구조조정으로 인해 개인의 직무 불안정성이 높아지고 국내기업의 성과지상주의가 커리어

131) Cho Young-ah, "Structural relationship between career management behavior and core self-assessment, perceived norms, outcome expectations and will to execute of office workers in large enterprises"(Seoul National University Graduate School doctoral dissertation, 2015).

132) Nam Joong-soo, "The Hierarchical Relationship between Subjective Career Success and Individual and Organizational Characteristics of Office Workers in Large Companies"(Seoul National University Graduate School doctoral dissertation, 2014).

133) Shim Mi-young, "Frontian Career Orientation and Career Success: Role of Career Development" (Korea University Graduate School doctoral dissertation, 2012).

134) Clark, S, "Work cultures and work/family balance"(Journal of Vocational Behavior, 59, 2001), 348-365.

135) Jarvis, P, "Toward a comprehensive theory of human learning"(London: Routledge, 2006).

136) Jeong Dong-ryeol, "The Hierarchical Relationship between the career immersion of early graduates of specialized high schools in small and medium enterprises and their personal and organizational characteristics,"(Seoul National University Graduate School doctoral dissertation, 2014).

137) Gregory, J. M, "Employee coaching: The important of the supervisor/subordinate relationship and related constructs (Doctorial dissertation)"(Akron University, 2010).

138) Kim Guk-gun, "The Influence of Transformational Leader and Human Resource Promotion Behavior in the Intermediate Executive of Naval Ships on the Organizational Immersion of Underlings"(Korea University Graduate School doctoral dissertation, 2012).

139) Ellinger, A. D., Ellinger, A. E., & Keller, S. B, "Supervisory coaching behavior, employee satisfaction, and warehouse employee performance: a dynamic perspective in the distribution industry"(Human Resources Development Quarterly, 14(4), 2003), 435-458.

개발제도를 활용하는 장애요소로 부각되면서 변화에 유연하게 대처하고 구성원의 자발적인 행동을 유발하여 학습을 촉진하는 리더의 코칭이 주목받고 있다.[140][141][142]

4.3 안전코칭과 리더십

4.3.1 리더십

리더십은 공동의 목표를 달성하기 위해 개인이 조직의 구성원들에게 영향을 끼치는 과정으로 정의하고 있다.[143] 오늘날 조직의 관리자 리더십은 구성원을 움직이기 위한 핵심 요소로 인식되고 매우 중요시되고 있다. 조직 목표 달성을 위한 매우 중요한 원동력 중 하나로 인식된다. 이러한 리더십은 접근 방법 또는 해석하는 시대별 관점에 따라 이론이 다양하게 발전하여 왔다.

리더십 발전은 특성이론에서 행동이론과 상황이론으로 발전되었으며, 변혁적 리더십과 거래적 리더십 등으로 최근 발전하였다. 특히 변혁적 리더십과 거래적 리더십의 경우 안전리더십이 발전하는 근간이며 밀접한 관계가 있다. 1980년대 이후 거래적-변혁적 리더십론은 대중적으로 호평을 받아온 리더십의 하나로 새로운 리더십패턴의 일부이기도 하다.

리더십은 조직구성원에 대하여 강압적인 권력행사가 아니라 조직구성원 스스로 리더를 따를 수 있는 영향력이며, 조직의 구성원과 목표달성을 위해 협력적인 분위기를 조성하고 개인의 역량이 잘 발휘될 수 있도록 지원하고 격려하는 것으로 정의할 수 있다. 또한, 조직구성원의 팀워크를 향상하는

140) Han Huh-jung, "A Study on the Coaching Skills of the Organization's Intermediate Managers" (Seoul National University Graduate School master's thesis, 2007).

141) Whitmore, J, Coaching for performance. Boston, MA: Nicholas Brealey Publishing.

142) Kim, So-Yoon, "Development of a Measurement Scale for the Career Coaching Competencies of Team Leaders in Corporations"(Interdisciplinary Journal of Adult & Continuing Education, 20(3), 2017), 30-31.

143) Peter G. Northouse, "Book Review, Leadership : Theory and Practice" *Journal of education for business* 83(2) (2007) : 116-117.

과정을 통해 갈등을 해소하는 관계 지향적 리더십으로 인간관계 및 참여를 중시한다는 것이다.[144] 리더가 가진 자질과 능력 등으로 영향력 행사, 의미 부여, 변화 유도 등의 행동양식에 관련이 있고, 특정 목적이나 목표를 달성하기 위해 리더와 추종자가 상호작용하는 가운데 형성되는 것임을 알 수 있다.[145] 이상과 같이 다양한 리더십에 대한 정의들을 종합하여 리더십에 대한 정의를 내리면, 특정한 조직이나 집단이 목적 혹은 목표를 달성하기 위해서 리더가 구성원들에게 영향력을 행사하는 과정이라고 할 수 있다. 영향력을 행사하는 과정에 대해선 좀 더 언급이 이루어져야 하지만, 단지 조직의 유효성만 강압적으로 강요하는 것이 아니라 도덕적인 가치와 윤리에 기반하여 영향력이 행사되어야 한다.

4.3.2 안전리더십

안전을 넓은 의미에서 삶의 전부로 본 Horne(안전교육의 창시자)은 좁게는 사고를 방지하는 것을 포함한 신체적 삶으로 보았다. 사람의 사망사고, 상해나 설비나 재산손실 등 상실의 원인이 없는 상태를 사전적으로 안전이라고 의미한다고 말한다.[146] 물적인 위험과 정신적 괴로움을 일으키는 것으로부터 자유로워지는 것을 말한다.

안전이란 위험으로부터 오는 사망, 상해 및 질환 또는 재산상의 손실과 같은 손해를 방지 또는 극소화시키려고 시도하는 상태'라고 정의할 수 있다.[147] 하지만 사람의 일상생활에서 안전은 어느 누구라도 먹는 음식, 마시는 물, 공기, 살고 있는 땅, 사용하는 에너지를 두려워하지 않을 수 없을 정도로 건강한 삶에 대한 안전이 위협받고 있다. 이런 사회에 속해 있는 조직

---

144) 홍승활, "기초자치단체장의 경쟁가치리더십이 조직문화와 조직효과성에 미치는 영향" (행정학 박사학위 논문, 계명대학교 대학원 행정학과, 2014), 8-23.

145) 박승열, "조직공정성과 조직의 비전이 직무만족과 조직몰입에 미치는 영향: 정보통신 및 IT 서비스업 종사자 중심으로" (겨영학 박사학위 논문, 서울벤처대학원대학교: 정보경영학과 정보경영, 2013), 111-117.

146) 최상복, "산업안전대사전 = Industrial safety great dictionary" (서울: 골드, 2004).

147) 유혜경, "유아교육기관의 안전교육 실태조사 및 개선방안에 관한 연구" (교육학 석사학위 논문, 경기대학교 교육대학원, 2000), 1-3.

구성원의 안전은 위험에 직면하고 있으며, 강도는 강해지고 있는 상황이다. 식품 속의 독소, 핵무기의 위협, 방사능, 대기 및 수질 오염 등 비가시적이고 사람이 인지하기 어려운 상태에서 위해한 요소로 우리 생활에 가까이 존재하고 있으며, 이는 현대화가 만들어낸 위험요소일 것이다.148) 구체적으로, 안전한 상태에 있다는 것은 위험한 것으로 간주되는 어떤 행동이나 사건 직후, 더 이후의 결과로서 한 개인에게 고통을 가하게 되는 사건으로부터 벗어난 것을 의미한다.

이와 같이 안전이란 위험의 가능성 혹은 사고를 제거하거나 회피하는 것을 목적으로 하는 인간의 행동에서 발생하는 다양한 형태의 행위149), 의도하지 않거나 뜻하지 않은 사고로부터 정신적, 신체적 손상을 입지 않고 신체를 편안하게 하는 상태150)를 말하는 것으로 인간의 편안한 생활을 구축한다는 점에서 안전의 의미는 대단히 중요하다.

리더십은 학자들마다 사회적 현상과 연구관점에 따라 매우 다양한 개념이 생겨났다. 학자들의 연구에 따르면 리더십이 가지는 성질이 구성원에 대한 영향력을 행사한다는 것에는 이견이 없었다. 어떤 환경에서 사용 활용하느냐에 따라 그 의미가 다르게 나타나고, 다르게 받아들여진다는 것이다. 안전리더십은 이러한 리더십에 안전이라는 개념이 더해진 경우이다.151)

안전리더십은 구성원의 생명과 재산을 보호하고 조직이 설정한 목표 달성을 위하여 규정, 규범, 절차 등을 체계적으로 시행하여 구성원들로부터 의식, 신념, 가치관 등에 안전 가치를 반영하여 안전태도와 안전행동을 실행하도록 하는 것이다. 이런 안전행동을 실천하도록 하여 조직의 안전문화를 형성하는 과정에서 구성원에게 영향력을 주도록 하는 것이다.152) 리더

148) 김영치, 윤영삼 "기술, 직무구조와 노동소외," 지역산업연구 경남대학교 산업경영연구소 13(1) (1990), 191-208.

149) 박진선, "재난대응능력 향상 방안에 관한 연구: -재난안전교육을 중심으로-" (행정학 석사학위 논문, 전북대학교 행정대학원, 2006), 6-7.

150) 조범상, "2005 초등학교 안전사고 예방을 위한 개선방안" (경영학 석사학위 논문, 공주대학교 경영행정대학원, 2005), 1-4.

151) 이수언, "안전리더십과 조직안전문화의 안전행동에 대한 영향 연구" (행정학 박사학위 논문, 계명대학교 대학원, 2018), 9-15.

152) 이경훈, 박해천, "사업장 관리자의 안전리더십이 작업장 안전문화에 미치는 영향 연구," 대한안

십과 안전문화에 대한 개념이 어느 정도 정착된 20세기 후반부터 안전리더십에 대한 정의는 리더십의 개념과 모형을 근간으로 정의되고 발전되었다. O'Dea & Flin[153]은 안전리더십을 부하직원이 안전에 대한 성과 향상을 시키기 위하여 효율적으로 매진하도록 활동하는 것이며, 안전성에 대한 책임감을 가지도록 동기를 부여하는 것이라고 하였다.

안전리더십은 안전 목표 달성을 위해 조직과 개인요인에 대하여 영향력을 주려는 리더와 구성원 간의 상호작용이다.[154] 안전문화에 있어서 안전리더십의 중요성이 더욱 부각되면서 새로운 개념의 조직 안전문화, 안전풍토나 조직구성원들로 하여금 안전태도, 안전가치관, 안전행동 등에 대한 영향을 미치는 주요한 요소로 자리 잡게 되었다. Thomas[155]는 안전리더십을 리더의 성격, 가치관 및 감정적 몰입 단계, 다음으로 안전리더십 유형의 단계, 훌륭한 안전리더십의 단계, 마지막으로 안전문화의 단계 모형으로 제시하였다.

즉 리더들의 기본 성격과 가치관, 감정적 몰입 등을 통해 안전리더십이 결정된다고 보았다. 또한 훌륭한 안전리더십이 형성되어야 안전문화에 도달되도록 한다고 설명하였다. 다음 2단계에서는 리더십 유형인 거래적 리더십과 변혁적 리더십으로 구분하여 리더의 유형별 행동 양식을 제시하였다. 다음 3단계 훌륭한 안전리더십에는 비전 제시, 협력, 신뢰 구축, 행동지향, 피드백 및 인정, 소통, 책임감 등의 요소를 제시하였다.

박홍준[156]은 안전리더십의 하위변수를 구성하는 요소를 안전의사소통, 안전관심 및 참여유도, 안전의지 및 태도, 안전행동 및 활동으로 구성하였다. 안전 리더십의 하위 변수에 대한 조작적 정의를 살펴보면, 안전의사소

전경영과학회 학술대회논문집 2011(2) (2011): 299-313.

153) Flin R, O Dea A, Yule S, "HSE Horizons: Leadership Behaviors for Maximizing Safety," *Journal of Petroleum Technology Society of Petroleum Engineers of AIME* 54(11) (2002): 28-32.

154) J. B. Wu, "The dual processes of team leadership: A multilevel perspective," *Conference proceedings-Academy of management* 1(1) (2007): 190.

155) Peters, Thomas J, Dorling Kindersley, "Leadership" (London; New York: Dorling Kindersley, 2005).

156) 박홍준, "국내 철도 안전문화 증진을 위한 안전 리더십 요인에 관한 연구" (산업공학박사학위논문, 경희대학교 대학원, 2014), 15.

통은 안전에 대한 생각, 의사, 감정, 정보 등에 대한 상호 교환을 안전이라는 관점에서 구성원 간에 얼마나 행해지는지, 또한 상호 간에 얼마나 영향을 주는지 등에 관한 종합적인 요소를 말한다. 안전관심 및 참여유도는 구성원으로 하여금 관심을 가지게 하고 참여하도록 유도하는 일련의 모든 행위나 영향을 주는 요소이다. 안전의지 및 태도는 안전행동이나 활동의 전단계로 행위를 유발하기 위해 나타나는 의식적, 무의식적 준비된 상태나 태도 등을 말하는 것이다. 이러한 것들이 구성원의 공통된 요소로 봤다면 신뢰관계는 관리자의 관점에서 안전을 구성하는 전체 요소에 대한 믿음을 가지고 있는 것이다. 안전행동 및 활동은 기존의 의식적인 부분, 가치관이나 신념 등과 같은 피상적인 요소가 행동이나 활동을 통해서 표출되는 것으로 구성원이 안전과 관련된 어떠한 행동이나 활동을 하는지에 대한 것이다.

안전리더십은 조직의 목표를 안전하게 달성하기 위하여 리더의 영향력을 구성원에게 강력하게 발휘할 때 형성되는 리더와 구성원간의 상호 동조의 과정이라고 하였다. 안전리더십의 운용상 정의는 안전 코칭, 안전보호, 안전통제에서 경영진이 가지게 되는 리더십으로 정의된다.[157] 그동안 많은 연구 중 산업현장에서 안전관리의 효과적인 방법을 위해 리더십의 중요성이 강조되었다. 산업현장에서 고도의 위험을 내포한 작업을 안전하게 수행하기 위한 최우선 고려사항으로 리더십을 꼽았고 과업수행에 있어서 상하간, 동료 간 신뢰와 인간적 유대관계가 중요한 요소로 작용하였다. 또한 조직구성원은 한 집단의 목적을 달성하기 위해서 신뢰를 바탕으로 리더의 안전리더십이 강조되었다. 일반적으로 안전리더십은 2000년대 이전까지는 안전을 관리하는 경영진이나 최상위의 관리자가 필요로 하는 리더십의 한 축으로 인식되었다. Barling, Loughlin, & Kelloway[158]에 의하면 안전을 강조한 변혁적 리더십이 작업안전에 연계된다는 것을 논증하였으며 이는 조직

157) T.-C. Wu, C.-H. Lin, S.-Y. Shiau, "Predicting safety culture: The roles of employer, operations manager and safety professional," *JOURNAL OF SAFETY RESEARCH* 41(5) (2010): 423-431.

158) J. Barling, C. Loughlin, E. K. Kelloway, "Development and Test of a Model Linking Safety-Specific Transformational Leadership and Occupational Safety," *Journal of applied psychology* 87(3) (2002): 488-496.

구성원의 교육을 통해서 체득할 수 있다.[159] 이경훈 · 박해천[160]은 안전리더십을 조직을 구성하는 구성원의 생명과 재산을 보호하고자 조직의 목표를 안전이라는 것으로 정하고 이를 이루고자 하는 비전을 제시하고 규범, 규정, 절차 등을 마련하여 구성원으로 하여금 인식하도록 하고 활동을 하도록 영향을 주는 것이라고 하였다. 이러한 관점에서, 박홍준[161]은 안전리더십에 대하여 구성원의 태도, 행동, 습관을 안전한 작업장과 조직문화가 형성되도록 바꾸는 것으로 구성원으로 하여금 안전에 대한 믿음과 가치를 심어주고 변화시키는 것이라고 하였다.

안전리더십의 관심은 안전문화가 가지는 중요성에 대한 의미에 관심을 갖게 되면서 기업의 안전에 대한 풍토나 구성원들의 안전가치관, 조직의 안전문화, 안전행동, 안전태도 등에 영향을 주는 중요한 요소로 인식되었다.[162]

다른 선행연구들에 따르면, 안전리더십은 안전행동과 조직 내 안전 분위기에 영향을 주는 것으로 나타났다. 특히 문광수 · 이재희 · 오세진[163]은 관리자의 안전리더십이 근로자의 안전행동으로서 순응행동과 참여행동에 영향을 미치며, 안전리더십이 안전 분위기에도 영향을 미치는 것으로 주장하였다. 따라서 관리자들이 근로자와 근거리에서 작업을 하며 지시 및 감독을 하는 과정에서 안전리더십을 효과적으로 발휘할 수 있으며, 사고 예방에 대한 관심을 높일 수 있다는 것이다.

---

159) 오정일, "안전리더십과 안전교육이 안전성과에 미치는 영향: 안전풍토의 매개역할" (박사학위 논문, 광운대학교, 2016), 54.

160) 이경훈, 박해천, "사업장 관리자의 안전리더십이 작업장 안전문화에 미치는 영향 연구," *대한안전경영과학회 학술대회논문집* 2011(11) (2011): 299-313.

161) 박홍준, "국내 철도 안전문화 증진을 위한 안전 리더십 요인에 관한 연구" (산업공학 박사학위 논문, 경희대학교 대학원, 2014), 17.

162) O&apos, Dea A, Flin R, "Site managers and safety leadership in the offshore oil and gas industry," *Safety Science* 37(1) (2001): 39-57.

163) 문광수, 이재희, 오세진, "관리자의 안전 리더십과 조직 내 안전 분위기가 근로자의 안전행동에 미치는 효과," *한국안전학회지* 28(2) (2013): 66-72.

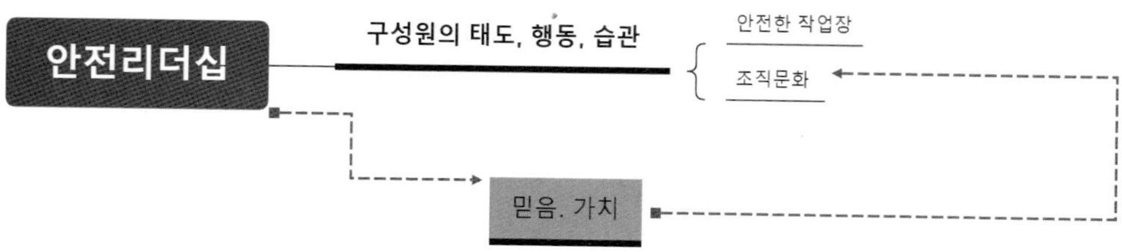

[그림 1-25] 안전리더십의 목표

4.3.3 안전코칭 리더십

이 시대의 조직의 리더들에게는 조직의 성패를 좌우하는 요소인 인재양성은 조직 구성원의 가능성을 발견하도록 개발함으로써 조직의 성과를 위해 코칭은 필수요소가 되었다. 코칭은 리더십과 결합하여 급변하는 기업경영에 반드시 필요한 능력이라는 개념에서 코칭리더십이 탄생하게 되었다.[164)]

리더십에는 5가지 요인이 포함되어야 한다고 Lussier와 Acua[165)]의 연구에서 주장하였다. 첫째, 리더는 리더십 대상과 영향력 행사 능력이 필요하며, 리더와 부하 간에 쌍방이 영향을 주고받는다. 둘째, 환경변화에 따라 대응하는 조직의 변화가 요구된다. 셋째, 조직 목표를 달성하기 위해 부하 직원들의 동기를 부여하고 목표를 달성한다. 넷째, 리더와 조직 구성원과의 인간관계가 중요하다. 다섯째, 리더가 제시하는 내용을 부하직원이 수용하도록 동기를 부여한다. 코칭 과정에서 리더는 리더의 경험과 축적된 역량을 조직원에게 제공하여 학습 및 성장에 동기를 부여한다. 즉 코칭은 부하직원들을 리딩하는 리더에게 필요 역량이라는 측면에서 리더십과 직접적인 관련이 있다 할 수 있다.

164) M. M. Grant, "Performance Management: Use quality principles to manage people," *Leadership Excellence* 24(3) (2007): 9.

165) Lussier, Robert N, Achua, Christopher F, "Leadership: theory, application, skill development (Mason: Thomson/South-Western, 2004).

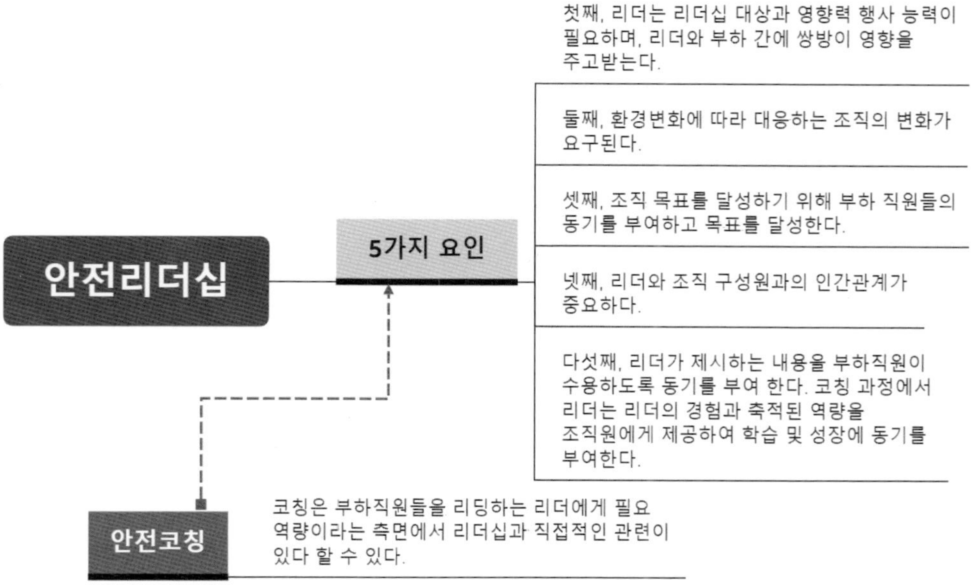

[그림 1-26] 안전리더십의 5가지 요인

Quinn79F[166]은 리더의 역할 중에서 대인관계 기술을 갖춘 리더를 "코치"형 리더로 제시하였고, 리더의 역할을 대인관계뿐만 아니라 조직 차원의 구조와 문화의 관리까지로 확장될 수 있다.[167] 상황리더십을 주장한 Hersey와 Blenchard 는 리더가 부하의 성숙도에 따라, 특정 상황에서는 코칭기술을 사용하여야 한다고 주장하였다.[168]

Robinson[169]도 최근에 리더의 역할과 관련하여 문제해결사, 외부 인물들과의 연락책, 갈등조정자, 코치의 4가지 역할이 강조되고 있다고 하였다. 이 가운데 코치의 역할은 부하 직원들에게 기대와 역할을 분명하게 하고, 지원을 제안하고, 가르치며, 응원하며, 팀원을 도와 성과를 개선하는 측면에서

---

166) J. B. Quinn, "Team Innovation: Innovative teams share some common patterns of behavior in the workplace," *EXECUTIVE EXCELLENCE* 13(7) (1996): 13-14.

167) 정국현, "임파워링 리더십이 직무만족과 조직몰입에 미치는 영향: 내재적 동기부여와 직무스트레스의 매개역할을 중심으로" (경영학 박사학위 논문, 성균관대학교 일반대학원 경영학과, 2011), 59-64.

168) P. Hersey, "Get Beyond Fear: Practice the lessons of situational leadership," *LEADERSHIP EXCELLENCE* 26(4) (2009): 12.

169) P. S. Robinson, "Organization behavior (11th Ed)" (New Jersey: Pearson Education: Pretice Hall, 2011)

그 중요성이 증대되고 있다. 리더는 의지는 있지만 능력이 부족한 부하 직원에게 코칭스킬을 사용하여 부하직원들이 업무를 잘 수행토록 하기 위한 리더십을 발휘할 것을 권장하고 있다. 이와 같이 리더들에게 점점 더 코치로서의 역할이 많이 대두되고 있다.[170] 일정 규모 이상의 큰 조직에서는 리더에게 코치로서의 역할에 대한 중요성이 증가하고 있다. 이와 같은 코칭형 리더십은 리더십의 일환으로써 대세가 되어가고 있다.

Kets de Vries[171]는 리더가 코칭 스킬을 잘 사용하여 조직 전체에 영향을 미치게 되면, 이것은 조직 내에 코칭문화를 형성하게 되고, 이런 조직은 21세기의 경쟁력 있는 조직이 된다고 하였다. 즉, 코칭이라는 것이 코치라는 직업을 가진 사람들이 구사하는 기술일 뿐만 아니라, 리더들도 개발해야 하는 덕목 중 하나라는 것이다. 학자들마다 코칭리더십을 다양하게 정의하고 있는데, Whitmore[172]는 리더와 구성원 간에 수평적인 관계 속에서 리더가 구성원의 잠재역량을 개발하도록 돕고 그들의 능력을 극대화하도록 동기부여하고 지원하는 리더십이라 하였다.

이동우[173]는 리더가 조직의 목표를 달성하기 위해 구성원들에게 방향을 제시하고 업무 수행과정을 지도하며 개발시키고, 지속해서 동기부여를 함으로써 자신감을 심어주고 열정을 고취하는 우호적인 영향력의 행사과정이라고 정의하였고, 박재진[174]은 리더와 구성원 간의 관계를 바탕으로 리더가 조직구성원들에 대해 영향력을 발휘할 수 있는 리더십의 개념이라고 하였다. 조은현[175]은 조직구성원이 업무를 수행하는 과정 속에서 자신의 강

---

170) 조대연, 박용호, “관리자의 코칭행동과 부하직원이 인식한 직무성과의 관계 HRD연구 13(4) (2011): 89-109.

171) M. F. Kets de Vries, “Star Performers,” *Organizational dynamics* 41(3) (2012): 173-182.

172) Whitmore, John, “Coaching for performance: GROWing human potential and purpose: the principles and practice of coaching and leadership” (Boston: Nicholas Brealey, 2009).

173) 이동우, 김정식, 유호상, 윤태식, “리더의 코칭이 조직구성원들의 직무만족과 직무몰입에 미치는 영향: 자기효능감의 매개효과를 중심으로” *한국콘텐츠학회논문지* 11(7) (2011): 374-386.

174) 박재진, “기업체 중간관리자의 코칭리더십, 학습조직, 구성원의 문제해결능력 및 조직유효성 변인 간의 구조적 관계”(교육학 박사학위 논문, 숭실대학교, 2013), 19.

175) 조은현, “코칭리더십 척도 개발 및 타당화와 코칭리더십이 조직태도에 미치는 영향” (심리학 박사학위 논문, 광운대학교, 2011), 126-128.

점을 발견하고 개발할 수 있고, 이를 통해 조직과 자신의 성과를 성취할 수 있도록 조직 구성원의 성장과 발전을 지원하고 촉진하는 리더십이라고 정의하였다.

학계에서는 학자들이 조직의 리더들에 의해서 실행되고 있는 다양한 코칭의 용어들을 하나로 통일하여 사용하자고 제안하고 있지만 아직까지는 통일되지 못하고 있는 게 현실이다.

코칭리더십은 일반 관리기법과는 달리 리더와 구성원이 수평적인 관계에서 개방적으로 의사소통을 하며, 조직구성원 중심의 의사결정을 하는 등 차별화된 특성을 가지고 있다. 이동우[176]는 리더가 조직의 목표를 달성하기 위해 구성원들에게 방향을 제시하고 업무 수행과정을 지도하며 개발시키고, 지속해서 동기부여를 함으로써 자신감을 심어주고 열정을 고취하는 상호적인 영향력의 행사과정이라 보았다. 박재진[177]은 리더와 구성원 간의 관계를 바탕으로 리더가 조직구성원들에 대해 영향력을 발휘할 수 있는 리더십의 개념, 조은현[178]은 조직구성원이 업무를 수행하는 과정 속에서 자신의 강점을 발견하고 개발할 수 있고, 이를 통해 자신과 조직의 목표를 성취할 수 있도록 성장과 발전을 지원하고 촉진하는 것이라 하였다. Greene와 Grant[179]는 구성원 스스로가 수행능력을 향상시켜 성과를 내며, 문제를 해결하도록 하는 결과 지향적 리더의 체계적인 동기부여방식으로 보았다. Whitmore[180]는 리더와 구성원 간에 수평적인 관계 속에서 리더가 구성원의 잠재역량을 개발하도록 돕고 그들의 능력을 극대화하도록 동기를 부여한다고 하였다. 지원하는 리더십은 피드백을 제공하여 직무를 효과적으로 수행할 수 있게하며, 성과향상과 역량개발로 이어질 수 있다. 또한 이러한

---

176) 이동우, 김정식, 유호상, 윤태식, "리더의 코칭이 조직구성원들의 직무만족과 직무몰입에 미치는 영향: 자기효능감의 매개효과를 중심으로," *한국콘텐츠학회논문지* 11(7) (2011): 374-386.

177) 박재진, "기업체 중간관리자의 코칭리더십, 학습조직, 구성원의 문제해결능력 및 조직유효성 변인 간의 구조적 관계" 교육학 박사학위 논문, 숭실대학교, 2013, 19.

178) 조은현, "코칭리더십 척도 개발 및 타당화와 코칭리더십이 조직태도에 미치는 영향" (심리학 박사학위 논문, 광운대학교, 2011), 126-128.

179) M. Grant, "smart leadership in tough times" *SUPERVISION* 64(6) (2003): 3-6.

180) Whitmore, John, "Coaching for performance: GROWing human potential and purpose: the principles and practice of coaching and leadership" (Boston: Nicholas Brealey, 2009).

조직구성원 중심의 접근은 업무에 대한 권한위임을 수반하여 조직구성원들이 업무에 몰입하여 실패에 대한 두려움 없이 혁신적인 아이디어를 창출할 수 있는 환경을 조성할 수 있게 한다.[181]

코칭 시 리더는 부하의 성장 가능성을 믿고 신뢰해야 하는 것이 매우 중요하다. 인간은 어느 누구나 성장 가능성과 잠재능력을 지닌 전인적인 존재이며 본인 스스로 문제를 해결할 능력을 가지고 있다고 믿는 데서 코칭은 시작된다고 할 수 있다. 이런 인간에 대한 신뢰를 기반으로 리더의 코칭, 관리자의 코칭, 상사의 코칭행동도 코칭리더십과 그 개념이 같다고 할 수 있겠다. 이것은 코칭의 기본 바탕이 되는 철학, 인간관, 가치관에 가까운 코칭 마인드와도 일치한다. 또한 리더의 코칭리더십은 지시와 통제, 감독자가 아닌 코치로서 역할을 할 때 촉진자라는 인식이 필요하다.

일터에서의 리더십은 다른 사람들로 하여금 일을 해 내게 하는 기술이다. 결국 리더십은 다른 사람들과 함께 목표를 이루는 영향력이라고 표현할 수 있으며, 사업의 규모나 성격에 관계없이 모든 종류의 비즈니스 조직에서 리더십은 매우 중요한 역할을 하고 있다.[182] 리더십에 대한 연구는 1970년부터 본격적으로 행해졌는데, 국내에서는 변혁적 및 거래적 리더십, 전략적 리더십, 카리스마 리더십, 셀프 리더십, 서번트 리더십, 진성 리더십, 공유 리더십, 긍정 리더십, 코칭 리더십 등이 자주 연구되고 있으며, 그 중 코칭리더십은 가장 최근에 등장한 리더십 이론 중의 하나라고 볼 수 있다.[183]

코칭은 가장 자주 논의되는 리더십 스킬 중의 하나로서 경영 분야에서 활발히 연구되고 있는 주제다. Grant[184]는 기업관리자에게 필요한 중요한 역

---

181) 박재진, "기업체 중간관리자의 코칭리더십, 학습조직, 구성원의 문제해결능력 및 조직유효성 변인 간의 구조적 관계" (교육학 박사학위 논문, 숭실대학교, 2013), 80-90.

182) Muhammad Owais Munir, Rabia Furqan, Saba Shahzad and Abdul Basit., "EXAMINING THE ROLE OF LEADERSHIP OF PORTFOLIO MANAGERS IN PROJECT PERFORMANCE," *Journal of Strategy and Performance Management*, 5(1) (2017): 23-41.

183) 탁진국, 손주영, "리더십: 이론과 실제" (서울: 학지사, 2017), 제 8장 황미영 "리더십에 대한 국내 연구동향," *부산교육학연구* 22 (2009): 125-154.

184) A. M. Grant, "Enhancing Coaching Skills and Emotional Intelligence Through Training," *Industrial and Commercial Training* 39(5) (2007): 257-266.

량으로 코칭 능력을 강조했으며, Hunt, & Weintraub[185]는 기업의 리더는 그들의 조직 내에서 내부 코치로서의 역량을 개발하고, 코칭에 더 많은 시간을 사용해야 한다고 역설했다. 조직에서의 코칭과 관련하여 대다수 조직에서 조직의 관리자들이 직원들을 코칭하고, 조직은 관리자가 코치의 역할을 하도록 조직에서 성과를 높이고 조직구성원의 역량을 강화하기 위해 기업의 관리자가 행하는 코칭을 코칭리더십이라고 하며, 국내 연구에서는 이를 코칭, 코칭 행동 또는 관리자 코칭 등으로 표현하기도 한다.

코칭리더십에 대한 정의는 다양하다. Greene, & Grant[186]는 조직구성원이 스스로 문제를 해결할 수 있도록 구성원의 수행능력을 향상시켜 성과를 얻어내는 결과 지향적이며 체계적인 리더의 행동 방식이라고 정의하였으며, Davis[187]는 코칭 역량을 가진 관리자가 자신의 업무를 수행하면서 조직구성원의 성장을 돕는 코칭 행동이라고 정의하였다. Heslin, Latham, & Vande101F[188]는 관리자가 코치이에게 직무수행 방법을 제시하고, 조직의 기대를 전달하며, 피드백을 주고 스스로 문제를 해결할 수 있도록 격려하고, 자신의 가능성을 깨닫도록 돕는 과정이라고 정의하였다. Ellinger, Ellinger, Hamlin, & Beattie[189]는 관리자의 코칭을 조직구성원의 학습과 효과성을 증진시키는 효과적인 관리 및 리더십 행위라고 정의하였다. 관리자의 코칭 행동은 주로 일대일 대화를 통해 일어나며, 적극적 경청과 질문 및 조직 관련 이슈와 구성원의 업무 향상을 위한 건설적인 피드백을 포함한

---

185) Hunt, James M, Weintraub, Joseph R, "The coaching organization: a strategy for developing leaders" (Thousand Oaks: Sage Publications, 2007).

186) J. Greene, & A. M. Grant, "Solution-focused Coaching: A Manager's Guide to Getting the Best from People" (London: Peason Education Limited, 2003).

187) P. Davis, "Coaching performance: What sort of job are you dong?" *Sprts Coach* 27(1) (2004): 6-8.

188) P. A. Heslin, G. P. Latham & D. VandeWalle, "The effect of implicit person theory on performance appraisals," *Journal of Applied Psychology* 90(5) (2005): 842-856.

189) A. D. Ellinger, A. E. Ellinger, R. G. Hanmlin, & R. S. Beattie, "Achieving improved performance through managerial coaching. In R. Watkins and D. Leigh(Eds.), Handbook of improving performance in the workplace Volume 2: Selecting and implementing performance interventions," (San Francisco, CA: Co-published by The International Society for Performace Improvement and Pfeiffer, 2010), 275-296.

다.[190] Heslin et al.[191]은 관리자의 피드백은 하나의 이벤트가 아니라 조직 구성원의 성장을 위한 지속적인 과정이며, 적절한 질문과 경청 기술을 활용함으로써 조직 구성원이 스스로 생각하고 해결책을 찾게 하는 과정을 통해 조직의 성과를 높일 수 있다고 강조하였다.

국내에서는 조은현[192]이 리더의 코칭 행동을 측정하는 코칭리더십 척도를 개발하고 타당화를 검증하여 코칭리더십의 이론화에 기여하였는데, 일반 직장인 600명을 대상으로 한 조사를 통해 부하의 성장 가능성에 대한 믿음, 심리적 지지와 존중, 목표제시와 피드백, 그리고 관점 변화 촉진이라는 4개 요인으로 구성된 24개 문항이 도출되었다.

이민호[193]는 코칭리더십이란 조직 구성원과의 신뢰 속에서 구성원들의 숨은 잠재력을 개발, 향상시키고 자신의 임무를 스스로 완수 해결할 수 있도록 구성원의 학습 능력을 키워주는 프로세스라고 규정하였다. 이지현[194]은 리더가 집단이 처한 상황과 집단구성원의 특성이나 기대를 고려하여 구성원들로 하여금 집단 목표를 달성하도록 구성원들에게 조직의 기대를 전달하고, 피드백을 주고, 문제를 해결할 수 있도록 격려하고, 가능성을 믿고, 경청하고 질문함으로써 구성원 스스로 역량을 개발하고 발휘할 수 있도록 영향력을 행사하는 것으로 정의하였다. 김수정[195]은 코칭리더십을 리더가 구성원과 수평적인 신뢰 관계를 바탕으로 구성원의 강점 역량을 개발하고 목표를 달성할 수 있도록 업무 수행 과정을 평가하고 경청과 질문을 통해

190) G. N. McLean, B. Yang, M. C. Kuo, A. S. Tolbert & C. Larkin, “Development and initial validation of an instrument Measuring managerial coaching skill,” *Human Resource Development Quarterly* 12(2) (2005): 157-178.

191) P. A. Heslin, G. P. Latham & D. VandeWalle, “The effect of implicit person theory on performance appraisals,” *Journal of Applied Psychology* 90(5) (2005): 842-856.

192) 조은현, “코칭리더십 척도 개발 및 타당화와 코칭리더십이 조직태도에 미치는 영향,” (박사학위 논문, 광운대학교 대학원 산업심리학과, 2010), 95-113.

193) 이민호, “코칭 리더십의 공공부문 도입에 관한 연구,” (석사학위 논문, 단국대학교 대학원 행정학과, 2007), 97-99.

194) 이지현, “관리자의 코칭리더십이 부하직원의 경력계획과 태도에 미치는 영향,” (박사학위 논문, 한국기술교육대학교 테크노인력개발전문대학원 인력개발학과, 2010), 35-37.

195) 김수정, “관리자의 코칭리더십과 조직유효성의 관계: 개별성, 관계성 및 직무자율성의 매개효과를 중심으로” (교육학 박사학위 논문, 한국기술교육대학교 테크노인력개발전문대학원, 2015), 6-8.

피드백해주며 자기 주도적 업무태도로 조직의 성과에 영향력을 미치는 리더의 행동 양식으로 정의하였다. 조은현[196]은 코칭리더십의 측정 척도를 개발하는 과정에서 기존의 리더십과 상관 분석을 실시한 결과, 변혁적 리더십, 배려적 리더십, 서번트 리더십, 수퍼 리더십과 상관이 높게 나와 코칭리더십을 비롯한 다른 연구 대상 리더십들이 서로 변별되지 않는다는 결과를 보고하였다. 이는 상기의 다른 리더십 유형들과 코칭리더십이 모두 인간 존중의 인본주의 심리학과 긍정심리학에 바탕을 두었다는 점에서 본질적으로 유사한 형태임을 의미한다고 할 수 있다. 그러나 코칭리더십과 다른 리더십의 차별점은 현대의 코칭이 학문을 뛰어넘는 방법론으로 개인과 조직의 변화를 주도한다는 것이다.[197] Grant, & Zackon[198]이 2,529명의 전문 코치를 상대로 한 연구에 의하면, 코치들은 과거에 컨설턴트 40.8%, 관리자 30.8%, 경영자 30.2%, 교사 15.7%, 세일즈 담당 13.8%로 매우 다양한 배경을 가지고 있었으며, 심리학 배경 출신은 4.8%에 불과했다. 이러한 코치 배경의 다양성은 강점인 동시에 약점이다.[199] 전문 코치의 배경이 다양하다는 것은 누구나 일정의 훈련을 거쳐 코치가 될 수 있다는 것을 보여주며, 이는 조직의 리더들도 적절한 교육과 훈련을 받으면 효과적으로 코칭리더십을 발휘할 수 있음을 의미한다. 다른 유형의 리더십들이 대체로 이론적이고 개념적인 것에 비하여, 코칭리더십은 비교적 짧은 시간에도 코칭 스킬을 익힘으로써 유의미한 리더십의 향상을 일으킬 수 있는 효과적인 방법론을 제공할 수 있다.[200] 이상의 연구를 종합하여 보면, 코칭리더십이란 구성원과 수평적인

---

196) 조은현, "코칭리더십 척도 개발 및 타당화와 코칭리더십이 조직태도에 미치는 영향" (심리학 박사학위 논문, 광운대학교 대학원 산업심리학과, 2010), 95-113.

197) A. M. Grant, "A personal perspective on professional coaching and the development of coaching psychology," *International Coaching Psychology Review* 1(1) (2006): 12-22.

198) Anthony M Grant, Richard Zackon MS, "Executive, Workplace and Life Coaching: Findings from a Large-Scale Survey of International Coach Federation Members," *International Journal of Evidence Based Coaching and Mentoring* 2(2) (2004): 1-15.

199) A. M. Grant, "A personal perspective on professional coaching and the development of coaching psychology," *International Coaching P sychology Review* 1(1) (2006): 12-22.

200) A. M. Grant, "Enhancing Coaching Skills and Emotional Intelligence Through Training," *Industrial and Commercial Training* 39(5) (2007): 257-266.

파트너십 관계를 형성하고 경청, 인정, 질문, 피드백을 통해 구성원의 잠재력을 개발하고 스스로 자각하도록 도와 목표를 달성할 수 있도록 지원하는 것이라고 정의할 수 있다.

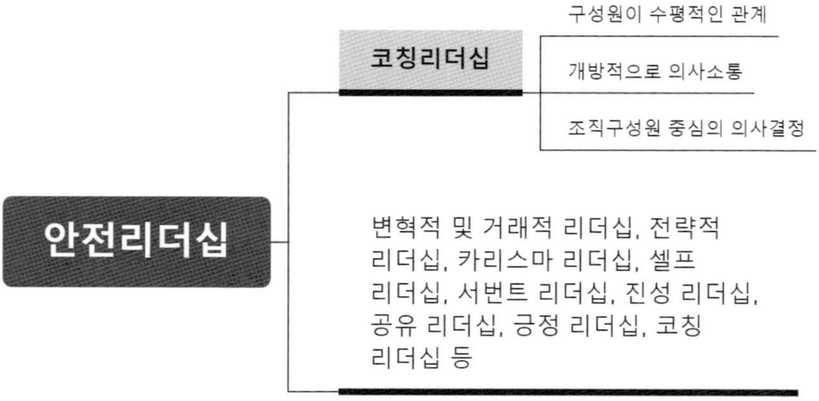

[그림 1-27] 코칭리더십

4.3.4 안전코칭 리더십 구성요인

1) 신뢰감

신뢰는 사회적 관계의 근간을 이루는 기반으로서 사람들 사이에 관계가 형성된 곳이라면 어디서든 관심을 갖고 다루어져 온 주제이다.

신뢰에 대한 학문적 연구 분야는 심리학, 경제학, 사회과학 등의 범주에서 사회현상과 연결하여 개인과 개인, 기업과 소비자. 기업과 기업의 긍정적 관계지속의 영향관계에 대해 연구되어 왔다. 신뢰에 관한 연구는 최근 조직 행동과 조직이론 분야에서 많이 이루어지고 있다. 특히 대인 간, 부문 간, 조직 간, 사회 간에 네트워크에서의 신뢰에 대한 연구는 신뢰가 개인 유효성과 조직 유효성을 유지하는 데 중요한 요인임을 말해주고 있다.

신뢰관계는 인간이나 사물의 특성 혹은 진실에 관한 확신 내지는 의존하는 것으로 학술적으로는 사회적 관계를 지속하도록 하는 데 있어서 필수적인 것이며 당사자 간의 거래가 원활하게 이루어지도록 하는 가장 효율적인 메커니즘으로 역할을 하는 것이고 다른 사람이나 사물은 잘 믿는 개인의 성향 또는 지향성을 말한다.

신뢰의 개념은 크게 두 가지의 관점으로 나눠볼 수 있다. 첫째, 기대와 관련된 개념이다. 둘째, 신뢰는 위험(Risk) 관련된 개념이다. McKnight et al.[201]은 신뢰의 형성요인으로 다음과 같이 5가지 측면을 제시하고 있다. 첫째, 이해타산기반의 신뢰 측면으로 개인은 합리적으로 유추한 비용과 이익을 바탕으로 신뢰적 선택을 한다. 둘째, 제도기반의 신뢰 측면으로 신뢰는 보증, 안전망이나 다른 구조 때문에 어떤 상황에 관하여 느끼는 안정성을 반영한다. 셋째, 지식기반의 신뢰 측면으로 다른 사람과의 경험을 통해 신뢰와 관련된 지식을 축적함으로써 시간을 경과 할수록 신뢰는 발전한다. 넷째, 개성기반의 신뢰 측면으로 유아가 자신을 돌보는 사람에게 도움을 받거나 원하면서 동시에 다른 사람들을 신뢰하는 일반적인 경향을 보이는 유아기 동안 신뢰는 형성된다. 다섯째, 인지기반 관점의 신뢰 측면의 신뢰는 개인의 상호작용에 반대되는 신속하고 인지적인 암시나 첫인상에 의존한다.

McKnight et al.은 신뢰에 대한 다섯 가지 측면 중 지식기반의 신뢰를 제외시킨 네 가지 관점에서 초기 신뢰형성에 영향을 미치는 요인을 연구하였다. 개성기반의 관점에서 인간에 대한 믿음 변수, 이해타산 관점에서 신뢰하는 태도변수, 제도 기반 신뢰 관점에서 구조적 보장과 상황적 규범변수, 인지기반의 신뢰 관점에서 범주화 프로세스 및 통제 프로세스에 대한 환상변수들을 통하여 신뢰에 영향을 미치는 요인에 관하여 설명하고 있다.

2) 안전의식

의식은 다음과 같은 특성을 보인다. 첫째, 안전의식은 실제 안전행동의 선행변수이다. 둘째, 안전의식은 안전행동에 대한 태도, 지각된 행동 통제력, 주관적 규범에 의해 결정된다. 셋째, 이들 결정변수들은 행동적, 규범적, 통제적 신념의 기능과 역할을 결정하거나 개별적으로 그 역할을 수행한다. 넷째, 행동적, 통제적, 규범적 신념은 여러 가지 배경 요소들에 의해 수행된

201) H. McKnight, V. Choudhury & C. Kacmar, "Developing and validating trust measures for e-commerce: An intergrative typology," Information Systems Research, 2002) 13(1): 334-359.

다. 즉 이러한 안전의식은 안전을 위한 행위적 차원에서 가장 근간이 된다는 점에서 안전을 추구하려는 자가 추구해야 할 중요한 요소가 된다.

① 의식과 인식에 대한 개념

의식과 인식은 그 개념을 명확하게 쉽게 구분하기 어렵다. 안전 관련 논문에서 의식과 인식의 명확한 개념적 정의 없이 혼용 사용하는 경우가 대부분이다. 기존의 논문을 통해서도 의식과 인식을 명확하게 구분되는 개념적 정의를 내리기가 어려웠다. 의식과 인식을 영문으로는 각각 Consciousness와 awareness로 나타낸다.[202] 의식은 지식, 감정, 의지의 세 형식으로 구성되며 서로 통합적으로 상호작용하는 정신활동이며[203] 의식은 머릿속에 저장된 무엇 또는 머릿속에서 일어나나 추적할 수 없는 무엇의 의미가 강하다면 인식은 그간 몰랐던 것을 새롭게 발견하는 행위의 의미가 강하다고 했으며[204], 정지현은 인식은 이전에는 의식의 대상이 아니던 외부대상이나 사건에 대하여 의식하는 상태를 말하기도 한다고 하였다.[205] 철학자 헤겔은 인식이란 의식의 경험을 변증법적인 방식으로 조직하는 연속적인 과정이며, 인식의 내용으로서의 진리는 이 과정의 각 단계에서 산출되는 내용들의 총합이라고 정의한 바 있다.[206] 인식의 형성은 사물을 알지 못한 상태에서 그것을 아는 것으로 이행하는 과정이며 대상에 대한 인식은 대상의 현상이 아닌 본질을 파악하는 것이다. 이상의 논의를 살펴보면 안전의식은 안전이라는 개념을 기본적으로 가지고 있는 상태라고 말할 수 있고, 안전인식이란 의식된 안전의 개념을 바탕으로 불안전상태나 안전한 상태 등을 확인하고 인지하여 그것을 지식으로서 받아들이게 되는 단계라고 할 수 있다.[207]

---

202) 정지현, "국어 의식과 '국어 인식'의 교육적 개념화를 위한 방향 탐색," *문법 교육(Grammar education)* 19 (2013): 389-419.

203) 이병승, "사회적 지성에 기초한 존 듀이의 사회개혁론 비판과 그 교육적 시사," *교육사상연구* 23(1) (2009): 141-165.

204) 김은성, "비판적 언어인식에 대한 연구," *서울대학교 국어교육연구소* 15 (2005): 323-355.

205) 정지현, "국어 의식과 '국어 인식'의 교육적 개념화를 위한 방향 탐색," *문법 교육(Grammar education)* 19 (2013): 389-419.

206) 강순진, "정신으로서의 이성: 정신현상학에 나타난 이성에서 정신으로의 이행의 분석을 통한 헤겔의 이성 개념의 계보학적 해명," *철학사상* 38 (2010. 11): 69-98.

② 안전의식과 태도의 관계

안전의식이나 인식과 함께 실제 행동 변화를 논의할 때 거론되는 것이 태도이다. 태도와 행동의 관계는 많은 연구가 진행되어 왔지만 최근에는 안전 관련 태도에 대한 많은 연구가 이루어지고 있다.

태도는 관련 지식, 생각과 신념, 학습, 직접적인 경험의 반복, 강력한 체험 등이 바탕이 되어 후천적으로 형성된다. 태도는 동기적, 감정적, 지각적, 인식적 과정의 지속적 조직으로 정의하기도 하며, 어떤 목적물 또는 아이디어에 대하여 사람들이 호의적이거나 혹은 비호의적으로 행하게 되는 지속적인 인지적 평가, 느낌, 행동경향으로 정의하기도 한다.[208] 또한 주어진 대상에 대하여 일관성 있게 반응하려는 학습된 선입관으로 해석하기도 한다. 이와 같이 태도는 인지된 지식과 생각, 신념에 따라 지속적으로 행동이 반복되어 얻게 되는 몸의 행동변화일 것이다. 안전태도도 끊임없이 반복적인 교육과 훈련, 홍보 등이 지속되고 인식이 바뀌어야 안전에 대한 태도에도 변화가 올 것이다.

③ 안전의식과 행동과의 관계

안전의식은 안전하고자 하는 본능적인 마음의 자세로, 위험으로부터 안전을 유지하거나 사고를 예방하기 위해 가지는 적극적인 인지도이며, 안전한 환경을 위하여 대처하는 자세이며[209], 위험요인에 대한 인식과 발생할 수 있는 위험상황을 효과적으로 다룰 수 있는 능력을 강조하는 가치, 태도, 믿음이라고 정의할 수 있다.[210] 따라서 안전의식은 안전 하고자 하는 가장

207) 임대성, "산업위생분야 종사자들의 사회안전의식 변화에 관한 조사연구: 국가 대형안전사고 발생 전후 비교중심으로," (공학박사학위 논문, 한성대학교 대학원, 2016), 7-8.

208) 여운승, 한상린, 고혁주, "산업재 유통과정에서 관계결속과 수직적 통합의 선행변수 및 성과에 관한 연구," *마케팅관리연구 = Journal of marketing management research* 15(1) (2010): 107-138.

209) 이경재, "조직의 안전풍토에 대한 종업원의 인식과 개인의 안전의식이 직무만족·조직몰입에 미치는 영향 연구: 조직신뢰를 매개로," (경영학 박사학위 논문, 순천향대학교 대학원, 2014), 9-11.

210) Bradford H. Forcier, Amy E. Walters, Eric E. Brasher & John W. Jones, "Creating a safer working environment through psychological assessment: A review of a measure of safety consciousness," *Journal of Prevention & Intervention in the Community* 22(1) (2001): 53-65.

기본적인 마음가짐이라 할 수 있다. 의식이 실제 행동으로 이어지는지에 대한 연구에서는 의식이 곧바로 실제 행동으로 이어진다는 주장도 있고 반대로 의식이 직접적인 행동으로 반드시 이어지는 것은 아니라고 주장하기도 한다.

또한, 구매 행동단계에서의 소비자의 안전행동에서도 안전의식과 태도와 구매행동이 관계가 있다는 주장도 있고, 반대로 관계가 없다는 주장도 있다. 이처럼 의식과 행동은 서로의 상관관계에 대해서 많은 연구들이 진행되고 있다.

심리학에서 발전한 의식과 행동과의 관계를 보면, 의식은 때로는 직접적인 행동으로 어떤 때는 행동으로 나타나지 않는다. 복잡한 문제는 개인별로 의식정도의 차이가 행동에 있어서의 차이도 가져올 수 있을지에 대한 사항이다. 동일한 사물이나 사건에 대한 의식은 사람마다 차이가 있다. 이 경우, 동일한 자극이 동일한 행동(반응)을 이끌어내기 어렵다. 아울러 행동과 의식 간 관계에서 주목해야 할 중요 사항은 의식과 행동이 일 방향적이지 않다는 점이다. 인간은 과거에 했던 행동과 그로 인해 나타난 결과를 기억하게 되고, 이는 의식에 영향을 미친다. 행동으로 인해 변화된 수정된 의식은 또다시 행동에 영향을 미친다. 이전 행동이 부정적 결과라면, 유사한 환경에 다시 처한 사람은 수정된 행동을 하거나 똑같은 행동을 하지 않을 수 있다. 의식과 행동과의 관계는 서로 양과 음의 관계인지 명확하지 않지만 여러 연구를 통해 의식과 행동이 밀접한 관계가 있다는 사실이다. 앞서 살펴본 연구들을 종합해 볼 때 안전행동에 대한 가장 기본적인 시작은 안전의식이며, 안전의식이 갖추어져 있어야 위험을 인지하게 되고, 그로 인해 안전태도가 바뀌어 결국 안전한 행동으로 이어진다는 개념이다.

3) 의지와 태도

안전의식이나 인식과 함께 실제 행동 변화를 논의할 때 거론되는 것이 태도이다. 태도와 행동의 개념도 많은 연구가 진행되어 왔고, 최근에는 안전과 관련된 태도에 대한 연구도 많이 이루어지고 있다. 태도는 직접적인 경험의 반복, 학습, 강력한 체험 등이 바탕이 되어 후천적으로 형성된다. 태도는 개인세계의 어떤 측면에 대한 동기적, 감정적, 지각적, 인식적 과정의 지속적 조직으로 정의하기도 하며[211], 어떤 목적물 또는 아이디어에 대하여 사람들이 호의적이거나 혹은 비호의적으로 행하게 되는 지속적인 인지적 평가, 느낌, 행동경향으로 정의하기도 한다.[212] 또한 주어진 대상에 대하여 일관성 있게 반응하려는 학습된 선입관으로 해석하기도 한다. 이와 같이 태도는 무엇인가를 지속적으로 반복되어 학습 되어질 때 얻게 되는 몸의 변화이다.

확장된 계획행동이론을 통한 관람스포츠 소비자의 소비행동 예측 연구에서 태도는 관람의도에 통계적으로 유의한 정(+)의 영향을 미치고, 관람의도는 관람행동지속성에 통계적으로 유의한 정(+)의 영향을 미치는 것으로 나타났다.[213]

이와 같이 태도의 변화가 행동의 변화를 가져오기 위한 중요 단계라고 할 수 있다. 사람마다의 개인 차이가 있을 수 있고 주변 환경에 따라 달라질 수 있지만, 일반적으로 태도의 변화가 행동의 변화로 이어지게 되는 경우가 많다.

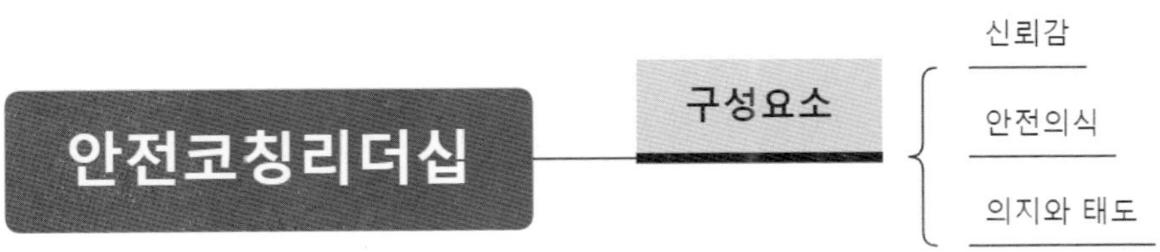

[그림 1-28] 코칭리더십 구성요소

4) 안전코칭 리더십의 연구

안전리더십 코칭에 대한 연구는 안전리더십 코칭의 개념과, 모형, 하위

---

211) 윤훈현, "소비자행동의 이해" (서울: 청목출판사, 2008), 19-12.

212) 여운승, 한상린, 고혁주, "산업재 유통과정에서 관계결속과 수직적 통합의 선행변수 및 성과에 관한 연구," *마케팅관리연구* 15(1) (2010): 107-138.

213) 김동규, "확장된 계획행동이론을 통한 관람스포츠 소비자의 소비행동 예측: 프로야구를 중심으로," (스포츠산업경영학 박사학위 논문, 경희대학교 체육대학원, 2017), 56.

구성 개념에 대한 연구로 나눌 수 있다.

먼저 개념에 대한 연구를 살펴보면, 미국의 산업안전보건청은 경영진의 안전문제의 가장 큰 요인으로 제시하였다. 즉 안전리더십을 리더십에 의한 영향을 인정하였다. 영국의 보건안전청은 사업장은 효과적인 리더십이 있어야지만 우수한 안전성과를 달성할 수 있다고 하였다. 또한, 미국의 연방안전위원회는 안전문화를 정착시키기 위해서는 회사 임원진의 안전리더십이 매우 중요하다고 하였다. O'Dea& Flin[214)]은 안전리더십을 '부하직원들이 효율적으로 작업하며, 안전실적 향상을 위해 더욱 열심히 노력하고, 안전성과에 대한 책임감을 갖도록 동기 부여하는 것'이라고 정의하였고, Wu[215)]는 안전리더십을 '개인과 조직 안전요인에서 부하직원과 기업의 안전목표 달성을 위해 영향력을 발휘하려는 리더간의 상호작용'이라고 주장하였다.

여기서 개인요인은 조직 구성원 개개인이 안전보건을 중요하게 인정하며 이러한 가치관이 업무 중에 반영되고 있는지 여부와 사업장에 잠재된 유해위험요인을 인식하고 이를 개선하고자 노력하는지에 대한 여부 등을 의미한다. 조직요인은 경영진의 안전보건에 대한 의지, 안전보건에 대한 업무우선순위, 조직의 상사와 부하 간의 의사소통 체계 및 분위기, 회사의 안전업무절차서의 적합 및 이행 여부, 회사 내의 안전보건 확보를 위한 비용, 설비, 인력 등의 자원의 적절한 지원, 계층별 안전보건 활동 참여, 현장의 유해위험 요인에 대한 개선 여부 등을 의미한다.

호주의 NSWMC[216)]는 안전리더십을 근로자의 행동과 태도, 습관을 변화하고 현장의 안전문화가 향상되도록 작업자의 가치와 믿음에 영향을 주어 변화시키는 것으로 정의하고 작업자가 안전 가치관과 믿음을 중요시하며, 안전을 모든 활동에서 고려하는 근본적인 것으로 인식하는 것과 동시에 안

---

214) O'Dea A, Flin R, "Site managers and safety leadership in the offshore oil and gas industry," *Safety Science* 37(1) (2001): 39-57.

215) J.B. Wu, "THE DUAL PROCESSES OF TEAM LEADERSHIP: A MULTILEVEL PERSPECTIVE," *CONFERENCE PROCEEDINGS- ACADEMY OF MANAGEMENT* 1(1) (2007): 190.

216) NSWMC, Submission to the 2005 NSW Mines Safety Review (NSW Minerals Council, 2005).

전을 중요시하면서 업무를 추진하면 회사의 경영층, 동료나 상사도 이를 인정해 줄 것이라고 믿는 것을 의미한다고 한다.

다음은, 모형이나 하위 구성요인에 대한 연구이다. 안전리더십과 관련된 연구모형은 연구자의 관점에 따라 다양한 형태로 제시되었다. Julian[217]은 변혁적 리더십이 업무상 상해에 미치는 영향관계 모형을 제시하였는데 변혁적 리더십이 안전성과에 영향을 미치는 과정에 관리자의 의지, 신뢰, 공정함과 같은 근로자의 의욕과 관련된 요인들이 매개요인으로 작용하고 있으며 이는 안전의식, 인지된 안전풍토와 밀접한 관련이 있음을 나타내었다. 또한 호주의 NSWMC[218]은 안전리더십에 의한 지속가능한 안전문화 모형과 사업장의 계층별 안전리더십 행동을 제시하였다. 안전리더십 요인으로 변화추구 및 비전개발, 전략 및 사업계획 수립, 시스템 개발 및 유지관리, 지식, 스킬, 믿음, 가치를 제시하였다. 이 요인들이 복합적으로 작용하여 조직의 안전문화를 성공적으로 달성할 수 있다고 하였다.

그리고 영국 보건안전청(HSE)은 안전성과에 대한 리더십 통합모델을 제시하고 안전성과를 달성하기 위한 계층별 리더십 요인을 제시하였고, 계층별 관계를 나타내었다.

외부 영향요인으로는 국가문화, 정부규제, 경제요건, 경쟁 환경, 업종, 대중, 주주, 노동조합을 들고 있으며, 계층별로는 임원진은 안전경영방침, 안전프로그램, 안전업무 절차에 대한 의지, 안전분야 자원할당, 안전에 대한 경쟁력, 이익창출, 변혁적 리더십 유형, 법규 준수에 대한 중요성 인식, 부하직원과 신뢰관계를 제시하였다. 안전관리자는 안전의지, 안전 우선순위, 안전참여, 권한위임, 의사소통, 상호작용, 인본주의적 관리를 제시하였다. 그리고 감독자는 지원과 참여, 참여유도, 자율 권한을 제시하고, 근로자는 참여, 위험인식, 소속감, 자율권한, 동기를 제시하였다.

---

217) Julian, Turner, Nick, Barling, Epitropaki, Olga, Butcher, Vicki, and Milner, Caroline, "Transfromational Leadership and Moral Reasoning," *Journal of Applied Psychology* 87 (2002): 11-304.

218) NSWMC, "Submission: Safety Works: a Proposal for a Coal Mine Health and Safety Act" (NSW Minerals Council, 2002).

이 밖에 Yule, Flin & Murdy[219]는 지적인 자극을 주고, 안전보건 비전을 제시하고, 성과에 대하여 적절한 보상을 제공하는 것을 임원진의 리더십이 안전성과에 긍정적인 영향을 미치는 요인으로 제시하였다.

Kelloway[220]는 안전보건 비전을 제시하는 것, 영감을 주면서 동기를 부여하는 것, 지적인 자극을 제공하는 것, 개개인에 대한 사려 깊은 태도를 갖는 것을 변혁적 리더십의 4가지 요소로 제시하면서 사고 감소 및 안전행동 증가 등의 안전성과에 긍정적인 영향을 미치는 요인으로 꼽았다.

① 지각된 통제감의 개념

지각된 행동통제는 계획된 행동이론에서 중요한 부분이다. 사실상, 계획된 행동에서 지각된 행동 통제를 제외한 이론은 합리적 행동 이론과 다르다. 실제 행동 통제의 중요성은 너무 자명해서 특별히 설명할 필요가 없다.[221] 개인에게 유효한 자원과 기회들은 행동의 성취 가능성에 어느 정도 영향을 준다. 그러나 실제 통제보다 더 큰 심리학적 관심은 행동 통제의 인식과 목적 및 행동의 강력한 영향이다.

지각된 통제는 성공적인 행동 수행을 제한하거나 가능케 할 수 있는 통제 신념에 의해서 결정된다. 이 요소들은 정보, 기술, 능력, 감정, 개인 차이와 같은 내부 통제와 의존성, 기회, 장벽 등의 외부적인 요소가 될 수 있다. 행동을 수행하기 위한 장애물의 부족 또는 기회들이 있다고 인식하는 사람들은 아마도 높은 통제력의 인식을 가지고 있다고 할 수 있을 것이다.[222]

지각된 행동통제는 특정 행동과 직접적 연결 요소들에 중점을 둔 것과 같

219) S. Yule Flin R. & A. Murdy "The role of management & safety climate in preventing risk-taking at work," *International Journal of Risk Assessment and Management* 7 (2007): 137-151.

220) J. Barling, C. Loughlin, E. K. Kelloway, "Development and Test of a Model Linking Safety-Specific Transformational Leadership and Occupational Safety," *Journal of applied psychology* 87(3) (2002) : 488-496.

221) 홍승표, "항공 정비사의 안전 행동에 영향을 미치는 요인에 대한 실증연구,"(경영학 석사학위, 한국항공대학교 대학원, 2015), 20-22.

222) I. Ajzen., "The Theory of planned behavior," *Organizational Behavior and Human Descision Processes* 50 (1991): 179-211.

이 관심된 행동을 수행하는 데 어려움이나 용이함을 가지는 사람들의 인식을 나타낸다. 지각된 행동통제는 통제의 소재가 행동과 상황의 종류 사이의 일반화된 기대와 다르게 행동과 상황을 다르게 할 수 있다. 보통 상황과 행동은 다르다.

지각된 통제의 다른 접근은 Atkinson의 성취동기 이론에서 발견되어 진다. 그의 이론에서 중요한 요소는 주어진 업무 성공의 지각된 가능성으로 정의된 성공의 기대이다. 이 관점은 특정 행동 상황과 일반화된 성향이 아닌 점에서 지각된 행동통제와 꽤 비슷하다. 이 일반적인 성취동기는 성공의 추가 보상과 같은 다른 상황 상세요소와 마찬가지로, 상황의 성공 기대와 함께 상승하는 조합으로 가정된다.

그러나 지각된 행동통제의 관점은, Bandura가 "다가오는 행동을 다루기 위해서 필요한 행동의 과정을 얼마나 적절히 실행할 수 있는지에 대한 판단"으로 정의된 지각된 자기 옹호의 개념과 가장 비교할 만하다. 사람들의 행동이 그것을 수행하기 위한 그들의 능력에 대한 자신감에 의해서 강하게 영향을 받는다는 것을 보여주었다. 자기 옹호 믿음들은 활동의 선택, 활동을 위한 준비, 수헝하는 동안 추가된 노력 그리고 사고방식과 마찬가지로 감정적 반응에 영향을 미칠 수 있다. 계획 행동이론은 믿음, 태도, 목적 그리고 행동 사이의 더 일반적인 틀 사이에 자기 옹호 믿음의 구조 또는 지각된 행동 통제를 위치시킨다.

Trafimow et al.136F[223)]은 지각된 행동통제가 일차원적인 구성보다 다차원적이라는 관점을 뒷받침하기 위한 증거를 제시했다. 그들 연구의 지각된 행동통제는 지각된 통제와 지각된 어려움을 포함하였다.

지각된 통제란 수행할 행동이 자신의 자발적인 통제 아래 있는 정도를 나타내고 수행한 행동이 어려운 것으로 인식되는 지각된 어려움의 정도를 포함한다.

223) D. Trafimow, P Sheeran, M. Conner & K. A. Finlay, "Evidence that perceived behaviorsal control is a multidimensional construct: perceived control and perceived difficulty," *British Journal of Social Psychology* 41 (2002): 21-101.

Kraft et al.[224]은 또한 지각된 통제와 지각된 위험은 경험적으로 명확한 효과들을 가진다는 것을 발견하였고, 지각이 다른 행동과 연관되어 있다고 생각했다. 이러한 연구들 중 일부는 자기 옹호를 지각된 행동 통제의 제 3 요소로 제안했다.

English & Branaghan[225]은 위반 그 자체는 상황에 따른 환경 때문에 규정에 맞게 따르는 것이 불가능하게 하는 상황에 따른 위반과, 무료함을 덜어주는 등과 같은 목표와 연관된 비업무적인 것을 제공하는 것과 같이 다른 형태로 나타난다고 주장했다. 따라서 지각된 행동 통제의 다른 하부 요인들이 발견되는지 아닌지, 그리고 위반하는 요인들이 다른 목적을 가지고 있는지를 생각하는 것은 흥미로울 것이다.[226]

② 지각된 통제감의 특징

계획된 행동이론을 살펴보면 합리적 행동이론의 가정을 전제하며 임의적 조절・통제에 대해 의문을 제기함으로써 등장하게 되었다. 사람의 행동에 있어 환경으로 인한 제약적 판단이 많다는 것을 전제로 합리적 행동이론에 지각된 행동통제 변인을 추가하였다. 계획된 행동이론에 의하면 어떠한 행동을 실행하기 위한 행동 의도는 행위자의 의지와 동기의 수준을 나타내기 때문에 그 행동에 대해 가장 핵심적 결정요인으로 작용되고 행동의도는 하고자 하는 행동을 이행하기 위해 행위자를 반영하는 일종의 동기요인으로 태도 변수, 주관적 규범 변수, 지각된 행동통제 변수에 의해 영향을 받는다고 하였다.[227]

---

224) P. Kraft, J. Rise, S. Sutton and E. Rosamb, "Perceived difficulty in the theory of planned behaviour: perceived behavioural control or affective attitude?," *British Journal of Social Psychology 44* (2005): 96-479.

225) D. English & R.j. Branaghan, "An empirically derived taxonomy of pilot violation behavior," *Safety Science* 50 (2012): 199-209.

226) M. Phipps Ozanne, L. Luchs, M. Subrahmanyan, S. et al., "Understanding the inherent complexity of sustainable consumption: A social cognitive framework," *Journal of Business Research* 66(3) (2013): 1227－1234.

227) Heather A. Hausenblas, Albert C. Carron, Diane E. Mack, "Application of the Theories of Reasoned Action and Planned Behavior to Exercise Behavior: A MetaAnalysis", *Journal of Sport & Exercise Psychology* 19, (1997): 36-51.

지각된 행동통제는 체계적인 조사연구에 의하여 발전되었으며 선행연구에 따르면 인간의 개개인 행동은 개인의 행동조절에 영향을 받으며 개인에게 호의적인 신념은 행동선택, 행동에 대한 준비, 행동을 수행하고자 하는 노력, 사고의 형태, 감정적인 반응에 영향을 미친다. 계획된 행동이론은 개인의 신념, 지각된 행동통제에 대한 신념, 태도, 행동 의도, 행동 간의 상호작용으로 이루어진다. 지각된 행동통제는 인간들이 행동을 수행함에 있어서 그 행동이 얼마나 쉬운가 혹은 어려운가에 관하여 개인이 인지하는 믿음의 정도이다. 또한 지각된 행동통제는 행동을 수행하는 결정에 직접적인 요인인 통제신념과 통지신념에 관한 인지력에 따라 자각의 영향에 의해 결정된다.[228]

Ajzen[229]은 장애물이나 방해요인이 없으면서 시간, 돈, 기술 등의 자원이나 기회가 많다고 지각할 때 행동 의도가 높다고 하였다. 즉, 지각된 행동통제력은 행동을 하는 데 방해가 되는 요소를 해소시켜줌으로써 행동 의도로 이어질 수 있다는 것이다. 행동에서 기회, 자원, 기술이 필요하다고 지각하면 지각할수록 지각된 행동통제가 행동 의도와 행동에 미치는 영향이 커진다.[230] 지각된 행동통제는 자신이 처한 환경에 대한 신념이며 환경에 대한 지각된 행동통제는 목표행동을 수행하는 개인의 능력, 자신감, 효능감 등과 관련이 있다. 행동 의도가 강하다고 하여 반드시 행동을 수행하는 것이 아니다.[231] 왜냐하면 행동 의도에서 실제 행동수행으로 나아가는 과정에 장벽이 존재하기 때문이다. 이때 개인의 실질적 통제정도에 따라 행동수행이 달라진다. 그러나 실질적 통제를 측정하는 것은 거의 불가능하기 때문에 계획된 행동이론은 지각된 행동통제 측정에 실질적 통제정도를 반영할

---

228) I. Ajzen, & B. L. Driver, "Application of the Theory of planned behavior to lesisure choice," *Journal of Leisure Research* 24 (1992): 24-207.

229) I. Ajzen, "The Theory of planned behavior," *Organizational Behavior and Human Descision Processes* 50 (1991): 179-211.

230) 한덕웅, 한인순, "An Application of Theory of Planned Behavior to Passenger Car Drivers Speed - limit Violation", *한국심리학회지: 건강* 6(2) (2001): 39-62.

231) I. Ajzen, Residual effects of past on later behavior: Habituation and reasoned action perspectives. Personality and Social Psychology Review, 6, (2002): 22-107.

수 있도록 하여 행동수행의 예측률을 향상시키고자 하였다.[232] 일반적으로 행동을 수행할 시 긍정적이고 행동 수행에 압력을 느낄 때, 그리고 자신이 목표행동을 수행할 능력이 있다고 믿을 때 행동 의도가 강해진다. 계획된 행동이론의 메타분석 결과에 의하면 태도, 주관적 규범, 지각된 행동통제는 인간행동 의도 39%, 의도와 행동은 42%의 상관성을 가지는 것으로 분석되었다.[233] 이와 같은 이론적 논의에도 불구하고 인간 개인의 신념은 다양한 인구사회학적 요인과 과거경험, 사회적인지, 성별, 연령, 인종 등과 같은 다양한 요인의 영향을 받는다. 인간행동 결정에 있어 영향요인을 명확히 밝히기 위해서는 구체적으로 어떠한 배경요인이 어떠한 신념과 관련이 있는지에 관한 이론적 뒷받침이 필요하다.[234]

지각된 통제란 개인이 특정행동을 하는 경우에 있어서 해당 행동을 수행하는 것이 행위자의 자발적인 통제의 범위를 벗어나 그 행동을 하기가 매우 어렵거나 방해가 되거나 쉽게 촉진하는 요소로 작용되는 요인들에 대한 개인의 지각을 말하며148F[235], 과거의 행동경험에 의하여 영향을 받기도 하지만 주로 행동의 어려움을 증가 또는 감소시키는 요인에 의한 이차적 정보에 의하여 주로 영향을 받기도 하고 많은 자원과 기회가 제공되는 사람들일수록 행동 수행에 장애가 적으며 행동을 통제할 수 있다는 지각이 높다고 할 수 있다.

③ 지각된 통제감의 구성요인

Ajzen과 Madden[236]은 지각된 행동통제의 요소를 내부적 요소와 외부적

232) 김낭희, "약물사용자의 치료서비스 이용 의도에 관한 연구: 건강서비스이용행동모형과 계획행동이론의 적용" (사회복지학 박사학위 논문, 서울대학교 대학원 사회복지학과, 2015), 53-81.

233) C. J. Armitage, & M. Conner, "Efficacy of the theory of planned behaviour: A meta-analytic review," *British Journal of Social Psychology* 40(4) (2001): 471-499.

234) J. Petraitis, B. R. Flay & T. Q. Miller, "Reviewing theories of adolescent substance use: Organizing pieces in the puzzle," *Psychological Bulletin* 117(1) (1995): 67-86.

235) 임혜미, "계획행동이론을 적용한 로하스제품 구매의도에 영향을 미치는 요인들에 관한 연구" (경영학 박사학위 논문, 제주대학교 대학원 경영학과, 2015), 34-35.

236) I. Ajzen, T. J. Madden, "Prediction of goal-directed behavior: Attitudes, intentions, and perceived behavioral control", *Journal of Experimental Social Psychology* 22 (1986): 74-453.

요소 두 가지로 구분하였다. 우선 지각된 행동통제의 내부적 요소는 개인적 성향과 관련된 요인을 의미하고, 개인의 특수한 기술, 능력 혹은 정보의 양 등을 합의한다. 그러나 외적 요인은 시간, 기회, 경제 또는 타인의 협조 등의 지원 환경으로 요약할 수 있다.[237]

이재신 & 김한나[238]는 지각된 행동통제는 개인에게 주어진 과제를 스스로 수행할 수 있으므로 정의되는 자기 효율성의 자신감과 연관되어 있고, 이러한 자신감이 높을 경우 어떤 기술을 받아들이는 데 더욱 적극적인 태도를 취한다고 주장했다.

지각된 행동통제의 외부적 요소는 기술 및 인적152F[239] 그리고 시간 및 경제적 자원들이 얼마나 충분하게 존재하는지의 여부, 가용 자원들이 충분하고 풍부하다고 인식될 때 기술을 수용하고자 하는 의도가 높을 것으로 나타났다.[240]

이동수[241]는 지각된 통제가 행동예측에 있어서 다음과 같이 세 가지 역할을 한다고 하였다. 첫째 지각된 통제는 의도에 대해 동기적 의미를 지닌다. 즉 어떤 행동을 수행할 자원과 기회가 부족하다고 생각하는 사람은 설사 그 행동에 대해 긍정적이거나 호의적인 태도를 지니고 있고 타인들이 그 행동의 수행을 지지해 준다고 인식할지라도 그 행동에 대한 의도를 형성하지 않을 수 있다. 이 경우 지각된 통제는 행동의도를 통하여 실제 행동에 대해 간접적인 영향을 주게 된다.[242] 둘째 지각된 통제는 행동에 대해 직접적인 영향을 준다. 즉 지각된 통제가 어느 정도 정확성으로 실제 통제

---

237) 홍승표, "항공 정비사의 안전 행동에 영향을 미치는 요인에 대한 실증연구"(경영학 석사학위, 한국항공대학교 대학원, 2015), 23.

238) 이재신, 김한나, "고등학생과 대학생들의 동영상 UCC 제작의도에 영향을 주는 요인에 관한 연구", *한국언론학보* 52(5) (2008): 399-419.

239) R.D. Arvey, Z. Zhang, B.J. Avolio & R. Kruger, "Understanding the developmental and genetic determinants of leadership among females", *Journal of Applied Psychology* 92 (2007): 693-706.

240) 이봉규, 이성준, 서현식, 김준호, "사회문화적 요인과 플로우 경험 및 지각된 행위통제가 IPTV 서비스 수용에 미치는 영향 분석" *한국인터넷정보학회* 11(3) (2010): 105-119.

241) 이동수, "경찰공무원의 행정지도행태에 영향을 미치는 요인에 관한 연구: 계획행태이론(TPB)의 적용을 중심으로" (행정학 박사학위 논문, 조선대학교, 2005)

242) 임혜미, "계획행동이론을 적용한 로하스제품 구매의도에 영향을 미치는 요인들에 관한 연구" (경영학 박사학위 논문, 제주대학교 대학원 경영학과, 2015), 34-35.

력을 반영해 준다면 의도와는 독립적으로 행동 수행을 예측하는 데 도움을 줄 수 있다. 셋째 지각된 통제는 의도와 상호작용하며 매개적인 역할을 한다. 즉 행동이 발생하기 위해 선 행동을 수행하고자 하는 의도와 그 행동의 수행이 자신의 통제하에 있다는 신념 모두가 필요하다. 지각된 통제는 행동유발에 직간접적인 영향을 준다. 지각된통제는 통제신념체계에 의해 결정되는데 이는 통제신념과 통제요인의 영향력Power of Control Factors)에 비례한다.[243]

④ 지각된 통제감의 연구

지각된 행동통제에 대한 연구보다 주로 행동통제에 대한 개념이나, 구성요인, 다른 변인과의 인과관계에 대한 연구가 주를 이룬다. 이에 대한 선행연구를 살펴보면 다음과 같다.

지은미[244]는 행동에 대한 행동의 통제(지각된 통제)란, 자신이 행동을 실행할 수 있다고 지각하는 수준, 행동을 시행하는 데 쉽거나 어려움에 대해 지각하는 수준을 의미한다고 보았다. 반면 Ajzen은 개인이 특정한 행동을 수행하는 데 얼마나 성공적으로 수행할 수 있는지 행동 수행의 용이성 또는 어려움에 대해 개인이 지각하는 믿음의 정도로서 정의된다고 하였다. 지각된 행동통제는 특정한 행동의 지속 여부를 결정하는 중요 요인으로 작용한다. 이는 특정 행동을 수행하는 데 시간, 돈, 자원, 물질 요소, 장애요인에 대한 개인이 인식하는 통제신념과 행동을 촉진하거나 억제하는 자원이나 기회, 장애요인을 자신이 통제할 수 있다고 지각하는 통제력에 의해 결정된다.[245]

따라서 자신의 행동을 실행하기 위해서는 내부 요인인 개인 신념, 태도 등과 외부 요인인 조직의 안전 분위기와 안전 문화가 장애물로서 작용하지

243) 김소영, "소비자와 공급자 관점에서 본 지속가능한 급식 연구" (생활과학 박사학위 논문, 서울대학교, 2012).

244) 지은미, "계획된 행위이론을 기반으로 한 미혼여성의 생식건강증진행위 구조모형" (간호학 박사학위논문, 경상대학교 대학원, 2016), 8.

245) I. Ajzen, "Attitudes, personality, and behavior (2nd. Edition)" (Milton-Keynes, England: Open University Press/McGraw-Hill, 2005).

않으면 지각된 행동의 통제신념이 높아지게 된다. 개인의 지각된 통제신념으로서 내·외부 요인들이 안전행동 방해물로써 인식되지 않는다면 안전한 행동으로 이어질 수 있으며, 불안전한 행동에 따른 사고위험을 감소시킬 수 있다.

인간이 의도된 행동의 실행에 필요한 자원을 적게 보유하고 자신감이 결핍되어 행동에 대한 통제력이 부족하다면 실제 행동의도는 낮아진다. 행동을 실행하기 위해서는 개인 의도와 더불어 개인이 행동 수행을 위한 기술이나 능력을 가지고 있는가? 그리고 본인들의 행동 의도를 실천하는 데 장애가 되는 환경적인 제약이 있는가? 등의 여부를 고려하는 것이 중요하다.

Ajzen[246]은 지각된 행동통제는 행동의도를 경유하여 간접적으로 행동에 영향을 줄 뿐만 아니라 행동의도처럼 직접적으로 행동에 영향을 줄 수 있다고 보았다. 지각된 행동통제의 기본 신념인 통제 신념은 개인의 장애물, 자원, 기회를 지니고 있어서 행동을 할 수 있다고 보는 확률에 한 신념이다. 그러므로 장애물이나 방해요인이 없으며, 기회나 자원이 많다고 생각할 때 지각된 행동통제감은 커진다. 즉, 학생들이 안전 수칙을 많이 안다고 생각할수록, 안전수칙을 지키는 것이 어렵지 않다고 생각할수록, 지각된 행동통제감은 커진다. 따라서 안전수칙에 대한 교육이 필요한데 안전수칙을 알면 안전행동을 할 것이고, 안전행동을 하면 사고가 발생하지 않는다는 신념에 의해 안전행동에 대한 자신감이 붙고 자신감이 있으면 불안전한 행동으로 인한 사고의 위험을 줄일 수 있다.[247] 김동규[248]는 확장된 계획행동이론을 통한 관람스포츠 소비자의 소비행동 예측 연구에서 지각된 행동통제는 관람행동에 영향을 미치지 않았으나 관람의도에는 통계적으로 유의한 정(+)의 영향을 미친다고 검증하였다.

---

246) I. Ajzen., "The Theory of planned behavior", *Organizational Behavior and Human Descision Processes* 50 (1991): 179-211.

247) 박종희, "계획된행동이론을 적용한 사고예방프로그램이 안전행동에 미치는 영향: 치기공과 학생을 대상으로"(보건교육학 박사학위 논문, 이화여자대학교, 2007), 14.

248) 김동규, "확장된 계획행동이론을 통한 관람스포츠 소비자의 소비행동 예측: 프로야구를 중심으로" (스포츠산업경영학 박사학위논문, 경희대학교 체육대학원, 2017), 56.

4.3.5 행위에 대한 태도

1) 태도의 개념

태도의 어원은 라틴어 'aptus'로 준비된 혹은 적응의 상태라는 점을 고려한다면 태도 형성이나 변화는 사람에게 행동을 준비하는 주관적 혹은 심리적 상태로 해석할 수 있으며[249] 기본적으로 새롭게 형성되거나 새로운 태도로 변화 가능한 속성을 가지고 있다.[250] 이처럼 태도의 기본 의미에도 불구하고 태도에 대한 연구를 진행하는 학자들은 자신의 관점에 따라 다소 상이한 정의를 내리고 있다.

태도구조에 대한 논의는 태도를 크게 감정 또는 평가적 반응의 한 요인으로 설명할 것인가? 또는 감정, 인지, 행동요소의 다중요인으로 설명할 것인가의 두 입장으로 대변된다.

태도의 인지적 요소에 영향을 주고 싶다면 인지적 자극을 태도의 감정적 요소에 영향을 주고 싶다면 기분이나 감정의 자극을 주어야 한다. 그리고 태도의 행동적 요소에 영향을 주고 싶다면 특정 행동을 요구하는 자극을 주어야 한다. 이들 세 성분은 높은 상관관계를 유지하면서 서로 긴밀한 영향을 주고받기 때문에 세 성분 중 어떤 하나의 자극을 주더라도 사람의 태도를 형성 또는 변화시킬 수 있게 된다.

홍영일[251]은 태도의 구조에 대해 단일차원과 중, 다차원으로 분류하였다. 태도의 단일 차원설은 태도가 평가차원 또는 감정차원으로 대표된다는 이론으로 정적에서 부적까지의 양극으로 이루어지는 차원이며, 태도의 중, 다차원 설은 태도의 차원이 감정, 인지 및 행동의 3차원으로 이루어져 있다는 주장이다.

세부적으로 분류하면 태도를 태도 대상에 대한 잠재반응[252] 또는 반응

---

249) P. Erwin, "Attitude and persuasion", *Contemporary PsyChology* 49(1) (2004): 73.

250) 홍영일, "태도의 형성 및 변화를 위한 교수 원리 탐색 및 전략 개발 연구"(교육학 박사학위 논문, 서울대학교 대학원, 2014), 15.

251) 홍영일, "태도의 형성 및 변화를 위한 교수 원리 탐색 및 전략 개발 연구"(교육학 박사학위, 서울대학교 대학원, 2014), 23.

252) 윤훈현, "소비자행동의 이해" (서울: 청목출판사, 2008), 219.

성향[253]으로 규정하고 태도의 세 성분 즉, 감정, 인지, 및 행동을 태도를 구성하는 세 가지 요소로 이해하는 것이다. 태도란 감정적 성분, 정성적 성분, 행동적 성분 세 가지 성분이 복합되어있는 구성체라고 할 수 있다. 전통적 관점에서 태도는 어떤 자극에 대해 반응할 준비가 되어 있는 통합되어 있으며 변함없는 지속적 상태를 의미한다. 최근 연구들이 누적되면서 태도가 맥락에 의존적이며 따라서 쉽게 변화될 수 있다는 인식이 증대되고 있다.

태도에 대한 학자들의 시각은 다양하다. 태도는 세 가지 하위 요소, 인지, 감정, 행동 요소로 구성되어 있으며, 이들 하위 요소들은 각각 지식, 가치, 행동에 의해 영향을 받아 형성되거나 변화되고, 변화된 태도의 결과는 다시 지식, 가치, 행동으로 표출된다[254]고 보았다. 또한 태도를 개인세계의 어떤 측면에 대한 동기적, 감정적, 지각적, 인식적 과정의 지속적 조직으로 정의하기도 하였으며[255], 어떤 목적물 또는 아이디어에 대하여 사람들이 호의적이거나 혹은 비호의적으로 행하게 되는 지속적인 인지적 평가, 느낌, 행동경향으로 정의하기도 하였다.[256] 이것은 태도가 어떠한 요인의 영향을 받아 변화될 수 있으며 이는 다시 행동적 측면으로 영향을 줄 수 있음을 설명하는 것이다. 그러므로 태도를 형성 또는 변화시키기 위한 인지적, 정의적, 행동적 개입전략이 요구된다는 점을 확인할 수 있다.[257] 태도는 전통적으로 어떤 이슈, 사물 또는 사람 등과 같은 특정 대상에 대하여 갖는 일관된 행동을 하려는 경향성으로 정의되어 왔으며, 인지적, 정의적, 행동적 요인으로 구조가 결정된다.[258] 개인은 직접적인 경험이나 경험대상의 정보를 받아 그 대상에 노출됨으로써 태도를 학습하게 되며, 학습된 태도는 지속적

253) 여운승, “뉴밀레니엄 마케팅 관리” (서울: 시그마프레스, 2001).

254) 홍영일, “태도의 형성 및 변화를 위한 교수 원리 탐색 및 전략 개발연구” (교육학 박사학위, 서울대학교 대학원, 2014), 23.

255) 윤훈현, “소비자행동의 이해” (서울: 청목출판사, 2008), 219.

256) 여운승, “뉴밀레니엄 마케팅 관리” (서울: 시그마프레스, 2001).

257) 홍영일, “태도의 형성 및 변화를 위한 교수 원리 탐색 및 전략 개발 연구”(교육학 박사학위 논문, 서울대학교 대학원, 2014), 23.

258) J. B. Cohen, A. Reed II, “A multiple pathway anchoring and adjustment(MPAA) model of attitude generation and recruitment.” *Journal of Consumer Research* 33(1) (2006): 1-15.

으로 호의적 또는 비호의적 반응형태를 일으키면서 태도 대상과 관련되는 내재적 행동으로 이끌어진다고 하였다.259) 그러므로 특정 대상에 대해 호의적 또는 비호의적으로 반응하려는 학습된 성향이라 할 수 있다.260) 그러나 태도에 대한 메타 인지적 모델에 의하면 특정 대상에 대한 태도 자체를 성찰함으로써 자각되는 메타 인지적 태도가 존재하며, 이것은 대상에 대한 태도 변화에 영향을 미친다고 주장되었다.261)

종합해본다면, 태도는 기본적으로 항상 무엇인가에 대한 태도로서 그 대상이 전제되어 있으며 태도와 행동의 관계는 다른 개념들 간의 관계보다도 긴밀262)하다는 것을 알 수 있다. 태도는 직접적인 경험의 반복, 학습, 강력한 체험 등이 바탕이 되어 후천적으로 형성되며263), 결국 사람들에게 행동을 준비하는 일련의 과정으로 요약해 볼 수 있다. 태도는 무엇인가를 지속적으로 반복되어 학습되어 질 때 얻게 되는 몸의 변화로서, 안전에 대한 태도도 마찬가지로 끊임없이 반복적인 교육과 시스템개선, 홍보 등이 지속되어야 안전에 대한 태도에도 변화가 올 것이다.264) 그런 의미에서 인식 함양을 위한 교육이 병행된다면 태도에 대한 효율성은 높아지는 것으로 이해할 수 있다.265)

---

259) R. J. Lutz, "Affective and cognitive antecedents of attitude twoard the Ad," Information Processing Research in Ad, 46 (1983): 1-16.

260) 이봉철, "골프연습장 시설디자인이 소비자 태도와 구매 후 행동에 미치는 영향" (체육학 박사학위 논문, 목포대학교, 2014), 35.

261) Cohen, J. B., Reed II, A., "A multiple pathway anchoring and adjustment(MPAA) model of attitude generation and recruitment." Journal of Consumer Research 33(1) (2006): 1-15.

262) 홍영일, "태도의 형성 및 변화를 위한 교수 원리 탐색 및 전략 개발 연구"(교육학 박사학위, 서울대학교 대학원, 2014), 52.

263) M. Fishbein, I. Ajzen, Belief, attitude, intention and behavior (An introduction to theory and research, MA: Addison-Weseley, 1975), *Richard J. Hill Contemporary Sociology* 6(2) (1977): 244-245.

264) 임대성, "산업위생분야 종사자들의 사회 안전의식 변화에 관한 조사 연구: 국가 대형 안전사고 발생 전·후 비교 중심으로" (공학박사학위 논문, 한성대학교 대학원, 2016), 9.

265) 홍승표, "항공 정비사의 안전 행동에 영향을 미치는 요인에 대한 실증연구"(경영학 석사학위논문, 한국항공대학교 대학원, 2015), 17-19.

2) 안전태도의 정의

안전태도는 호의적이거나 비호의적인 행동으로 구성된다.[266] 또한 작업자들의 안전태도는 개인의 믿음, 회의적인 태도와 개인 잘못에 대한 면책 같은 파괴적인 믿음 그리고 작업장에 대한 안전에 대한 평가와 관련된다. 좀 더 호의적인 안전신념 만들기를 위해서 긍정적인 효과와 관련된 믿음은 강화되어야 하고 부정적인 효과와 믿음은 감소되어야 한다.[267]

Zohar181F[268]는 안전에 대한 태도는 종업원의 인식과 관리자 태도, 안전 분위기가 가장 중요한 예측변수임을 발견했다. 작업자의 불완전한 행동을 제거하기 위해서, 필요시 작업자들의 안전태도를 엄격하게 관리 수정하는 것이 필요하다. 작업자에게 안전태도는 정신적으로 중요한 역할을 하고, 사고는 작업자의 안전태도에 매우 큰 영향을 미치는 중요한 요소이다. 작업지휘자와 작업자의 의사소통은 안전태도와 안전사고 사이의 매우 중요한 영향 요소이다. 만약 작업자들이 안전에 대하여 효과적으로 의사소통을 한다면 안전사고에 대해서 인식하게 되고 더 주의 깊게 행동하게 될 것이다. 안전사고 사례는 작업자들을 안전사고와 위험에 민감하게 만든다. 안전사고 사례 교육들은 안전사고에 대한 의사 소통수준을 높여 작업자들을 안전하게 행동토록 유도하기 위한 효과적인 방법이 될 수 있다.

〈표 1-3〉 안전태도의 정의

안 전 태 도 정 의	저 자
안전태도는 작업자와 관련된 모든 사물이나 상태에 대한 그의 반응에 직접적 또는 역동적인 영향을 미치는 경험을 통하여 형성된 정신적 신경적인 준비상태이다.	Allport(1955, 1961)
안전 태도는 특정한 사건 인물, 사건에 대한 개인적 행위의 선택에 영향을 주는 학습된 내재적 상타이다.	Gagne(1984)

266) I. Ajzen, "The theory of planned behavior," Organizational Behavior and Human Decision Process. 50(2) (1991): 179-211.

267) C.S. Fugas, S.A. Silva, J.L. Melia, "Another look at safety climate and safety behavior: Deepening the cognitive and social mediator mechanisms," *Accident Analysis Prevention* 45 (2012): 77-468.

268) D. Zohar, "Safety climate in industrial or ganizations. Theoretical and applied implications," *Journal of Applied Psychology* 65(1) (1980): 96-102.

사고와 관련된 사람들은 사고 의도가 없지만, 사고로 이끄는 그 들의 행동이 무엇을 하고 있는지 인지하고 있다고 가정한다. 이것은 집중이 순간적으로 흐트러지거나 실수 때문에 사고가 일어난다는 것과 반대된다.	Donald & Canter(1993)
안전 태도는 그룹과 조직의 안전 분위기 수준 또는 생산성보다 안전을 우선시 하는 조직의 안전정책, 절차 그리고 종업원의 안전행동인식과 꽤 연관되어 있지만 분명히 다르다.	Diaz & Cabrera(1997)
안전 태도는 주위의 다른 사람의 안전행동에 의해서 정의된 조직의 역할이다.	Rosa Grau et al.(2002)
안전태도는 안전 정책, 절차 그리고 관례들에 대한 믿음과 감정들의 개인 수준을 반영하고 안전에 대한 구성원의 헌신과 책임감을 포함한다.	Neal & Griffin(2004)
안전 태도는 잠재적인 안전행동체제이다.	최상복(2004)

Hayes et al.[269]은 조직의 과거 사고율, 사고에 대한 걱정 그리고 종업원 안전태도와 관련된 안전행동을 조사하고 연구하면, 그 결과를 통해 향후 미래의 사고율 예상을 하는 것이 가능하다고 하였다. 그리고 안전사고율의 통계를 이용하면 안전사고를 예방할 수 있는 능동적인 안전행동을 하도록 하는 것이 가능하다고 하였다. 안전 학자들의 선행연구를 중심으로 정의된 안전태도들에 대한 견해들을 〈표 1-3〉과 같이 요약할 수 있다.

3) 안전 행동태도

안전에 대한 인간의 욕구는 가장 기본적인 욕구이며, 안전에 대한 행동태도란 긴장을 발생시킬 수 있는 특수한 상황에서 효과적으로 자신을 보호하기 위한 반응에 준비된 상태로서 개인의 안전에 대한 이념과 가치가 반영되어 안전행동을 하기 전 준비된 자세를 의미하는데[270], 특별히 긴장을 야기하는 상황에서 효과적이고 안전하게 반응하려는 준비상태라고 할 수 있다.[271] 다시 말하면 현재의 위험요인 및 잠재 위험요인이 사고로 이어지지 않도록 규정과 절차를 지키고 안전 활동에 자발적으로 참여하여 안전을 확

269) Bob E. Hayes, Jill Perander, Tara Smecko, and Jennifer Trask, "Measuring Perceptions of Workplace Safety: Development and Validation of the Work Safety Scale," *Journal of Safety Research* 29(3) (1998): 145-161.

270) 이경훈, "사업장 관리자의 안전리더십이 작업장 안전문화에 미치는 영향 연구" (산업안전공학 박사학위 논문, 조선대학교 대학원, 2012), 32-36.

271) E. Hannaford, "Supervisors Guide to Human Relations" National Safety Council Chicago (1976).

보하는 행동이다.[272] 모든 인간의 안전은 위험에 노출된 상태에서 위험을 예방, 관리, 대처하는 안전행동을 어떻게 자각하고 행동하느냐에 따라 달라진다. 안전행동이 잠재적인 위험요인과 부상에 대한 노출을 감소하기 위한 절차의 실현이지만, 개인이 안전을 확보하기 위해 취하는 일련의 행동으로 위험을 방지하기 위해 안전절차를 따르거나 안전 활동에 참여하는 등 위험요인으로부터 위해를 받지 않으려는 행동이다. 김규형[273]은 안전행동의 구성요소를 <표 1-4>와 같이 제시하였다.

<표 1-4> 안전행동의 구성요소

연구자	구 성 요 소	비 고
Griffin & Neal	순응행동(안전준수), 참여행동(안전참여)	
김기식, 박영석	준수, 습관	
강인원	안전참여, 안전준수, 안전절차	
문기섭	안전준수, 안전통제, 재해빈도	
우상천	안전참여행동, 안전순응행동	
유상영	규정준수행동, 소극적 행동	
홍승표	능동적 안전행동, 순응적 안전행동	

위 <표 1-4>을 보면, Griffin & Neal은 안전을 준수하고 안전에 참여하여야 하는 것으로 구성하였고, 김기식, 박영석은 안전 행동 준수와 습관으로 구성하였다. 강인원은 안전참여와 안전준수 그리고 안전절차로, 문기섭은 안전통제, 재해빈도를 추가로 구성하였다. 우상천은 안전참여행동, 안전순응행동을 그리고 유상영은 규정준수행동, 소극적 행동으로 구성하였고, 홍승표는 능동적 안전 행동, 순응적 안전행동으로 구성하여 안전행동 구성요소가 점차 현실화되고 있음을 알 수 있다. 여기에서 준수는 업무와 관련된 제반 규정을 지키는 것이며, 습관은 무의식중에도 몸에 밴 습관으로 인해 자동적으로 안전규칙을 지키는 것을 가리키고, 순응행동은 수동적 혹은 소

272) 우상천, "공군 조종사의 안전동기 결정요인 및 안전행동과의 관계" (경영학 박사학위 논문, 상지대학교 일반대학원, 2014), 8.

273) 김규형, "항공사 안전관리시스템이 안전의식과 안전행동에 미치는 영향"(경영학 박사학위 논문, 경기대학교 일반대학원, 2016), 44.

극적 안전 행동으로, 참여행동은 능동적 또는 적극적 안전행동으로 설명하기도 한다.[274)]

이와 같이 안전행동태도에 대한 정의는 다양하지만 안전행동태도는 안전관리에 초점이 맞추어져 있다. 안전행동태도는 현재의 위험요인과 잠재 위험요인이 사고로 이어지지 않도록 규정과 절차를 준수하고 안전 활동에 자발적으로 참여하여 안전을 확보하는 행동이라고 말할 수 있다. 안전하지 않은 행동은 본인뿐만 아니라 타인, 조직까지 위험에 빠트릴 수 있기 때문에 작업자 스스로 안전절차를 따르고 업무를 수행해야 한다.

① 행위에 대한 태도의 특징

태도와 행동통제는 사회적 영향 외에도 개인과 관련된 안전태도의 요소 역시 포함된다. 사회에서 통용되는 인지 수준에서, 태도는 개인의 안전행동과 다르게 연관될 것으로 기대된다. 태도들은 좋음－나쁨, 이익－해로움, 기쁨－불쾌 그리고 선호－불호와 같은 속성 차원에서 개념화된다.[275)] 학자들의 현재 연구는 행동 태도는 경험의 측면과 도구를 포함하고, 태도 측정은 이러한 두 가지 하위 요소 항목 들을 포함할 수 있다고 인식한다. 그러나 일반적인 태도는 목적과 연관된 특정한 행동을 예상하고 설명하기 위한 좋은 기반이 아니다. 태도는 안전 이슈에 가능한 한 구체적이어야 한다.

그룹의 행동은 구성원들의 태도와 행동에 영향을 미쳐 개인 구성원들에게 참고 사항들을 제공한다. 긍정적인 그룹 표준은 더욱 긍정적인 태도와 지각된 행동통제를 높은 수준으로 이끌어 종업원의 안전행동을 유도하는 결과를 가져올 것이다.

안전규범이 구성원의 안전을 강제적으로 도울 때, 안전에 대한 작업자의 태도는 더 긍정적이 될 것이다. 이론적으로 더 긍정적인 안전태도는 안전행동을 수행하는 더 큰 동기부여를 이끌어 낸다. 사실상 작업자들이 안전 이

---

274) 김규형, "항공사 안전관리시스템이 안전의식과 안전행동에 미치는 영향"(경영학 박사학위 논문, 경기대학교 일반대학원, 2016), 43.

275) C. S. Fugas, J. L. Melia & S. A. Silva, "The 'is' and The 'Ought' : How do perceived social norms influence safety behaviors at work?," *Journal of Occupational Health Psychology* 16(1) (2011): 67-79.

슈에 적극적으로 참여하게 될 때 그들이 안전에 관한 강한 태도를 가질 것으로 기대된다. 안전에 대한 긍정적인 태도를 가진 작업자는 개인 안전 장비를 사용하는 등의 긍정적인 성향을 소유하게 될 개연성이 높다. 반면에 안전에 대하여 비우호적인 작업자들은 개인 안전장비 착용과 사용을 불편하게 느끼는 등의 부정적인 행동방향으로 연결될 것이다.

② 행위에 대한 태도의 선행연구

안전행동과 관련된 연구는 개념에 대한 연구와 구성요인에 대한 연구, 안전행동과 리더십, 안전문화, 안전분위기, 안전시스템, 스트레스, 조직몰입 등 다양한 변수와의 관계에 대해 몇 가지 구획으로 구분이 가능하다.

첫 번째, 개념에 대한 연구로는 Griffin과 Neal[276], Cooper와 Phillips[277] 등이 안전성과 측정, 안전 분위기와 안전성과의 관계, 안전 분위기의 선행요인 분석과 같은 연구에서 언급하였다. 한국 내 선행연구에서는 아래와 같이 안전행동을 정의하고 있다. 우상천[278]은 안전분위기가 공군 조종사의 안전 동기에 미치는 영향, 안전 동기가 안전행동에 미치는 영향을 분석하는 연구를 수행함에 있어 Neal 등[279]과 Garavan 등[280]의 안전행동에 대한 관점과 추창엽[281]의 행동과학적 측면에서 불안전행동의 정의 및 Reason[282]의 불안전행동 구분 등에 근거하여 안전행동과 불안전행동의 정의를 제시하였다. 김규형[283]은 안전행동을 업무수행이 안전하게 이루어질 수 있

---

276) A. Neal, M. A. Griffin & P. M. Hart, "The impact of organizational climate on safety climate and individualbehavior," *Safety Science* 34 (2000): 99−109.

277) M.D. Cooper and R.A. Phillips, "Exploratory Analysis of the Safety Climate and Safety Behavior Relationship," *Journal of Safety Research* 35 (2002): 497-512.

278) 우상천, "공군 조종사의 안전동기 결정요인 및 안전행동과의 관계" (경영학 박사학위 논문, 상지대학교 일반대학원, 2014), 78-83.

279) A. Neal, M. A. Griffin & P. M. Hart, "The impactoforganizational climate on safety climate and individualbehavior," *Safety Science* 34 (2000): 99−109.

280) T. N. Garavan, F. O Brien, "An Investigation into the Relationship between Safety Climate and Safety Behaviours in Irish Organisations," *The Irish journal of management: the journal of the Irish Academy of Management* 22(1) (2001): 141 - 170.

281) 추창엽, "행동기반접근법을 이용한 PCB제조공정의 불안전 행동 예방" (생산공학 석사학위 논문, 충북대학교 산업대학원 생산공학과, 2008), 3-6.

282) J. Reason, "Human Error" (New York: Cambridge University Press, 1190).

도록 하기 위한 행동이며 조직의 종사자들이 스스로 안전문화, 안전 분위기, 안전절차를 따르고 더 나아가 자발적으로 조직의 안전에 기여하려는 행동이라고 정의하였다. 류효지[284]는 산업재해를 감소시키기 위해 행동적 측면에서 안전행동을 향상시키고 유지할 필요가 있으며 안전행동이란 불안전 행동을 인지하고 안전하게 행동하는 것이라고 하였다. 윤호동[285]은 안전행동을 개인이 어떤 행동을 함에 있어 그 행동이 안전하게 수행되도록 하는 것이라고 정의하고, 사고 발생 여부에 따라 안전행동과 불안전행동이라 나눌 수 있다고 하였다. 김지선[286]은 안전행동은 잠재적인 위험요인과 부상에 대한 노출을 감소하기 위해 적합한 방법으로 작업을 수행하며 안전 정책과 절차를 따르는 것이라고 하였다. 따라서 안전행동은 불안전행동과 반대되는 행동으로서 인간의 건강과 안전을 위하여 수행하는 일련의 행동을 말한다고 볼 수 있는데, 단순히 자신의 안전을 위해 직접 수행하는 행동뿐만 아니라 조직의 규정과 절차를 준수하는 소극적 행동에서부터 스스로 안전 활동이나 회의에 참여하고 더 나은 방안을 제안하여 본인 및 타인의 안전에 기여하는 적극적인 행동 모두를 통칭하는 것이라 정의할 수 있다.

두 번째, 구성요인에 대해 Griffin과 Neal[287]은 안전성과를 측정하기 위한 도구 개발을 목적으로 한 연구에서 Borman과 Motowidlo의 선행연구로부터 발전시킨 안전행동의 개념에 대하여 제시하였다. Borman과 Motowidlo[288]

283) 김규형, “항공사 안전관리시스템이 안전의식과 안전행동에 미치는 영향” (경영학 박사학위 논문, 경기대학교 일반대학원, 2016), 41-42.

284) 류효지, “건설현장의 안전분위기와 안전의식 수준이 근로자 안전행동에 미치는 영향에 관한 연구” (안전전공학 석사학위 논문, 서울과학기술대학교 일반대학원 안전공학과, 2017): 16-37.

285) 윤호동, “서울도시철도 근로자의 직무스트레스와 안전의식 및 행동에 관한 연구” (정책학 석사학위논문, 경희대학교 공공대학원, 2017), 11.

286) 김지선, “석유화학산업의 안전분위기와 안전행동의 상관관계 실증분석” (안전공학 석사학위 논문, 한국교통대학교 일반대학원, 2014), 4-8.

287) A. Neal, M. A. Griffin & P. M. Hart, “The impactoforganizational climate on safety climate and individualbehavior,” *Safety Science* 34 (2000): 99−109.

288) W. C. Borman & S. M. Motowidlo, Expanding the criterion domain to include elements of contextual performance (San Francisco: Personnel Selection in Organizations, Jossey-Bass, 1993).

에 따르면 안전성과의 구성요소는 안전 과업 수행, 안전 맥락 수행으로 구분되는데, Griffin과 Neal[289]은 이 두 가지 요소의 정의로부터 도출된 안전 준수와 안전 참여의 두 가지 행동으로 안전행동을 구분하였다. 안전 준수행동은 업무현장의 안전을 유지하기 위해 개인이 수행하는 핵심적인 안전 활동으로 규정 준수, 안전보호구 착용 등의 행동을 말하고, 안전참여행동은 안전에 직접적인 영향을 주진 않지만 자발적인 안전활동참여, 안전회의 참석 등을 통해 안전 환경 조성에 도움을 주는 행동을 말한다. Griffin, Neal, Hart[290]에 의하면 안전준수행동은 안전절차를 준수하고 안전한 방식으로 작업을 수행하는 것을 말하고 안전참여행동은 동료를 돕고, 작업장 내에서 안전 프로그램을 증진시키고, 작업장의 안전을 개선하기 위한 노력을 기울이는 작업을 포함하는 것을 의미하는 것이다.

국내외 선행연구들은 안전행동을 준수/참여, 순응/참여, 또는 능동적/ 수동적 등의 두 가지 요소로 구분하는 것이 일반적이다. 그 외에도 문고리[291]는 4가지 요소로 분류하는 경우도 있다. 문고리는 인간의 행동은 의도한 행동과 의도하지 않은 행동으로 구분된다고 하였고, 안전행동 역시 안전/불안전과 의도/비의도의 2×2 구조로 구성될 수 있다고 가정하고 분석한 결과 안전행동은 의도하지 않은 불안전한 행동(실수), 의도한 불안전행동(위반), 의도하지 않은 안전헝동(안전습관), 의도한 안전행동(준수)의 4가지로 구성될 수 있음을 검증하였다.

세 번째, 다양한 변수와의 관계에 대한 연구들을 보면 다음과 같다. 김기식, 박영석[292]은 Griffin과 Neal[293]의 안전분위기, 안전행동 모델을 국내 근

289) A. Neal, M. A. Griffin & P. M. Hart, "The impact of organizational climate on safety climate and individual behavior," *Safety Science* 34 (2000): 99－109.

290) A. Neal, M. A. Griffin & P. M. Hart, "The impact of organizational climate on safety climate and individualbehavior," *Safety Science* Vol. (2000): 99－109.

291) 문고리, "안전행동의 차원에 관한 연구" (심리학 석사학위 논문, 부천 가톨릭대학교 대학원 심리학과, 2009), 1-12.

292) 김기식, 박영석, "안전 분위기가 안전 행동 및 사고에 미치는 효과" *한국심리학회지: 산업 및 조직* 15(1) (2002): 19-39.

293) A. Neal, M. A. Griffin & P. M. Hart, "The impact of organizational climate on safety climate and individualbehavior," *Safety Science* 34 (2000): 99－109.

로 작업자를 대상으로 재검증 확장하여 국내 여건에 적합한 모델을 제시하였다. 연구 결과 직접적으로 안전행동에 영향을 미치는 것은 안전 동기와 안전지식이고 개인의 안전 동기와 안전 지식의 수준은 조직의 안전 분위기에 따라 좌우된다고 하였다.

Neal과 Griffin[294]은 안전분위기, 안전동기, 안전행동 및 사고 간에 유의한 관계가 있는데 안전분위기는 안전동기에 영향을 미치고, 안전동기는 안전행동에 영향을 미친다고 하였다. 류효지[295]는 안전행동을 순응행동과 참여행동으로 구분하고, 건설현장 4곳에서 설문조사를 시행하여 안전분위기, 안전의식 수준이 근로자의 안전행동에 미치는 영향을 살펴보았다. 그 결과 안전의식은 순응행동과 참여행동 모두에 영향을 미치는 데 반해 안전분위기는 참여행동에만 영향을 미치는 것을 확인하였고, 안전분위기보다 안전의식이 안전행동에 더욱 영향을 미친다고 하였다.

조승수[296]는 조선업계에서 반장과 반원의 관계가 안전행동 및 안전 분위기에 미치는 영향을 알아보았는데, 안전행동을 준수와 참여로 구분하고 리더와 구성원 간의 관계가 안전행동에 영향을 미치며 그 관계의 질은 안전분위기와 유의미한 관계가 있음을 확인하였다. 이요한[297]은 소규모 사업장의 현장에서 관리감독자의 역할이 매우 중요하다고 보고 관리감독자의 리더십 유형이 안전행동에 미치는 영향에 대하여 연구하였는데 안전리더십과 과업중심형 리더십, 인화 중심형 리더십은 공통적으로 안전행동에 긍정적인 영향을 미친다고 하였다. 이수원[298]은 도시철도 조직을 고객 분야와 기술 분

294) A. Neal, M. A. Griffin & P. M. Hart "The impact of organizational climate on safety climate and individual behavior," *Safety Science* 34 (2000): 99−109.

295) 류효지, "건설현장의 안전분위기와 안전의식 수준이 근로자 안전행동에 미치는 영향에 관한 연구" (안전공학 석사학위 논문, 서울과학기술대학교 일반대학원, 2017): 16-37.

296) 조승수, "리더와 구성원의 관계가 안전분위기와 안전행동에 미치는 영향" (석사학위논문, 부산대학교 대학원 2003): 17-23.

297) 이요한, "관리감독자의 안전리더십과 리더십 유형이 근로자의 안전행동 관계에 미치는 영향: 경남 김해 지역 소규모 제조업 사업장 중심으로" (이학석사학위 논문, 인제대학교 보건안전공학과, 2016), 21-22.

298) 이수원, "안전리더십과 조직안전문화의 안전행동에 대한 영향 연구" (행정학 박사학위 논문, 계명대학교 대학원 행정학과, 2018).

야로 구분하고 안전리더십, 조직안전문화, 안전행동 간의 관계에 대하여 연구한 결과, 각 변수 간의 관계는 분야 간의 차이가 없는 것으로 나타났고 안전리더십은 조직안전문화에 영향을 미치고 조직 안전문화는 안전리더십과 안전행동에 영향을 미쳤으며 안전리더십과 안전행동 간의 관계에서 조직안전문화가 매개역할을 한다고 하였다. 안창규[299]는 기관사의 인적오류 및 사고를 줄이기 위한 제도적 방안 제안을 위한 연구에서 직무스트레스가 안전행동에 영향을 미친다는 것을 확인하였고, 이때 자기효능감의 조절효과에 대해 검증하였다.

김동규[300], 확장된 계획행동이론을 통한 관람스포츠 소비자의 소비행동 예측 연구에서 태도는 관람의도에 통계적으로 유의한 정(+)의 영향을 미친다는 것을 확인시켜주었다.

③ 안전행동의 개념과 특징

안전행동이란 산업안전을 위해서는 기술적 접근이 필수적이지만 근로자들의 행동적인 측면에도 반드시 초점을 맞출 필요성이 있음을 인식하고, 사고의 예방은 물리적인 작업환경을 보다 안전하게 만드는 것뿐만 아니라 근로자들이 안전행동에 개입하도록 유도할 수 있을 때에 비로소 가능하다는 주장[301]이 설득력을 얻으면서 시작되었다.[302] 안전행동이란 개인이 안전을 확보하기 위해 취하는 일련의 행동이다.[303] Burke and Dunlap[304]은 안전

299) 안창규, "기관사 직무스트레스가 자기효능감에 따라 안전행동에 미치는 영향," *한국철도학회논문집* 20(6) (2017): 866-878.

300) 김동규, "확장된 계획행동이론을 통한 관람스포츠 소비자의 소비행동 예측: 프로야구를 중심으로" (스포츠산업경영학 박사학위논문, 경희대학교 체육대학원, 2017), 56.

301) H. G. Fitch & J. Hermann & B. L. Hopkins, "Safe and unsafe behavior and its modification," *Journal of Occupational Medicine* 18 (1976): 618-622.

302) 최진우, "단계적 반응모델을 적용한 건설업 종사자 안전의식 분석" (건축학 박사학위 논문, 중앙대학교 대학원, 2014), 1-6.

303) T. N. Garavan, F. O Brien, "An Investigation into the Relationship between Safety Climate and Safety Behaviours in Irish Organisations," *The Irish journal of management: the journal of the Irish Academy of Management* 22(1) (2001): 141-170.

304) Michael J. Burke, William P. Dunlap, "Estimating Interrater Agreement with the Average Deviation Index: A User's Guide," *Organizational Research* 5(2) (2002): 159-172.

행동을 안전성과로 보고 위험한 작업환경 내에서 근로자 개인, 조직, 환경 또는 사회적 안녕(wellbeing)을 증진하기 위한 근로자의 행동으로 정의하였다. Burke and Dunlap[305], Mearns 등[306]은 안전활동을 핵심적인 안전규정을 따르는 것으로 정의하였다. 또한 개인이 안전을 확보하기 위해 취하는 일련의 행동을 안전행동이라고 정의한 연구들도 있다.[307] 안전행동을 과업수행과 맥락수행으로 구분하여 안전준수 행동과 안전참여 행동으로 구분하였다.[308] 과업수행의 안전준수 행동이란 조직의 안전을 유지하기 위해 필요한 행동으로 직접적인 안전활동이라고 할 수 있으며, 안전준수 행동은 관련된 안전수칙 준수나 안전장비 착용 등을 포함한다. 맥락수행의 안전참여 행동은 안전활동 및 미팅 등에 자원해서 참여하는 것으로 작업장 안전에 간접적인 안전향상 활동으로 정의하였다. 그리고 안전행동은 안전사고와 밀접한 관계가 있는 것으로 사고예방을 위한 근로자의 직·간접적인 활동이라 할 수 있다.[309] 안전행동은 개인이 안전을 확보하기 위해 취하는 일련의 행동으로 업무수행과 관련하여 위험을 예방하기 위해 안전절차를 준수하거나 안전활동에 참여하는 등 위험요인으로부터 해를 받지 않으려는 행동을 뜻한다. 또한 안전행동은 업무수행이 안전하게 이루어질 수 있도록 하기 위한 행동이며, 조직의 종사자들이 스스로 안전절차를 따르고, 수행하여야 한다. Neal & Griffin은 안전문화와 안전행동 간의 관계가 깊으므로, 사고를 줄이는 데에 영향을 줄 수 있다고 하였다. 조직 내에서 수행되는 종사자들 개개인의 안전행동은 안전한 행동을 하고자 하는 개인의 가치관과 그들이 속한 조직의 문화 및 분위기에 영향을 받는다는 것을 알 수 있다.[310] 안전

---

305) Michael J. Burke, William P. Dunlap, "Estimating Interrater Agreement with the Average Deviation Index: A User's Guide," *Organizational Research* 5(2) (2002): 159-172.

306) A. Neal, M. A. Griffin & P. M. Hart, "The impact of organizational climate on safety climate and individualbehavior," *Safety Science* 34 (2000): 99－109.

307) A. Neal, M. A. Griffin & P. M. Hart, "The impact of organizational climate on safety climate and individual behavior," *Safety Science* 34 (2000): 99－109.

308) 주찬희, "노인요양시설의 리스크매니지먼트 시스템 및 안전문화가 안전행동에 미치는 영향" (사회복지학 박사학위 논문, 서울시립대학교 사회복지학과, 2015), 23-24.

309) 주찬희, "노인요양시설의 리스크매니지먼트 시스템 및 안전문화가 안전행동에 미치는 영향" (사회복지학 박사학위 논문, 서울시립대학교 사회복지학과, 2015), 23-24.

행동의 구성요소에 대해 Garavan 등[311]은 위험상황에서의 정확한 반응, 불안전한 작업 상태에서의 의사소통, 장비의 적합한 사용, 안전규정준수, 예방적 안전행동에 관여, 안전행동의 수행여부, 절차와 규정에 대한 관심, 위험행동의 관여 여부, 좋은 관리습관 등을 들었다.[312] Griffin & Neal은 안전행동을 순응행동(안전준수)과 참여행동(안전참여)으로 구성한다. 순응행동은 안전을 유지하기 위하여 개인에게 요구되는 핵심 안전행동이며, 참여행동은 안전에 직접적인 영향을 미치지는 않으나 작업환경의 안전을 위해 도움이 되는 행동을 말한다.[313] 순응, 또는 준수행동은 작업과 관련된 안전규정과 절차를 따르는 소극적인 행동이며, 참여는 사람의 안전보다는 환경을 발전시키는 행동으로, 안전활동에 자발적으로 참여하거나 안전관련 이슈로 동료들을 돕거나 안전회의에 참여하는 활동들을 말한다. 행동특성들로 인해 순응행동은 수동, 혹은 소극적 안전행동으로, 참여행동은 능동적, 또는 적극적 안전행동으로 설명되기도 한다. 이처럼 안전행동은 크게 두 가지 범주로 다루는 것이 일반적이다. 이후 Fugas 등의 연구를 비롯하여, 국내·외 다수의 연구에서 용어의 차이가 있을 뿐, 준수와 참여의 두 범주로 안전행동을 구성 및 측정하였다. 국내 연구에서도 김기식과 박영석은 안전행동을 준수와 습관으로 구성하였다. 준수는 업무와 관련된 제반 규정을 지키는 것이며, 습관은 무의식중에도 몸에 밴 습관으로 인해 자동적으로 안전규칙을 지키는 것을 가리킨다.[314]

우상천 또한 안전행동을 안전 참여행동과 안전 순응행동으로 구성하여,

---

310) 김규형, "항공사 안전관리시스템이 안전의식과 안전행동에 미치는 영향"(경영학 박사학위 논문, 경기대학교 일반대학원, 2016), 41-42.

311) T. N. Garavan, F. O Brien, "An Investigation into the Relationship between Safety Climate and Safety Behaviours in Irish Organisations," *The Irish journal of management* 22(1) (2001): 141-170.

312) 우상천, "공군 조종사의 안전동기 결정요인 및 안전행동과의 관계" (경영학 박사학위 논문, 상지대학교 일반대학원, 2014), 6-20.

313) 김규형, "항공사 안전관리시스템이 안전의식과 안전행동에 미치는 영향"(경영학 박사학위 논문, 경기대학교 일반대학원, 2016), 42-44.

314) 김규형, "항공사 안전관리시스템이 안전의식과 안전행동에 미치는 영향" (경영학 박사학위 논문, 경기대학교 일반대학원, 2016), 42-44.

참여행동은 안전과 직접 연관되지 않았으나, 교육 등에 적극적으로 참여하는 행동으로, 순응행동은 법규와 절차, 안전규정 등을 준수하여 안전을 수행하는 활동으로 정의하였다. 연구결과인 안전행동과 안전참여를 정리하면 다음과 같다.

안전행동(Safety Behavior or Activities)에 대해서는 Burke와 동료들은 "안전성과를 위험한 작업환경 내에서 이해관계자, 즉 근로자 개인, 조직, 환경 또는 사회적인 안녕(wellbeing)을 증진하기 위한 근로자의 행동"을 말한다고 한다.[315] 안전행동은 "조직 내 근로자가 행동측면에서 정형적인 안전관례를 지키는 것"이라고 정의될 수 있다. 예를 들면 보호구의 정확한 사용, 위험기계 방호장치의 적절한 작동, 유해·위험 물질에의 노출 가능성 저감 등의 공식적인 작업절차 등의 안전활동으로 구성된다.[316] 기업의 위험관리 체계가 아무리 잘되어 있어도 그 취지대로 잘 작동하거나 시행되지 않으면 재해감소라는 목표를 달성할 수 없으며, Mearns와 동료들에 의하면 안전준수활동이란 "핵심적인 안전활동에 있어서 규정을 따르는 것"이라고 정의되며 이것이 안전분위기와 관련되어 나타난다고 한다. 즉, 경영진이 안전에 대해 애착을 가지고 근로자를 챙겨주면 근로자들은 상호적 교환에 의해 더욱 안전보건활동에 열심히 임하게 되고 안전규정과 절차 준수에 몰입하는 바, 이것이 가장 높은 수준의 안전준수활동이 된다는 것이다.[317] Smith-Crowe 등[318]은 안전교육을 통해 인지된 안전지식은 안전보호구, 위험감소, 작업관행, 안전보건소통 등의 측면에서 안전분위기를 매개하여 긍정적인 안전성과를 거두게 한다는 인과관계를 밝힌 바 있다.

안전참여(Safety Participation)에 대해서는 Griffin과 Neal은 종전의 연구가 일

315) M.J. Burke, S.A. Sapry, P.K. Tesluk, K. Smith-Crowe, "General safety performance: a test of a grounded theoretical model," *Pers. Pstchol* 55 (2002): 429-457.

316) Carla S. Fugas Silvia, A. Silva Jose, L. Melia, "Another look at safety climate and safety behavior: Deepening the cognitive and social mediator mechanisms," *Accident Analysis and Prevention* 45 (2012): 468-477.

317) 문기섭, 장영철, "안전문화와 안전리더십 연구," *한국경영사학회* 55 (2013) : 25-44.

318) M.J. Burke, S.A. Sapry, P.K. Tesluk, K. Smith-Crowe, "General safety performance: a test of a grounded theoretical model," *Pers. Pstchol* 55 (2002): 429-457.

차원적 모형에 집중되어 있음을 지적하면서 안전행동 이외에 참여는 변인을 추가하여 이차원적인 연구를 진전시켰다.[319] 이들은 Borman과 Motowidlo[320]의 직무수행 모형 중 과업성과와 맥락성과란 개념과 Campbell 등[321]의 개별적 성과 차이의 결정요인인 지식, 기술, 동기부여의 개념을 안전영역에 적용하여 안전성과의 결정요인으로서 업무지식과 동기부여를, 그 구성요인으로 안전준수 활동과 안전 활동참여를 제시하면서 이들 간의 관계를 분석하였다.[322] 이때 안전준수활동은 과업성과에 관련된 것으로 작업장 안전을 위해 필수적으로 수행할 핵심행동(안전기준 준수, 보호구 착용 등)과 안전 활동참여는 안전한 작업환경 조성을 위해 필요한 행동을 말한다. 그 결과, 안전분위기는 경영자 가치, 안전소통, 안전업무 관행, 안전교육 및 안전장비 등으로 구성되어 지식과 동기를 통해 매개되어 안전준수활동에 직접적인 영향을 미침을 확인하였다.

안전행동의 영향요인 분석은 초기 안전행동 관련연구의 필요성을 제시한 연구는 점차 안전행동에 영향을 주는 요인을 분석・검증하는 연구로 발전하였다. 이경용[323]은 설문조사 결과의 통계분석을 실시하여 안전교육훈련 및 안전조직 체계, 안전 중요성 인식, 최고경영자의 안전에 대한 가치부여 인식, 안전지식, 안전관련 의사소통 등 5가지의 요인이 안전행동에 영향을 미치는 주요 요인임을 도출하였다.[324] 특히 안전의 중요성에 대한 인식수

319) A. Neal, M. A. Griffin & P. M. Hart, "The impact of organizational climate on safety climate and individual behavior," *Safety Science* 34 (2000): 99－109.

320) W. C. Borman & S. M. Motowidlo, "Expanding the criterion domain to include elements of contextual performance" (San Francisco: Personnel Selection in Organizations, Jossey-Bass, 1993).

321) K. Gautam, C. Campbell, B. Arrington, "Financial performance of safety-net hospitals in a changing health care environment.," *Health services management research: an official journal of the Association of University Programs in Health Administration* 9(3) (1996): 156-171.

322) 문기섭, "안전분위기의 선행요인과 성과에 관한 연구" (경영학 박사학위 논문, 경희대학교 대학원, 2014), 19-22.

323) 이경용, "안전행동 실천에 영향을 미치는 하위 안전문화," 직업환경의학회 학술대회 논문집 1 (2002): 188.

324) 최진우, "단계적 반응모델을 적용한 건설업 종사자 안전의식 분석" (건축학 박사학위 논문, 중앙대학교 대학원 건축학과, 2014), 107-108.

준이 안전행동에 가장 큰 영향을 미치는 것으로 나타났다. 안관영[325]은 지금까지 불안전한 행동이나 상태 등에 대한 분석이 현재까지의 산재예방을 위한 중요한 기초자료로 활용되었으나 이러한 접근방식에 한계가 있음을 지적하고 안전분위기에 해당하는 안전지식, 안전태도, 업무부담, 경영층 몰입, 안전예방 수준 등의 요인이 안전참여와 사고 횟수에 미치는 효과를 분석하였다.[326] 분석결과 안전지식이 안전참여에는 정(+)의 영향을 사고횟수에는 부(-)의 영향이 있음을 증명하였고[327], 역시 유사한 방법론을 이용하여 화학공장을 대상으로 안전문화에 대한 평가와 영향변수를 도출하였다.[328] 이러한 연구가 진행된 이후, 안전행동에 영향을 주는 영향요인을 조직 내 경영자의 리더십과 의사소통[329], 업무에 대한 스트레스 반응과 조직몰입[330] 등 다양한 요소로 구분하여 안전행동의 영향요인에 해당하는 안전분위기에 미치는 영향을 측정하였다. 이상과 같은 연구들은 초기의 안전행동 관련 연구도입의 필요성을 제시한 것에서 한 걸음 더 나아가 안전행동에 영향을 주는 요인을 파악하는 데 초점을 맞추고 있으며, 특히, 안전행동이 안전분위기와 인식에 큰 영향을 받는다는 것을 증명하는 데 노력하였고 이를 통해 안전행동을 유발하기 위해서는 적절한 안전분위기를 조성하여 안전인식이 정립될 수 있는 노력이 필요함을 제시하였다.

안전행동의 개념[331]을 이해하는 데 있어서 안전행동과 불안전행동과 개

---

325) 안관영, "안전분위기와 안전성과의 관계 및 연령의 조절효과," 한국안전학회지 20(4) (2005) : 122-129.

326) 최진우, "단계적 반응모델을 적용한 건설업 종사자 안전의식 분석" (건축학 박사학위 논문, 중앙대학교 대학원 건축학과, 2014), 107-108.

327) 백종배, "화학공정산업에서 안전문화 이행과 영향 변수," *한국안전학회지 = Journal of the Korean Society of Safety* 21(4) (2006): 127-133.

328) 최진우, "단계적 반응모델을 적용한 건설업 종사자 안전의식 분석" (건축학 박사학위 논문, 중앙대학교 대학원 건축학과, 2014), 107-108.

329) 서남규, 이용갑, 김왕배, 이경용, "사업장 내 의사소통이 안전의식과 행위에 미치는 영향," *대한안전경영과학회지* 12(2) (2010): 9-16.

330) 문광수, 이재희, 오세진, "조직몰입이 안전행동에 미치는 효과: 안전 분위기의 조절효과," *한국심리학회지: 산업 및 조직* (2011): 51-73.

331) 이수언, "안전리더십과 조직안전문화의 안전행동에 대한 영향 연구" (행정학 박사학위논문, 계명대학교 대학원, 2018), 25-28.

념적 차이를 살펴보는 것이 도움이 될 수 있다. 불안전행동이란 외부자극에 대한 습관적 행동으로 안전 상태를 불안전한 상태로 전환시키는 행동을 의미한다.[332] 이러한 점에서 볼 때, 반대로 안전행동은 불안전행동의 반대 뜻으로 업무수행이 안전하도록 하려는 행동이라고 할 수 있다.[333] 또한 Neal, Griffin, & Hart는 안전을 확보하기 위해 인간이 취하는 일련의 행동을 안전 행동이며, 윤호동[334]은 개인이 어떠한 행동을 할 때 그 행동이 안전하게 수행되도록 하는 것을 의미한다고 하였다.

안전관리 분야에서 불안전행동에 초점을 맞추던 전통적 관점인 Heinrich, Peterson & Roos 등의 연구에서 산업재해의 88%가 불안전한 행동으로 인해 발생한 것으로 밝혀졌다. 미국에서 발생한 10년간의 산업재해 원인을 조사한 McSween[335]의 연구에 따르면 사고가 일어나는 것 중 행동에 의한 것이 76%가 되며, 간접적인 부분인 환경 및 행동에 의한 부분까지 포함할 경우 96%에 이르는 사고의 원인이 행동에 의해서 발생하는 것으로 나타났다. 전통적 관점에서는 안전사고의 원인을 불안전행동에 초점을 두고 이를 줄이기 위한 방안을 안전사고의 대책으로 수립하였다. 그러나 이러한 불안전 행동은 결국 사고의 책임을 개인에게 묻고자 하는 사업주의 입장을 대변하는 측면이 있었다. 즉, 개인적 특성이 사고에 영향을 주는 것은 분명하지만 개인에게 사고의 책임을 모두 돌리는 것은 사고에 작용하는 조직적 요인을 고려하지 못한 것이다. 또한 단순한 사람의 판단착오와 오류, 부주의 같은 불안전 행동을 사고의 원인으로 보고 이를 줄이는 것만으로는 사고와 재해율을 감소시키는 데 있어 한계가 있다.[336] 이에 따라 안전사고를

332) 서희창, "구조방정식모형을 이용한 비정규직 건설 근로자의 개인적 요인과 조직적 요인이 안전행동에 미치는 영향" (건축환경공학 박사학위 논문, 한양대학교 대학원 건축공학과, 2015), 16-18.

333) 김규형, "항공사 안전관리시스템이 안전의식과 안전행동에 미치는 영향" (경영학 박사학위 논문, 경기대학교 일반대학원, 2016), 41-45.

334) 윤호동, "서울도시철도 근로자의 직무스트레스와 안전의식 및 행동에 관한 연구" (정책학 석사학위논문, 경희대학교 공공대학원, 2017), 9-12.

335) T. E. McSween, "The Value-based Safety process: Improving your safety culture with a behavioral approach," (Hoboken, NJ : Wiley, 2003).

336) 정지희, 박영석, "성취 목표 지향성과 안전 분위기가 안전 및 불안전 행동에 미치는 영향," *한국*

예방하기 위해 불안전 행동을 줄이는 것에서 나아가 안전행동에 관심을 두게 되었다.

산업재해에 있어서 안전행동의 개념이 중요해진 또 하나의 이유는 안전의 성과를 측정하기 위해서이다. 일반적으로 안전사고나 재해율의 분포가 정규분포가 아니며, 변량이 매우 적어서 종속변수로 분석하기 어려운 면이 있다. 따라서 최근 안전분야의 연구에서 안전행동은 조직의 안전성과를 측정하는 변수로 선호되고 있다.[337]

이는 안전성과를 측정할 때 근무와 관련된 사고와 질병의 유무나 빈도로서 측정하여야 할 것이지만 그 발생확률이 희박하고, 자료의 수집 자체가 매우 어려워 안전행동이 측정도구로 사용되고 있는 것이다.251F[338] 대표적으로 Griffin & Neal[339]은 안전성과의 측면에서 근무자의 안전행동을 안전순응행동과 안전참여활동 두 가지 차원으로 측정하였다.

안전행동을 위험과 직접적으로 관련하여 정의를 내리는 견해는 직무수행과 관련하여 위험을 방지하기 위해 안전절차를 준수하거나 안전 활동에 참여하여 위험으로부터 피해를 받지 않으려는 행동으로 정의하기도 한다.[340] 우상천[341]은 안전행동을 현재에 가지고 있는 위험요인과 잠재적으로 가지고 있는 위험요인이 사고로 실현되지 않도록 모든 안전규정 및 절차를 준수하고, 구성원이 안전활동에 자발적으로 참여하는 등 안전 확보에 기여하는 활동으로 정의하였다.

이상과 같은 안전과 관련된 정의를 정리하면 두 가지로 정리가 가능하다.

심리학회지: 산업 및 조직 27(2) (2014): 367-399.

337) M.D. Cooper and R.A. Phillips, "Exploratory Analysis of the Safety Climate and Safety Behavior Relationship," *Journal of Safety Research* 35 (2004): 497-512.

338) 오지은, 박종승, "직무스트레스가 경찰 안전행동에 미치는 영향에 관한 연구," *한국경찰학회보* 19(5) (2017): 173-198.

339) A. Neal, M. A. Griffin & P. M. Hart, "The impact of organizational climate on safety climate and individual behavior," *Safety Science* 34 (2000): 99－109.

340) 김규형, "항공사 안전관리시스템이 안전의식과 안전행동에 미치는 영향," (경영학 박사학위 논문, 경기대학교 일반대학원, 2016), 41-42.

341) 우상천, "공군 조종사의 안전 동기 결정요인 및 안전행동과의 관계," (경영학박사학위 논문, 상지대학교 일반대학원, 2014), 6-20.

첫 번째는 안전을 침해하는 현상을 말하는 현재의 위험요인, 잠재적인 위험요인 또는 위험한 근무환경 등을 통하여 '위험'이라는 개념을 직접적으로 사용하기도 하는 견해이다. 두 번째는 이러한 위험이 사고로 이어지지 않도록 하는 행동에서 정해진 절차 혹은 규정을 지키는 차원과 조직의 안전과 관련한 활동에 참여하는 두 가지 차원의 안전을 지키기 위한 행동에 초점을 맞추어 설명한 견해 등이다. 우상천의 연구를 바탕으로 안전행동을 현재에 가지고 있는 위험요인과 잠재적으로 가지고 있는 위험요인이 사고로 실현되지 않도록 모든 안전규정 및 절차를 준수하고, 구성원이 안전활동에 자발적으로 참여하는 등 안전 확보에 기여하는 활동의 개념 중심으로 정의한 〈표 1-5〉와 같다.

〈표 1-5〉 안전행동의 정의

정 의	저 자
개인이 어떤 행동을 함에 있어 그 행동이 안전하게 수행되도록 하는 것	윤호동(2017)
불안전한 행동을 인지하고 안전하게 행동하는 것	류효지(2017)
일반적으로 안전행동은 불안전행동의 반대 뜻으로 인식	안창규(2017)
업무수행이 안전하게 이루어질 수 있도록 하기 위한 행동이며 조직의 종사자들이 스스로 안전문화, 안전분위기, 안전절차를 따르고 더 나아가 자발적으로 조직의 안전에 기여하려는 행동	김규형(2016)
잠재적인 위험요인과 부상에 대한 노출을 감소하기 위해 적합한 방법으로 작업을 수행하며 안전 정책과 절차를 따르는 것	김지선(2014)
현재의 위험요인 및 잠재적인 위험요인이 사고로 연계되지 않도록 제반 안전규정과 절차를 준수하며, 조직 너 안전활동에 자발적으로 참여하여 안전확보에 기여하는 행동	우상천(2014)
안전 준수행동 : 규정 준수, 안전보호구 착용 등 안전을 위하여 개인이 수행하는 행동	Neal & Griffin(2000)
안전 활동 참여, 안전회의 착석 등을 통해 안전 환경 조성에 도움을 주는 행동	안전 참여행동
근로자, 고객, 대중 및 환경의 안전과 건강을 증진하기 위해 거의 모든 직무에서 개인이 수행하는 행동	Burke 등(2002)

④ 안전행동의 구성요인과 변인

Griffin과 Neal[342]은 안전성과를 측정하기 위한 도구 개발을 목적으로 한 연구에서 Borman과 Motowidlo[343]의 선행연구로부터 발전시킨 안전행동의 개념에 대하여 제시하였다. Borman과 Motowidlo에 따르면 안전성과의 구성요소는 안전과업 수행, 안전맥락 수행으로 구분되는데, Griffin과 Neal, Hart[344]은 이 두 가지 요소의 정의로부터 도출된 안전준수와 안전참여의 두 가지 행동으로 안전행동을 구분하였다. Griffin과 Neal에 의하면 안전준수행동은 업무현장의 안전을 유지하기 위해 개인이 수행하는 핵심적인 안전활동으로 규정 준수, 안전보호구 착용 등의 행동을 말하고, 안전 참여행동은 안전에 직접적인 영향을 주진 않지만 자발적인 안전 활동 참여, 안전회의 참석 등을 통해 안전 환경 조성에 도움을 주는 행동을 말한다. Griffin, Neal, Hart에 의하면 안전 준수행동은 안전절차를 준수하고 안전한 방식으로 작업을 수행하는 것을 말하고 안전 참여행동은 동료를 돕고, 작업장 내에서 안전 프로그램을 증진시키고, 작업장의 안전을 개선하기 위한 노력을 기울이는 작업을 포함하는 것을 말한다.

국내외 선행연구들은 안전행동을 준수/참여, 순응/참여, 또는 능동적/수동적 등의 두 가지 요소로 구분하는 것이 일반적이다. 그 외에도 문고리[345], 노주희[346]의 연구와 같이 4가지 요소로 분류하는 경우도 있다. 문고리는 인간의 행동은 의도한 행동과 의도하지 않은 행동으로 구분된다고 하였고, 안전행동 역시 안전/불안전과 의도/비의도의 구조로 구성될 수 있다

---

342) A. Neal, M. A. Griffin & P. M. Hart, "The impact of organizational climate on safety climate and individual behavior," *Safety Science* 34 (2000): 99–109.

343) W. C. Borman & S. M. Motowidlo, "Expanding the criterion domain to include elements of contextual performance," (San Francisco: Personnel Selection in Organizations, Jossey-Bass, 1993).

344) A. Neal, M. A. Griffin & P. M. Hart, "The impact of organizational climate on safety climate and individual behavior," *Safety Science* 34 (2000): 99–109.

345) 문고리, "안전행동의 차원에 관한 연구 = A study of safety bahavior dimension" (심리학 석사학위 논문, 부천 카톨릭대학교 대학원 심리학과, 2009), 1-12.

346) 노주희, "조직문화와 안전풍토가 안전행동에 미치는 영향" (경영정책학 석사학위 논문, 서울과학기술대학교 철도경영정책학과, 2015), 20-24.

고 가정하고 분석한 결과 안전행동은 의도하지 않은 불안전행동(실수), 의도한 불안전행동(위반), 의도하지 않은 안전행동(안전습관), 의도한 안전행동(준수)의 4가지로 구성될 수 있음을 검증하였다.

안전행동의 구성요소[347]에 대해서는 대표적으로 Griffin & Neal이 안전행동의 구성요소를 참여활동(안전참여), 순응행동(안전준수)의 두 가지로 제시하였다. 이동연・이재희・문광수・오세진도 안전행동을 수동적, 능동적 측정치로 나타낼 수 있도록 순응행동과 참여행동으로 구분하였다. 여기서 안전 참여활동이란 안전에는 직접적으로 영향을 미치지 않지만 근무환경의 안전 유지에 있어서 긍정적인 행동을 의미한다.[348] 순응행동이란 안전을 유지하기 위해 개인에게 요구되는 핵심적인 안전행동을 말한다. 학자에 따라 순응행동은 수동적・소극적 안전행동으로, 참여활동은 능동적・적극적 안전행동으로 설명하기도 한다.[349] 한편, 안전 참여활동은 안전과 직접적인 관계가 있는 것은 아니지만 안전교육 등에 적극적으로 참여하는 행동을 말하며, 안전 순응행동은 주어진 절차와 규정을 준수하여 안전을 지키는 활동이라고 하였다.[350] 이러한 견해를 종합하면, 안전 참여활동은 안전 환경을 발전시키는 행동으로 근무자가 안전 활동에 자발적으로 참여하거나 안전관련 이슈를 자신의 동료들에게 전달하거나 안전회의에 참여하는 활동 등을 말하며 안전 순응행동(안전준수)은 근무자가 안전규정과 절차를 따르는 소극적인 행동을 의미한다[351].

강근식・신택현[352]은 Park[353]이 제시한 안전행동의 개념을 구성하는 요

347) 이수언, "안전리더십과 조직안전문화의 안전행동에 대한 영향 연구" (행정학 박사학위 논문, 계명대학교 대학원, 2018), 9-28.

348) 우상천, "공군 조종사의 안전동기 결정요인 및 안전행동과의 관계" (경영학 박사학위 논문, 상지대학교 일반대학원, 2014), 6-20.

349) 김규형, "항공사 안전관리시스템이 안전의식과 안전행동에 미치는 영향" (경영학 박사학위 논문, 경기대학교 일반대학원, 2016), 41-45.

350) 김규형, "항공사 안전관리시스템이 안전의식과 안전행동에 미치는 영향" (경영학 박사학위 논문, 경기대학교 일반대학원, 2016), 41-45.

351) 우상천, "공군 조종사의 안전동기 결정요인 및 안전행동과의 관계" (경영학 박사학위 논문, 상지대학교 일반대학원, 2014), 6-15.

352) 강근식, 신택현, "도시철도 기관사조직의 안전리더십과 관련요인 간의 인과관계 구조분석," *대한안전경영과학회지,* 19(4) (2017): 105-113.

소로 준수, 습관, 실수, 위반의 4가지 내용을 포함하여 안전리더십과의 관계를 분석하였다. 이들은 도시철도 기관사조직을 대상으로 상사의 안전리더십이 안전행동에 가장 직접적인 영향을 미치는 것으로 주장하였다. 또한 상사의 리더십 확립을 위한 승진 및 평가 제도를 합리적으로 운영하고 리더십 교육을 실시해야 한다고 주장하였다.

⑤ 안전행동의 선행연구

국내외에서는 안전행동과 리더십, 안전문화, 안전분위기, 안전시스템, 스트레스, 조직몰입 등 다양한 변수와의 관계에 대해 많은 연구가 수행되어 왔다. 김기식, 박영석[354]은 Griffin 과 Neal의 안전 분위기－안전행동(안전순응, 안전참여행동) 모델을 국내 근로자를 대상으로 재검증하고 확장하여 국내 상황에 적합한 모델을 제시하였다. 연구 결과 안전행동(순응행동과 참여행동)에 직접적으로 영향을 미치는 것은 안전지식과 안전동기이고 개인의 안전지식과 안전동기의 수준은 조직의 안전분위기에 의해 좌우된다고 하였다.

Neal과 Griffin[355]은 안전분위기, 안전동기, 안전행동 및 사고 간에 유의한 관계가 있는데 안전분위기는 안전동기에 영향을 미치고, 안전동기는 안전행동에 영향을 미친다고 하였다.

조승수[356]는 조선업계에서 반장과 반원의 관계가 안전행동 및 안전분위기에 미치는 영향을 알아보았는데, 안전행동을 준수와 참여로 구분하고 리더와 구성원 간의 관계가 안전행동에 영향을 미치며 그 관계의 질은 안전분위기와 유의미한 관계가 있음을 확인하였다.

---

353) Y-S. Park, "Development of Safety Psychology Coaching Program." Research Report, KOSHA. (2017).

354) 김기식, 박영석, "안전 분위기가 안전 행동 및 사고에 미치는 효과," *한국심리학회지: 산업 및 조직* 15(1) (2002): 19-39.

355) A. Neal, M. A. Griffin & P. M. Hart, "The impact of organizational climate on safety climate and individualbehavior," *Safety Science* 34 (2000): 99－109.

356) 조승수, "리더와 구성원의 관계가 안전분위기와 안전행동에 미치는 영향" (심리학 석사학위 논문, 부산대학교 대학원, 2003), 17-26.

이요한[357)]은 소규모 사업장의 현장에서 관리감독자의 역할이 매우 중요하다고 보고 관리감독자의 리더십 유형이 안전행동에 미치는 영향에 대하여 연구하였는데 안전리더십과 과업중심형 리더십, 인화중심형 리더십은 공통적으로 안전행동에 긍정적인 영향을 미친다고 하였다.

최동원[358)]은 안전행동을 준수행동과 참여행동으로 구분하고 변환적 리더십이 구성원의 안전행동에 미치는 영향에 대해 연구하였는데 변환적 리더십은 안전행동 이행어 영향력을 미치고 리더의 안전관련 역할행동을 촉진시켜 구성원의 안전분위기를 높이며 따라서 안전행동에 긍정적인 영향을 미친다고 주장하였다. 이수원[359)]은 도시철도 조직을 고객분야와 기술분야로 구분하고 안전리더십, 조직안전문화, 안전행동 간의 관계에 대하여 연구한 결과, 각 변수 간의 관계는 분야 간의 차이가 없는 것으로 나타났고 안전리더십은 조직안전문화에 영향을 미치고 조직안전문화는 안전리더십과 안전행동에 영향을 미쳤으며 안전리더십과 안전행동 간의 관계에서 조직안전문화가 매개역할을 한다고 하였다. 안창규[360)]는 기관사의 인적오류 및 사고를 줄이기 위한 제도적 방안 제안을 위한 연구에서 직무스트레스가 안전행동에 영향을 미친다는 것을 확인하였고, 이때 자기효능감의 조절효과에 대해 검증하였다.

이소영[361)]은 안전행동을 위반행위와 준수행위로 구분하고 항공종사자 양성 전문교육기관에서 안전문화가 안전행동에 미치는 영향에 대해 연구하였다.

---

357) 이요한, "관리감독자의 안전리더십과 리더십 유형이 근로자의 안전행동 관계에 미치는 영향: 경남 김해 지역 소규모 제조업 사업장 중심으로" (안전공학 석사학위 논문, 인제대학교, 2016), 21-22.

358) 최동원, "안전분위기와 안전행동에 미치는 변환적 리더십의 효과" (심리학 석사학위 논문, 부산대학교 대학원, 2003), 16-22.

359) 이수원, "안전리더십과 조직안전문화의 안전행동에 대한 영향 연구" (행정학 박사학위 논문, 계명대학교 대학원, 2018), 1-4.

360) 안창규, "기관사 직무스트레스가 자기효능감에 따라 안전행동에 미치는 영향," 한국철도학회논문집 20(6) (2017): 866-878.

361) 이소영, "안전문화가 조직구성원의 안전행동에 영향을 미치는 요인에 대한 연구" (항공운항관리학 석사학위논문, 한서대학교 일반대학원, 2017), 70-72.

4.2.5 행위에 대한 태도

1) 행동지속의도의 이론

① 행동지속의도의 개념과 특징

행동의도의 개념은 계획된 행동이론에 따르면 행동의 주된 결정요인은 행동의도이며, 각각의 행동에 대한 태도, 주관적 규범, 지각된 행동통제에 영향을 받으며 이들 변인들은 각각 매개한다.[362] 계획된 행동이론의 핵심 요인은 특정 행동을 수행하려고 하는 개인의 의도이다. 의도는 사람이 행동을 하려는 의지가 얼마나 있는가, 행동을 하려고 얼마나 노력할 계획인가, 즉 의도를 행동에 영향을 미치는 동기적 요인으로 가정한다.[363]

행동지속의도는 개인행동을 지속적으로 하고자하는 것으로 개인의 태도-행동의 이론으로 계획행동이론을 보면 신념(인지적 요소)과 태도(감정적 요소)의 상호관계, 신념과 태도의 행동의도(행동적 요소)에 미치는 영향관계로 구성되어 있다는 Fishbein과 Ajzen의 3대요소 태도 모델에 초점을 두었다.[364] 하지만 3요소 태도 모델은 사람의 역동적 심리구조를 파악하는 데 어려움이 발견되는 문제점을 노출하면서 비판을 받았다. Fishbein과 Ajzen[365]은 합리적 행동이론(TRA: Theory of Reasoned Action)을 제시하면서, 개인의 행동은 행동의도에 의해 결정되고, 행동의도는 개인의 태도와 주관적 규범에 의하여 결정된다고 제시하였다.[366] 합리적 행동이론의 기본 가정은 사람들은 의식적 의도와 일치하는 방향으로 행동하고, 행동을 위한 행동의도는 행동에 대한 잠재적 결과와 다른 사람들이 그 행동에 대해 느끼는 정도에 대한 합리적

---

362) 오세진, 이재희, 문광수, "조직몰입이 안전행동에 미치는 효과 -안전 분위기의 조절효과-," *한국심리학회지* 제24권 제1호 (2011): 51-73.

363) I. Ajzen, "The theory of planned behavior," *Organizational Behavior and Human Decision Processes* 50 (1991): 179-211.

364) 김은희, "환경친화적 행동의 영향요인 분석 -합리적 행동이론(TRA)의 관점에서" 19(2) (2007): 97-119.

365) M. Fishbein, & I. Ajzen, "Belief, attitude, intention and behaviour: An introduction to theory and research," *Reading, MA: Addison-Wesley* (1975): 277-280.

366) 김은희, "환경친화적 행동의 영향요인 분석 - 합리적 행동이론(TRA)의 관점에서," 「한국지방자치학회보」 19(2) (2007): 97-119.

계산에 기초한다는 것이다.[367] 합리적 행동이론에 따르면 인간의 행동은 그 행동을 수행하고자 하는 의도에서 출발하고, 행동의도는 태도와 주관적 규범에 의해 영향을 받는다는 것이다.[368] 즉, 제시된 행동에 대해 개인이 긍정적으로 판단(태도)하고 주변 사람들이 그 행동을 내가 하는 것에 대해서 원한다고 생각(주관적 규범)하면 행동의도는 높아지고, 결국 그 행동을 할 가능성이 높아진다는 것이 합리적 행동이론이다.[369]

윤금화[370]는 행동의도란 경험 후 개인의 만족에 따라 취하는 후속 해동이라고 정의하고 공강[371]은 축제를 대상으로 한 연구에서, 축제에 대한 태도를 형성한 후 특정 미래의 행동으로 나타내려는 의도를 행동의도로 정의하였다. Fishibein & Ajen은 "행동의도는 신념과 태도가 행동화 될 주관적 기능으로써 의도는 개인의 태도와 행동에 있어서 중간변수로 인식되는 것이며 개인의 주관적 상태를 의미하는 것이다"라고 정의하였다.

이주형 외[372]는 호텔 가격 공정성이 브랜드 자산 및 구매의도에 미치는 영향연구에서 행동의도란 신념과 태도가 행동화될 주관적인 가능성이며, 의도는 개인의 행동과 태도 사이의 변수이고 개인이 주관적으로 인지한 상태라고 정의하였다.

이제곤 외[373]는 관광객 행동의도 비교연구에서 관광객 행동의도를 관광지 재방문 욕구와 방문을 유도하는 추천의도로 구분하였고, 긍정적인 행위 요소만을 행동의도라고 정의하였다.

---

367) 차동필, "폭음행위 이해: 계획행동 이론의 적용과 확장," *한국언론학보* 49(3) (2005): 346-372.

368) D. Trafimow & K. A. Finlay, "An investigation of three models of multitrait representations," *Personality and Socral Psychology Bulletin* 27(2) (2001): 226－241.

369) 이재신, 김한나, "고등학생과 대학생들의 동영상 UCC 제작의도에 영향을 주는 요인에 관한 연구," *한국언론학보* 52(5) (2008): 399-419.

370) 윤금화, "박람회 참여 동기가 만족도와 행동의도에 미치는 영향에 관한 연구: 대한민국농업박람회를 중심으로," (관광학 석사학위 논문, 호남대학교 대학원 관광학과, 2012), 24-25.

371) 공강, "축제 서비스품질이 만족과 행동의도에 미치는 영향 연구: 제남 대명호 연꽃축제 중심으로," (국제회의학 석사학위 논문, 경기대학교 국제회의학과, 2012), 18-21.

372) 이주형, "호텔 가격공정성이 브랜드 자산 및 구매의도에 미치는 영향 연구," 관광경영연구 16(2) (2012): 1-25.

373) 이재곤, 한금희, 김정아, "관광자의 방문경험에 따른 관광동기 및 관광자행동의도 비교연구 - 최초방문자와 재방문자의 비교를 중심으로," *관광연구* 28(3) (2013): 269-289.

② 행동지속의도의 선행연구

행동지속의도의 선행연구를 살펴보면 행동지속의도와 밀접한 관계를 가지고 있는 태도는 어떤 대상이나 사태에 반응하는 행동을 말하는 것으로 보편적으로 일관성 있는 행동을 하게 되고 또한 이후의 반응을 예측할 수 있기 때문이다.

심선애, 임천혁, 정형원[374]의 모바일게임 이용자의 게임 태도가 지속사용의도에 미치는 영향연구에서 모바일게임 이용자의 게임 태도가 지속사용의도에 미치는 영향을 알아본 결과 인지적 태도, 행동적 태도는 모두 유의한 정(+)의 상관관계를 나타내는 것으로 확인되었다.

윤설민[375]의 계획행동이론의 확장을 통한 모험적 여가활동 추구 관광객의 행동지속성에 관한 연구에서 주관적규범(신뢰관계)는 행동지속의도에 직접적 정(+)의 영향관계를 가지고 있다. 그리고 간접적으로 주관적 규범(신뢰관계)은 내재변인인 행동지속성에 정(+)의 영향을 준다고 보고되었다.

이종민[376]은 골프연습장 이용자의 지도자 이미지와 지도자신뢰・골프몰입・참여만족, 참여지속의도 간의 관계연구에서 지도자 신뢰는 참여지속의도에 정(+)적 영향을 주는 것을 확인하였다.

김미경[377]의 계획행동이론의 확장을 통한 모험적 여가활동 추구 관광객의 행동지속성에 관한 연구에서도 신뢰는 관계지속의도에 정(+)적 유의한 영향을 주는 것으로 보았다.

양정석[378]의 외식 프랜차이즈 가맹점의 지각된 관계 혜택, 환경 요인, 거

374) 심선애, 임천혁, 정형원, "모바일게임 이용자의 게임 태도가 지속사용 의도에 미치는 영향," *한국융합학회논문지* 제8권 제7호 (2017. 7): 141-149.

375) 윤설민, "계획행동이론의 확장을 통한 모험적 여가활동 추구 관광객의 행동지속성에 관한 연구: 플로우(Flow), 애착도, 과거행동의 역할 탐색을중심으로" (호텔관광학 박사학위논문, 경희대학교 대학원, 2010), 100.

376) 이종민, "골프연습장 이용자의 지도자 이미지와 지도자신뢰・골프몰입・참여만족, 참여지속의도간의 관계" (스포츠심리학 박사학위논문, 한신대학교 대학원, 2017), 46.

377) 김미경, "외식 프랜차이즈 본부의 커뮤니케이션 유형이 가맹점과의 관계품질과 가맹점의 관계지속의도에 미치는 영향: 관계품질의 매개효과와 다중집단분석을 중심으로" (경영학 박사학위논문, 세종대학교 대학원, 2015), 62.

378) 양정석, "외식 프랜차이즈 가맹점의 지각된 관계 혜택, 환경 요인, 거래 특유 자산, 영향력 지위가 재계약 의도에 미치는 영향: 신뢰, 의존, 그리고 몰입의 매개 효과" (경영학 박사학위논문,

래 특유 자산, 영향력 지위가 재계약 의도에 미치는 영향을 연구하였다. 이 연구에서도 "가맹점과의 신뢰는 가맹점의 관계지속의도에 정(+)의 유의한 영향을 미칠 것이다."라는 가설을 검증한 결과 신뢰는 가맹점의 재계약의도에 통계적으로 유의한 영향을 미친다는 것을 확인하였다.

박해룡[379]은 자율주행 자동차의 지각된 위험이 이용의도에 미치는 영향에 관한 연구에서 "신뢰는 이용의도에 유의한 영향을 미칠 것이다."라는 가설은 신뢰가 관계지속의도에 정(+)영향을 준다고 보고하였다.

문태영, 최미영[380]은 119구급대원의 행위태도 등이 안전행동에 미치는 영향 모형 연구에서 구급대원의 행위 태도는 안전 의도에 정적(+)효과가 있었다. 행위 태도는 안전 행동에 간접적 영향요인으로 작용함으로써 안전 행위 태도는 안전 의도를 통하여 안전 행동으로 이어짐을 확인할 수 있다.

최미영[381]은 계획행동이론을 적용한 119구급대원 안전행동 영향요인 분석에서 행위태도는 안전의도에 유의미한 직접효과가 있다는 것을 확인하였다.

윤설민[382]의 계획행동이론의 확장을 통한 모험적 여가활동 추구 관광객의 행동지속성에 관한 연구에서 행동에 대한 태도는 행동지속의도에 직접적 정(+)의 영향관계를 가지고 있고, 간접적으로 행동에 대한 태도는 내재변인인 행동지속성에 정(+)의 영향을 미치는 것으로 나타난 것과도 일치한다.

문회권[383]의 화물차 운전자 특성이 안전행동에 미치는 영향에 관한 실증

세종대학교 대학원, 2012), 63.

379) 박해룡, "자율주행 자동차의 지각된 위험이 이용의도에 미치는 영향에 관한 연구: 가치, 신뢰의 매개 효과" (벤처경영학 박사학위논문, 호서대학교 벤처대학원, 2019), 62

380) 문태영, 최미영, "119구급대원의 행위태도, 주관적 규범," *Journal of the Korea Academia-Industrial cooperation Society* 19(9) (2018): 215-224.

381) 최미영, "계획행동이론을 적용한 119구급대원의 안전행동 영향요인 간의 구조적 관계분석" (응급구조학 박사학위논문, 강원대학교대학원, 2017), 47.

382) 윤설민, "계획행동이론의 확장을 통한 모험적 여가활동 추구 관광객의 행동지속성에 관한 연구: 플로우(Flow), 애착도, 과거행동의 역할 탐색을 중심으로" (호텔관광학 박사학위논문, 경희대학교 대학원, 2010), 100.

383) 문회권, "화물차 운전자 특성이 안전행동에 미치는 영향에 관한 실증적 연구" (산업경영공학 박사학위논문, 명지대학교 대학원, 2019), 80.

적 연구에서는 '운전 심리 요인 중 행위태도가 안전의도에 정(+)의 영향을 미칠 것이다'를 검증한 결과 통계적으로 유의하지 않아 기각되었다. 또한, '운전 심리 요인 중 지각된 행동통제가 안전의도에 정(+)의 영향을 미칠 것이다'를 검증한 결과 통계적으로 유의성이 업었으나, 운전자의 안전 의도는 안전행동에 정(+)의 효과가 있음을 확인하였다.

정민수 등[384)]은 사회경제적 요인, 건강행태, 행동계기, 자기통제감이 남녀의 금주 의도에 미치는 영향에 대하여 연구하였는데, 금주에 대한 자기통제감이 금주 의도에 유의한 영향을 준다는 것을 검증하였다.

이현미298F[385)]는 어머니의 양육행동 및 유아의 자기 의도적 통제가 유아의 행동문제에 확률적으로 유의한 영향을 미친다는 것을 보고하였다.

정대용 등[386)]은 주관적 규범이 창업태도와 지각된 행동통제를 매개로 창업의도에 미치는 영향에 대하여 연구하였는데, 연구 결과 창업의도에 지각된 행동통제의 매개효과가 있는 것을 연구하였다.

신명진 등[387)]은 계획된 행동이론에서 자기통제와 사후결정의도가 의도행동 불일치에 미치는 영향에 대하여 연구하였는데, 자기통제가 사후결정의도에 확률적으로 유의한 영향을 미친다는 것을 검증하였다.

문태영, 최미영[388)]은 119구급대원의 행위태도 등이 안전행동에 미치는 영향 모형 연구에서 구급대원의 주관적 규범은 안전 의도에 정적효과가 있었으며, 안전 의도를 통하여 안전 행동에 영향을 매개하는 것으로 확인하고 있다. 또한 119구급대원의 지각된 행위 통제는 안전 의도에 정(+)적 효과

---

384) 정민수, 이태로, "사회경제적 요인, 건강행태, 행동계기, 자기통제감이 남녀의 금주 의도에 미치는 영향," *알코올과 건강행동학회* 13(1) (2012): 45-58.

385) 이현미, "어머니의 양육행동 및 유아의 자기 의도적 통제가 유아의 행동문제에 미치는 영향," *동국대 교육연구* 1(1) (2016): 139-158.

386) 정대용, 김영수, 김지혜, "주관적 규범이 창업태도와 지각된 행동통제를 매개로 창업의도에 미치는 영향: Linan and Chen(2009)'s EIM을 중심으로," *한국경영교육학회* 33(1) (2018): 183-204.

387) 신명진, 김인우, 안효연, "계획된 행동이론에서 자기통제와 사후결정의도가 의도행동 불일치에 미치는 영향," *한국체육학회지* 57(3) (2018): 53-64.

388) 문태영, 최미영, "119구급대원의 행위태도, 주관적 규범 및 지각된 행위 통제가 안전의도, 안전행동에 미치는 영향에 관한 구조적 관계 모형," *Journal of the Korea Academia -Industrial cooperation Society* 19(9) (2018): 215-224.

가 있었고, 안전 의도를 통하여 안전 행동을 매개하였다.

또한, 김동규, 한진욱389)의 연구에서 소비행동 예측 연구에서 계획행동이론의 기본 변수인 태도, 주관적 규범, 지각된 행동통제는 주관적 규범을 제외한 태도와 지각된 행동통제가 관람의도에 정(+)의 영향을 미치는 것으로 나타났다.

한경미, 정혜선390)의 연구에서 종합병원 간호사의 출산의도연구에서도 지각된 행위통제가 출산의도에 영향을 주는 것으로 보고하고 있다.

최미영391)의 연구 계획행동이론을 적용한 119구급대원의 안전행동 영향요인간의 구조적 관계분석에서 지각된 행동통제는 안전의도에 유의미한 직접효과가 있었고, 안전의도는 안전행동에 유의미한 정(+)의 직접효과가 있었다.

4.4 안전코칭 방향

안전리더십코칭이 개인의 안전태도변화 및 개인안전행동변화에 미치는 효과를 실증적으로 규명함으로써 기업 산업현장에서 안전리더십 코칭의 중요성이 확인 되었다. 안전 리더십코칭 시 신뢰관계에 의존한 안전태도변화 및 안전행동변화는 기대하지 말아야 한다는 점도 확인할 수 있었다. 또한 산업현장에서 상명하달식의 경직된 문화보다는 수평적 문화로 패러다임의 변화를 가져와야 한다는 것을 보여주고 있다.

오늘날의 기업조직은 안전에 대한 관심과 정책이 매우 중요하고, 이런 정책에 구성원들을 참여시켜 성과를 창출해야만 하는 변화가 요구되고 있다. 또한 직원들의 안전에 대한 동기유발과 몰입을 높여 안전사고를 줄여나가야 하는 공통적인 과제를 가지고 있다. 이는 궁극적으로 조직구성원들에게

389) 김동규, 한진욱, "확장된 계획행동이론을 통한 프로야구 관람소비자의 소비행동 예측" *한국체육학회지* 인문사회과학, 56권 2호(2017): 321-338.

390) 한경미, 정혜선, "계획적 행위이론을 적용한 종합병원 간호사의 출산의도 관련요인" *Korean Journal of Occupational Health Nursing* 19(1) (2010): 41-49.

391) 최미영, "계획행동이론을 적용한 119구급대원의 안전행동 영향요인 간의 구조적 관계분석" (박사학위논문, 강원대학교대학원, 2017), 47.

동기부여와 소통 그리고 참여를 극대화해야만 성과로 이어질 수 있다는 점을 알 수 있다.

또한 근로자의 행동과 태도를 지속적으로 변화시키는 방법에 대하여 검증하게 되었다는 점이다. 일반적으로 안전에 대한 근로자의 태도와 행동은 책임자보다 낮으며, 책임자의 강요나 회사의 관심도에 따라 일시적으로 변화를 보이지만 지속되지 못하는 경우가 많이 발생한다. 그러다 보니 근로자의 안전행동은 동기요인 없이 방향성만 강요되기 마련이다. 이런 점에서 근로자 스스로 문제를 해결하고 이끌어 나갈 수 있도록 셀프코칭 리더십은 산업 현장에 적극적으로 활용이 가능하다는 점을 둘 수 있다.

그리고 지각된 행동통제의 안전규칙과 안전수칙 등을 반드시 지킬 수 있도록 회사 내에서 제도화해야 안전사고를 줄일 수 있다 할 수 있다. 즉 개인의 안전사고를 줄이기 위해서는 지각된 통제감을 유도할 수 있는 원스트라이크 아웃제도 같은 강력한 안전제도의 도입이 필요하다는 것을 시사해 준다.

안전사고 예방을 위해서는 소속직원들에 대한 지속적인 안전 코칭 리더십을 향상시켜야 한다. 이를 위해 상사로부터 지시받는 지시형 안전조치보다 자기자신의 안전조치를 스스로 할 수 있는 셀프안전코칭 제도의 도입과 안전코칭 전문 인력양성과 교육에 대한 투자와 지원이 필요할 것이다.

행동지속의도가 안전사고 예방에 원인인 불안전한 안전행동과 태도를 안전한 행동과 태도로 변화시키므로 기업들은 이러한 행동지속의도가 제고될 수 있도록 많은 노력이 필요하다는 것을 알 수 있다. 또한 이런 안전 행동지속의도를 키우기 위한 교육에 더 많은 투자와 지원이 필요하다는 점도 확인할 수 있다. 현재 많은 기업들이 안전사고로 인해 사회적으로 이슈가 될 뿐만 아니라 기업 이미지에 큰 타격을 주어 기업 경영에 큰 경향과 손실을 주는 등 안전사고에 의한 여러 문제점이 야기되고 있다. 이를 해결하기 위해서는 안전사고의 원인이 되는 구성원들의 안전에 대한 태도와 행동이 변화될 수 있도록 기업의 중장기적인 안목과 노력과 지원이 필요하다고 할 수 있을 것이다.

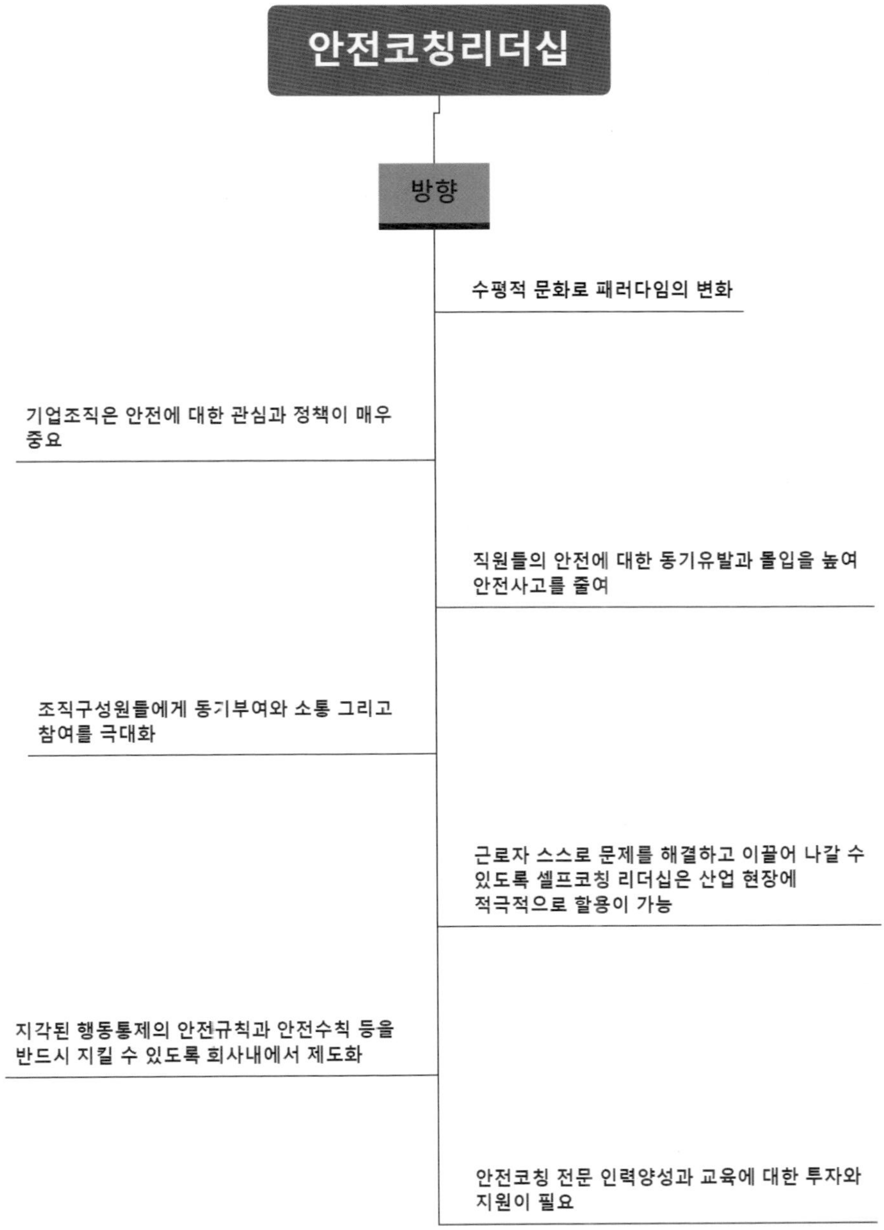

[그림 1-29] 코칭리더십 방향

5. 다른 법률 상 안전교육

5.1. 재난 및 안전관리 기본법에 의한 안전교육

제정이유는 각종 재난으로부터 국민의 생명·신체 및 재산을 보호하기 위하여 재해 및 재난 등으로 다원화되어 있는 재난관련 법령의 주요 내용을 통합함으로써 국가 및 지방단체의 재난에 대한 대응관리체계를 확립하고, 각 부처에 분산되어 있는 안전관리업무에 대한 총괄조정 기능을 보강하는 등 현행 제도의 문제점을 개선·보완하여 재난의 예방·수습·복구 및 긴급구조 등에 관하여 필요한 사항을 제정하였다. 이 법령에서 안전문화 활동에 의한 교육, 훈련, 홍보 등이 포함되며 재난안전분야 책임기관의 종사자 및 전문가 양성 교육이 있다.

5.1.1 재난안전분야 종사자 전문교육

- 재난안전분야 종사자 전문교육은 2014년부터 「재난안전법」 제29조의2에 따라 재난안전업무종사자들은 전문교육을 이수해야 하고, 전문교육은 대행하여 실시할 수 있으며, 동법 시행령 제37조의2에 따라 전문교육기관은 공무원·재난관리책임기관 소속, 민간 교육기관을 지정하고, 동법 시행규칙 제6조의2에서 교육대상, 기간, 종류 등에 대한 내용을 명시하고 있다.
- 교육대상은 재난관리책임기관(중앙행정기관 및 지방자치단체, 지방행정기관, 공공기관·공공단체(지부 포함)에서 재난 및 안전관리 업무 담당 부서의 장·공무원·직원과 시·군·구의 부단체장이다.
- 전문교육 기간은 3일 이내로 하고, 대상자는 해당 재난업무를 맡은 후 1년 이내에 신규교육을 받아야 하며, 2년마다 정기교육을 받도록 규정한다.
- 전문교육기관은 행정안전부, 관계 중앙행정기관 또는 시·도 소속의 공무원교육기관, 재난관리책임기관(행정기관 이외) 소속의 교육기관, 행

정안전부 장관이 지정하는 민간교육기관이 있다.

- 재난안전 교육과정 설계 시 신규자, 실무자, 관리자 공통으로 국가재난 관리체계의 이해, 재난 및 안전관리 기본법, 재난안전 종사자의 임무와 역할, 재난관리 협업기능, 재난발생 시 중(지)대본의 운영, 위기관리 매뉴얼, 자연재난의 이해, 사회재난의 이해, 재난과 언론 등을 계층별 공통교과목으로 구성하고, 선택과목으로 재난관리의 이해, 정책기획과 예산, 재난관리 리더십 등을 지정할 수 있다.

5.1.2 재난관리 분야 전문인력 양성사업

- 「자연재해대책법」 제65조의2에 따라 국가는 방재 분야 전문인력을 양성및 전문인력 양성기관을 지정할 수 있고, 「재해경감을 위한 기업의 자율활동 지원에 관한 법률」(이하 기업재해경감법) 제10조에 근거하여 행정안전부장관은 재해경감활동 전문인력을 육성 및 전문교육과정을 위탁하여 운영한다.
- 전문인력 교육과정 위탁은 대학(재난관리, 지진분야)으로, 매년 2억 원의 국비가 2년에 걸쳐 지원되며 교육이수 요건은 필수 교과목 중 12학점 이상을 포함한 24학점 이상 이수 및 학위논문 1편 이상을 제출해야 한다.
- 필수 교과목은 방재안전분야와 기업재난관리 분야로 나눌 수 있다.
  - 방재안전분야: 재난관리론, 안전관리론, 방재법규, 도시방재학
  - 기업재난관리: 재해경감 이해, 재해경감활동 절차 및 계획수립실행, 업무연속성 계획, 업무영향분석 및 위험평가

5.1.3 재해구호 전문인력 양성사업

- 「재해구호법」 제16조의3에 따라 행정안전부장관 및 시・도지사는 이재민 구호를 위해 재해구호 전문인력을 양성하고, 학교・전문기관 등을 재해구호 양성기관으로 지정할 수 있으며, 동법 시행령 제9조의3에서 전문인력 양성기관의 교육훈련 내용으로 재해구호 절차 및 체계, 구호

물자 및 장비 사용법 등을 규정하고 있다.

- 전문인력 양성 교육기관은 3개 기관으로 나눌 수 있다.
  - 「고등교육법」 제2조에 따른 학교
  - 「재해구호법」 제16조의2에 따른 전문기관(재해구호협회 등)
  - 그 밖에 구호활동을 목적으로 설립된 기관 또는 단체
  - 교육기관 지정유효기간은 4년을 넘지 않아야 한다.
- 교육대상자는 실무자급은 구호담당 공무원, 자원봉사자(지역자율방재단, 대학생)등, 관리자급은 5급 이상 공무원, 재해구호관련 기관 임원, 자원봉사자 리더 등이며 재해구호분야 강사들로 구성 할 수 있다.
- 교육과정은 기본과정, 전문과정, 보수교육과정으로 구성하고, 보수교육과정은 기본 또는 전문교육을 이수한 지 2년이 경과 시 1년 이내에 이수해야 한다.

5.1.4 방재분야 특수전문교육

- 「자연재해대책법」 제65조 제3항에 따라 국가는 방재분야 전문인력을 양성하기 위하여 전문교육과정을 운영하고, 동법시행령 제58조에 의하여 외부 전문기관 또는 단체에 위탁을 통해 방재교육 대상자 중 전문교육과정이 필요한 종사자를 대상으로 특수전문교육과정을 개설할 수 있다.
- 교육대상자는 중앙 및 지자체의 재해 관련 업무 담당공무원, 재난관리책임기관에 근무하는 재해 관련 업무 종사자, 재해 관련 업종에 종사하는 기술인, 자원봉사단체, 구호단체, 협의회, 학교와 민간 분야의 특수한 기술과 지식을 필요로 하는 종사자를 대상으로 한다.
- 교육과정은 지진 및 풍수해 2개 분야에 대해 기본, 전문, 보수과정을 운영하고, 재해 업무에 종사한 경력이 2년 미만인 사람은 업무 담당 후 1년 이내에 1회 이상 방재교육을 받아야 하며, 방재전문인력의 보수교육은 인증서를 발급받은 날부터 3년마다 행정안전부장관이 정하는 바에 따라 이수해야 한다.

5.2 국민안전교육진흥기본법에 의한 안전교육

제정이유는 경주리조트 붕괴 사건 및 세월호 침몰사고, 장성 요양병원 사태 등 각종 안전사고 발생 이후 안전에 대한 국민의 요구가 증가하고 있어 국민 스스로 재난에 대비할 수 있는 역량을 제고할 수 있도록 생애주기별 안전교육의 필요성이 강조되고 있다.

그런데 현행법에서는 안전교육에 관한 사항을 개별법령에서 정하고 있어 국민에 대하여 생애주기별 안전교육을 체계적으로 실시하기에 한계가 있는 실정이므로 이에 각종 재난 및 안전사고 발생 시 국민을 안전하게 보호할 수 있도록 종합적이고 체계적인 안전교육의 실시 및 지원에 필요한 사항을 종합하여 하나의 단일 법안으로 규정함으로써 각종 재난 및 안전사고에 대한 국민의 대처능력을 제고하고 안전한 사회를 만드는 데 이바지하려는 것이다.

주요내용으로는

가. 이 법은 국민의 안전교육 진흥에 필요한 사항을 정함으로써 재난으로부터 안전한 사회를 만드는 데 이바지함을 목적으로 함(제1조).

나. 국민안전처장관은 5년마다 안전교육 기본목표, 추진 내용, 전문인력 양성 등의 내용을 포함한 안전교육기본계획을 「재난 및 안전관리 기본법」 제9조에 따른 중앙안전관리위원회의 심의를 거쳐 확정·시행하여야 함(제5조).

다. 국가 및 지방자치단체는 안전교육의 원활한 시행을 위하여 안전교육 교재 및 프로그램 개발·보급, 안전교육 전문인력의 양성·활용 등 시책을 추진하여야 함(제9조).

라. 학교·다중이용시설 및 사회복지시설 등에서 안전교육을 실시하도록 함(제10조부터 제13조까지).

마. 국가 및 지방자치단체는 안전교육 전문인력의 양성을 위하여 전문인력 육성 등에 관한 시책을 수립·추진하여야 함(제20조).

5.3 기타 법령에 의한 안전교육

국내 대형 재난사고를 원인은 어떤 원인보다 의식에 있다는 것에 공감대가 형성되어 안전교육 향상에 대한 사회적 필요성이 강화되고 있다. 기타 법령에 의한 교육을 정리하면 다음과 같다.

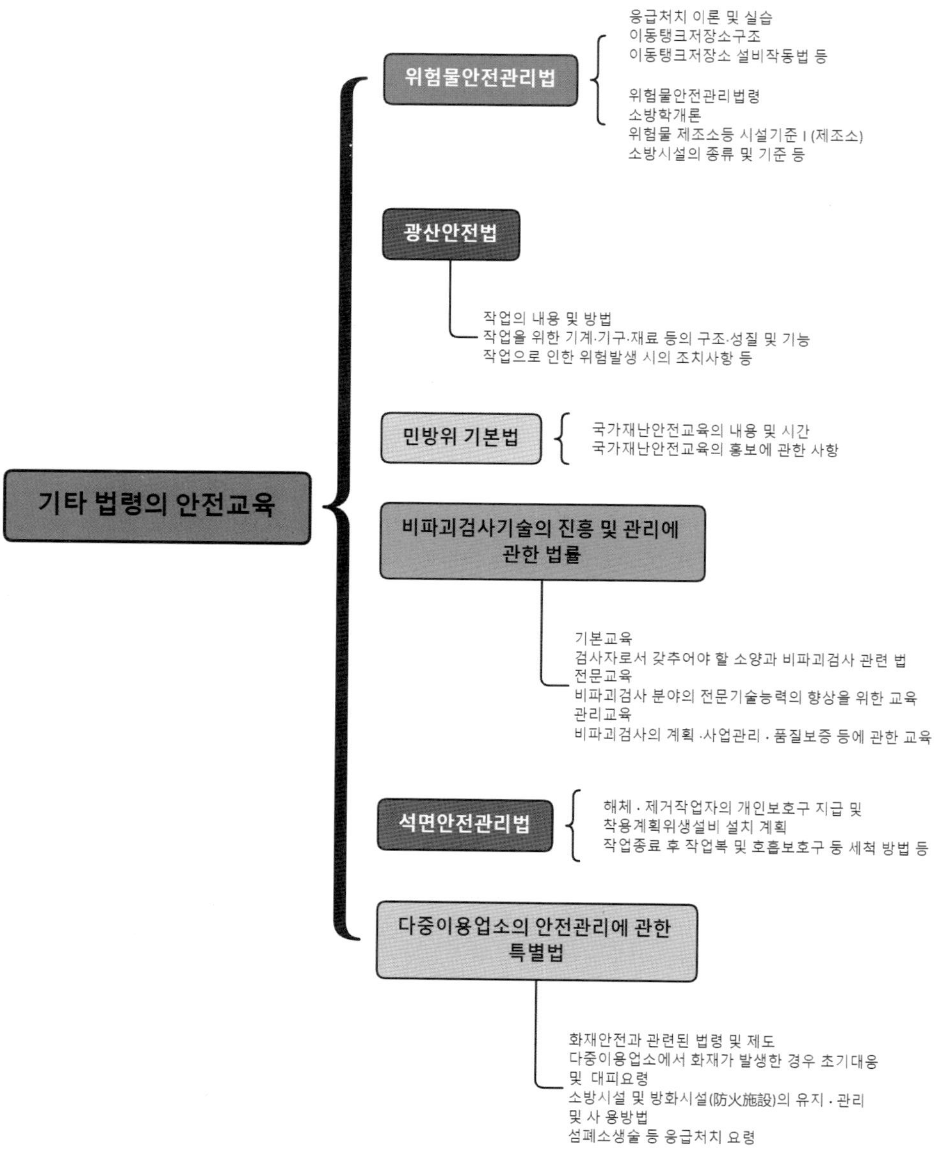

[그림 1-30] 기타 법령의 안전교육

CHAPTER 02

산업안전보건교육

1. 산업안전의 역사
2. 산업안전보건법상 안전교육
3. 산업안전보건법상 법정교육 세부내용
4. 다른 나라의 안전교육
5. 산업재해유형

CHAPTER 02

산업안전보건교육

1. 산업안전의 역사

- 안전의 역사
  - 산업안전보건법의 출발
    - 근대이전
    - 일제강점기
    - 해방이후
    - 1960년대
    - 1980년대
  - 산업안전보건법의 현재
  - 산업안전보건법과 중대재해처벌법의 관계

1.1 산업안전보건법

1.1.1 산업안전보건법의 출발

산업안전보건법의 출발		
시기별현황	근대이전	이 시기에는 산업안전을 노동 관계 측면의 노동조합 단체에서 부터 노동자 보호의 산업안전이 시작되었다고 볼 수 있다. 이러한 노동조합의 형태는 갑오경장 이후에 사회 경제적 구조가 봉건적제도의 말기적인 현상과 사회 정치적인 상황에 따라 자유업을 택하는 근로자에 의하여 나타나게 되고, 조합이라는 명칭은 1898년 부두 노동자를 대상으로 등장하게 되었다.
	일제강점기	일제강점기에는 1929년 세계대공황 이래 산업의 군사화와 전쟁의 확대, 그리고 군사체제의 강화로 하고 있던 일본 식민지통합하에서 급속한 성장을 강요당하고 있던 한국의 노동자들의 노동조건과 생활상태를 보면, 공장노동자들의 임금수준은 가혹한 민족차별적인 임금과 함께 작업장 안전도 열악한 형태였다.
	해방이후	해방이후 1945년 8월 31일 경성방직공장 노동자들의 노동자대회를 열고 노동조건의 개선을 위한 쟁의를 제기한 것을 비롯하여, 각 공장노동자들과 백화점점원 등이 이제까지 오랫동안 일제 비호 밑에 노동자를 혹사하여 온 친일자본가들 밑에서 일할 수 없다 하여 경영주를 배척하며, 또는 이제까지 일본인의 지배하에 있던 공장들을 스스로 관리하도록 해야 한다고 주장하여 쟁의와 조직활동을 전개하기 시작했던 것이다. 이 시기에 사업장의 노동자 안전을 위하여 중요함을 깨닫고 사업장 안전에 관한 법률제정의 필요성을 느끼게 되었다. 이러한 인식 속에서 근로기준법이 제정되기 전이지만, 1945년 8. 15 해방이후에 한국의 노동관계 상황은 다른 모든 분야와 마찬가지로 일제의 36년간의 식민지 수탈과 봉건적인 체제의 결과로 비민주적이거나 비인간적인 상태로 노동관계가 나타나게 되었고, 이러한 사회적 감정을 고려하여 미군정 법령에서 일부 안전보건에 관한 부분을 찾아볼 수 있다.
		안전보건에 관한 미군정 법령을 보면 1946년 9월 18일 미군정 당국은 군정법령 제112호 '아동노동법규'와 동년 9.18. 군정법령 제121호 제정된 근로자 보호 입법인 최고노동시간법(Regulations on Maximum Working Hours)과 과도정부 법령 제4호로 미성년자 노동보호법이 제정 되었으나, 1953년 근로기준법이 제정·공포됨에 따라 동법 부칙 제 114조에 의하여 폐지되었다. 16세 미만과 18세 미만 아동에 대해서도 고용에 일정한 제한을 두었다. 그리고 21세 미만 여성의 고용에도 일정한 규제를 설정하였고, 그 외에 상병휴일과 임신 및 수유에 관련된 규정도 마련하였다. 최고 근로시간에 관한 법령에서는 하루 8시간 주당 48시간의 근로시간을 규정하고 이 시간을 초과하여 근로할 경우에는 기본급료의 15% 이상의 금액을 보상할 것을 규정하였다.
		1948년 제1공화국 헌법 제17조(현행 헌법 제32조)에서 "근로조건의 기준은 법률로서 정하고 여자와 연소자의 근로는 특별보호를 받는다."고 규정한지 약 5년 후인 1953년 5월 10일 법률 제286호로 노동법으로서는 최초의 법으로 근로기준법이 제정·공포되었다. 이 법에서는 사업장의 기계, 기구, 설비 및 작업환경 등에 관하여 일정한 기준을 설정하고 안전관리자와 보건관리자를 두도록 하는 등 동법 제6장에 "안전과 보건"에 관한 10개 조항을 규정하고 산업재해의 발생을 예방하고자 사업주로 하여금 그 준수를 강제하였으며 산업안전보건법이 제정, 공포될 때까지 약 28년간 시행되었다.
		1953년 5월 10일 법률 제286호로 제정된 "근로기준법"이 제정되면서 근로자의 안전과 보건에 관한 제6장에 안전보건 부분을 두고 제64조부터 제73 조까지 위험방지, 안전장치, 유해물 제조금지, 안전보건관리자, 건강진단 등을 규정하고 있었으며, 이후 1961년 9월 11일 "근로보건관리규칙"이 제정·공포되고, 1962년 5월 7일에는 "근로안전관리규칙"이 제정·공포되면서 우리나라의 산업안전보건관리 제도에 대한 구체적인 틀이 마련되었다.
	1960년대	1960년대는 우리나라의 산업재해예방을 위한 제도적 체제가 구축된 시기라 할 수 있다. 1961년에는 근로보건관리규칙이, 1962년에는 근로안전관리규칙이 제정됨에 따라 안전보건 관리업무를 구체적으로 명문화하는 틀이 마련되었다. 또 1963년 3월에는 광산근로자의 안전을 규정하는 광산보안법이, 동년 11월에는 산업재해보상보험법이, 1964년 6월에는 동법 시행령이 제정 ·공포되었다. 당시의 1960년대에는 사회복지에 관계되는 법령이 중심이 되어 4. 19와 5. 16의 변혁기를 치른 정부에서는 국민의 새로운 신뢰를 받고 또한 이전의 정부와는 다르다는 것을 보여주기 위해서 공무원연금법(법률 제265호, 1960.1.1.), 직업안정법(법률 제912호, 1961.12.6.), 아동복리법(법률 제912호, 1961.12.30.), 생활보호법(법률 제913 호, 1961.12. 30.), 군사수호보상법(법률 제758호, 1961.11.1.), 윤락행위등방지법(법률 제 771 호, 1961.11.9.) 등 사회복지적 성격을 띤 여러 사회법을 제정 공포하였고 이보다 앞서 1953년 5월10일 근로기준법이 법률 제286호로 제정 · 공포됐다.
	1980년대	1980년대 들어 경제의 고도성장으로 사업장 기계설비의 대형화, 고속화 및 건설공사의 대규모화 등에 따른 중대재해가 급증하고, 유해물질의 대량사용 등으로 새로운 직업성 질병이 증가함에 따라 정부에서는 산업사회의 급속한 변화에 대응하기 위한 산업안전보건 대책을 추진하기 위해 산업안전보건 분야를 근로기준법에서 분리하여 새로운 독립법으로서의 제정을 추진하게 되었다. 1981년 11월 29일 "산업안전보건법 제정(안)"이 국회에 제안되어, 1981년 12월 18일 국회 본회의에서 통과되었으며, 1981년 12월 31일 법률 제3532호로 공포됨으로써 우리나라의 산업안전·보건에 관한 독립법인 『산업안전보건법』이 탄생하게 된 것이다. 이러한 산업안전보건법(이하 산안법)은 1981년 제정된 이후 노동자 보호를 위한 방안으로 부족한 보호기능을 보완하기 위하여 계속적인 개정을 하고 있다.

1.1.2 산업안전보건법의 현재

<table>
<tr><th colspan="2">산업안전보건법의 현재</th></tr>
<tr><td colspan="2">산업안전보건법이 제정된 근본적인 이유는 산업재해를 효과적으로 예방하는 데 있다. 1970년대 이후 중화학공업을 중심으로 산업이 발전하면서, 위험한 기계 , 기구를 사용하게 되고, 더 나아가 각 산업마다 새로운 공법이 사용되면서 산업재해가 과거에 비해 더 빈번하게 나타나고, 그 피해 역시 과거에 비해 매우 광범위하게 나타났다. 특히 유해물질을 대량으로 사용하는 산업이 다양해지고, 작업환경 역시 각 산업에 따라 다른 모습을 보이자 이에 따른 직업병의 발생이 크게 증가하였다. 이러한 위험은 직접적으로 근로자의 생명과 건강을 해칠 뿐만 아니라 사용자에게도 심대한 경제적 피해를 주게 된다. 이러한 위험에 효율적으로 대처하기 위해 체계적이고 종합적인 산업안전보건관리가 필요하게 되었다.</td></tr>
<tr><td rowspan="4">법률의 제정의 가장 큰 이유</td><td>1. 산업안전보건법은 산업재해예방을 위한 사업주 및 근로자의 기본적 의무를 명시</td></tr>
<tr><td>2. 노동부에 산업안전보건 정책 심의 위원회를 두어 산업재해 예방에 관한 주요정책을 심의 조정</td></tr>
<tr><td>3. 유해 위험성이 있는 사업에는 안전보건관리책임자와 안전관리자 및 보건관리자를 선임하게 하고 안전보건위원회를 설치하도록 하며 안전보건 관계자 및 근로자에 대한 안전보건교육을 실시</td></tr>
<tr><td>4. 작업환경이 인체에 해로운 작업장에 대하여는 작업환경을 측정 기록하고, 근로자에 대한 건강 진단을 실시하여, 산업재해 예방시설의 종류와 설치, 운영방법 및 정부의 지원육성방안을 정하고 산재예방에 관한 과학기술의 진흥과 연구개발을 추진하여 그 성과를 보급</td></tr>
</table>

1981년 8월 8일에 일어난 원진레이온 사건으로 인해 1991년의 종합대책이 나오게 된다. 원진진레이온 이황화중독 사건이 우리에게 주는 의미는 법제사적 의미에서 커다란 전환점이 되었지만, 산업현장에서는 노동자 건강에 대한 중요성과 직업병의 새로운 인식 전환이 이루어진 것은 대단한 성과라고 볼 수 있다. 따라서 이후에 1991년 산업안전보건법의 전면 개정과 아울러 산업보건연구원의 설립 계기가 되었다.

1987년 12월 9일 창립된 한국산업안전보건공단은 1989년도에는 직제를 개편하여 기술이사 밑에 안전1부, 안전2부, 산업보건부, 기술위원실을 두어 산업보건업무를 독립적으로 수행하기 위한 기틀을 마련하였고, 노동부 산하기관인 국립노동과학연구소의 기능을 이관받아 산업안전보건연구원을 설립하여 재해예방 연구와 검정업무를 시작하였다.

1991년에 가장 괄목할만한 사항은 노동부에서 수립한 "직업병예방 종합대책" 사업의 후속조치로 공단 산하에 산업보건연구원이 설립된 것이다. 산업보건연구원의 직제는 산업위생연구실, 산업의학연구실, 산업독성연구실, 직업병진단센터로 편성되었으며 당시의 수행한 업무는 다음과 같다.

산업안전보건원	
1. 직업성질병예방 및 산업보건연구를 위한 협약	연구기능을 활성화하기위하여 서울대학교와 "직업성질병의 진단 및 산업보건연구를 위한 협약"을 5년간 체결하여 직업병 판정 등에 서울대학교 인력을 활용하고 공동연구도 수행하여 보건연구원이 발전할 수 있는 기반을 조성하였다
2. 작업환경측정 정도 관리	작업환경측정기관 및 대행기관의 수행 업무 중 분석과정에서 발생하는 오차를 최소화하여 각 측정기관에서 실시한 작업환경측정 결과의 신뢰성을 향상시키기 위하여 이 사업이 시작되었으며 첫해년도에는 벤젠, 톨루엔, 크실렌 등 유기용제 3종과 납, 카드뮴 등 금속물질 2종을 표준시료로 하여 정도관리를 실시하였고 30개 기관이 참가하여 합격률은 50% 이하로 저조하였지만 그동안 각 기관들의 분석능력이 향상되어 현재에는 95% 이상의 합격률을 보이고 있다.
3. 생물학적 모니터링	직업병이 발생하기 전에 예방을 목적으로 업종별 또는 유해인자 노출군별 사업장을 선정하여 조사하는 모니터링 사업을 착수하였다.
4. 직업병 심의위원회 개최	노동부 재해보상과에서 의뢰하는 업무상질병 조사를 위하여 심의위원회가 구성되어 최초로 LPG가스에 의한 건강장해의 업무관련성과 이황화탄소 노출자에 대한 건강관리수첩 발급 여부를 심의하였으며 현재에는 역학조사평가위원회로 명칭이 변경되었다.
5. 연구사업 수행	노동부 재해보상과에서 의뢰하는 업무상질병 조사를 위하여 심의위원회가 구성되어 최초로 LPG가스에 의한 건강장해의 업무관련성과 이황화탄소 노출자에 대한 건강관리수첩 발급 여부를 심의하였으며 현재에는 역학조사평가위원회로 명칭이 변경되었다.

1994년 개정에서는 안전보건에 관한 사업주의 의무를 강화하고 산업안전보건위원회의 권한을 확대하였고, 안전보건관리체제와 유해·위험예방조치의 보완 및 근로자의 보건관리를 강화하는 등 근로자 보호를 위한 규정을 신설 또는 강화하였다. 1996년 개정에서는 산업재해예방활동에 근로자의 참여를 활성화하고 현행제도의 운영에서 나타난 미비점을 대폭 개선·보완하였다.

1999년 개정에서는 사업장의 산업안전관리체제를 노사 자율적인 관리체제로 정착시키기 위해 근로자 참여권을 제도적으로 보장하고, 사업주에 대한 행정규제를 폐지하거나 완화하면서 근로자의 안전과 보건을 보호하기 위하여 필요한 사항을 규정하였다. 그리고 2009년 2월 산업안전보건법 제5조 '사업주의 의무'를 전문 개정하면서 위험성평가(Risk Assessment)를 사업주의 일반적 의무로 도입하였으며, 정부는 위험성평가 제도의 전면시행을 목표로 세부계획을 진행 중에 있다.

이러한 산업안전보건법의 계속적인 발전을 통하여 사업주의 책임을 명확히 하고 위반하는 경우에 범죄로 규정하여 처벌규정을 강화하였다. 특히 입법과정에서 반드시 포함되어야 하는 법철학적 의미에서의 보호법익 범위를 단순한 근로자로 보기보다는 넓은 의미의 국민생활상의 이익을 보호하는 것으로 포괄하고 있다.

산업현장에서 산업재해를 예방하기 위한 제도적 규범인 산업안전보건법의 주된 보호법익은 사업주의 물적 재산보호나 불특정 다수의 국민적 재산의 이익 또는 대기환경보호 등에 있는 것이 아니라 근로자의 생명보호 또는 신체의 완전성에 있으며 이는 생존에 관한 국민생활의 완전성에 있다.

1.1.3 산업안전보건법과 중대재해처벌법 관계

현대중공업 아르곤 가스 질식 사망사고, 태안화력발전소 압사사고, 물류창고 건설현장 화재사고와 같은 산업재해로 인한 사망사고와 함께 가습기 살균제 사건 및 4·16 세월호 사건과 같은 시민재해로 인한 사망사고 발생 등이 사회적 문제로 지적되어 왔다.

이에 사업주, 법인 또는 기관 등이 운영하는 사업장 등에서 발생한 중대산업재해와 공중이용시설 또는 공중교통수단을 운영하거나 위험한 원료 및 제조물을 취급하면서 안전·보건 조치의무를 위반하여 인명사고가 발생한 중대시민재해의 경우, 사업주와 경영책임자 및 법인 등을 처벌함으로써 근로자를 포함한 종사자와 일반 시민의 안전권을 확보하고, 기업의 조직문화 또는 안전관리 시스템 미비로 인해 일어나는 중대재해사고를 사전에 방지하려는 것이다.

주요내용으로는 사업주 또는 경영책임자 등은 사업주나 법인 또는 기관이 실질적으로 지배·운영·관리하는 사업 또는 사업장에서 종사자의 안전·보건상 유해 또는 위험을 방지할 의무가 있고, 사업주나 법인 또는 기관이 제3자에게 도급, 용역, 위탁 등을 행한 경우 제3자의 종사자에 대한 안전 및 보건 확보의무를 부담함과 사업주 또는 경영책임자 등이 안전 및 보건 확보의무를 위반하여 중대산업재해에 이르게 한 경우 사업주와 경영책임자 등을 처벌하고, 법인 또는 기관의 경영책임자 등이 처벌 대상이 되는 위반행위를 하면 그 행위자를 벌하는 외에 그 법인 또는 기관에 대해서도 벌금형을 부과하게 하였다.

〈표 2-1〉 산업안전보건법과 중대재해처벌법 비교

구분	산업안전보건법	중대재해처벌법(중대산업재해)
의무주체	**사업주**(법인사업주+개인사업주)	**개인사업주, 경영책임자 등**
보호대상	**근로자, 수급인의 근로자, 특수형태근로종사자**	**근로자, 노무제공자, 수급인, 수급인의 근로자 및 노무제공자**
적용범위	**전 사업장 적용** (다만, 안전보건관리체제는 50인 이상 적용)	**5인 미만 사업장 적용 제외** (50인 미만 사업장은 3년 후 시행)
재해정의	○ **중대재해 : 산업재해 중** ❶ 사망자 1명 이상 ❷ 3개월 이상 요양이 필요한 부상자 동시 2명 이상 ❸ 부상자 또는 직업성 질병자 동시 10명 이상 * **산업재해** : 노무를 제공하는 자가 **업무와 관계되는** 건설물, 설비 등에 의하거나 **작업 또는 업무로 인하여** 사망·부상·질병	○ **중대산업재해 : 산업안전보건법상 산업재해 중** ❶ 사망자 1명 이상 ❷ 동일한 사고로 6개월 이상 치료가 필요한 부상자 2명 이상 ❸ 동일한 유해요인으로 급성중독 등 직업성질병자 1년 내 3명 이상
의무내용	○ **사업주의** 안전**조치** ❶ 프레스·공작기계 등 위험기계나 폭발성 물질 등 위험물질 사용 시 ❷ 굴착·발파 등 위험한 작업 시 ❸ 추락하거나 붕괴할 우려가 있는 등 위험한 장소에서 작업 시 ○ **사업주의** 보건**조치** ❶ 유해가스나 병원체 등 위험물질 ❷ 신체에 부담을 주는 등 위험한 작업 ❸ 환기·청결 등 적정기준 유지 → **산업안전보건기준에 관한 규칙**에서 구체적으로 규정(**680개 조문**)	○ **개인사업주 또는 경영책임자등의 종사자에 대한** 안전·보건 확보 **의무** ❶ 안전보건관리체계의 구축 및 이행에 관한 조치 ❷ 재해 재발방지 대책의 수립 및 이행에 관한 조치 ❸ 중앙행정기관 등이 관계 법령에 따라 시정 등을 명한 사항 이행에 관한 조치 ❹ 안전·보건 관계 법령상 의무이행에 필요한 관리상의 조치 → ❶·❹의 구체적인 사항은 **시행령**에 위임
처벌수준	○ **자연인** 사망 ▶ **7년 이하 징역** 또는 1억원 이하 벌금 안전·보건조치위반 ▶ 5년 이하 징역 또는 5천만원 이하 벌금 ○ **법인** 사망 ▶ **10억원 이하** 벌금 안전·보건조치위반 ▶ 5천만원 이하 벌금	○ **자연인** 사망 ▶ **1년 이상 징역** 또는 10억원 이하 벌금(병과 가능) 부상·질병 ▶ 7년 이하 징역 또는 1억원 이하 벌금 ○ **법인** 사망 ▶ **50억원 이하** 벌금 부상·질병 ▶ 10억원 이하 벌금

1.2 산업안전보건법 체계

1.2.1 산업안전보건법의 도표

산업안전보건법

- 제 1 장 총 칙
- 제 2 장 안전보건관리체제 등
- 제 3 장 안전보건교육
- 제 4 장 유해 · 위험 방지 조치
- 제 5 장 도급 시 산업재해 예방
- 제 6 장 유해·위험 기계 등에 대한 조치
- 제 7 장 유해·위험물질에 대한 조치
- 제 8 장 근로자 보건관리
- 제 9 장 산업안전지도사 및 산업보건지도사
- 제 10 장 근로감독관 등
- 제 11 장 보 칙
- 제 12 장 벌 칙

1.2.2 산업안전보건법의 조문현황

산업안전보건법령은 1개의 법률과 1개의 시행령 및 3개의 시행규칙으로 이루어져 있으며, 하위규정으로서 60여 개의 고시, 17개의 예규, 3개의 훈령 및 각종 기술상의 지침 및 작업환경 표준 등으로 구성되어 있다.

일반적으로 다른 행정법령의 시행규칙은 1 개로 구성되어 있으나 산업안전보건법 시행규칙이 3개로 구성된 것은 그 내용이 1개의 규칙에 담기에는 지나치게 복잡하고 기술적인 사항으로 이루어져 있기 때문이다. 산업안전보건법은 산업재해예방을 위한 각종 제도를 설정하고 그 시행근거를 확보하며 정부의 산업재해예방정책 및 사업수행의 근거를 설정한 것으로써 80여 개 조문과 부칙으로 구성되어 있고, 산업안전보건법 시행령은 법에서 위임된 사항 즉 제도의 대상·범위·절차 등을 설정하고 산업안전보건법 시행규칙은 크게 법에 부속된 시행규칙과 산업안전기준에 관한 규칙, 산업보건기준에 관한 규칙 및 유해·위험작업 취업제한 규칙 등 3개의 규칙으로 구분되는바, 이들은 모두 법률과 시행령에서 위임된 사항을 규정하고 있다.

산업안전보건법에 부속된 시행규칙은 산업안전보건법과 시행령을 집행하기 위한 일반사항을 규정하고 있고, 산업안전보건기준에 관한 규칙은 사업주가 행할 안전상의 조치와 보건상의 조치에 관한 기술적 사항을 규정하고 있다. 또한 유해·위험작업 취업제한에 관한 규칙은 유해 또는 위험한 작업에 필요한 자격·면허·경험에 관한 사항을 규정하며, 산업안전보건에 관한 고시·예규·훈령은 일반사항분야 검사·인증분야, 기계·전기·화학분야, 건설분야, 보건·위생분야 및 교육 분야별로 70여 개로 구성되어 있다.

고시는 각종 검사·검정 등에 필요한 일반적이고 객관적인 사항을 널리 알리어 활용할 수 있는 수치적, 표준적 내용이며, 예규는 정부와 실시기관 및 의무 대상자 간에 일상적, 반복적으로 이루어지는 업무절차 등을 모델화하여 조문형식으로 규정화한 내용이고, 훈령은 상급기관, 즉 고용노동부 장관이 하급기관 즉 지방노동관서의 장에게 어떤 업무 수행을 위한 훈시·지침 등을 시달할 때 조문의 형식으로 알리는 내용이고, 기술상의 지침 및 작업환경표준은 선박건조 및 수리업의 안전작업 기술기준 등 안전작업을 위한 기술적인 지침을 규범형식으로 작성한 기술상의 지침과 VDT(영상표시단말기) 취급 근로자 작업관리지침 등 작업장 내의 유해(불량한) 환경요소 제거를 위한 모델을 규정한 작업환경표준이 마련되어 있으며, 이는 고시의 범주에 포함되는 것으로 볼 수 있으나 법률적 위임근거에 따라 마련된 규정이 아니므로 강제적 효력은 없고 지도·권고적 성격을 띠고 있다.

1.2.3 산업안전보건법의 총칙

제1장 총칙에는 제1조 목적 등 13개 조문으로 구성되어 있다

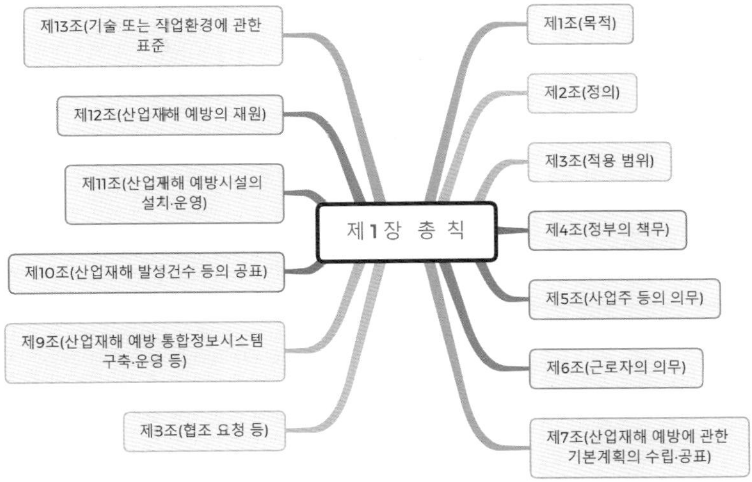

1.2.4 산업안전보건법의 안전보건관리체제 등

제2장 안전보건관리체제의 제1절 안전보건관리체제에는 제14조 이사회 보고 및 승인 등 11개 조문과 제2절 안전보건관리규정에는 제25조 안전보건관리규정의 작성 등 4개 조문으로 이루어졌다.

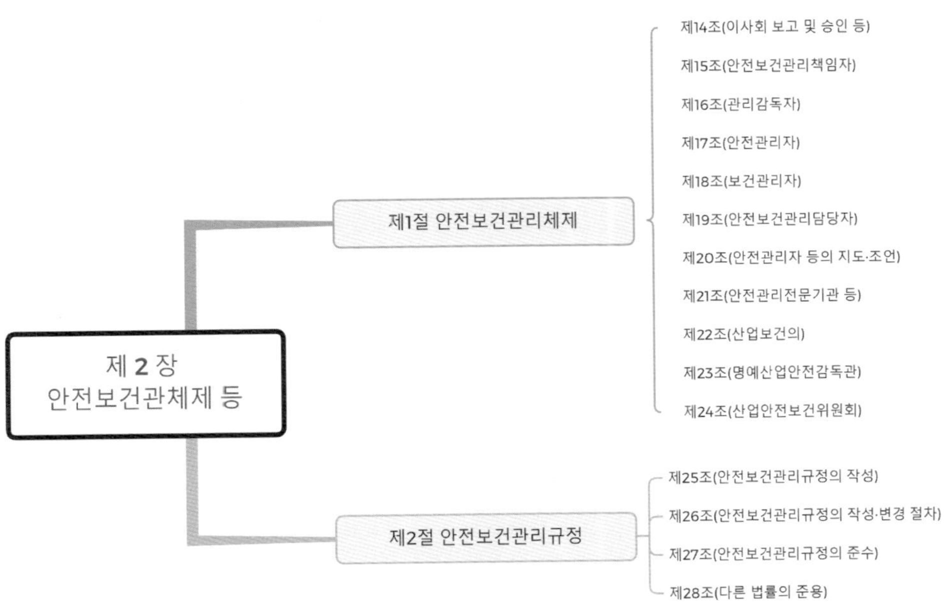

1.2.5 산업안전보건법의 안전보건교육 등

제3장 안전보건교육에는 제29조 근로자에 대한 안전보건교육 등 5개 조문으로 구성되어 있다.

제 3 장
안전보건교육

- 第29조(근로자에 대한 안전보건교육)
- 第30조(근로자에 대한 안전보건교육의 면제 등)
- 第31조(건설업 기초안전보건교육)
- 第32조(안전보건관리책임자 등에 대한 직무교육)
- 第33조(안전보건교육기관)

1.2.6 산업안전보건법의 유해 · 위험방지 조치 등

제4장 유해 · 위험 방지 조치에는 제34조 법령 요지 등의 게시 등 24개 조문으로 구성되어 있다.

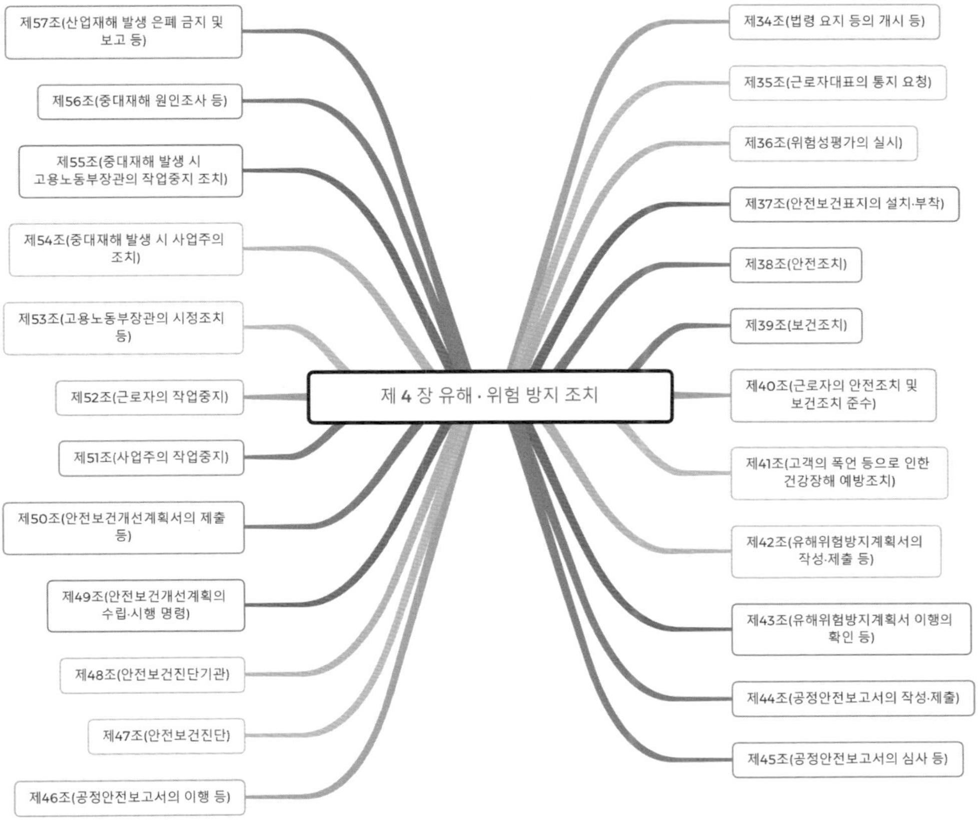

1.2.7 산업안전보건법의 도급 시 산업재해 예방 등

제5장 도급 시 산업재해 예방의 제1절 도급의 제한에는 제58조 유해한 작업의 도급금지 등 4개 조문과 제2절 도급인의 안전조치 및 보건조치에는 도급인의 안전조치 및 보건조치 등 5개 조문, 제3절 건설업 등의 산업재해 예방에는 건설업 등의 산업재해 예방 등 10개 조항, 제4절 그 밖의 고용형태에서의 산업재해 예방에는 제77조 특수형태근로종사자에 대한 안전조치 및 보건조치 등 3개 조문으로 짜여 있다.

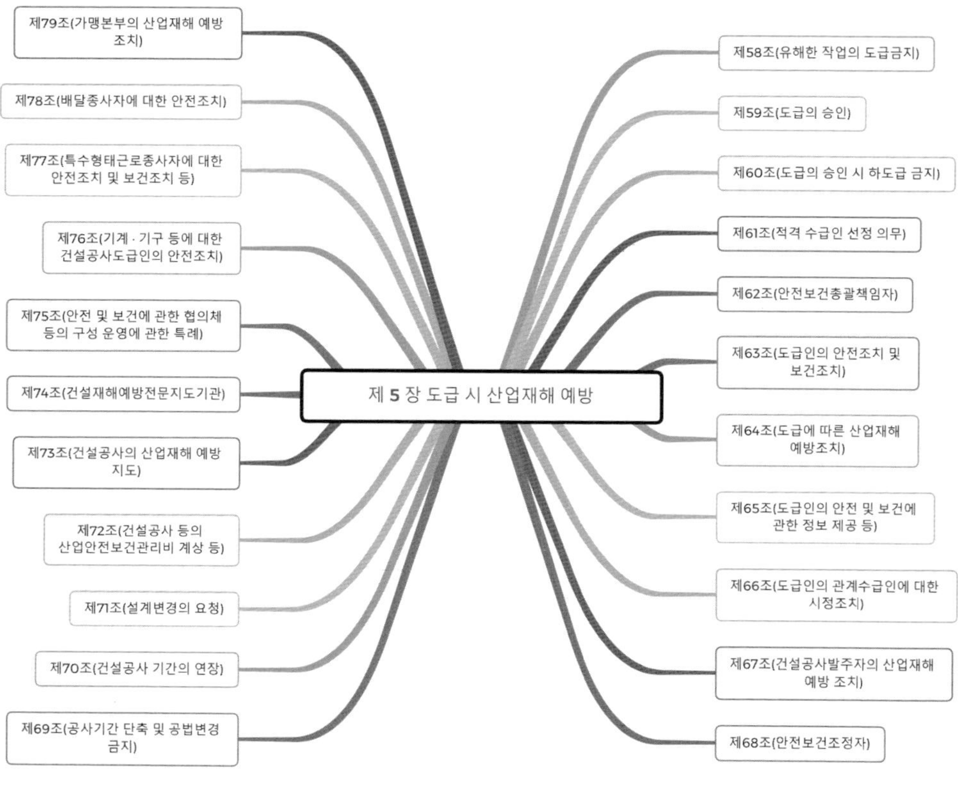

1.2.8 산업안전보건법의 유해 · 위험기계 등에 대한 조치 등

제6장 유해 · 위험 기계 등에 대한 조치의 제1절 유해하거나 위험한 기계 등에 대한 방호조치 등에는 제80조 유해하거나 위험한 기계 · 기구에 대한 방호조치 등 3개 조문, 제2절 안전인증에는 제83조 안전인증기준 등 6개 조문, 제3절 자율안전확인의 신고에는 제89조 자율안전 확인의 신고 등 4개 조문, 제4절 안전검사에는 제93조 안전검사 등 8개 조문, 제5절 유해 · 위험기계 등의 조사 및 지원 등에는 제101조 성능시험 등 3개 조문으로 구성되어 있다.

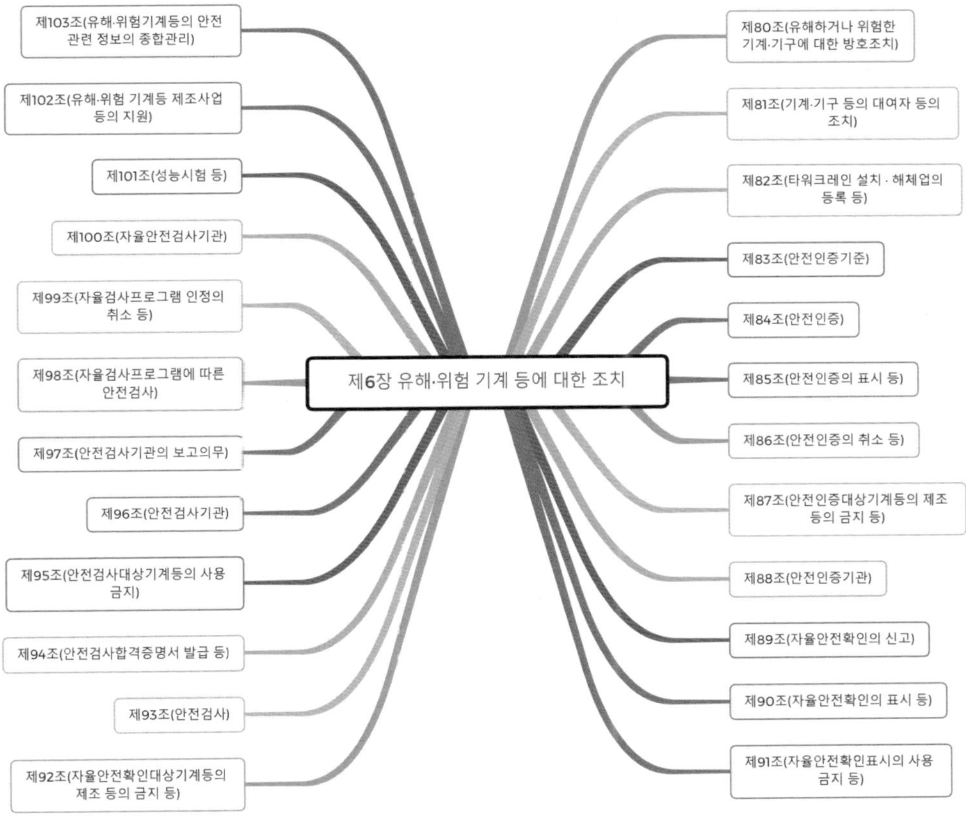

1.2.9 산업안전보건법의 유해 · 위험물질에 대한 조치 등

제7장 유해 · 위험물질에 대한 조치, 제1절 유해 · 위험물질의 분류 및 관리에는 제104조 유해인자의 분류기준 등 15개 조문, 제2절 석면에 대한 조치에는 제119조 석면조사 등 6개 조문이 있다.

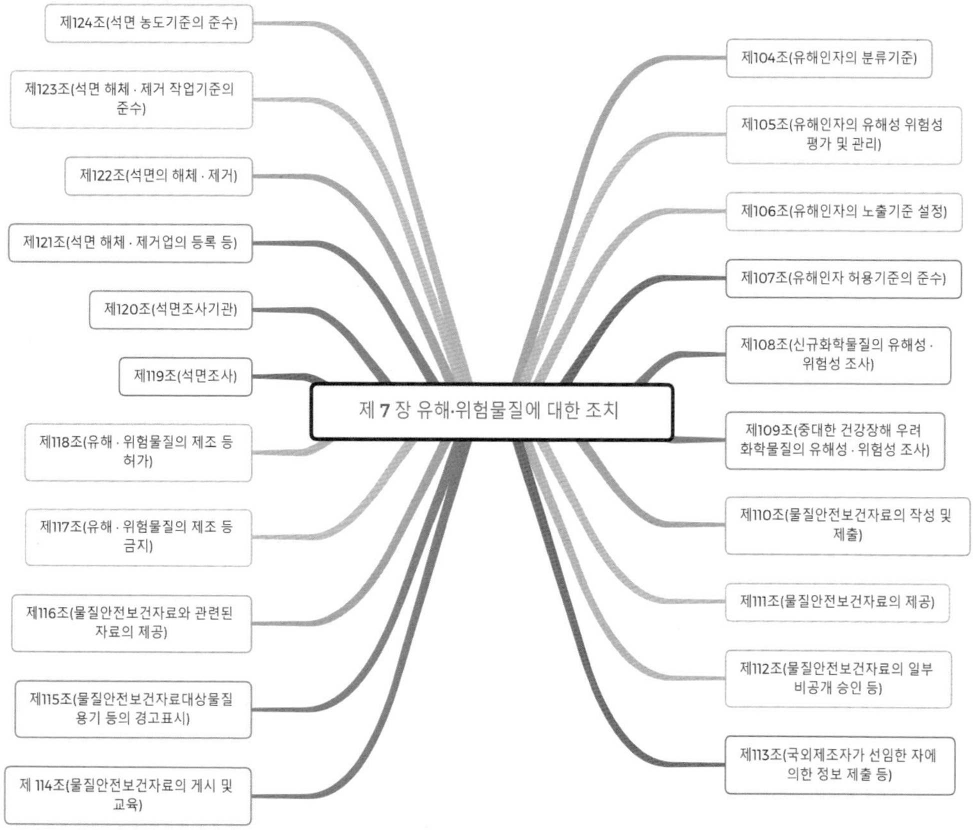

1.2.10 산업안전보건법의 근로자보건관리 등

제8장 근로자 보건관리의 제1절 근로환경의 개선에는 제125조 작업환경측정 4개 조문, 제2절 건강진단 및 건강관리에는 제129조 일반건강진단 등 13개 조문이 있다.

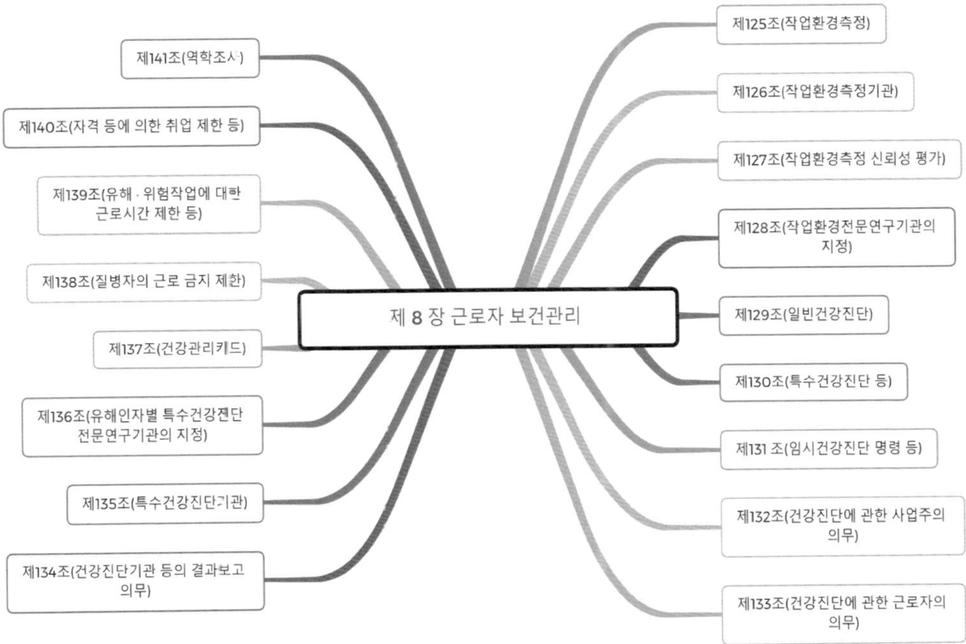

1.2.11 산업안전보건법의 산업안전지도사 및 산업안전보건지도사 등

제9장 산업안전지도사 및 산업보건지도사에는 제142조 산업안전지도사 등의 직무 등 13개 조문으로 형성되어 있다.

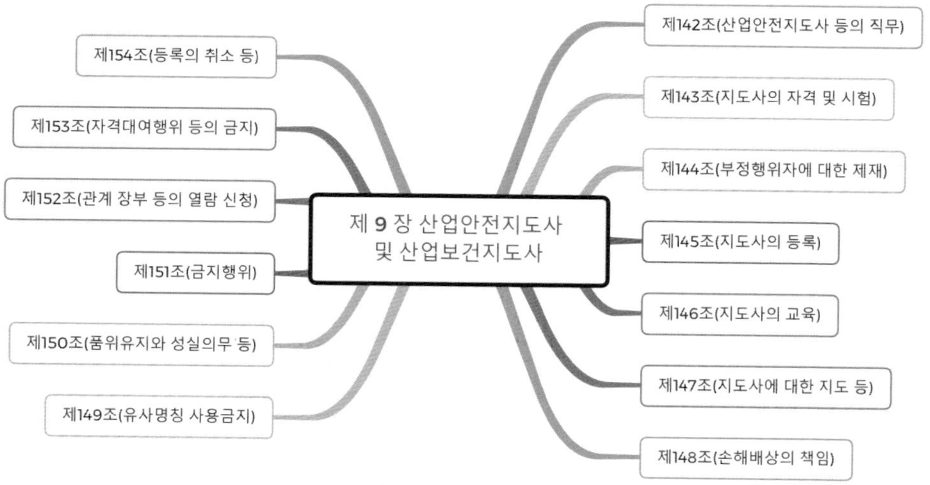

1.2.12 산업안전보건법의 근로감독관 등

제10장 근로감독관 등에는 제155조 근로감독관의 권한 등 3개 조문으로 구성되어 있다.

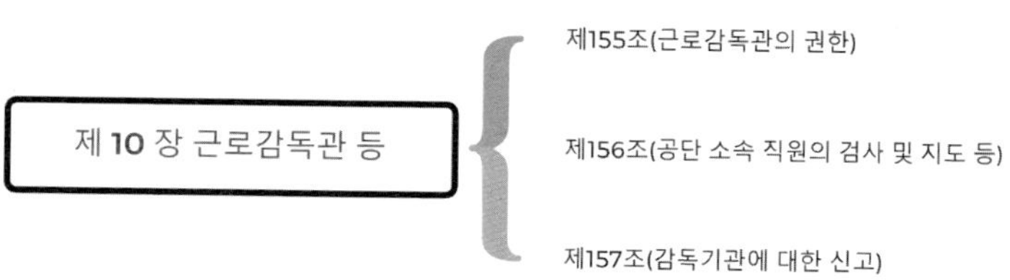

1.2.13 산업안전보건법의 보칙 등

제11장 보칙에는 제158조 산업재해 예방활동의 보존·지원 등 9개 조문으로 짜여 있다.

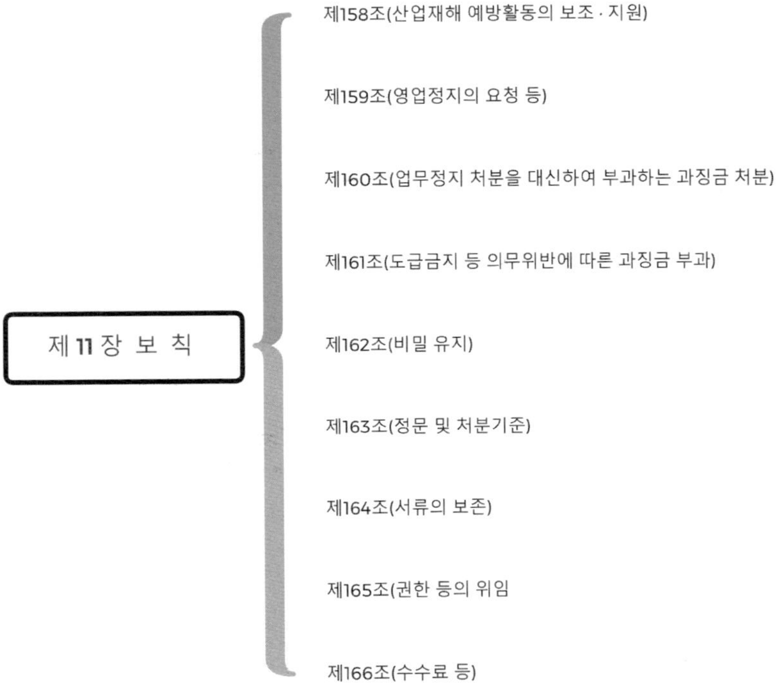

1.2.14 산업안전보건법의 벌칙 등

제12장 벌칙에는 제167조 벌칙 등 19개 조문으로 총 12장, 15절, 175개 조문으로 구성되어 있다.

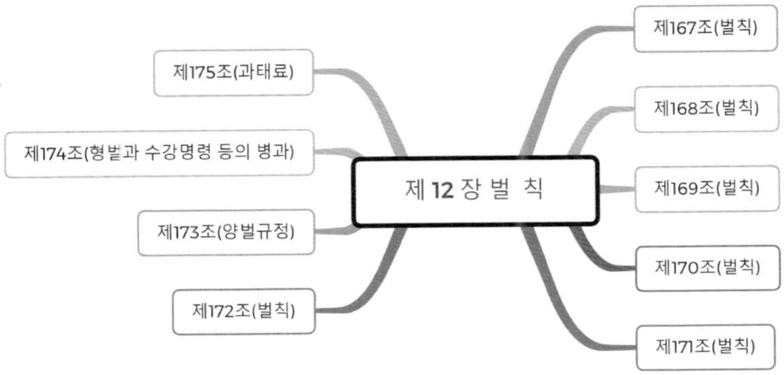

1.3 산업안전보건법의 재 · 개정 현황

산업안전보건법의 재정·개정 현황

- [일부개정] [시행 2022. 8. 18.] [법률 제18426호, 2021. 8. 17., 일부개정]
- [일부개정] [시행 2021. 11. 19] [법률 제18180호, 2021. 5. 18, 일부개정]
- [일부개정] [시행 2021. 10. 14] [법률 제18039호, 2021. 4. 13, 일부개정]
- [일부개정] [시행 2020. 6. 9] [법률 제17433호, 2020. 6. 9, 일부개정]
- [일부개정] [시행 2020. 3. 31] [법률 제17187호, 2020. 3. 31, 일부개정]
- [전부개정] [시행 2020. 1. 16] [법률 제16272호, 2019. 1. 15, 전부개정]
- [일부개정] [시행 2018. 10. 18] [법률 제15588호, 2018. 4. 17, 일부개정]
- [일부개정] [시행 2017. 10. 19] [법률 제14788호, 2017. 4. 18, 일부개정]
- [일부개정] [시행 2016. 10. 28] [법률 제13906호, 2016. 1. 27, 일부개정]
- [일부개정] [시행 2014. 3. 13] [법률 제11882호, 2013. 6. 12, 일부개정]
- [일부개정] [시행 2012. 1. 26] [법률 제10968호, 2011. 7. 25, 일부개정]
- [일부개정] [시행 2010. 4. 10] [법률 제9796호, 2009. 10. 9, 일부개정]

- [신규제정] [시행 1982. 7. 1] [법률 제3532호, 1981. 12. 31, 제정]
- [전문개정] [시행 1990. 7. 14] [법률 제4220호, 1990. 1. 13, 전부개정]
- [일부개정] [시행 1995. 1. 5] [법률 제4916호, 1995. 1. 5, 일부개정]
- [일부개정] [시행 1997. 5. 1] [법률 제5248호, 1996. 12. 31, 일부개정]
- [일부개정] [시행 1999. 5. 9] [법률 제5886호, 1999. 2. 8, 일부개정]
- [일부개정] [시행 2000. 7. 8] [법률 제6104호, 2000. 1. 7, 일부개정]
- [일부개정] [시행 2003. 7. 1] [법률 제6847호, 2002. 12. 30, 일부개정]
- [일부개정] [시행 2005. 7. 1] [법률 제7467호, 2005. 3. 31, 일부개정]
- [일부개정] [시행 2006. 9. 25] [법률 제7920호, 2006. 3. 24, 일부개정]
- [일부개정] [시행 2008. 1. 1] [법률 제8475호, 2007. 5. 17, 일부개정]
- [일부개정] [시행 2009. 1. 1] [법률 제8562호, 2007. 7. 27, 일부개정]
- [일부개정] [시행 2009. 8. 7] [법률 제9434호, 2009. 2. 6, 일부개정]

1.4 외국의 산업재해

1.4.1 영국의 산업혁명 재해

18세기 중반부터 영국에서 세계 최초로 산업혁명이 진행되면서 영국 사회는 격변을 경험하였다. 대도시가 급증하고, 산업 중심지가 성장하고, 노동이동성이 커지면서, 기존의 상대적으로 정체적이었던 사회와는 질적으로 차별화되는 사회가 등장하였다. 특히, 새로운 생산조직으로 등장한 공장은 이전에 보지 못한 노동환경과 생활환경을 만들어냈다. 새로운 종류의 위험은 본격적으로 공장제 생산이 진행되기 이전부터 감지되기 시작하였다.

산업혁명을 경제 전체의 산업구조 측면에서 농업의 비중이 줄어들고 그 자리를 공업과 일부 서비스업이 차지한 점이 주목을 끈다. 성인 남성노동력 중농업에 종사하는 인구의 비율이 1700년에는 61%나 되었지만, 이 비율이 1760년에는 53%, 1800년에는 41%, 그리고 1841년에는 29%로 급속한 감소 추세를 보였다. 산업혁명 시기를 거치면서 경제의 중추가 농업에서 공업으로 전환한 점을 들 수 있다.

이 시기에는 대표적으로 석탄이 가정용 연료로써 사용되기 시작하면서 굴뚝청소부라는 새로운 직업이 탄생하였는데, 이들의 노동환경은 전례가 없는 특별한 속성을 보였다. 굴뚝 청소부는 비좁은 굴뚝을 오르내리는 데에 따른 사고 위험을 가지고 있었을 뿐만 아니라, 검댕을 긁어내고 옮기느라 늘 온몸에 검댕을 묻힌 채 지내야 하였다. 포트(Percivall Pott)는 이런 작업환경 및 생활환경이 굴뚝 청소부에게 특정한 종류의 암을 야기한다는 주장을 폈다. 그의 연구는 직업과 질병의 관계에 대한 장기적인 관찰과 조사가 필요하다는 점을 연구자와 대중에게 강조하는 계기가 되었다.

산업화된 사회의 새로운 환경에서 노동자들이 새로운 사고와 질병을 겪게 된 것은 당연한 결과였다. 많은 수의 의사들이 산업현장에서 새로운 유형의 사고와 질병을 접하고서 그 원인을 탐구하고 치료법을 찾기 위해 고심하였다. 공장의 열악한 노동환경이 만들어내는 육체적, 정신적 해악에 대한 비판이 점차 고조되었고, 의회에서도 이 주제에 관해 체계적인 정보의 수집이 필요하다는 목소리가 높아졌다. 공장법이 개혁되면서 새로 임명된 공장감독관들은 산업현장의 실상을 면밀하게 목격하고 자료를 수집하였다. 한편, 오슬러(Richard Oastler), 채드윅(Edwin Chadwick)과 같은 개혁가들은 공장열(factory fever)이나 콜레라의 집단 발병에 직면하여 공중보건의 향상을 통해 문제의 해결을 도모하게 되었다. 이런 과정에서 의학 지식과 행정, 정치가 상호작용을 하는 장이 형성되었고, 산업재해에 대한 인식도 점차 구체화되어 갔다. 대표적으로 태크라(Charles T. Thac.밞h)는 리즈(&&) 의과대학을 창립한 후 공업 도시 특유의 환자들을 접하면서 산업의학에 대한 초석을 탐았다. 그는 직업별 질병을 조사하고 이것이 기대수명과 어떤 연관성을 지니는가를 구명하는 작업에 힘을 기울였다. 이 과정에서 그는 통계에 근거한 산업재해 분석의 초석을 닦았다.

19세기 후반 서구 국가들이 경쟁적으로 산업화를 추진하면서 산업재해에 대한 관심도 고조되어 갔다. 이미 1830년대부터 철도업 등 대규모 산업 부문에서 산업재해를 더 이상 개인적 불운과 부주의의 결과로만 볼 수 없다는 인식이 성장하기 시작하였지만, 특히 1870년대부터 철강, 화학, 기계, 전기 등 대규모 장치산업이 경제의 핵심축으로 자리를 잡아가면서 산업재해를 사회적으로 다루어야 한다는 인식이 고조되었다. 같은 시기 노동세력이 성장하고 노동조합 운동이 힘을 키워간 것도 이런 변화에 한몫을 하였다. 직장에서 발생하는 사고와 질병이 개인적 관심에서 공적 관심으로 이전한 때가 바로 19세기 후반이었다.

1.4.2 영국의 산업혁명 시기의 대표적인 재해 업종

산업혁명의 중심적 시기 또는 그 전후 시기에 산업혁명과 관련을 맺으면서 성장한 논쟁의 주요 대상 업종은 첫째 업종은 굴뚝청소업(chimney sweeping)이다.

굴뚝청소업은 산업혁명의 중심을 이룬 생산직이 아니었지만, 석탄을 많이 접하는 직업이라는 점, 도시화의 진전과 관련성이 크다는 점, 그리고 당시 사람들이 사회적 문제로 자주 언급하였다는 점에서 우리의 관심 대상이 된다. 또한 굴뚝청소업은 사회의 최하층에 속하는 아동들이 담당을 하였기 때문에, 작업장의 노동환경만이 아니라 열악한 주거환경과 부족한 영양 섭취도 부정적인 요인으로 작용하였다. 산업재해가 단순히 작업장 환경의 문제가 아니라 생활양식과도 밀접하게 관련된 문제라는 점을 이 업종은 여실히 보여준다,

둘째 업종은 직물공업 (textile industry)이다, 전통적 직물공업인 모직공업, 마직공업, 견직공업 등은 산업혁명을 거치면서 새로 등장한 면직공업에 우위를 내주었다, 면직공업은 대량생산에 용이할 뿐만 아니라, 기계화와 공장체제에도 잘 맞아 빠른 속도로 성장을 하였다. 면직공업에서 나타난 많은 혁신은 면직물을 산업혁명의 대표 상품으로 만들었을 뿐만 아니라, 다른 직물들에게도 대체재로서 큰 영향을 끼쳤다. 면직공업은 또한 여러 공정에서 여성노동과 아동노동을 많이 고용하였다. 따라서 면직공장이 낯선 기계가 가득 찬 장소, 여성과 아동이 저임금과 장시간 노동으로 시달린 장소, 고용주의 냉혹한 이윤 추구가 민낯으로 드러난 장소로 동시대인들에게 각인된 것은 당연하였다. 19세기를 통해 여러 차례 '공장법(Factory Act)' 제정과 개정을 거치면서 노동시간과 노동환경의 개선, 작업장 사고의 방지 등에 성과가 나타난 점을 볼 때, 직물공업 특히 면직공업은 산업재해 연구의 좋은 대상이 된다.

셋째 업종은 탄광업(Coal Mining)이다. 산업혁명의 가장 중요한 기술적 기반은 석탄을 이용한 증기기관의 개발이었다. 산업혁명 시기에 에너지 수요가 크게 증가하면서, 탄광업에 대한 수요도 함께 증가하였다. 초기에는 노천광에서 채탄이 이루어졌지만, 시간이 흐르면서 광산의 규모가 커졌고, 갱도는 깊고 복잡해졌다. 그에 따라 몸집이 작은 아동노동이 점점 더 많이 고용되었고, 갱내에 석탄 운반을 위한 설비들이 들어섰고, 다수의 광부가 동시에 작업을 하는 경우가 증가하였다. 이런 변화들은 모두 산업재해의 위험성을 높이는 결과를 낳았다. 또한 채탄 작업에서 발생하는 분진을 오래 호흡한 광부들은 장기간에 걸쳐 각종 호흡기질환과 암으로 시달려야 하였다. 직업병이 가장 본격적으로 드러난 업종이 바로 탄광업이었다.

마지막으로 철도(railroad)산업이다. 철도를 건설하고 운영하는 데에는 엄청난 규모의 인력과 장비가 필요하였고 매일 수많은 승객과화물이 철도를 이용하였기 때문에 철도는 산업혁명 시대 교통혁명의 꽃이라고 불릴 수 있었다. 육중한 무게와 빠른 속도가 지배하는 작업현장은 산업재해, 특히 대규모의 참사가 발생하기에 좋은 상황을 조성하였다. 또한 다수의 인력이 상호 연관된 작업에 투입되기 때문에, 전체적으로 통제가 조화를 이루지 못할 경우에 사고로 이어지는 경향이 강하였다. 19세기를 통해 빈번하게 발생한 철도사고는 철도노동자뿐만 아니라 승객들도 희생시켰기 때문에 여론의 관심도 매우 컸다. 이런 면에서 철도사고는 산업재해 연구의 주요 대상이 된다.

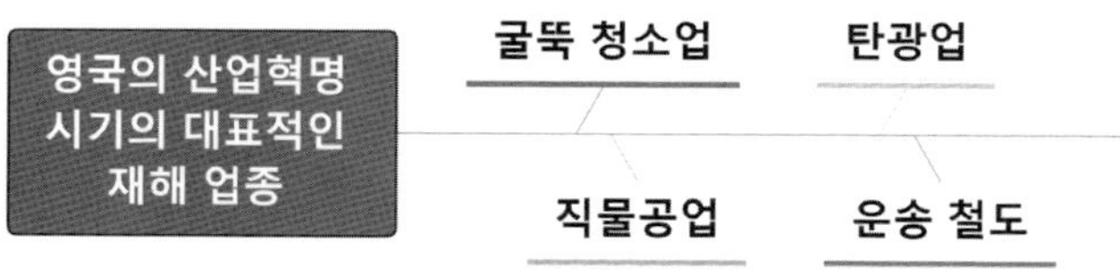

2. 산업안전보건법상 안전교육

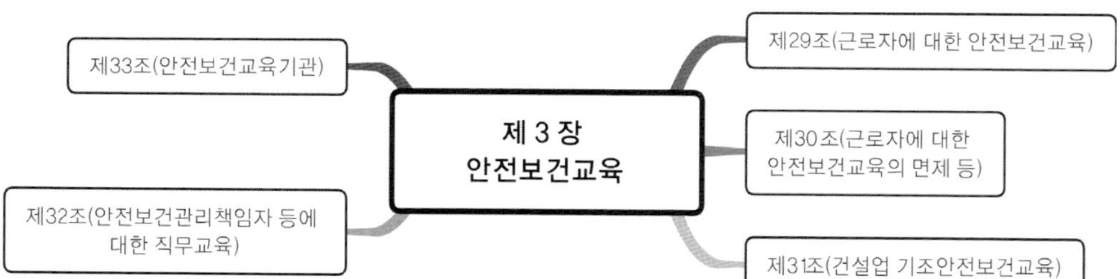

[그림 2-1] 산업안전보건법령상 제3장 안전보건교육

산업안전보건교육은 1981년 산업안전보건법 제정에 따라 의무적으로 실시하게 되었으며, 교육대상은 관련 법 개정에 따라 일부 변화가 있어왔다. 특히 안전 및 보건관리 대행기관 종사자는 2007년에 교육대상에서 제외되었으나, 2016년 안전 및 보건관리전문기관이 다시 교육대상에 포함되었으며, 안전보건관리담당자, 석면조사기관 종사자도 교육대상에 포함되었다.

1981년 산업안전보건법이 제정됨에 따라 산업 재해율을 낮추는 등 산업현장의 안전보건문화 정착을 위한 노력이 이루어지고 있다. 산업안전보건법은 안전보건에 관한 사업주와 근로자의 직·간접적인 의무를 규정하고 있으며, 법 제정 당시 근로자 및 관리책임자 등에 대한 안전보건교육을 사업주의 의무로 규정하는 등 안전보건교육에 관한 기반을 마련하였다.

1997년 기업규제완화특별조치법에 따라 산업안전보건법상 안전보건교육에 대한 의무규정이 완화되었으나, 사업주의 안전·보건에 대한 관심 저하, 재해율 상승 등 부작용이 나타남에 따라, 2007년 기업규제완화특별조치법의 개정으로 다시 관리책임자 등에 대한 안전보건교육이 의무화되어 안전보건문화 정착에 지속적인 기여를 하고 있다.

특히, 산업안전보건법의 안전보건교육 대상자는 법 개정에 따라 지속적으로 변화되어 왔으며, 2016년 산업안전보건법 개정으로 직무교육 대상자가 확대되었다. 기존 산업안전보건법에서는 관리책임자, 안전관리자, 보건관리자 및 재해예방전문지도기관 종사자 등을 직무교육 대상자로 하고 있었으나 법 개정에 따라 안전보건관리담당자, 안전관리전문기관 종사자, 보건관리전문기관 종사자, 석면조사기관 종사자 등으로 직무교육 대상자가 확대되었다.

한편, 산업안전보건교육은 고용노동부에서 정한 등록여건에 따라 등록된 교육기관에서 교육운영을 담당하고 있으며, 이 중 산업안전보건교육원은 산업현장의 안전 및 보건관계자에게 산업안전보건에 관한 지식과 기술보급 및 실용적 사례교육과 실험실습교육을 통한 직무능력을 배양하는 교육을 실시하는 기관으로 산업재해율 감소에 기여하여 왔다.

산업안전보건교육원은 2017년 직무교육, 양성교육, 전문화교육 이러닝교육 등 운영을 통해 전체 149,469명의 산업 안전 및 보건관리 관계자들의 역량향상을 도모하고 있다. 산업안전보건교육원은 다른 교육기관과 차별적으로 법정 직무교육 외에도 안전 및 보건관리 관계자들을 대상으로 다양한 전문화교육을 운영하고 있는데, 2017년 전체 88개의 교육과정 중에서 74개의 교육과정이 안전관리, 안전공학, 건설안전, 산업보건 등 전문화분야로 개설 운영되고 있는 상황이다.

즉 산업안전보건교육원은 법정 직무교육(보수 및 신규)을 중심으로 운영되는 다른 기타 직무교육기관과 비교하여 안전 및 보건관리 관계자의 직무역량 향상을 위해 직무교육 이외에도 차별적인 교육과정을 개발・운영하는 기관으로 산업안전보건분야의 전문 교육기관이라고 볼 수 있다.[1]

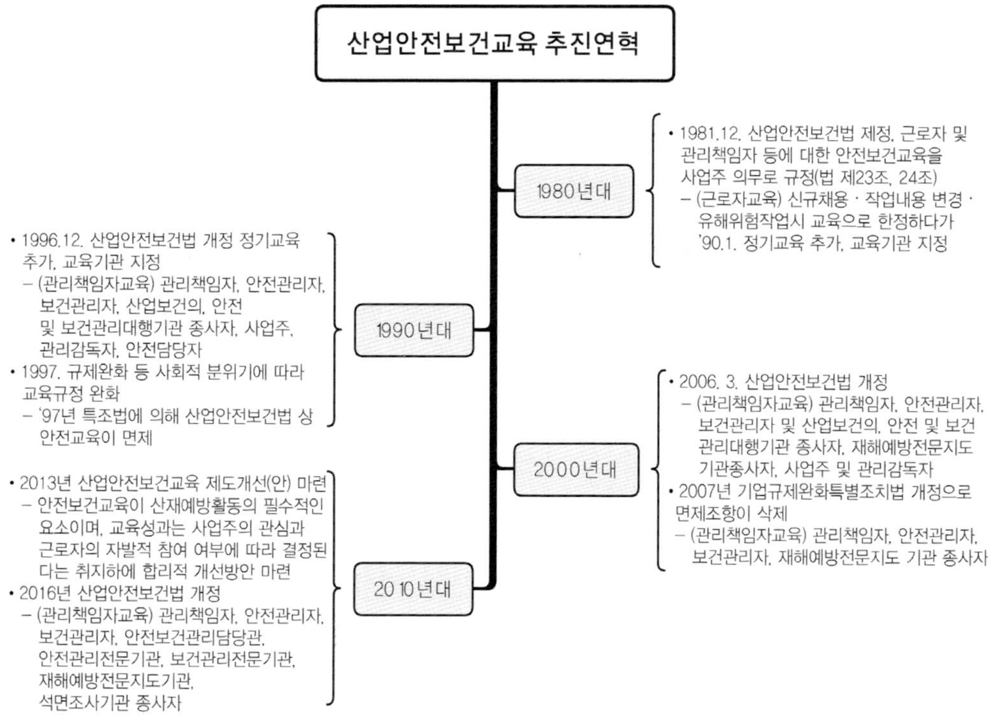

[그림 2-2] 산업안전보건교육 추진연혁

근로기준법에서도 근로자의 안전보건 강화를 위해 안전보건교육을 규정하고 있다. 그러나 산업안전보건법 제정됨에 따라 근로자 안전과 보건에 관하여서는 "산업안전보건법"이 정하는 바에 의한다고 규정하고 있으며 근로자 안전보건교육에 대한 사항은 법 제29조~제33조에 서술되어 있으며, 법령은 아래와 같다.

---

1) 우용하(2018), 산업안전보건교육의 교육효과 및 교육만족도 분석에 관한 연구, 석사학위논문, 울산대학원, 3면~4면.

2.1 안전보건교육

산업안전보건법에서는 사업주가 신규채용자, 유해·위험업무종사자 등에게 미리 필요한 안전보건교육을 실시할 것을 의무화하고 있지만, 사업주는 법정교육 뿐만 아니라 사업장의 구체적인 수요를 기초로 추가적인 안전보건교육을 계획적이고 효과적으로 실시할 필요가 있다.

한편, 안전장치의 설치, 배치의 변경 등 기계·설비의 안전화로 어느 정도의 불안전상태는 제거할 수 있지만, 비정상작업 시의 불안전한 동작, 순식간의 잘못된 판단·행동 등을 방지하기 위해서는 안전보건교육의 역할이 중요하다고 말하지 않을 수 없다. 예를 들면, 가동 중의 기계가 멈추어 수리를 위하여 기계 속에 손을 넣었을 때에 기계가 갑자기 작동하는 바람에 손이 끼이는 사고가 종종 발생하고 있는바, 이러한 사고를 방지하기 위해서는 사전에 안전보건교육을 실시하는 것 또한 반드시 필요하다.

직장에서 일하는 사람은 성별, 연령, 경험 등이 다양하고, 일이 요구하는 능력과 일하는 사람의 능력의 차이에 의해 재해가 발생하고 있는 것을 생각하면, 그 다양성과 차이를 감안한 안전보건교육은 중요하다고 할 수 있다.[2)]

근로자가 작업장의 유해·위험요인 등 안전보건에 관한 지식을 습득하고, 이에 적절히 대응할 수 있는 능력을 배양케 하여 근로자 스스로 산업재해를 사전에 예방토록 하기 위해 근로자에 대한 각종 안전·보건교육 의무를 부여하고 있다. 사업주가 근로자에게 실시하여야 하는 안전보건교육의 교육시간은 〈표 2-1〉, 교육내용은 〈표 2-2〉와 같다.

2) 정진우, "안전관리론", 청문각, 2020, 154면.

〈표 2-2〉 안전보건교육 시간

구분	교육대상	교육시간	교육내용
정기교육	사무직 및 판매업무 근로자	매분기 3시간 이상	• 산업안전보건법 및 일반관리에 관한 사항 • 산업안전 및 사고 예방에 관한 사항 등
	사무직 및 판매업무 외 근로자 외	매분기 6시간 이상	
	관리감독자	연간 16시간 이상	• 산업안전보건법 및 일반관리에 관한 사항 • 관리감독자의 역할과 임무에 관한 사항 등 교육
채용 시의 교육	일용근로자	1시간 이상	• 기계 · 기구의 위험성과 작업의 순서 및 동선에 관한 사항 • 작업 개시 전 점검에 관한 사항 • 산업보건 및 직업병 예방에 관한 사항 • 산업안전보건법 및 일반관리에 관한 사항 등 교육
	일용근로자 외	8시간 이상	
작업내용 변경교육	일용근로자	1시간 이상	
	일용근로자 외	2시간 이상	
특별교육*	일용근로자 [타워크레인 신호작업 근로자 제외]	2시간 이상	• 공통내용(산업안전보건법 및 일반관리에 관한 사항) • 개별내용(유해 · 위험 작업별 개별교육 등에 관한 교육)
	일용근로자 [타워크레인 신호작업 종사자]	8시간 이상	
	일용근로자 외	16시간 이상** (2시간 이상***)	

* 특별교육 대상인 경우에는 상시 근로자 수에 관계없이 교육을 실시

** 최초 작업에 종사하기 전 4시간 이상 실시하고 12시간은 3개월 이내에서 분할하여 실시 가능

*** 단기간 작업 또는 간헐적 작업인 경우에는 2시간 이상 실시

※ 상시근로자 50인 미만의 도매업과 숙박 및 음식점업은 위 표의 교육과정별 교육시간의 2분의 1 이상 실시하여야 함

〈표 2-3〉 안전보건교육 내용

교육과정	교육시간	교육내용
가. 최초 노무 제공 시 교육	2시간 이상 (단기간 작업 또는 간헐적 작업에 노무를 제공하는 경우에는 1시간 이상 실시하고, 특별교육을 실시한 경우는 면제)	• 교통안전 및 운전안전에 관한 사항 • 보호구 착용에 대한 사항 • 산업안전 및 사고 예방에 관한 사항 • 산업보건, 건강증진 및 질병 예방에 관한 사항 • 유해·위험 작업환경 관리에 관한 사항 • 기계·기구의 위험성과 작업의 순서 및 동선에 관한 사항 • 작업 개시 전 점검에 관한 사항 • 정리정돈 및 청소에 관한 사항 • 사고 발생 시 긴급조치에 관한 사항 • 물질안전보건자료에 관한 사항 • 직무스트레스 예방 및 관리에 관한 사항 • 산업안전보건법 및 산업재해보상보험 제도에 관한 사항
나. 특별교육	16시간 이상 (최초 작업에 종사하기 전 4시간 이상 실시하고 12시간은 3개월 이내에서 분할하여 실시 가능) 단기간 작업 또는 간헐적 작업인 경우에는 2시간 이상	• 공통내용(산업안전보건법 및 일반관리에 관한 사항) • 개별내용(유해·위험 작업별 개별교육 등에 관한 교육)

* 특수형태 근로종사자 중 안전보건교육 실시 대상: 건설기계 운전사, 골프장 캐디, 택배기사, 퀵서비스 기사, 대리운전기사

안전·보건교육에는 사업주가 해당 사업장의 근로자에 대해 정기적으로 실시하는 정기교육, 근로자를 신규 채용할 때(건설 일용근로자는 제외), 작업내용을 변경할 때, 유해·위험작업에 근로자를 종사하게 할 때 업무와 관계되는 내용으로 실시하는 채용 시 교육, 작업내용 변경교육 및 특별교육이 있다.

1. 상시근로자 50명 미만의 도매업과 숙박 및 음식점업은 위 표의 가목부터 라목까지의 규정에도 불구하고 해당 교육과정별 교육시간의 2분의 1 이상을 실시해야 한다.
2. 근로자(관리감독자의 지위에 있는 사람은 제외한다)가 「화학물질관리법 시행규칙」 제37조 제4항에 따른 유해화학물질 안전교육을 받은 경우에는 그 시간만큼 가목에 따른 해당 분기의 정기교육을 받은 것으로 본다.

3. 방사선작업종사자가 「원자력안전법 시행령」 제148조 제1항에 따라 방사선작업종사자 정기교육을 받은 때에는 그 해당시간 만큼 가목에 따른 해당 분기의 정기교육을 받은 것으로 본다.
4. 방사선 업무에 관계되는 작업에 종사하는 근로자가 「원자력안전법 시행령」 제148조 제1항에 따라 방사선작업종사자 신규교육 중 직장교육을 받은 때에는 그 시간만큼 라목 중 [별표5] 제1호 라목 33에 따른 해당 근로자에 대한 특별교육을 받은 것으로 본다.

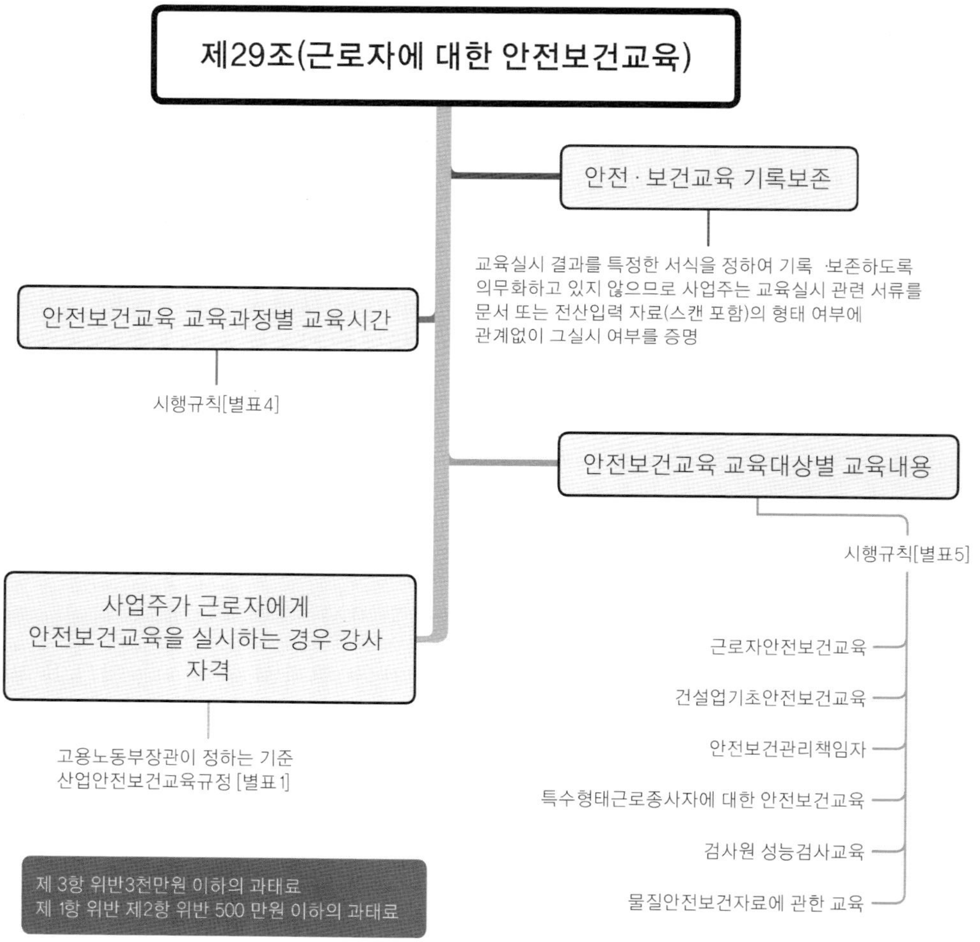

[그림 2-3] 제29조 근로자에 대한 안전보건교육

〈표 2-4〉 안전보건교육 교육대상별 교육내용

안전보건교육 교육대상별 교육내용(제26조 제1항 등 관련)

1. 근로자 안전보건교육(제26조 제1항 관련)

가. 근로자 정기교육

교육내용
• 산업안전 및 사고 예방에 관한 사항 • 산업보건 및 직업병 예방에 관한 사항 • 건강증진 및 질병 예방에 관한 사항 • 유해·위험 작업환경 관리에 관한 사항 • 산업안전보건법령 및 산업재해보상보험 제도에 관한 사항 • 직무스트레스 예방 및 관리에 관한 사항 • 직장 내 괴롭힘, 고객의 폭언 등으로 인한 건강장해 예방 및 관리에 관한 사항

나. 관리감독자 정기교육

교육내용
• 산업안전 및 사고 예방에 관한 사항 • 산업보건 및 직업병 예방에 관한 사항 • 유해·위험 작업환경 관리에 관한 사항 • 산업안전보건법령 및 산업재해보상보험 제도에 관한 사항 • 직무스트레스 예방 및 관리에 관한 사항 • 직장 내 괴롭힘, 고객의 폭언 등으로 인한 건강장해 예방 및 관리에 관한 사항 • 작업공정의 유해·위험과 재해 예방대책에 관한 사항 • 표준안전 작업방법 및 지도 요령에 관한 사항 • 관리감독자의 역할과 임무에 관한 사항 • 안전보건교육 능력 배양에 관한 사항 – 현장근로자와의 의사소통능력 향상, 강의능력 향상 및 그 밖에 안전보건교육 능력 배양 등에 관한 사항. 이 경우 안전보건교육 능력 배양 교육은 별표 4에 따라 관리감독자가 받아야 하는 전체 교육시간의 3분의 1 범위에서 할 수 있다.

다. 채용 시 교육 및 작업내용 변경 시 교육

교육내용
• 산업안전 및 사고 예방에 관한 사항 • 산업보건 및 직업병 예방에 관한 사항 • 산업안전보건법령 및 산업재해보상보험 제도에 관한 사항 • 직무스트레스 예방 및 관리에 관한 사항 • 직장 내 괴롭힘, 고객의 폭언 등으로 인한 건강장해 예방 및 관리에 관한 사항 • 기계·기구의 위험성과 작업의 순서 및 동선에 관한 사항 • 작업 개시 전 점검에 관한 사항 • 정리정돈 및 청소에 관한 사항 • 사고 발생 시 긴급조치에 관한 사항 • 물질안전보건자료에 관한 사항

라. 특별교육 대상 작업별 교육

작업명	교육내용
〈공통내용〉 제1호부터 제40호까지의 작업	다목과 같은 내용
〈개별내용〉 1. 고압실 내 작업(잠함공법이나 그 밖의 압기공법으로 대기압을 넘는 기압인 작업실 또는 수갱 내부에서 하는 작업만 해당한다)	• 고기압 장해의 인체에 미치는 영향에 관한 사항 • 작업의 시간·작업 방법 및 절차에 관한 사항 • 압기공법에 관한 기초지식 및 보호구 착용에 관한 사항 • 이상 발생 시 응급조치에 관한 사항 • 그 밖에 안전·보건관리에 필요한 사항
2. 아세틸렌 용접장치 또는 가스집합 용접장치를 사용하는 금속의 용접·용단 또는 가열작업(발생기·도관 등에 의하여 구성되는 용접장치만 해당한다)	• 용접 흄, 분진 및 유해광선 등의 유해성에 관한 사항 • 가스용접기, 압력조정기, 호스 및 취관두(불꽃이 나오는 용접기의 앞부분) 등의 기기점검에 관한 사항 • 작업방법·순서 및 응급처치에 관한 사항 • 안전기 및 보호구 취급에 관한 사항 • 화재예방 및 초기대응에 관한 사항 • 그 밖에 안전·보건관리에 필요한 사항
3. 밀폐된 장소(탱크 내 또는 환기가 극히 불량한 좁은 장소를 말한다)에서 하는 용접작업 또는 습한 장소에서 하는 전기용접 작업	• 작업순서, 안전작업방법 및 수칙에 관한 사항 • 환기설비에 관한 사항 • 전격 방지 및 보호구 착용에 관한 사항 • 질식 시 응급조치에 관한 사항 • 작업환경 점검에 관한 사항 • 그 밖에 안전·보건관리에 필요한 사항
4. 폭발성·물반응성·자기반응성·자기발열성 물질, 자연발화성 액체·고체 및 인화성 액체의 제조 또는 취급작업(시험연구를 위한 취급작업은 제외한다)	• 폭발성·물반응성·자기반응성·자기발열성 물질, 자연발화성 액체·고체 및 인화성 액체의 성질이나 상태에 관한 사항 • 폭발 한계점, 발화점 및 인화점 등에 관한 사항 • 취급방법 및 안전수칙에 관한 사항 • 이상 발견 시의 응급처치 및 대피 요령에 관한 사항 • 화기·정전기·충격 및 자연발화 등의 위험방지에 관한 사항 • 작업순서, 취급주의사항 및 방호거리 등에 관한 사항 • 그 밖에 안전·보건관리에 필요한 사항
5. 액화석유가스·수소가스 등 인화성 가스 또는 폭발성 물질 중 가스의 발생장치 취급 작업	• 취급가스의 상태 및 성질에 관한 사항 • 발생장치 등의 위험 방지에 관한 사항 • 고압가스 저장설비 및 안전취급방법에 관한 사항 • 설비 및 기구의 점검 요령 • 그 밖에 안전·보건관리에 필요한 사항
6. 화학설비 중 반응기, 교반기·추출기의 사용 및 세척작업	• 각 계측장치의 취급 및 주의에 관한 사항 • 투시창·수위 및 유량계 등의 점검 및 밸브의 조작주의에 관한 사항 • 세척액의 유해성 및 인체에 미치는 영향에 관한 사항 • 작업 절차에 관한 사항 • 그 밖에 안전·보건관리에 필요한 사항

7. 화학설비의 탱크 내 작업	• 차단장치 · 정지장치 및 밸브 개폐장치의 점검에 관한 사항 • 탱크 내의 산소농도 측정 및 작업환경에 관한 사항 • 안전보호구 및 이상 발생 시 응급조치에 관한 사항 • 작업절차 · 방법 및 유해 · 위험에 관한 사항 • 그 밖에 안전 · 보건관리에 필요한 사항
8. 분말 · 원재료 등을 담은 호퍼(하부가 깔때기 모양으로 된 저장통) · 저장창고 등 저장탱크의 내부작업	• 분말 · 원재료의 인체에 미치는 영향에 관한 사항 • 저장탱크 내부작업 및 복장보호구 착용에 관한 사항 • 작업의 지정 · 방법 · 순서 및 작업환경 점검에 관한 사항 • 팬 · 풍기(風旗) 조작 및 취급에 관한 사항 • 분진 폭발에 관한 사항 • 그 밖에 안전 · 보건관리에 필요한 사항
9. 다음 각 목에 정하는 설비에 의한 물건의 가열 · 건조작업 가. 건조설비 중 위험물 등에 관계되는 설비로 속부피가 1세제곱미터 이상인 것 나. 건조설비 중 가목의 위험물 등 외의 물질데 관계되는 설비로서, 연료를 열원으로 사용하는 것(그 최대연소소비량이 매 시간당 10킬로그램 이상인 것만 해당한다) 또는 전력을 열원으로 사용하는 것(정격소비전력이 10킬로와트 이상인 경우만 해당한다)	• 건조설비 내외면 및 기기기능의 점검에 관한 사항 • 복장보호구 착용에 관한 사항 • 건조 시 유해가스 및 고열 등이 인체에 미치는 영향에 관한 사항 • 건조설비에 의한 화재 · 폭발 예방에 관한 사항
10. 다음 각 목에 해당하는 집재장치(집재기 · 가선 · 운반기구 · 지주 및 이들에 부속하는 물건으로 구성되고, 동력을 사용하여 원목 또는 장작과 숯을 담아 올리거나 공중에서 운반하는 설비를 말한다)의 조립, 해체, 변경 또는 수리작업 및 이들 설비에 의한 집재 또는 운반 작업 가. 원동기의 정격출력이 7.5킬로와트를 넘는 것 나. 지간의 경사거리 합계가 350미터 이상인 것 다. 최대사용하중이 200킬로그램 이상인 것	• 기계의 브레이크 비상정지장치 및 운반경로, 각종 기능 점검에 관한 사항 • 작업 시작 전 준비사항 및 작업방법에 관한 사항 • 취급물의 유해 · 위험에 관한 사항 • 구조상의 이상 시 응급처치에 관한 사항 • 그 밖에 안전 · 보건관리에 필요한 사항
11. 동력에 의하여 작동되는 프레스기계를 5대 이상 보유한 사업장에서 해당 기계로 하는 작업	• 프레스의 특성과 위험성에 관한 사항 • 방호장치 종류와 취급에 관한 사항 • 안전작업방법에 관한 사항

	• 프레스 안전기준에 관한 사항 • 그 밖에 안전・보건관리에 필요한 사항
12. 목재가공용 기계[둥근톱기계, 띠톱기계, 대패기계, 모떼기기계 및 라우터기(목재를 자르거나 홈을 파는 기계)만 해당하며, 휴대용은 제외한다]를 5대 이상 보유한 사업장에서 해당 기계로 하는 작업	• 목재가공용 기계의 특성과 위험성에 관한 사항 • 방호장치의 종류와 구조 및 취급에 관한 사항 • 안전기준에 관한 사항 • 안전작업방법 및 목재 취급에 관한 사항 • 그 밖에 안전・보건관리에 필요한 사항
13. 운반용 등 하역기계를 5대 이상 보유한 사업장에서의 해당 기계로 하는 작업	• 운반하역기계 및 부속설비의 점검에 관한 사항 • 작업순서와 방법에 관한 사항 • 안전운전방법에 관한 사항 • 화물의 취급 및 작업신호에 관한 사항 • 그 밖에 안전・보건관리에 필요한 사항
14. 1톤 이상의 크레인을 사용하는 작업 또는 1톤 미만의 크레인 또는 호이스트를 5대 이상 보유한 사업장에서 해당 기계로 하는 작업(제40호의 작업은 제외한다)	• 방호장치의 종류, 기능 및 취급에 관한 사항 • 걸고리・와이어로프 및 비상정지장치 등의 기계・기구 점검에 관한 사항 • 화물의 취급 및 안전작업방법에 관한 사항 • 신호방법 및 공동작업에 관한 사항 • 인양 물건의 위험성 및 낙하・비래(飛來)・충돌재해 예방에 관한 사항 • 인양물이 적재될 지반의 조건, 인양하중, 풍압 등이 인양물과 타워크레인에 미치는 영향 • 그 밖에 안전・보건관리에 필요한 사항
15. 건설용 리프트・곤돌라를 이용한 작업	• 방호장치의 기능 및 사용에 관한 사항 • 기계, 기구, 달기체인 및 와이어 등의 점검에 관한 사항 • 화물의 권상・권하 작업방법 및 안전작업 지도에 관한 사항 • 기계・기구의 특성 및 동작원리에 관한 사항 • 신호방법 및 공동작업에 관한 사항 • 그 밖에 안전・보건관리에 필요한 사항
16. 주물 및 단조(금속을 두들기거나 눌러서 형체를 만드는 일) 작업	• 고열물의 재료 및 작업환경에 관한 사항 • 출탕・주조 및 고열물의 취급과 안전작업방법에 관한 사항 • 고열작업의 유해・위험 및 보호구 착용에 관한 사항 • 안전기준 및 중량물 취급에 관한 사항 • 그 밖에 안전・보건관리에 필요한 사항
17. 전압이 75볼트 이상인 정전 및 활선작업	• 전기의 위험성 및 전격 방지에 관한 사항 • 해당 설비의 보수 및 점검에 관한 사항 • 정전작업・활선작업 시의 안전작업방법 및 순서에 관한 사항 • 절연용 보호구, 절연용 보호구 및 활선작업용 기구 등의 사용에 관한 사항 • 그 밖에 안전・보건관리에 필요한 사항

18. 콘크리트 파쇄기를 사용하여 하는 파쇄작업(2미터 이상인 구축물의 파쇄작업만 해당한다)	• 콘크리트 해체 요령과 방호거리에 관한 사항 • 작업안전조치 및 안전기준에 관한 사항 • 파쇄기의 조작 및 공통작업 신호에 관한 사항 • 보호구 및 방호장비 등에 관한 사항 • 그 밖에 안전·보건관리에 필요한 사항
19. 굴착면의 높이가 2미터 이상이 되는 지반 굴착(터널 및 수직갱 외의 갱 굴착은 제외한다)작업	• 지반의 형태·구조 및 굴착 요령에 관한 사항 • 지반의 붕괴재해 예방에 관한 사항 • 붕괴 방지용 구조물 설치 및 작업방법에 관한 사항 • 보호구의 종류 및 사용에 관한 사항 • 그 밖에 안전·보건관리에 필요한 사항
20. 흙막이 지보공의 보강 또는 동바리를 설치하거나 해체하는 작업	• 작업안전 점검 요령과 방법에 관한 사항 • 동바리의 운반·취급 및 설치 시 안전작업에 관한 사항 • 해체작업 순서와 안전기준에 관한 사항 • 보호구 취급 및 사용에 관한 사항 • 그 밖에 안전·보건관리에 필요한 사항
21. 터널 안에서의 굴착작업(굴착용 기계를 사용하여야 하는 굴착작업 중 근로자가 칼날 밑에 접근하지 않고 하는 작업은 제외한다) 또는 같은 작업에서의 터널 거푸집 지보공의 조립 또는 콘크리트 작업	• 작업환경의 점검 요령과 방법에 관한 사항 • 붕괴 방지용 구조물 설치 및 안전작업 방법에 관한 사항 • 재료의 운반 및 취급·설치의 안전기준에 관한 사항 • 보호구의 종류 및 사용에 관한 사항 • 소화설비의 설치장소 및 사용방법에 관한 사항 • 그 밖에 안전·보건관리에 필요한 사항
22. 굴착면의 높이가 2미터 이상이 되는 암석의 굴착작업	• 폭발물 취급 요령과 대피 요령에 관한 사항 • 안전거리 및 안전기준에 관한 사항 • 방호물의 설치 및 기준에 관한 사항 • 보호구 및 신호방법 등에 관한 사항 • 그 밖에 안전·보건관리에 필요한 사항
23. 높이가 2미터 이상인 물건을 쌓거나 무너뜨리는 작업(하역기계로만 하는 작업은 제외한다)	• 원부재료의 취급 방법 및 요령에 관한 사항 • 물건의 위험성·낙하 및 붕괴재해 예방에 관한 사항 • 적재방법 및 전도 방지에 관한 사항 • 보호구 착용에 관한 사항 • 그 밖에 안전·보건관리에 필요한 사항
24. 선박에 짐을 쌓거나 부리거나 이동시키는 작업	• 하역 기계·기구의 운전방법에 관한 사항 • 운반·이송경로의 안전작업방법 및 기준에 관한 사항 • 중량물 취급 요령과 신호 요령에 관한 사항 • 작업안전 점검과 보호구 취급에 관한 사항 • 그 밖에 안전·보건관리에 필요한 사항
25. 거푸집 동바리의 조립 또는 해체작업	• 동바리의 조립방법 및 작업 절차에 관한 사항 • 조립재료의 취급방법 및 설치기준에 관한 사항 • 조립 해체 시의 사고 예방에 관한 사항 • 보호구 착용 및 점검에 관한 사항 • 그 밖에 안전·보건관리에 필요한 사항

26. 비계의 조립・해체 또는 변경작업	• 비계의 조립순서 및 방법에 관한 사항 • 비계작업의 재료 취급 및 설치에 관한 사항 • 추락재해 방지에 관한 사항 • 보호구 착용에 관한 사항 • 비계상부 작업 시 최대 적재하중에 관한 사항 • 그 밖에 안전・보건관리에 필요한 사항
27. 건축물의 골조, 다리의 상부구조 또는 탑의 금속제의 부재로 구성되는 것(5미터 이상인 것만 해당한다)의 조립・ 해체 또는 변경작업	• 건립 및 버팀대의 설치순서에 관한 사항 • 조립 해체 시의 추락재해 및 위험요인에 관한 사항 • 건립용 기계의 조작 및 작업신호방법에 관한 사항 • 안전장비 착용 및 해체순서에 관한 사항 • 그 밖에 안전・보건관리에 필요한 사항
28. 처마 높이가 5미터 이상인 목조건축물의 구조 부재의 조립이나 건축물의 지붕 또는 외벽 밑에서의 설치작업	• 붕괴・추락 및 재해 방지에 관한 사항 • 부재의 강도・재질 및 특성에 관한 사항 • 조립・설치 순서 및 안전작업방법에 관한 사항 • 보호구 착용 및 작업 점검에 관한 사항 • 그 밖에 안전・보건관리에 필요한 사항
29. 콘크리트 인공구조물(그 높이가 2미터 이상인 것만 해당한다)의 해체 또는 파괴작업	• 콘크리트 해체기계의 점점에 관한 사항 • 파괴 시의 안전거리 및 대피 요령에 관한 사항 • 작업방법・순서 및 신호방법 등에 관한 사항 • 해체・파괴 시의 작업안전기준 및 보호구에 관한 사항 • 그 밖에 안전・보건관리에 필요한 사항
30. 타워크레인을 설치(상승작업을 포함한다)・해체하는 작업	• 붕괴・추락 및 재해 방지에 관한 사항 • 설치・해체 순서 및 안전작업방법에 관한 사항 • 부재의 구조・재질 및 특성에 관한 사항 • 신호방법 및 요령에 관한 사항 • 이상 발생 시 응급조치에 관한 사항 • 그 밖에 안전・보건관리에 필요한 사항
31. 보일러(소형 보일러 및 다음 각 목에서 정하는 보일러는 제외한다)의 설치 및 취급 작업 가. 몸통 반지름이 750밀리미터 이하이고 그 길이가 1,300밀리미터 이하인 증기보일러 나. 전열면적이 3제곱미터 이하인 증기보일러 다. 전열면적이 14제곱미터 이하인 온수보일러 라. 전열면적이 30제곱미터 이하인 관류보일러(물관을 사용하여 가열시키는 방식의 보일러)	• 기계 및 기기 점화장치 계측기의 점검에 관한 사항 • 열관리 및 방호장치에 관한 사항 • 작업순서 및 방법에 관한 사항 • 그 밖에 안전・보건관리에 필요한 사항
32. 게이지 압력을 제곱센티미터당 1킬로그램 이상으로 사용하는 압력용기의 설치 및 취급작업	• 안전시설 및 안전기준에 관한 사항 • 압력용기의 위험성에 관한 사항 • 용기 취급 및 설치기준에 관한 사항

	• 작업안전 점검방법 및 요령에 관한 사항 • 그 밖에 안전·보건관리에 필요한 사항
33. 방사선 업무에 관계되는 작업(의료 및 실험용은 제외한다)	• 방사선의 유해·위험 및 인체에 미치는 영향 • 방사선 측정기기 기능의 점검에 관한 사항 • 방호거리·방호벽 및 방사선물질의 취급 요령에 관한 사항 • 응급처치 및 보호구 착용에 관한 사항 • 그 밖에 안전·보건관리에 필요한 사항
34. 맨홀작업	• 장비·설비 및 시설 등의 안전점검에 관한 사항 • 산소농도 측정 및 작업환경에 관한 사항 • 작업내용·안전작업방법 및 절차에 관한 사항 • 보호구 착용 및 보호 장비 사용에 관한 사항 • 그 밖에 안전·보건관리에 필요한 사항
35. 밀폐공간에서의 작업	• 산소농도 측정 및 작업환경에 관한 사항 • 사고 시의 응급처치 및 비상시 구출에 관한 사항 • 보호구 착용 및 사용방법에 관한 사항 • 밀폐공간작업의 안전작업방법에 관한 사항 • 그 밖에 안전·보건관리에 필요한 사항
36. 허가 및 관리 다상 유해물질의 제조 또는 취급작업	• 취급물질의 성질 및 상태에 관한 사항 • 유해물질이 인체에 미치는 영향 • 국소배기장치 및 안전설비에 관한 사항 • 안전작업방법 및 보호구 사용에 관한 사항 • 그 밖에 안전·보건관리에 필요한 사항
37. 로봇작업	• 로봇의 기본원리·구조 및 작업방법에 관한 사항 • 이상 발생 시 응급조치에 관한 사항 • 안전시설 및 안전기준에 관한 사항 • 조작방법 및 작업순서에 관한 사항
38. 석면해체·제거작업	• 석면의 특성과 위험성 • 석면해체·제거의 작업방법에 관한 사항 • 장비 및 보호구 사용에 관한 사항 • 그 밖에 안전·보건관리에 필요한 사항
39. 가연물이 있는 장소에서 하는 화재위험작업	• 작업준비 및 작업절차에 관한 사항 • 작업장 내 위험물, 가연물의 사용·보관·설치 현황에 관한 사항 • 화재위험작업에 따른 인근 인화성 액체에 대한 방호조치에 관한 사항 • 화재위험작업으로 인한 불꽃, 불티 등의 흩날림 방지 조치에 관한 사항 • 인화성 액체의 증기가 남아 있지 않도록 환기 등의 조치에 관한 사항 • 화재감시자의 직무 및 피난교육 등 비상조치에 관한 사항 • 그 밖에 안전·보건관리에 필요한 사항

40. 타워크레인을 사용하는 작업시 신호업무를 하는 작업	• 타워크레인의 기계적 특성 및 방호장치 등에 관한 사항 • 화물의 취급 및 안전작업방법에 관한 사항 • 신호방법 및 요령에 관한 사항 • 인양 물건의 위험성 및 낙하·비래·충돌재해 예방에 관한 사항 • 인양물이 적재될 지반의 조건, 인양하중, 풍압 등이 인양물과 타워크레인에 미치는 영향 • 그 밖에 안전·보건관리에 필요한 사항

2. 건설업 기초안전보건교육에 대한 내용 및 시간(제28조 제1항 관련)

구분	교육내용	시간
공통	산업안전보건법령 주요 내용(건설 일용근로자 관련 부분)	1시간
	안전의식 제고에 관한 사항	
교육대상별	작업별 위험요인과 안전작업 방법(재해사례 및 예방대책)	2시간
	건설 직종별 건강장해 위험요인과 건강관리	1시간

3. 안전보건관리책임자 등에 대한 교육(제29조 제2항 관련)

교육대상	교육내용	
	신규과정	보수과정
가. 안전보건관리책임자	1) 관리책임자의 책임과 직무에 관한 사항 2) 산업안전보건법령 및 안전·보건조치에 관한 사항	1) 산업안전·보건정책에 관한 사항 2) 자율안전·보건관리에 관한 사항
나. 안전관리자 및 안전관리전문기관 종사자	1) 산업안전보건법령에 관한 사항 2) 산업안전보건개론에 관한 사항 3) 인간공학 및 산업심리에 관한 사항 4) 안전보건교육방법에 관한 사항 5) 재해 발생 시 응급처치에 관한 사항 6) 안전점검·평가 및 재해 분석기법에 관한 사항 7) 안전기준 및 개인보호구 등 분야별 재해예방 실무에 관한 사항 8) 산업안전보건관리비 계상 및 사용기준에 관한 사항 9) 작업환경 개선 등 산업위생 분야에 관한 사항 10) 무재해운동 추진기법 및 실무에 관한 사항 11) 위험성 평가에 관한 사항 12) 그 밖에 안전관리자의 직무 향상을 위하여 필요한 사항	1) 산업안전보건법령 및 정책에 관한 사항 2) 안전관리계획 및 안전보건개선계획의 수립·평가·실무에 관한 사항 3) 안전보건교육 및 무재해운동 추진 실무에 관한 사항 4) 산업안전보건관리비 사용기준 및 사용방법에 관한 사항 5) 분야별 재해 사례 및 개선 사례에 관한 연구와 실무에 관한 사항 6) 사업장 안전 개선기법에 관한 사항 7) 위험성 평가에 관한 사항 8) 그 밖에 안전관리자 직무 향상을 위하여 필요한 사항

다. 보건관리자 및 보건관리전문기관 종사자	1) 산업안전보건법령 및 작업환경측정에 관한 사항 2) 산업안전보건개론에 관한 사항 3) 안전보건교육방법에 관한 사항 4) 산업보건관리계획 수립・평가 및 산업역학에 관한 사항 5) 작업환경 및 직업병 예방에 관한 사항 6) 작업환경 개선에 관한 사항(소음・분진・관리대상 유해물질 및 유해광선 등) 7) 산업역학 및 통계에 관한 사항 8) 산업환기에 관한 사항 9) 안전보건관리의 체제・규정 및 보건관리자 역할에 관한 사항 10) 보건관리계획 및 운용에 관한 사항 11) 근로자 건강관리 및 응급처치에 관한 사항 12) 위험성 평가에 관한 사항 13) 그 밖에 보건관리자의 직무 향상을 위하여 필요한 사항	1) 산업안전보건법령, 정책 및 작업환경 관리에 관한 사항 2) 산업보건관리계획 수립・평가 및 안전보건교육 추진 요령에 관한 사항 3) 근로자 건강 증진 및 구급환자 관리에 관한 사항 4) 산업위생 및 산업환기에 관한 사항 5) 직업병 사례 연구에 관한 사항 6) 유해물질별 작업환경 관리에 관한 사항 7) 위험성 평가에 관한 사항 8) 그 밖에 보건관리자 직무 향상을 위하여 필요한 사항
라. 건설재해예방전문지도기관 종사자	1) 산업안전보건법령 및 정책에 관한 사항 2) 분야별 재해사례 연구에 관한 사항 3) 새로운 공법 소개에 관한 사항 4) 사업장 안전관리기법에 관한 사항 5) 위험성 평가의 실시에 관한 사항 6) 그 밖에 직무 향상을 위하여 필요한 사항	1) 산업안전보건법령 및 정책에 관한 사항 2) 분야별 재해사례 연구에 관한 사항 3) 새로운 공법 소개에 관한 사항 4) 사업장 안전관리기법에 관한 사항 5) 위험성 평가의 실시에 관한 사항 6) 그 밖에 직무 향상을 위하여 필요한 사항
마. 석면조사기관 종사자	1) 석면 제품의 종류 및 구별방법에 관한 사항 2) 석면에 의한 건강유해성에 관한 사항 3) 석면 관련 법령 및 제도(법, 석면안전관리법 및 건축법 등)에 관한 사항 4) 법 및 산업안전보건 정책방향에 관한 사항 5) 석면 시료채취 및 분석방법에 관한 사항 6) 보호구 착용방법에 관한 사항 7) 석면조사결과서 및 석면지도 작성 방법에 관한 사항 8) 석면 조사 실습에 관한 사항	1) 석면 관련 법령 및 제도(법, 석면안전관리법 및 건축법 등)에 관한 사항 2) 실내공기오염 관리(또는 작업환경 측정 및 관리)에 관한 사항 3) 산업안전보건 정책방향에 관한 사항 4) 건축물・설비 구조의 이해에 관한 사항 5) 건축물・설비 내 석면함유 자재 사용 및 시공・제거방법에 관한 사항 6) 보호구 선택 및 관리방법에 관한 사항 7) 석면해체・제거작업 및 석면 흩날림 방지 계획 수립 및 평가에 관한 사항

		8) 건축물 석면조사 시 위해도평가 및 석면 지도 작성·관리 실무에 관한 사항 9) 건축 자재의 종류별 석면조사실무에 관한 사항
바. 안전보건관리 담당자		1) 위험성 평가에 관한 사항 2) 안전·보건교육방법에 관한 사항 3) 사업장 순회점검 및 지도에 관한 사항 4) 기계·기구의 적격품 선정에 관한 사항 5) 산업재해 통계의 유지·관리 및 조사에 관한 사항 6) 그 밖에 안전보건관리담당자 직무 향상을 위하여 필요한 사항
사. 안전검사기관 및 자율안전검사기관	1) 산업안전보건법령에 관한 사항 2) 기계, 장비의 주요장치에 관한 사항 3) 측정기기 작동 방법에 관한 사항 4) 공통점검 사항 및 주요 위험요인별 점검내용에 관한 사항 5) 기계, 장비의 주요안전장치에 관한 사항 6) 검사 시 안전보건 유의사항 7) 기계·전기·화공 등 공학적 기초 지식에 관한 사항 8) 검사원의 직무윤리에 관한 사항 9) 그 밖에 종사자의 직무 향상을 위하여 필요한 사항	1) 산업안전보건법령 및 정책에 관한 사항 2) 주요 위험요인별 점검내용에 관한 사항 3) 기계, 장비의 주요장치와 안전장치에 관한 심화과정 4) 검사 시 안전보건 유의 사항 5) 구조해석, 용접, 피로, 파괴, 피해예측, 작업환기, 위험성 평가 등에 관한 사항 6) 검사대상 기계별 재해 사례 및 개선 사례에 관한 연구와 실무에 관한 사항 7) 검사원의 직무윤리에 관한 사항 8) 그 밖에 종사자의 직무 향상을 위하여 필요한 사항

4. 특수형태근로종사자에 대한 안전보건교육(제95조 제1항 관련)

가. 최초 노무제공 시 교육

교육내용
아래의 내용 중 특수형태근로종사자의 직무에 적합한 내용을 교육해야 한다. • 산업안전 및 사고 예방에 관한 사항 • 산업보건 및 직업병 예방에 관한 사항 • 건강증진 및 질병 예방에 관한 사항 • 유해·위험 작업환경 관리에 관한 사항 • 산업안전보건법령 및 산업재해보상보험 제도에 관한 사항 • 직무스트레스 예방 및 관리에 관한 사항 • 직장 내 괴롭힘, 고객의 폭언 등으로 인한 건강장해 예방 및 관리에 관한 사항

- 기계・기구의 위험성과 작업의 순서 및 동선에 관한 사항
- 작업 개시 전 점검에 관한 사항
- 정리정돈 및 청소에 관한 사항
- 사고 발생 시 긴급조치에 관한 사항
- 물질안전보건자료에 관한 사항
- 교통안전 및 운전안전에 관한 사항
- 보호구 착용에 관한 사항

나. 특별교육 대상 작업별 교육 : 제1호 라목과 같다.

5. 검사원 성능검사 교육(제131조 제2항 관련)

설비명	교육과정	교육내용
가. 프레스 및 전단기	성능검사교육	• 관계 법령 • 프레스 및 전단기 개론 • 프레스 및 전단기 구조 및 특성 • 검사기준 • 방호장치 • 검사장비 용도 및 사용방법 • 검사실습 및 체크리스트 작성 요령 • 위험검출 훈련
나. 크레인	성능검사교육	• 관계 법령 • 크레인 개론 • 크레인 구조 및 특성 • 검사기준 • 방호장치 • 검사장비 용도 및 사용방법 • 검사실습 및 체크리스트 작성 요령 • 위험검출 훈련 • 검사원 직무
다. 리프트	성능검사교육	• 관계 법령 • 리프트 개론 • 리프트 구조 및 특성 • 검사기준 • 방호장치 • 검사장비 용도 및 사용방법 • 검사실습 및 체크리스트 작성 요령 • 위험검출 훈련 • 검사원 직무
라. 곤돌라	성능검사교육	• 관계 법령 • 곤돌라 개론 • 곤돌라 구조 및 특성

		• 검사기준 • 방호장치 • 검사장비 용도 및 사용방법 • 검사실습 및 체크리스트 작성 요령 • 위험검출 훈련 • 검사원 직무
마. 국소배기장치	성능검사교육	• 관계 법령 • 산업보건 개요 • 산업환기의 기본원리 • 국소환기장치의 설계 및 실습 • 국소배기장치 및 제진장치 검사기준 • 검사실습 및 체크리스트 작성 요령 • 검사원 직무
바. 원심기	성능검사교육	• 관계 법령 • 원심기 개론 • 원심기 종류 및 구조 • 검사기준 • 방호장치 • 검사장비 용도 및 사용방법 • 검사실습 및 체크리스트 작성 요령
사. 롤러기	성능검사교육	• 관계 법령 • 롤러기 개론 • 롤러기 구조 및 특성 • 검사기준 • 방호장치 • 검사장비의 용도 및 사용방법 • 검사실습 및 체크리스트 작성 요령
아. 사출성형기	성능검사교육	• 관계 법령 • 사출성형기 개론 • 사출성형기 구조 및 특성 • 검사기준 • 방호장치 • 검사장비 용도 및 사용방법 • 검사실습 및 체크리스트 작성 요령
자. 고소작업대	성능검사교육	• 관계 법령 • 고소작업대 개론 • 고소작업대 구조 및 특성 • 검사기준 • 방호장치 • 검사장비의 용도 및 사용방법 • 검사실습 및 체크리스트 작성 요령

차. 컨베이어	성능검사교육	• 관계 법령 • 컨베이어 개론 • 컨베이어 구조 및 특성 • 검사기준 • 방호장치 • 검사장비의 용도 및 사용방법 • 검사실습 및 체크리스트 작성 요령
카. 산업용 로봇	성능검사교육	• 관계 법령 • 산업용 로봇 개론 • 산업용 로봇 구조 및 특성 • 검사기준 • 방호장치 • 검사장비 용도 및 사용방법 • 검사실습 및 체크리스트 작성 요령

6. 물질안전보건자료에 관한 교육(제169조 제1항 관련)

교육내용
• 대상화학물질의 명칭(또는 제품명) • 물리적 위험성 및 건강 유해성 • 취급상의 주의사항 • 적절한 보호구 • 응급조치 요령 및 사고시 대처방법 • 물질안전보건자료 및 경고표지를 이해하는 방법

시행규칙 제26조(교육시간 및 교육내용) ① 법 제29조 제1항부터 제3항까지의 규정에 따라 사업주가 근로자에게 실시해야 하는 안전보건교육의 교육시간은 별표 4와 같고, 교육내용은 별표 5와 같다. 이 경우 사업주가 법 제29조 제3항에 따른 유해하거나 위험한 작업에 필요한 안전보건교육(이하 "특별교육"이라 한다)을 실시한 때에는 해당 근로자에 대하여 법 제29조 제2항에 따라 채용할 때 해야 하는 교육(이하 "채용 시 교육"이라 한다) 및 작업내용을 변경할 때 해야 하는 교육(이하 "작업내용 변경 시 교육"이라 한다)을 실시한 것으로 본다.

② 제1항에 따른 교육을 실시하기 위한 교육방법과 그 밖에 교육에 필요한 사항은 고용노동부장관이 정하여 고시한다.

③ 사업주가 법 제29조 제1항부터 제3항까지의 규정에 따른 안전보건교육을 자체적으로 실시하는 경우에 교육을 할 수 있는 사람은 다음 각 호의 어느 하나에 해당하는 사람으로 한다.

1. 다음 각 목의 어느 하나에 해당하는 사람

가. 법 제15조 제1항에 따른 안전보건관리책임자

나. 법 제16조 제1항에 따른 관리감독자
다. 법 제17조 제1항에 따른 안전관리자(안전관리전문기관에서 안전관리자의 위탁업무를 수행하는 사람을 포함한다)
라. 법 제18조 제1항에 따른 보건관리자(보건관리전문기관에서 보건관리자의 위탁업무를 수행하는 사람을 포함한다)
마. 법 제19조 제1항에 따른 안전보건관리담당자(안전관리전문기관 및 보건관리전문기관에서 안전보건관리담당자의 위탁업무를 수행하는 사람을 포함한다)
바. 법 제22조 제1항에 따른 산업보건의
2. 공단에서 실시하는 해당 분야의 강사요원 교육과정을 이수한 사람
3. 법 제142조에 따른 산업안전지도사 또는 산업보건지도사(이하 "지도사"라 한다)
4. 산업안전보건에 관하여 학식과 경험이 있는 사람으로서 고용노동부장관이 정하는 기준에 해당하는 사람

2.2. 근로자에 대한 안전보건교육 면제

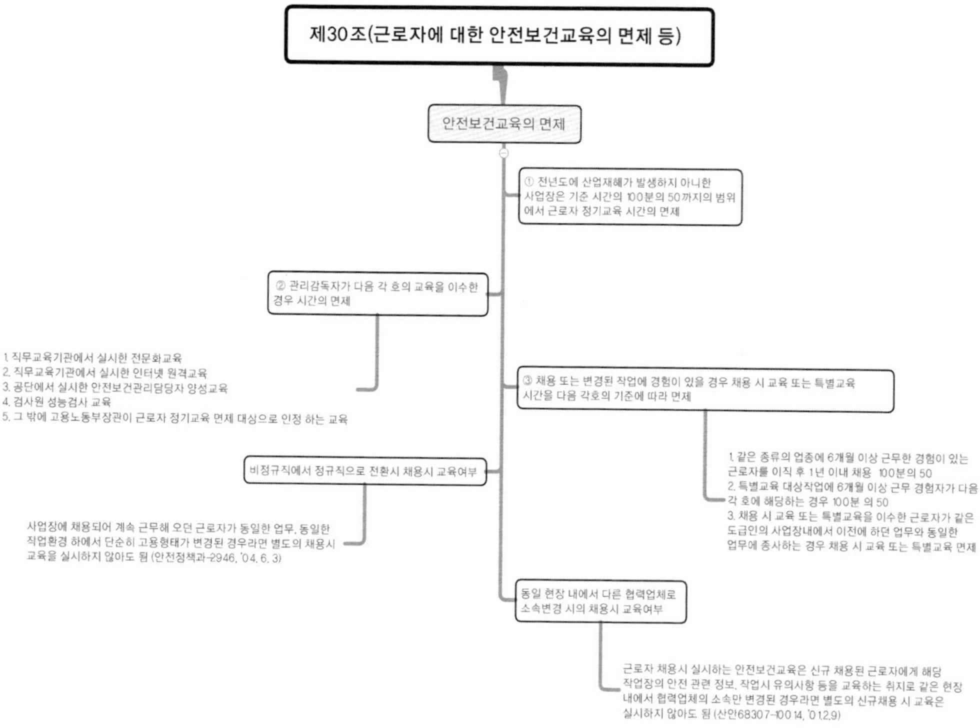

[그림 2-4] 제30조 근로자에 대한 안전보건교육 면제

〈표 2-5〉 안전보건교육 면제 시행규칙

시행규칙 제27조(안전보건교육의 면제) ① 전년도에 산업재해가 발생하지 않은 사업장의 사업주의 경우 법 제29조 제1항에 따른 근로자 정기교육(이하 "근로자 정기교육"이라 한다)을 그 다음 연도에 한정하여 별표 4에서 정한 실시기준 시간의 100분의 50 범위에서 면제할 수 있다.

② 영 제16조 및 제20조에 따른 안전관리자 및 보건관리자를 선임할 의무가 없는 사업장의 사업주가 법 제11조 제3호에 따라 노무를 제공하는 자의 건강 유지·증진을 위하여 설치된 근로자건강센터(이하 "근로자건강센터"라 한다)에서 실시하는 안전보건교육, 건강상담, 건강관리프로그램 등 근로자 건강관리활동에 해당 사업장의 근로자를 참여하게 한 경우에는 해당 시간을 제26조 제1항에 따른 교육 중 해당 분기(관리감독자의 지위어 있는 사람의 경우 해당 연도)의 근로자 정기교육 시간에서 면제할 수 있다. 이 경우 사업주는 해당 사업장의 근로자가 근로자건강센터에서 실시하는 건강관리활동에 참여한 사실을 입증할 수 있는 서류를 갖춰 두어야 한다.

③ 법 제30조 제1항 제3호에 따라 관리감독자가 다음 각 호의 어느 하나에 해당하는 교육을 이수한 경우 별표 4에서 정한 근로자 정기교육시간을 면제할 수 있다.

1. 법 제32조 제1항 각 호 외의 부분 본문에 따라 영 제40조 제3항에 따른 직무교육기관(이하 "직무교육기관"이라 한다)에서 실시한 전문화교육
2. 법 제32조 제1항 각 호 외의 부분 본문에 따라 직무교육기관에서 실시한 인터넷 원격교육
3. 법 제32조 제1항 각 호 외의 부분 본문에 따라 공단에서 실시한 안전보건관리담당자 양성교육
4. 법 제98조 제1항제2호에 따른 검사원 성능검사교육
5. 그 밖에 고용노등부장관이 근로자 정기교육 면제대상으로 인정하는 교육

④ 사업주는 법 제30조 제2항에 따라 해당 근로자가 채용되거나 변경된 작업에 경험이 있을 경우 채용 시 교육 또는 특별교육 시간을 다음 각 호의 기준에 따라 실시할 수 있다.

1. 통계법 제22조어 따라 통계청장이 고시한 한국표준산업분류의 세분류 중 같은 종류의 업종에 6개월 이상 근무한 경험이 있는 근로자를 이직 후 1년 이내에 채용하는 경우: 별표 4에서 정한 채용 시 교육시간의 100분의 50 이상
2. 별표 5의 특별교육 대상작업에 6개월 이상 근무한 경험이 있는 근로자가 다음 각 목의 어느 하나에 해당하는 경우: 별표 4에서 정한 특별교육 시간의 100분의 50 이상
   가. 근로자가 이직 후 1년 이내에 채용되어 이직 전과 동일한 특별교육 대상작업에 종사하는 경우
   나. 근로자가 같은 사업장 내 다른 작업에 배치된 후 1년 이내에 배치 전과 동일한 특별교육 대상작업에 종사하는 경우

3. 채용 시 교육 또는 특별교육을 이수한 근로자가 같은 도급인의 사업장 내에서 이전에 하던 업무와 동일한 업무에 종사하는 경우: 소속 사업장의 변경에도 불구하고 해당 근로자에 대한 채용 시 교육 또는 특별교육 면제
4. 그 밖에 고용노동부장관이 채용 시 교육 또는 특별교육 면제 대상으로 인정하는 교육

2.3 건설업기초안전보건교육

시행규칙 제28조(건설업 기초안전보건교육의 시간·내용 및 방법 등)에는 건설 일용근로자를 채용할 때 실시하는 안전보건교육시간 [별표4], 교육내용, 교재는 [별표5]에 있다. 인력기준은 시행령 제40조(안전보건교육기관의 등록 및 취소) [별표11]에 적합한 사람을 배치하여야 하도록 하고 있다.

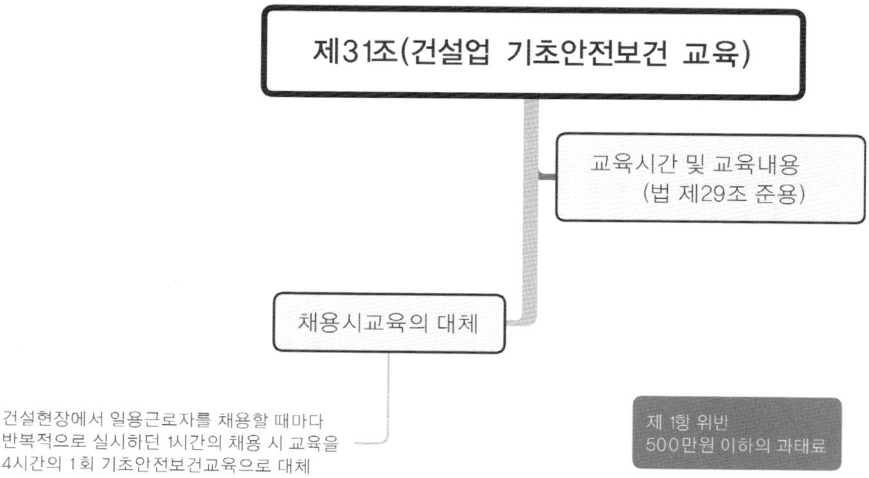

[그림 2-5] 제31조 건설업기초안전보건교육

〈표 2-6〉 안전보건교육기관 등록신청 시행규칙

시행규칙 제31조(안전보건교육기관 등록신청 등) ① 영 제40조 제1항 및 제3항에 따라 안전보건교육기관으로 등록하려는 자는 다음 각 호의 구분에 따라 관련 서류를 첨부하여 주된 사무소의 소재지를 관할하는 지방고용노동청장에게 제출해야 한다.

1. 영 제40조 제1항에 따라 근로자안전보건교육기관으로 등록하려는 자: 별지 제9호서식의 근로자안전보건교육기관 등록 신청서에 다음 각 목의 서류를 첨부
   가. 영 제40조 제1항에 따른 법인 또는 산업안전보건 관련 학과가 있는 고등교육

법 제2조에 따른 학교에 해당함을 증명하는 서류
나. 영 별표 10에 따른 인력기준을 갖추었음을 증명할 수 있는 자격증(국가기술자격증은 제외한다), 졸업증명서, 경력증명서 또는 재직증명서 등 서류
다. 영 별표 10에 따른 시설 및 장비 기준을 갖추었음을 증명할 수 있는 서류와 시설·장비 명세서
라. 최초 1년간의 교육사업계획서
2. 영 제40조 제3항에 따라 직무교육기관으로 등록하려는 자: 별지 제10호서식의 직무교육기관 등록 신청서에 다음 각 목의 서류를 첨부
가. 영 제40조 제3항 각 호의 어느 하나에 해당함을 증명하는 서류
나. 영 별표 12에 따른 인력기준을 갖추었음을 증명할 수 있는 자격증(국가기술자격증은 제외한다), 졸업증명서, 경력증명서 또는 재직증명서 등 서류
다. 영 별표 12에 따른 시설 및 장비 기준을 갖추었음을 증명할 수 있는 서류와 시설·장비 명세서
라. 최초 1년간의 교육사업계획서

② 제1항에 따른 신청서를 제출받은 지방고용노동청장은 전자정부법 제36조 제1항에 따른 행정정보의 공동이용을 통하여 다음 각 호의 서류를 확인해야 한다. 다만, 신청인이 제1호 및 제3호의 서류의 확인에 동의하지 않는 경우에는 그 사본을 첨부하도록 해야 한다.
1. 국가기술자격증
2. 법인등기사항증명서(법인만 해당한다)
3. 사업자등록증(개인만 해당한다)

③ 지방고용노동청장은 제1항에 따른 등록 신청이 영 제40조 제1항 또는 제3항에 따른 등록 요건에 적합하다고 인정되면 그 신청서를 받은 날부터 20일 이내에 별지 제11호서식 또는 별지 제12호서식의 근로자안전보건교육기관 등록증 또는 직무교육기관 등록증을 신청인에게 발급해야 한다.

④ 제3항에 따라 등록증을 발급받은 사람이 등록증을 분실하거나 등록증이 훼손된 경우에는 재발급 신청을 할 수 있다.

⑤ 법 제33조 제1항에 따라 안전보건교육기관이 등록받은 사항을 변경하려는 경우에는 별지 제9호서식 또는 별지 제10호서식의 변경등록 신청서에 변경내용을 증명하는 서류와 등록증을 첨부하여 지방고용노동청장에게 제출해야 한다. 이 경우 변경등록신청서의 처리에 관하여는 제3항을 준용한다.

⑥ 안전보건교육기관이 해당 업무를 폐지하거나 등록이 취소된 경우 지체 없이 제3항 및 제5항에 따른 등록증을 지방고용노동청장에게 반납해야 한다.

2.4 안전보건관리책임자 등에 대한 직무교육

안전보관관리책임자등에 대한 교육은 사업장에서 조직에서의 역할과 기능은 기획입안과 그 관리이다. 안전보건관리는 조직구성원의 안전보건직무가 확실하고 원활하게 실시되도록 하는 역할과 기능이 요구된 직무와 관련한 내용을 교육함으로써 재해의 사전예방에 중요한 역할을 담당하는 것이고 교육의 목적은 안전보건관리를 추진하는 체계에 필요한 기본적 지식을 습득을 요한다.

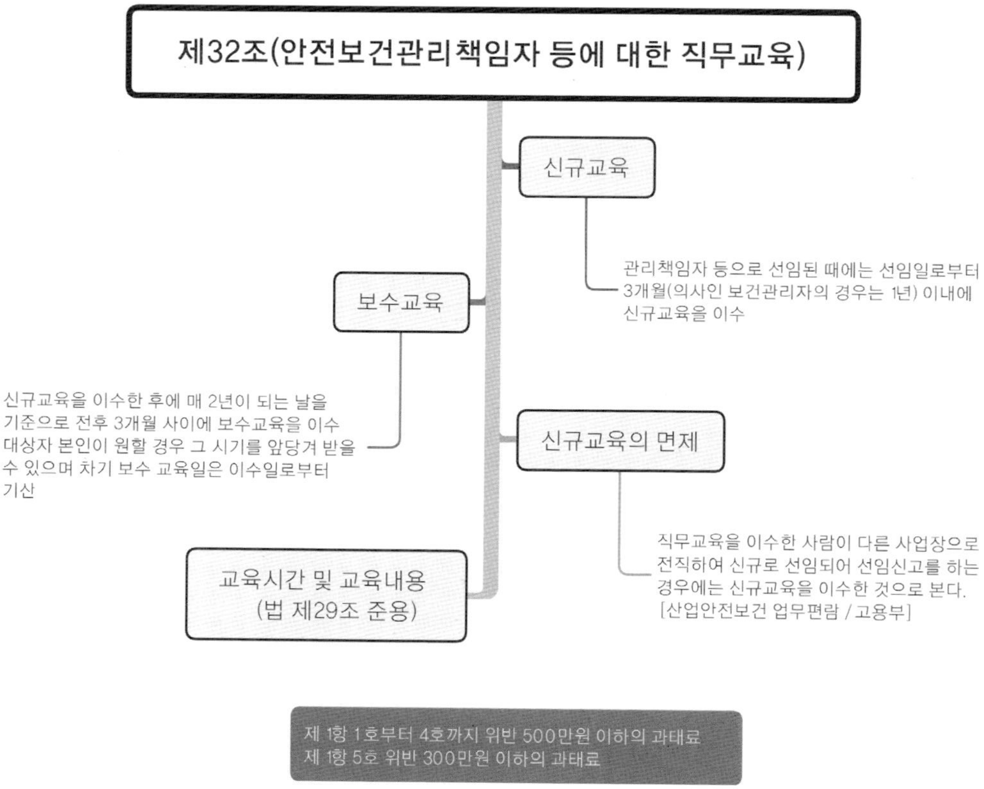

[그림 2-6] 제32조 안전보건관리책임자 등에 대한 직무교육

〈표 2-7〉 안전보건관리책임자 등에 관한 직무교육 시행규칙

시행규칙

제29조(안전보건관리책임자 등에 대한 직무교육) 직위에 선임(위촉의 경우를 포함한다. 이하 같다)되거나 채용된 후 개월(보건관리자가 의사인 경우는 년) 이내에 직무를 수행하는 데 필요한 신규교육을 하며, 신규교육을 이수한 후 매 년이 되는 날을 기준으로 전후 개월 사이에 고용노동부장관이 실시하는 안전보건에 관한 보수교육을 받아야 한다.

1. 법 제15조 제1항에 따른 안전보건관리책임자
2. 법 제17조 제1항에 따른 안전관리자(기업활동 규제완화에 관한 특별조치법 30조 제1항에 따라 안전관리자로 채용된 것으로 보는 사람을 포함한다)
3. 법 제18조 제1항에 따른 보건관리자
4. 법 제19조 제1항에 따른 안전보건관리담당자
5. 법 제21조 제1항에 따른 안전관리전문기관 또는 보건관리전문기관에서 안전관리자 또는 보건관리자의 위탁 업무를 수행하는 사람
6. 법 제74조 제1항에 따른 건설재해예방전문지도기관에서 지도업무를 수행하는 사람
7. 법 제96조 제1항에 따라 지정받은 안전검사기관에서 검사업무를 수행하는 사람
8. 법 제100조 제1항에 따라 지정받은 자율안전검사기관에서 검사업무를 수행하는 사람
9. 법 제120조 제1항에 따른 석면조사기관에서 석면조사 업무를 수행하는 사람

제30조(직무교육의 면제) ① 법 제32조 제1항 단서에 따라 다음 각 호의 어느 하나에 해당하는 사람에 대해서는 직무교육 중 신규교육을 면제한다.

1. 법 제19조 제1항에 따른 안전보건관리담당자
2. 영 별표 4 제6호에 해당하는 사람
3. 영 별표 4 제7호에 해당하는 사람

2.5 안전보건교육기관

시행령 제40조에 안전보건교육기관의 등록 및 취소 규정이 있다. 등록에 관한 사항은 [별표10]에 따른 인력・시설 및 장비 기준을 갖추어 고용노동부장관에게 등록하여야 한다.

[그림 2-7] 제33조 안전보건교육기관〉

〈표 2-8〉 안전보건교육기관 등록 및 취소 시행규칙

시행령 제40조(안전보건교육기관의 등록 및 취소) ① 법 제33조 제1항 전단에 따라 법 제29조 제1항부터 제3항까지의 규정에 따른 안전보건교육에 대한 안전보건교육기관(이하 "근로자안전보건교육기관"이라 한다)으로 등록하려는 자는 법인 또는 산업안전・보건 관련 학과가 있는 고등교육법 제2조에 따른 학교로서 별표 10에 따른 인력・시설 및 장비 등을 갖추어야 한다.

② 법 제33조 제1항 전단에 따라 법 제31조 제1항 본문에 따른 안전보건교육에 대한 안전보건교육기관으로 등록하려는 자는 법인 또는 산업안전・보건 관련 학과가 있는 고등교육법 제2조에 따른 학교로서 별표 11에 따른 인력・시설 및 장비를 갖추어야 한다.

③ 법 제33조 제1항 전단에 따라 법 제32조 제1항 각 호 외의 부분 본문에 따른 안전보건교육에 대한 안전보건교육기관(이하 "직무교육기관"이라 한다)으로 등록할 수 있는 자는 다음 각 호의 어느 하나에 해당하는 자로 한다.

1. 한국산업안전보건공단법에 따른 한국산업안전보건공단(이하 "공단"이라 한다)
2. 다음 각 목의 어느 하나에 해당하는 기관으로서 별표 12에 따른 인력・시설 및 장비를 갖춘 기관

가. 산업안전・보건 관련 학과가 있는 고등교육법 제2조에 따른 학교

나. 비영리법인

④ 법 제33조 제1항 후단에서 "대통령령으로 정하는 중요한 사항"이란 다음 각 호의 사항을 말한다.

1. 교육기관의 명칭(상호)
2. 교육기관의 소재지
3. 대표자의 성명

⑤ 제1항부터 제3항까지의 규정에 따른 안전보건교육기관에 관하여 법 제33조 제4항에 따라 준용되는 법 제21조 제4항 제5호에서 "대통령령으로 정하는 사유에 해당하는 경우"란 다음 각 호의 경우를 말한다.

1. 교육 관련 서류를 거짓으로 작성한 경우
2. 정당한 사유 없이 교육 실시를 거부한 경우
3. 교육을 실시하지 않고 수수료를 받은 경우
4. 법 제29조 제1항부터 제3항까지, 제31조 제1항 본문 또는 제32조 제1항 각 호의 부분 본문에 따른 교육의 내용 및 방법을 위반한 경우

시행규칙 제32조(안전보건교육기관의 평가 등) ① 공단이 법 제33조제2항에 따라 안전보건교육기관을 평가하는 기준은 다음 각 호와 같다.

1. 인력·시설 및 장비의 보유수준과 활용도
2. 교육과정의 운영체계 및 업무성과
3. 교육서비스의 적정성 및 만족도

② 제1항에 따른 안전보건교육기관에 대한 평가 방법 및 평가 결과의 공개에 관하여는 제17조제2항브터 제8항까지의 규정을 준용한다. 이 경우 "안전관리전문기관 또는 보건관리전문기관"은 "안전보건교육기관"으로 본다.

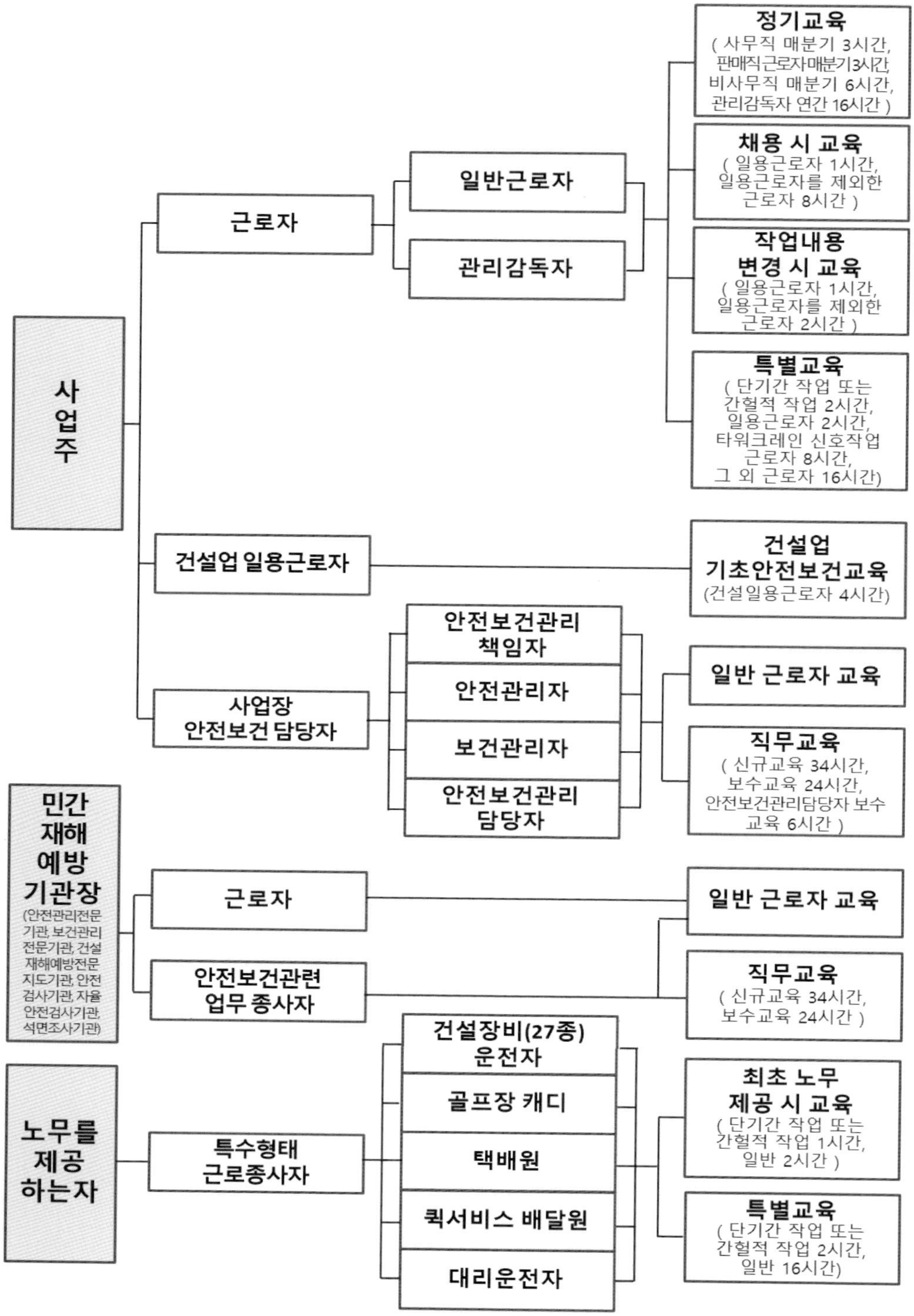

[그림 2-8] 안전보건교육 체계도[3]

3) 고용노동부, “안전보건교육 안내서”, 2021.09.01.

3. 산업안전보건법상 법정교육 세부내용

3.1 근로자 안전보건교육

3.1.1 목적

사업주가 사업장 내 유해·위험요인 및 산재예방을 위한 안전 및 보건조치 등을 근로자에게 교육하여 근로자가 안전하게 업무를 수행할 수 있도록 하기 위함

3.1.2 내용

산안법 제29조에 따라 사업주는 근로자에게 산안법 시행규칙 별표4, 5에서 정하는 안전보건교육(① 정기, ② 채용 시, ③ 작업내용 변경 시, ④ 특별)을 실시해야 함

① **정기교육**: 해당 사업장의 근로자를 대상으로 정기적으로 실시
② **채용 시 교육**: 근로자를 신규로 채용하여 직무 배치 전 실시
③ **작업내용 변경 시 교육**: "다른 작업으로 전환한 때"나 "작업설비나 작업방법 등의 변경이 있는 때" 등에 근로자가 변경된 작업을 하기 전 실시
④ **특별교육**: 유해하거나 위험한 작업에 채용하거나 그 작업으로 작업내용을 변경할 때에 실시

〈표 2-9〉 안전보건교육 대상/시간 현황

교육과정	교육대상	교육시간
정기교육	① 사무직 종사 근로자 ② 판매업무에 직접 종사하는 근로자	매분기 3시간 이상
	그 외 근로자	매분기 6시간 이상
	관리감독자의 지위에 있는 사람	연간 16시간 이상
채용 시 교육	일용근로자	1시간 이상
	일용근로자를 제외한 근로자	8시간 이상

작업내용 변경 시 교육	일용근로자	1시간 이상
	일용근로자를 제외한 근로자	2시간 이상
특별교육	일용근로자(타워크레인 신호작업에 종사하는 일용근로자 제외)	2시간 이상
	타워크레인 신호작업에 종사하는 일용근로자	8시간 이상
	일용근로자를 제외한 근로자	16시간 이상 (단기간 작업 또는 간헐적 작업인 경우 2시간)

3.1.3 과태료

〈표 2-10〉 안전보건교육 벌칙/과태료

위반행위(▼)/위반횟수(▶)	1차	2차	3차
근로자 정기교육 미실시	10만원	20만원	50만원
관리감독자 정기교육 미실시	50만원	250만원	500만원
채용 시 교육 미실시 작업내용 변경 시 교육 미실시	10만원	20만원	50만원
특별교육 미실시	50만원	100만원	150만원

3.1.4 교육제외

산안법 제29조에 따른 근로자 안전보건교육은 일반적으로 모든 사업 및 사업장에서 실시하여야 하나, 산안법 시행령 별표1에 따른 대상 사업 또는 사업장의 경우에는 교육 의무를 제외하고 있음

〈표 2-11〉 법의 일부를 적용하지 않는 사업 또는 사업장)〉

대상 사업 또는 사업장	적용 제외 법 규정
1. 다음 각 목의 어느 하나에 해당하는 사업 • 「광산안전법」 적용 사업(광업 중 광물의 채광·채굴·선광 또는 제련 등의 공정으로 한정하며, 제조공정은 제외한다) • 「원자력안전법」 적용 사업(발전업 중 원자력 발전설비를 이용하여 전기를 생산하는 사업장으로 한정한다)	• 제29조(보건에 관한 사항은 제외한다)

•「항공안전법」 적용 사업(항공기, 우주선 및 부품 제조업과 창고 및 운송관련 서비스업, 여행사 및 기타 여행보조 서비스업 중 항공 관련 사업은 각각 제외한다) •「선박안전법」 적용 사업(선박 및 보트 건조업은 제외한다)	※ 안전보건교육 중 안전교육에 관한 사항만 제외되는 것으로 보건교육을 실시해야 함
2. 다음 각 목의 어느 하나에 해당하는 사업 • 소프트웨어 개발 및 공급업 • 컴퓨터 프로그래밍, 시스템 통합 및 관리업 • 정보서비스업 • 금융 및 보험업 • 기타 전문서비스업 • 건축기술, 엔지니어링 및 기타 과학기술 서비스업 • 기타 전문, 과학 및 기술 서비스업(사진 처리업은 제외한다) • 사업지원 서비스업 • 사회복지 서비스업	• 제29조(제3항에 따른 추가교육은 제외한다) 및 제30조 ※ 안전보건교육 중 특별교육은 실시해야 함
3. 다음 각 목의 어느 하나에 해당하는 사업으로서 상시 근로자 50명 미만을 사용하는 사업장 • 농업 • 어업 • 환경 정화 및 복원업 • 소매업; 자동차 제외 • 영화, 비디오물, 방송프로그램 제작 및 배급업 • 녹음시설 운영업 • 방송업 • 부동산업(부동산 관리업은 제외한다) • 임대업; 부동산 제외 • 연구개발업 • 보건업(병원은 제외한다) • 예술, 스포츠 및 여가관련 서비스업 • 협회 및 단체 • 기타 개인 서비스업(세탁업은 제외한다)	• 제29조(제3항에 따른 추가교육은 제외한다) 및 제30조 ※ 안전보건교육 중 특별교육은 실시해야 함
4. 다음 각 목의 어느 하나에 해당하는 사업 • 공공행정(청소, 시설관리, 조리 등 현업업무에 종사하는 사람으로서 고용노동부장관이 정하여 고시하는 사람은 제외한다), 국방 및 사회보장 행정 • 교육 서비스업 중 초등·중등·고등 교육기관, 특수학교·외국인학교 및 대안학교(청소, 시설관리, 조리 등 현업업무에 종사하는 사람으로서 고용노동부장관이 정하여 고시하는 사람은 제외한다)	• 제3장(다른 규정에 따라 준용되는 경우는 제외한다) ※ 안전보건교육 의무가 없음. 다만, 청소, 시설관리, 조리 등 현업업무에 종사하는 사람은 안전보건교육 의무 있음 ※ 공공행정 등에서 현업업무에 종사하는 사람의 기준(고용노동부 고시 제2020-62호) 참고

5. 다음 각 목의 어느 하나에 해당하는 사업 • 초등 · 중등 · 고등 교육기관, 특수학교 · 외국인학교 및 대안학교 외의 교육서비스업(청소년수련시설 운영업은 제외한다) • 국제 및 외국기관 • 사무직에 종사하는 근로자만을 사용하는 사업장(사업장이 분리된 경우로서 사무직에 종사하는 근로자만을 사용하는 사업장을 포함한다)	• 제3장. 다만, 다른 규정에 따라 준용되는 경우는 해당 규정을 적용한다. ※ 안전보건교육 의무가 없음
6. 상시 근로자 5명 미만을 사용하는 사업장	• 제3장(제29조제3항에 따른 추가교육은 제외한다) ※ 안전보건교육 중 특별교육은 실시해야 함

비고: 제1호부터 제6호까지의 규정에 따른 사업에 둘 이상 해당하는 사업의 경우에는 각각의 호에 따라 적용이 제외되는 규정은 모두 적용하지 않는다.

3.2 정기교육

교육과정	교육대상	최저 교육시간				
		교육시기	일반사업장		50인 미만 도매, 음식, 숙박업	
			산업재해** 발생	무재해**	산업재해** 발생	무재해**
정기교육	① 사무직 종사 근로자 ② 판매업무에 직접 종사하는 근로자	매분기*	3시간	1.5시간	1.5시간	0.75시간
	③ 그 외 근로자	매분기*	6시간	3시간	3시간	1.5시간
	④ 관리감독자의 지위에 있는 사람	매년*	16시간	8시간	8시간	4시간

교육대상	교육내용
① 사무직 종사 근로자 ② 판매업무에 직접 종사하는 근로자 ③ 그 외 근로자	• 산업안전 및 사고 예방에 관한 사항 • 산업보건 및 직업병 예방에 관한 사항 • 건강증진 및 질병 예방에 관한 사항 • 유해 · 위험 작업환경 관리에 관한 사항 • 산업안전보건법령 및 산업재해보상보험 제도에 관한 사항 • 직무스트레스 예방 및 관리에 관한 사항 • 직장 내 괴롭힘, 고객의 폭언 등으로 인한 건강장해 예방 및 관리에 관한 사항

관리감독자의 지위에 있는 사람	• 산업안전 및 사고 예방에 관한 사항 • 산업보건 및 직업병 예방에 관한 사항 • 유해 · 위험 작업환경 관리에 관한 사항 • 산업안전보건법령 및 산업재해보상보험 제도에 관한 사항 • 직무스트레스 예방 및 관리에 관한 사항 • 직장 내 괴롭힘, 고객의 폭언 등으로 인한 건강장해 예방 및 관리에 관한 사항 • 작업공정의 유해 · 위험과 재해 예방대책에 관한 사항 • 표준안전 작업방법 및 지도 요령에 관한 사항 • 관리감독자의 역할과 임무에 관한 사항 • 안전보건교육 능력 배양에 관한 사항 – 현장근로자와의 의사소통능력 향상, 강의능력 향상 및 그 밖에 안전보건교육 능력 배양 등에 관한 사항. 이 경우 안전보건교육 능력 배양 교육은 별표 4에 따라 관리감독자가 받아야 하는 전체 교육시간의 3분의 1 범위에서 할 수 있다.

3.3 채용 시 교육

교육 과정	교육대상	최저 교육시간				
		교육 시기	일반사업장		50인 미만 도매, 음식, 숙박업	
			일반	6개월 이상 경력자*	일반	6개월 이상 경력자*
채용 시 교육	일용근로자 (건설업 제외)	채용 시	1시간	0.5시간	0.5시간	0.5시간
	일용근로자 외의 근로자	채용 시	8시간	4시간	4시간	2시간

구분	교육내용
채용 시 교육	• 산업안전 및 사고 예방에 관한 사항 • 산업보건 및 직업병 예방에 관한 사항 • 산업안전보건법령 및 산업재해보상보험 제도에 관한 사항 • 직무스트레스 예방 및 관리에 관한 사항 • 직장 내 괴롭힘, 고객의 폭언 등으로 인한 건강장해 예방 및 관리에 관한 사항 • 기계 · 기구의 위험성과 작업의 순서 및 동선에 관한 사항 • 작업 개시 전 점검에 관한 사항 • 정리정돈 및 청소에 관한 사항 • 사고 발생 시 긴급조치에 관한 사항 • 물질안전보건자료에 관한 사항

3.4 작업내용 변경 시 교육

교육과정	교육대상	최저 교육시간				
		교육 시기	일반사업장		50인 미만 도매, 음식, 숙박업	
			일반	6개월 이상 경력자*	일반	6개월 이상 경력자*
작업내용 변경 시 교육	일용근로자 (건설업 제외)	작업내용 변경 시	1시간	0.5시간	0.5시간	0.5시간
	일용근로자 외의 근로자	작업내용 변경 시	2시간	1시간	1시간	0.5시간

구분	교육내용
작업내용 변경 시 교육	• 산업안전 및 사고 예방에 관한 사항 • 산업보건 및 직업병 예방에 관한 사항 • 산업안전보건법령 및 산업재해보상보험 제도에 관한 사항 • 직무스트레스 예방 및 관리에 관한 사항 • 직장 내 괴롭힘, 고객의 폭언 등으로 인한 건강장해 예방 및 관리에 관한 사항 • 기계·기구의 위험성과 작업의 순서 및 동선에 관한 사항 • 작업 개시 전 점검에 관한 사항 • 정리정돈 및 청소에 관한 사항 • 사고 발생 시 긴급조치에 관한 사항 • 물질안전보건자료에 관한 사항

3.5 특별 교육

※ 특별교육은 아래 3가지 업종을 제외한 모든 업종·규모의 사업 및 사업장에 적용됨에 유의

❖ 특별교육이 제외되는 3가지 업종(「한국표준산업분류(통계청고시 제2017-13호)」 기준)

① 초등·중등·고등 교육기관, 특수학교·외국인학교 및 대안학교 외의 교육서비스업(청소년수련시설 운영업은 제외),

② 국제 및 외국기관,

③ 사무직에 종사하는 근로자만을 사용하는 사업장(사업장이 분리된 경우로서 사무직에 종사하는 근로자만을 사용하는 사업장 포함)

교육과정	교육대상	교육시기	최저 교육시간
특별교육	일용근로자(타워크레인 신호작업에 종사하는 일용근로자 제외)	유해하거나 위험한 작업에 채용하거나 그 작업으로 작업내용을 변경할 때	2시간
	타워크레인 신호작업에 종사하는 일용근로자	유해하거나 위험한 작업에 채용하거나 그 작업으로 작업내용을 변경할 때	8시간
	일용근로자를 제외한 근로자	유해하거나 위험한 작업에 채용하거나 그 작업으로 작업내용을 변경할 때	16시간 (단기간 작업 또는 간헐적 작업은 2시간) ※ 최초 작업에 종사하기 전 4시간 이상 실시, 12시간은 3개월 이내에서 분할하여 실시 가능

작업명	교육내용
〈공통내용〉 제1호부터 제40호까지의 작업	• 산업안전 및 사고 예방에 관한 사항 • 산업보건 및 직업병 예방에 관한 사항 • 산업안전보건법령 및 산업재해보상보험 제도에 관한 사항 • 직무스트레스 예방 및 관리에 관한 사항 • 직장 내 괴롭힘, 고객의 폭언 등으로 인한 건강장해 예방 및 관리에 관한 사항 • 기계·기구의 위험성과 작업의 순서 및 동선에 관한 사항 • 작업 개시 전 점검에 관한 사항 • 정리정돈 및 청소에 관한 사항 • 사고 발생 시 긴급조치에 관한 사항 • 물질안전보건자료에 관한 사항
〈개별내용〉 1. 고압실 내 작업(잠함공법이나 그 밖의 압기공법으로 대기압을 넘는 기압인 작업실 또는 수갱 내부에서 하는 작업만 해당한다)	• 고기압 장해의 인체에 미치는 영향에 관한 사항 • 작업의 시간·작업 방법 및 절차에 관한 사항 • 압기공법에 관한 기초지식 및 보호구 착용에 관한 사항 • 이상 발생 시 응급조치에 관한 사항 • 그 밖에 안전·보건관리에 필요한 사항
2. 아세틸렌 용접장치 또는 가스집합 용접장치를 사용하는 금속의 용접·용단 또는 가열작업(발생기·도관 등에 의하여 구성되는 용접장치만 해당한다)	• 용접 흄, 분진 및 유해광선 등의 유해성에 관한 사항 • 가스용접기, 압력조정기, 호스 및 취관두(불꽃이 나오는 용접기의 앞부분) 등의 기기점검에 관한 사항 • 작업방법·순서 및 응급처치에 관한 사항 • 안전기 및 보호구 취급에 관한 사항 • 화재예방 및 초기대응에 관한 사항 • 그 밖에 안전·보건관리에 필요한 사항

3. 밀폐된 장소(탱크 내 또는 환기가 극히 불량한 좁은 장소를 말한다)에서 하는 용접작업 또는 습한 장소에서 하는 전기용접 작업	• 작업순서, 안전작업방법 및 수칙에 관한 사항 • 환기설비에 관한 사항 • 전격 방지 및 보호구 착용에 관한 사항 • 질식 시 응급조치에 관한 사항 • 작업환경 점검에 관한 사항 • 그 밖에 안전·보건관리에 필요한 사항
4. 폭발성·물반응성·자기반응성·자기발열성 물질, 자연발화성 액체·고체 및 인화성 액체의 제조 또는 취급작업(시험연구를 위한 취급작업은 제외한다)	• 폭발성·물반응성·자기반응성·자기발열성 물질, 자연발화성 액체·고체 및 인화성 액체의 성질이나 상태에 관한 사항 • 폭발 한계점, 발화점 및 인화점 등에 관한 사항 • 취급방법 및 안전수칙에 관한 사항 • 이상 발견 시의 응급처치 및 대피 요령에 관한 사항 • 화기·정전기·충격 및 자연발화 등의 위험방지에 관한 사항 • 작업순서, 취급주의사항 및 방호거리 등에 관한 사항 • 그 밖에 안전·보건관리에 필요한 사항
5. 액화석유가스·수소가스 등 인화성 가스 또는 폭발성 물질 중 가스의 발생장치 취급작업	• 취급가스의 상태 및 성질에 관한 사항 • 발생장치 등의 위험 방지에 관한 사항 • 고압가스 저장설비 및 안전취급방법에 관한 사항 • 설비 및 기구의 점검 요령 • 그 밖에 안전·보건관리에 필요한 사항
6. 화학설비 중 반응기, 교반기·추출기의 사용 및 세척작업	• 각 계측장치의 취급 및 주의에 관한 사항 • 투시창·수위 및 유량계 등의 점검 및 밸브의 조작주의에 관한 사항 • 세척액의 유해성 및 인체에 미치는 영향에 관한 사항 • 작업 절차에 관한 사항 • 그 밖에 안전·보건관리에 필요한 사항
7. 화학설비의 탱크 내 작업	• 차단장치·정지장치 및 밸브 개폐장치의 점검에 관한 사항 • 탱크 내의 산소농도 측정 및 작업환경에 관한 사항 • 안전보호구 및 이상 발생 시 응급조치에 관한 사항 • 작업절차·방법 및 유해·위험에 관한 사항 • 그 밖에 안전·보건관리에 필요한 사항
8. 분말·원재료 등을 담은 호퍼(하부가 깔때기 모양으로 된 저장통)·저장창고 등 저장탱크의 내부작업	• 분말·원재료의 인체에 미치는 영향에 관한 사항 • 저장탱크 내부작업 및 복장보호구 착용에 관한 사항 • 작업의 지정·방법·순서 및 작업환경 점검에 관한 사항 • 팬·풍기(風旗) 조작 및 취급에 관한 사항 • 분진 폭발에 관한 사항 • 그 밖에 안전·보건관리에 필요한 사항

9. 다음 각 목에 정하는 설비에 의한 물건의 가열·건조작업 가. 건조설비 중 위험물 등에 관계되는 설비로 속부피가 1세제곱미터 이상인 것 나. 건조설비 중 가목의 위험물 등 외의 물질에 관계되는 설비로서, 연료를 열원으로 사용하는 것(그 최대연소소비량이 매 시간당 10킬로그램 이상인 것만 해당한다) 또는 전력을 열원으로 사용하는 것(정격소비전력이 10킬로와트 이상인 경우만 해당한다)	• 건조설비 내외면 및 기기기능의 점검에 관한 사항 • 복장보호구 착용에 관한 사항 • 건조 시 유해가스 및 고열 등이 인체에 미치는 영향에 관한 사항 • 건조설비에 의한 화재·폭발 예방에 관한 사항
10. 다음 각 목에 해당하는 집재장치(집재기·가선·운반기구·지주 및 이들에 부속하는 물건으로 구성되고, 동력을 사용하여 원목 또는 장작과 숯을 담아 올리거나 공중에서 운반하는 설비를 말한다)의 조립, 해체, 변경 또는 수리작업 및 이들 설비에 의한 집재 또는 운반 작업 가. 원동기의 정격출력이 7.5킬로와트를 넘는 것 나. 지간의 경사거리 합계가 350미터 이상인 것 다. 최대사용하중이 200킬로그램 이상인 것	• 기계의 브레이크 비상정지장치 및 운반경로, 각종 기능 점검에 관한 사항 • 작업 시작 전 준비사항 및 작업방법에 관한 사항 • 취급물의 유해·위험에 관한 사항 • 구조상의 이상 시 응급처치에 관한 사항 • 그 밖에 안전·보건관리에 필요한 사항
11. 동력에 의하여 작동되는 프레스기계를 5대 이상 보유한 사업장에서 해당 기계로 하는 작업	• 프레스의 특성과 위험성에 관한 사항 • 방호장치 종류와 취급에 관한 사항 • 안전작업방법에 관한 사항 • 프레스 안전기준에 관한 사항 • 그 밖에 안전·보건관리에 필요한 사항
12. 목재가공용 기계[둥근톱기계, 띠톱기계, 대패기계, 모떼기기계 및 라우터기(목재를 자르거나 홈을 파는 기계)만 해당하며, 휴대용은 제외한다]를 5대 이상 보유한 사업장에서 해당 기계로 하는 작업	• 목재가공용 기계의 특성과 위험성에 관한 사항 • 방호장치의 종류와 구조 및 취급에 관한 사항 • 안전기준에 관한 사항 • 안전작업방법 및 목재 취급에 관한 사항 • 그 밖에 안전·보건관리에 필요한 사항
13. 운반용 등 하역기계를 5대 이상 보유한 사업장에서의 해당 기계로 하는 작업	• 운반하역기계 및 부속설비의 점검에 관한 사항 • 작업순서와 방법에 관한 사항 • 안전운전방법에 관한 사항 • 화물의 취급 및 작업신호에 관한 사항 • 그 밖에 안전·보건관리에 필요한 사항

14. 1톤 이상의 크레인을 사용하는 작업 또는 1톤 미만의 크레인 또는 호이스트를 5대 이상 보유한 사업장에서 해당 기계로 하는 작업(제40호의 작업은 제외한다)	• 방호장치의 종류, 기능 및 취급에 관한 사항 • 걸고리 · 와이어로프 및 비상정지장치 등의 기계 · 기구 점검에 관한 사항 • 화물의 취급 및 안전작업방법에 관한 사항 • 신호방법 및 공동작업에 관한 사항 • 인양 물건의 위험성 및 낙하 · 비래(飛來) · 충돌재해 예방에 관한 사항 • 인양물이 적재될 지반의 조건, 인양하중, 풍압 등이 인양물과 타워크레인에 미치는 영향 • 그 밖에 안전 · 보건관리에 필요한 사항
15. 건설용 리프트 · 곤돌라를 이용한 작업	• 방호장치의 기능 및 사용에 관한 사항 • 기계, 기구, 달기체인 및 와이어 등의 점검에 관한 사항 • 화물의 권상 · 권하 작업방법 및 안전작업 지도에 관한 사항 • 기계 · 기구에 특성 및 동작원리에 관한 사항 • 신호방법 및 공동작업에 관한 사항 • 그 밖에 안전 · 보건관리에 필요한 사항
16. 주물 및 단조(금속을 두들기거나 눌러서 형체를 만드는 일) 작업	• 고열물의 재료 및 작업환경에 관한 사항 • 출탕 · 주조 및 고열물의 취급과 안전작업방법에 관한 사항 • 고열작업의 유해 · 위험 및 보호구 착용에 관한 사항 • 안전기준 및 중량물 취급에 관한 사항 • 그 밖에 안전 · 보건관리에 필요한 사항
17. 전압이 75볼트 이상인 정전 및 활선작업	• 전기의 위험성 및 전격 방지에 관한 사항 • 해당 설비의 보수 및 점검에 관한 사항 • 정전작업 · 활선작업 시의 안전작업방법 및 순서에 관한 사항 • 절연용 보호구, 절연용 보호구 및 활선작업용 기구 등의 사용에 관한 사항 • 그 밖에 안전 · 보건관리에 필요한 사항
18. 콘크리트 파쇄기를 사용하여 하는 파쇄작업(2미터 이상인 구축물의 파쇄작업만 해당한다)	• 콘크리트 해체 요령과 방호거리에 관한 사항 • 작업안전조치 및 안전기준에 관한 사항 • 파쇄기의 조작 및 공통작업 신호에 관한 사항 • 보호구 및 방호장비 등에 관한 사항 • 그 밖에 안전 · 보건관리에 필요한 사항
19. 굴착면의 높이가 2미터 이상이 되는 지반 굴착(터널 및 수직갱 외의 갱 굴착은 제외한다)작업	• 지반의 형태 · 구조 및 굴착 요령에 관한 사항 • 지반의 붕괴재해 예방에 관한 사항 • 붕괴 방지용 구조물 설치 및 작업방법에 관한 사항 • 보호구의 종류 및 사용에 관한 사항 • 그 밖에 안전 · 보건관리에 필요한 사항
20. 흙막이 지보공의 보강 또는 동바리를 설치하거나 해체하는 작업	• 작업안전 점검 요령과 방법에 관한 사항 • 동바리의 운반 · 취급 및 설치 시 안전작업에 관한 사항 • 해체작업 순서와 안전기준에 관한 사항 • 보호구 취급 및 사용에 관한 사항 • 그 밖에 안전 · 보건관리에 필요한 사항

21. 터널 안에서의 굴착작업(굴착용 기계를 사용하여 하는 굴착작업 중 근로자가 칼날 밑에 접근하지 않고 하는 작업은 제외한다) 또는 같은 작업에서의 터널 거푸집 지보공의 조립 또는 콘크리트 작업	• 작업환경의 점검 요령과 방법에 관한 사항 • 붕괴 방지용 구조물 설치 및 안전작업 방법에 관한 사항 • 재료의 운반 및 취급・설치의 안전기준에 관한 사항 • 보호구의 종류 및 사용에 관한 사항 • 소화설비의 설치장소 및 사용방법에 관한 사항 • 그 밖에 안전・보건관리에 필요한 사항
22. 굴착면의 높이가 2미터 이상이 되는 암석의 굴착작업	• 폭발물 취급 요령과 대피 요령에 관한 사항 • 안전거리 및 안전기준에 관한 사항 • 방호물의 설치 및 기준에 관한 사항 • 보호구 및 신호방법 등에 관한 사항 • 그 밖에 안전・보건관리에 필요한 사항
23. 높이가 2미터 이상인 물건을 쌓거나 무너뜨리는 작업(하역기계로만 하는 작업은 제외한다)	• 원부재료의 취급 방법 및 요령에 관한 사항 • 물건의 위험성・낙하 및 붕괴재해 예방에 관한 사항 • 적재방법 및 전도 방지에 관한 사항 • 보호구 착용에 관한 사항 • 그 밖에 안전・보건관리에 필요한 사항
24. 선박에 짐을 쌓거나 부리거나 이동시키는 작업	• 하역 기계・기구의 운전방법에 관한 사항 • 운반・이송경로의 안전작업방법 및 기준에 관한 사항 • 중량물 취급 요령과 신호 요령에 관한 사항 • 작업안전 점검과 보호구 취급에 관한 사항 • 그 밖에 안전・보건관리에 필요한 사항
25. 거푸집 동바리의 조립 또는 해체작업	• 동바리의 조립방법 및 작업 절차에 관한 사항 • 조립재료의 취급방법 및 설치기준에 관한 사항 • 조립 해체 시의 사고 예방에 관한 사항 • 보호구 착용 및 점검에 관한 사항 • 그 밖에 안전・보건관리에 필요한 사항
26. 비계의 조립・해체 또는 변경작업	• 비계의 조립순서 및 방법에 관한 사항 • 비계작업의 재료 취급 및 설치에 관한 사항 • 추락재해 방지에 관한 사항 • 보호구 착용에 관한 사항 • 비계상부 작업 시 최대 적재하중에 관한 사항 • 그 밖에 안전・보건관리에 필요한 사항
27. 건축물의 골조, 다리의 상부구조 또는 탑의 금속제의 부재로 구성되는 것(5미터 이상인 것단 해당한다)의 조립・ 해체 또는 변경작업	• 건립 및 버팀대의 설치순서에 관한 사항 • 조립 해체 시의 추락재해 및 위험요인에 관한 사항 • 건립용 기계의 조작 및 작업신호 방법에 관한 사항 • 안전장비 착용 및 해체순서에 관한 사항 • 그 밖에 안전・보건관리에 필요한 사항
28. 처마 높이가 5미터 이상인 목조건축물의 구조 부재의 조립이나 건축물의 지붕 또는 외벽 밑에서의 설치작업	• 붕괴・추락 및 재해 방지에 관한 사항 • 부재의 강도・재질 및 특성에 관한 사항 • 조립・설치 순서 및 안전작업방법에 관한 사항 • 보호구 착용 및 작업 점검에 관한 사항 • 그 밖에 안전・보건관리에 필요한 사항

29. 콘크리트 인공구조물(그 높이가 2미터 이상인 것만 해당한다)의 해체 또는 파괴작업	• 콘크리트 해체기계의 점점에 관한 사항 • 파괴 시의 안전거리 및 대피 요령에 관한 사항 • 작업방법・순서 및 신호 방법 등에 관한 사항 • 해체・파괴 시의 작업안전기준 및 보호구에 관한 사항 • 그 밖에 안전・보건관리에 필요한 사항
30. 타워크레인을 설치(상승작업을 포함한다)・해체하는 작업	• 붕괴・추락 및 재해 방지에 관한 사항 • 설치・해체 순서 및 안전작업방법에 관한 사항 • 부재의 구조・재질 및 특성에 관한 사항 • 신호방법 및 요령에 관한 사항 • 이상 발생 시 응급조치에 관한 사항 • 그 밖에 안전・보건관리에 필요한 사항
31. 보일러(소형 보일러 및 다음 각 목에서 정하는 보일러는 제외한다)의 설치 및 취급 작업 가. 몸통 반지름이 750밀리미터 이하이고 그 길이가 1,300밀리미터 이하인 증기보일러 나. 전열면적이 3제곱미터 이하인 증기보일러 다. 전열면적이 14제곱미터 이하인 온수보일러 라. 전열면적이 30제곱미터 이하인 관류보일러(물관을 사용하여 가열시키는 방식의 보일러)	• 기계 및 기기 점화장치 계측기의 점검에 관한 사항 • 열관리 및 방호장치에 관한 사항 • 작업순서 및 방법에 관한 사항 • 그 밖에 안전・보건관리에 필요한 사항
32. 게이지 압력을 제곱센티미터당 1킬로그램 이상으로 사용하는 압력용기의 설치 및 취급작업	• 안전시설 및 안전기준에 관한 사항 • 압력용기의 위험성에 관한 사항 • 용기 취급 및 설치기준에 관한 사항 • 작업안전 점검 방법 및 요령에 관한 사항 • 그 밖에 안전・보건관리에 필요한 사항
33. 방사선 업무에 관계되는 작업(의료 및 실험용은 제외한다)	• 방사선의 유해・위험 및 인체에 미치는 영향 • 방사선의 측정기기 기능의 점검에 관한 사항 • 방호거리・방호벽 및 방사선물질의 취급 요령에 관한 사항 • 응급처치 및 보호구 착용에 관한 사항 • 그 밖에 안전・보건관리에 필요한 사항
34. 맨홀작업	• 장비・설비 및 시설 등의 안전점검에 관한 사항 • 산소농도 측정 및 작업환경에 관한 사항 • 작업내용・안전작업방법 및 절차에 관한 사항 • 보호구 착용 및 보호 장비 사용에 관한 사항 • 그 밖에 안전・보건관리에 필요한 사항

35. 밀폐공간에서의 작업	• 산소농도 측정 및 작업환경에 관한 사항 • 사고 시의 응급처치 및 비상 시 구출에 관한 사항 • 보호구 착용 및 사용방법에 관한 사항 • 밀폐공간작업의 안전작업방법에 관한 사항 • 그 밖에 안전·보건관리에 필요한 사항
36. 허가 및 관리 대상 유해물질의 제조 또는 취급작업	• 취급물질의 성질 및 상태에 관한 사항 • 유해물질이 인체에 미치는 영향 • 국소배기장치 및 안전설비에 관한 사항 • 안전작업방법 및 보호구 사용에 관한 사항 • 그 밖에 안전·보건관리에 필요한 사항
37. 로봇작업	• 로봇의 기본원리·구조 및 작업방법에 관한 사항 • 이상 발생 시 응급조치에 관한 사항 • 안전시설 및 안전기준에 관한 사항 • 조작방법 및 작업순서에 관한 사항
38. 석면해체·제거작업	• 석면의 특성과 위험성 • 석면해체·제거의 작업방법에 관한 사항 • 장비 및 보호구 사용에 관한 사항 • 그 밖에 안전·보건관리에 필요한 사항
39. 가연물이 있는 장소에서 하는 화재위험작업	• 작업준비 및 작업절차에 관한 사항 • 작업장 내 위험물, 가연물의 사용·보관·설치 현황에 관한 사항 • 화재위험작업에 따른 인근 인화성 액체에 대한 방호조치에 관한 사항 • 화재위험작업으로 인한 불꽃, 불티 등의 흩날림 방지 조치에 관한 사항 • 인화성 액체의 증기가 남아 있지 않도록 환기 등의 조치에 관한 사항 • 화재감시자의 직무 및 피난교육 등 비상조치에 관한 사항 • 그 밖에 안전·보건관리에 필요한 사항
40. 타워크레인을 사용하는 작업시 신호업무를 하는 작업	• 타워크레인의 기계적 특성 및 방호장치 등에 관한 사항 • 화물의 취급 및 안전작업방법에 관한 사항 • 신호방법 및 요령에 관한 사항 • 인양 물건의 위험성 및 낙하·비래·충돌재해 예방에 관한 사항 • 인양물이 적재될 지반의 조건, 인양하중, 풍압 등이 인양물과 타워크레인에 미치는 영향 • 그 밖에 안전·보건관리에 필요한 사항

3.6 직무 교육

<table>
<tr><th colspan="2" rowspan="2">교육대상</th><th colspan="2">교육시간</th></tr>
<tr><th>신규교육</th><th>보수교육</th></tr>
<tr><td colspan="2">안전보건관리책임자</td><td>6시간 이상</td><td>6시간 이상</td></tr>
<tr><td colspan="2">안전 · 보건관리자</td><td>34시간 이상</td><td>24시간 이상</td></tr>
<tr><td colspan="2">안전보건관리담당자</td><td>–</td><td>8시간 이상</td></tr>
<tr><td rowspan="4">재해예방기관 종사자</td><td>건설재해예방전문 지도기관 종사자</td><td rowspan="4">34시간 이상</td><td rowspan="4">24시간 이상</td></tr>
<tr><td>석면조사기관 종사자</td></tr>
<tr><td>안전검사기관, 자율안전검사기관 종사자</td></tr>
<tr><td>안전 · 보건 관리전문기관 종사자</td></tr>
</table>

3.6.1 신규교육

교육시기 : 선임(위촉 포함)되거나 채용 후 3개월 이내

교육대상	교육내용
안전보건관리 책임자	• 관리책임자의 책임과 직무에 관한 사항 • 산업안전보건법령 및 안전 · 보건조치에 관한 사항
안전관리자 및 안전관리 전문 기관 종사자	• 산업안전보건법령에 관한 사항 • 산업안전보건개론에 관한 사항 • 인간공학 및 산업심리에 관한 사항 • 안전보건교육방법에 관한 사항 • 재해 발생 시 응급처치에 관한 사항 • 안전점검 · 평가 및 재해 분석기법에 관한 사항 • 안전기준 및 개인보호구 등 분야별 재해예방 실무에 관한 사항 • 산업안전보건관리비 계상 및 사용기준에 관한 사항 • 작업환경 개선 등 산업위생 분야에 관한 사항 • 무재해운동 추진기법 및 실무에 관한 사항 • 위험성평가에 관한 사항 • 그 밖에 안전관리자의 직무 향상을 위하여 필요한 사항

보건관리자 및 보건관리 전문 기관 종사자	• 산업안전보건법령 및 작업환경측정에 관한 사항 • 산업안전보건개론에 관한 사항 • 안전보건교육방법에 관한 사항 • 산업보건관리계획 수립·평가 및 산업역학에 관한 사항 • 작업환경 및 직업병 예방에 관한 사항 • 작업환경 개선에 관한 사항(소음·분진·관리대상 유해물질 및 유해광선 등) • 산업역학 및 통계에 관한 사항 • 산업환기에 관한 사항 • 안전보건관리의 체제·규정 및 보건관리자 역할에 관한 사항 • 보건관리계획 및 운용에 관한 사항 • 근로자 건강관리 및 응급처치에 관한 사항 • 위험성평가에 관한 사항 • 그 밖에 보건관리자의 직무 향상을 위하여 필요한 사항
건설재해예방 전문지도기관 종사자	• 산업안전보건법령 및 정책에 관한 사항 • 분야별 재해사례 연구에 관한 사항 • 새로운 공법 소개에 관한 사항 • 사업장 안전관리기법에 관한 사항 • 위험성평가의 실시에 관한 사항 • 그 밖에 직무 향상을 위하여 필요한 사항
석면조사기관 종사자	• 석면 제품의 종류 및 구별 방법에 관한 사항 • 석면에 의한 건강유해성에 관한 사항 • 석면 관련 법령 및 제도(법, 「석면안전관리법」 및 「건축법」 등)에 관한 사항 • 법 및 산업안전보건 정책방향에 관한 사항 • 석면 시료채취 및 분석 방법에 관한 사항 • 보호구 착용 방법에 관한 사항 • 석면조사결과서 및 석면지도 작성 방법에 관한 사항 • 석면 조사 실습에 관한 사항
안전검사기관 및 자율안전 검사기관	• 산업안전보건법령에 관한 사항 • 기계, 장비의 주요장치에 관한 사항 • 측정기기 작동 방법에 관한 사항 • 공통점검 사항 및 주요 위험요인별 점검내용에 관한 사항 • 기계, 장비의 주요안전장치에 관한 사항 • 검사시 안전보건 유의사항 • 기계·전기·화공 등 공학적 기초 지식에 관한 사항 • 검사원의 직무윤리에 관한 사항 • 그 밖에 종사자의 직무 향상을 위하여 필요한 사항

3.6.2 보수교육

교육시기: 신규교육 후 매 2년이 되는 날을 기준으로 전후 3개월 사이

교육대상	교육내용
안전보건관리 책임자	• 산업안전·보건정책에 관한 사항 • 자율안전·보건관리에 관한 사항
안전관리자 및 안전관리전문 기관 종사자	• 산업안전보건법령 및 정책에 관한 사항 • 안전관리계획 및 안전보건개선계획의 수립·평가·실무에 관한 사항 • 안전보건교육 및 무재해운동 추진실무에 관한 사항 • 산업안전보건관리비 사용기준 및 사용방법에 관한 사항 • 분야별 재해 사례 및 개선 사례에 관한 연구와 실무에 관한 사항 • 사업장 안전 개선기법에 관한 사항 • 위험성평가에 관한 사항 • 그 밖에 안전관리자 직무 향상을 위하여 필요한 사항
보건관리자 및 보건관리전문 기관 종사자	• 산업안전보건법령, 정책 및 작업환경 관리에 관한 사항 • 산업보건관리계획 수립·평가 및 안전보건교육 추진 요령에 관한 사항 • 근로자 건강 증진 및 구급환자 관리에 관한 사항 • 산업위생 및 산업환기에 관한 사항 • 직업병 사례 연구에 관한 사항 • 유해물질별 작업환경 관리에 관한 사항 • 위험성평가에 관한 사항 • 그 밖에 보건관리자 직무 향상을 위하여 필요한 사항
안전보건관리 담당자	• 위험성평가에 관한 사항 • 안전·보건교육방법에 관한 사항 • 사업장 순회점검 및 지도에 관한 사항 • 기계·기구의 적격품 선정에 관한 사항 • 산업재해 통계의 유지·관리 및 조사에 관한 사항 • 그 밖에 안전보건관리담당자 직무 향상을 위하여 필요한 사항
건설재해예방 전문지도기관 종사자	• 산업안전보건법령 및 정책에 관한 사항 • 분야별 재해사례 연구에 관한 사항 • 새로운 공법 소개에 관한 사항 • 사업장 안전관리기법에 관한 사항 • 위험성평가의 실시에 관한 사항 • 그 밖에 직무 향상을 위하여 필요한 사항
석면조사기관 종사자	• 석면 관련 법령 및 제도(법, 「석면안전관리법」 및 「건축법」 등)에 관한 사항 • 실내공기오염 관리(또는 작업환경측정 및 관리)에 관한 사항 • 산업안전보건 정책방향에 관한 사항 • 건축물·설비 구조의 이해에 관한 사항 • 건축물·설비 내 석면함유 자재 사용 및 시공·제거 방법에 관한 사항 • 보호구 선택 및 관리방법에 관한 사항 • 석면해체·제거작업 및 석면 흩날림 방지 계획 수립 및 평가에 관한 사항 • 건축물 석면조사 시 위해도평가 및 석면지도 작성·관리 실무에 관한 사항 • 건축 자재의 종류별 석면조사실무에 관한 사항

안전검사기관 및 자율안전 검사기관	• 산업안전보건법령 및 정책에 관한 사항 • 주요 위험요인별 점검내용에 관한 사항 • 기계, 장비의 주요장치와 안전장치에 관한 심화과정 • 검사시 안전보건 유의 사항 • 구조해석, 용접, 피로, 파괴, 피해예측, 작업환기, 위험성평가 등에 관한 사항 • 검사대상 기계별 재해 사례 및 개선 사례에 관한 연구와 실무에 관한 사항 • 검사원의 직무윤리에 관한 사항 • 그 밖에 종사자의 직무 향상을 위하여 필요한 사항

3.7 건설업기초안전보건교육

3.7.1 목적

사업주가 건설현장의 유해·위험요인 및 안전 및 보건조치 등을 건설업 일용근로자에게 교육하여 건설업 일용근로자가 안전하게 업무를 수행할 수 있도록 하기 위함

3.7.2 내용

산안법 제31조에 따라 건설업 사업주는 건설업 일용근로자에게 산안법 시행규칙 별표4, 5에서 정하는 건설업 기초안전보건교육을 실시해야 함

3.7.3 교육내용/시간

산안법 시행규칙 별표5 제2호 / 4시간 이상

구분	교육내용	시간
공통	산업안전보건법령 주요 내용(건설 일용근로자 관련 부분)	1시간
	안전의식 제고에 관한 사항	
교육 대상별	작업별 위험요인과 안전작업 방법(재해사례 및 예방대책)	2시간
	건설 직종별 건강장해 위험요인과 건강관리	1시간

3.7.4 벌칙/과태료

위반행위(▼)/위반횟수(▶)	1차	2차	3차
건설업 기초안전보건 교육 미실시	10만원	20만원	50만원

3.8 특수형태근로종사자 안전보건교육

3.8.1 목적

특수형태근로종사자(이하 '특고')로부터 노무를 제공받는 자가 특고를 대상으로 근무형태 및 업무 특성을 고려한 안전・보건교육을 실시함으로써 특고가 안전하게 업무를 수행할 수 있도록 하기 위함

3.8.2 내용

산안법 제77조에 따라 건설기계(27종) 운전자, 골프장 캐디, 택배원, 퀵서비스 배달원, 대리운전기사 등 5개 직종에 종사하는 특고로부터 노무를 제공받는 자는 특고에게 안전・보건교육(①최초 노무 제공 시, ②특별)을 실시해야 함

① **최초 노무 제공 시 교육**: 특고로부터 최초로 노무를 제공받기 전 실시

② **특별교육**: 유해하거나 위험한 작업에 채용하거나 그 작업으로 작업내용을 변경할 때 실시

3.8.3 교육시간

교육과정	교육시간
최초 노무 제공 시	2시간 이상(단기간 작업 또는 간헐적 작업에 노무를 제공하는 경우에는 1시간 이상 실시하고, 특별교육을 실시한 경우는 면제)
특별교육	16시간 이상(최초 작업에 종사하기 전 4시간 이상 실시하고 12시간은 3개월 이내에서 분할하여 실시 가능)
	단기간 작업 또는 간헐적 작업은 2시간 이상

3.8.4 교육내용

교육과정	교육내용
최초 노무 제공 시	아래의 내용 중 특수형태근로종사자의 직무에 적합한 내용을 교육해야 한다. • 산업안전 및 사고 예방에 관한 사항 • 산업보건 및 직업병 예방에 관한 사항 • 건강증진 및 질병 예방에 관한 사항 • 유해 · 위험 작업환경 관리에 관한 사항 • 산업안전보건법령 및 산업재해보상보험 제도에 관한 사항 • 직무스트레스 예방 및 관리에 관한 사항 • 직장 내 괴롭힘, 고객의 폭언 등으로 인한 건강장해 예방 및 관리에 관한 사항
	• 기계 · 기구의 위험성과 작업의 순서 및 동선에 관한 사항 • 작업 개시 전 점검에 관한 사항 • 정리정돈 및 청소에 관한 사항 • 사고 발생 시 긴급조치에 관한 사항 • 물질안전보건자료에 관한 사항 • 교통안전 및 운전안전에 관한 사항 • 보호구 착용에 관한 사항
특별교육	• 근로자 안전보건교육의 특별교육 내용과 같음(안내서 13쪽 참고)

3.8.5 벌칙/과태료

위반행위(▼)/위반횟수(▶)	1차	2차	3차
최초노무제공시 교육 미실시	10만원	20만원	50만원
특별교육 미실시	50만원	100만원	150만원

4. 다른 나라의 안전교육

국외의 안전보건교육은 법적으로 강제하기보다는 사업장 자율적인 형태로 운영되고 있다. 영국은 사업장에서 자율적으로 시행하도록 하고 있으며, 미국, 일본, 독일은 제한적으로 의무를 부과하는 형태로 운영되어 모든 산업안전보건교육을 의무사항에 포함하고 있는 국내와 다른 형태로 운영되고 있다.

국외는 법령은 단순하지만 사업장에서 시행되는 안전보건교육은 대상에 따라서 다양한 교육과정을 운영하는 것으로 나타났다. 안전보건교육방법을 보면 국내의 경우에는 대부분 집체교육으로 실시되는 반면에 미국, 일본, 영국, 독일 등은 세미나 또는 워크숍 등 교육대상자가 참여하는 방식으로 교육을 실시하고 있다. 특히, 산업안전보건교육을 사업장에서 자율적으로 실시하도록 한 유럽에서는 산업안전보건교육의 실행력을 확보하기 위한 방안으로 산업재해가 발생한 경우에 산업안전보건교육의 실시여부를 확인하여 미실시한 경우에는 벌금 등을 부과하는 방식으로 엄격하게 관리하고 있다.[4)]

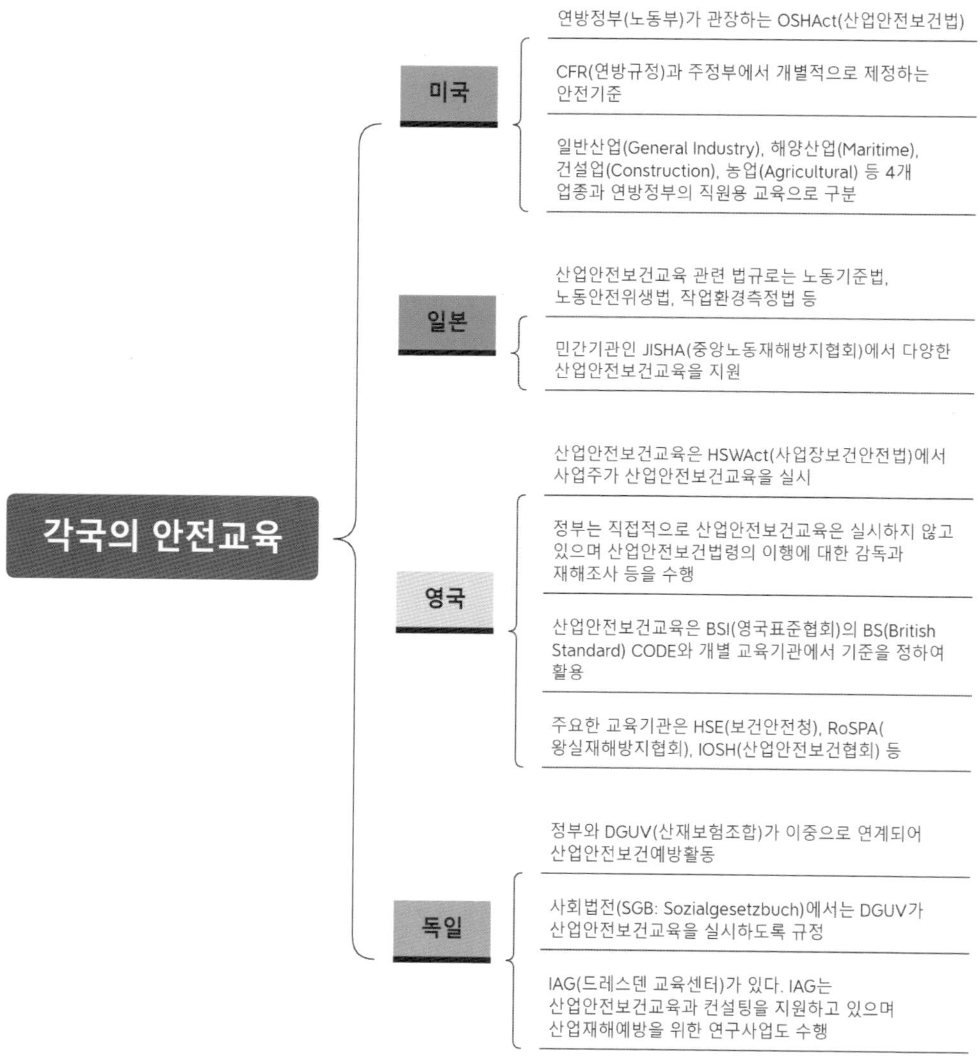

4) 지준석(2018). "건설업 안전관리자의 효과적인 직무교육을 위한 교육과정 개선에 관한 실증적 연구." 박사학위논문, 명지대학교 대학원.

4.1 미국의 안전교육

미국의 산업안전보건교육 관련 법규는 연방정부(노동부)가 관장하는 OSHAct(산업안전보건법), CFR(연방규정)과 주정부에서 개별적으로 제정하는 안전기준 등으로 구성된다. 연방정부는 일부 안전기준에 개별적인 교육요건을 명시하고 있으며, 세부적으로 약 100여 개의 안전기준이 교육요건에 명시되어 있다.

미국의 주정부에서는 연방정부보다 더 강화된 산업재해예방정책을 수립할 수 있으며 이러한 경우 모든 OSHAct를 준수하는 내용으로 수립되어야 하고 OSHA(산업안전보건청)의 승인을 받아야 한다. 캘리포니아 주정부는 연방정부보다 강화된 안전기준인 IIPP(부상 및 직업병 예방 프로그램, Injury and Illness Prevention Program)를 수립하여 운영하고 있다. IIPP는 국내 산업안전보건교육의 신규채용교육과 작업내용변경교육과 유사한 내용을 포함하고 있으며 캘리포니아 주정부의 개별적인 안전기준으로 제정되었으나 IIPP를 의무적인 안전기준으로 준수하도록 하는 주정부가 많아지고 있다. 해의 원인이 될 수 있는 불안전한 작업환경을 인식하고 이에 대한 대처방안 및 산업재해를 예방할 수 있는 교육훈련프로그램을 수립과 감독하도록 제정하고 있다. 산업안전보건교육을 실시할 대상은 일반산업(General Industry), 해양산업(Maritime), 건설업(Construction), 농업(Agricultural) 등 4개 업종과 연방정부의 직원용 교육으로 구분하고 있다. 이와 관련된 세부적인 교육내용은 산업안전보건법 관련 연방규정인 29 CFR에서 상세히 정하고 있다.

미국은 우리나라보다 상세히 교육내용, 교육방법, 교육범위를 정하고 있으며 단순히 교육시간을 이수하는 것으로 사업주의 의무가 면제되지 않으며 근로자 필요한교육내용을 이해하고 지속적으로 유지하도록 하는 것까지 의무를 부여하고 있다.

안전보건교육기관은 OSHA가 대표적이다. OSHA는 본부조직과 10개 주의 지역사무소가 50개 주를 관할하도록 하는 조직체계를 마련하여 산업안전보건업무를 총괄하고 있다. OSHA는 산업안전보건에 대한 사업장 감독이 주된

업무이며, 사업주를 대상으로 하는 산업안전보건교육과 교육훈련컨설팅을 지원하고 있다. 근로자를 대상으로 하는 산업안전보건교육은 세 가지 형태로 실시되고 있다. 사업장에서 자체적으로 교육을 실시하는 형태가 있으며, 순수한 민간교육기관이나 OSHA가 지정한 OSHA 교육센터에 위탁하여 교육하는 형태로 실시되고 있다.

OSHA가 지정한 교육센터인 UCSD(University of California, San Diego)의 일반현황과 교육과정을 분석하였다. UCSD는 시간제 강사 35명이 산업안전보건교육을 담당하며 이를 지원하는 16명의 운영인력으로 구성되어 있다. OSHA에서 제정한 일반산업, 건설산업, 해양산업 등 3개 업종에 대한 교육과정을 핵심과정으로 운영하고 있으며 농업에 대한 과정은 운영하지 않고 있다. 교육과정은 대상 및 운영성격에 따라서 네 가지로 구분된다. 법에 의하여 수강하여 하는 의무교육과정, 안전전문가를 대상으로 하는 안전전문가 과정, 산업안전보건강사를 육성하기 위한 강사과정, 사업장에 방문하여 직접 교육을 지원하는 사업장 방문교육과정, 온라인시스템을 이용하여 지원하는 온라인 교육과정이 있으며 세부적으로 총 300여 개의 교육과정이 있다. 교육수수료는 $125~$925로 UCSD의 산정기정에 따라서 자체적으로 정하고 있다.

NIOSH(국립직업안전건강연구소)는 작업장 안전과 건강을 개선하기 위한 연구와 이와 관련된 교육을 수행하는 미국 질병통제센터의 부속기관이다. NIOSH는 역학, 의학, 안전 등 다양한 분야의 전문가 약 1,300명으로 구성되어 있다. 교육측면을 보면 안전보건전문가를 위한 다양한 교육프로그램을 지원하고 있으며 예비산업인력인 고교교육과정에도 산업안전보건교육 프로그램을 지원하고 있다. 또한, 전문인력양성을 위해 산업위생분야 등에 대한 학위프로그램과 연구훈련기회를 제공하고 있다.

NSC(미국안전협회)는 안전, 건강 및 환경활동을 수행하는 비영리기관으로 약 55,000개의 기업회원과 21개 지부로 구성되어 있으며, 작업장 안전 등 부상과 사망이 많은 분야에 사업을 집중하고 있다. NSC는 미국 노동부 및 OSHA와 협력하여 작업장 안전을 강화하도록 지원하고 있으며, 산업안전 및 건강 등의 모범사례를 위주로 한 교육과정을 제공하고 있다.

미국의 산업안전보건교육은 국내와는 다르게 일부 유해·위험한 작업으로 특별히 지정한 분야를 제외하면 교육시수와 교육내용 등에 대한 일체의 제한이 없다. 다만, OSHA의 감독에서 산업안전보건교육의 결과로 인하여 안전규정의 위반이 확인된 경우에는 벌금 등으로 강력히 제재하고 있다. 미국은 사업장 특성에 맞는 산업안전보건교육을 자율적으로 시행하도록 하고 정부는 안전보건전문가를 육성과 교육지원으로 이를 뒷받침하며 실행력이 확보될 수 있도록 운영하고 있다.

OSHA의 산업안전보건교육에 대한 감독은 단순히 교육실시서류를 확인하는데 그치지 않고 교육을 받은 근로자의 면접을 통하여 교육의 효과성을 판단하도록 하고 있다. 벌금은 재해의 강도에 따라서 $7,000~$25,000의 수준이며, 교육서류 미미 등에 대한 벌금은 $25~$7,000 수준이다. 또한 국내와는 다르게 귀책사유가 있는 근로자에게도 벌금을 부과하고 있다.

4.2 일본의 안전교육

일본의 산업안전보건교육 관련 법규로는 노동기준법, 노동안전위생법, 작업환경측정법 등이며 관련된 하위 법령으로 정령(시행령), 성령(시행규칙), 고시, 지침 등이 있다. 노동안전위생법에서는 안전보건교육을 신규채용교육, 작업내용변경교육, 위험·유해한 작업의 특별교육, 직장교육, 건설현장 신규채용자교육 등으로 구분하고 있다. 신규채용교육, 작업내용변경교육, 위험·유해한 작업의 특별교육에 한하여 교육의무가 부여되고 있으며, 국내와 다르게 주기적으로 교육을 실시하여야 하는 정기교육의 의무는 부여되지 않고 있다.

관리감독자교육은 직무를 처음으로 맡은 경우에 12시간의 의무교육을 이수하도록 하고 있으며, 정기교육을 의무사항으로 부여하고 있지 않다. 관리감독자의 직책을 직장과 작업주임자로 구분하고 있다. 직장의 교육대상 업종은 건설업, 제조업(위험성이 낮은 일부 업종은 제외), 전기업, 가스업, 자동차 정비업, 기계수리업 등 일부 위험업종에 한하여 교육을 받도록 하고 있으며, 작업주임자는 고위험작업별로 구분하여 교육을 받도록 하고 있다.

사업주가 근로자의 신규채용 시에는 지체 없이 안전보건교육을 하도록 규정하고 있으나 별도로 교육시간을 규정하고 있지는 않으며 충분한 지식이 있다고 인정하는 근로자에게는 안전보건교육을 생략할 수도 있도록 규정하고 있다. 일본은 근로자가 해당 직무에 대한 재해의 위험성을 인식하고 재해예방을 위한 지식을 숙지하고 있는가에 중점을 두고 있다.

특별안전보건교육은 40개의 유해·위험한 직무를 세부적으로 정하고 있다. 각 특별작업별로 최소 3시간에서 최대 11시간까지 교육시간을 정하고 있으나 해당 작업의 위험성 등을 충분히 알고 있는 근로자에게는 특별교육을 생략할 수 있다. 산업안전보건교육강사는 현장경험이 풍부한 해당 분야의 퇴직자를 강사로 활용하여 실질적으로 도움이 되는 교육이 되도록 하고 있다.

일본 노동안전위생법상 의무교육을 이행하지 않은 경우에는 벌금을 부과하도록 정하고 있다. 신규채용교육 및 작업내용변경교육을 실시하지 않은 경우에는 벌금 50만 엔 이하를 부과하고, 유해위험업무특별교육을 실시하지 않은 경우에는 징역 6개월 이하나 벌금 50만 엔 이하를 부과하도록 하고 있으나, 신규 관리감독자(작업주임자 제외)에 대한 교육의 미이행에 대한 별도의 벌칙 규정은 없다.

일본은 민간기관인 JISHA(중앙노동재해방지협회)에서 다양한 산업안전보건교육을 지원하고 있다. 법령에 의한 교육과정과 내부강사 양성과정 등을 운영하고 있으며 안전보건전문가가 현장에 상주하며 기술을 전수하는 교육방식도 운영하고 있다.

JISHA는 이론과 실무를 겸비하도록 교육과정을 운영하고 있으며 교육강사들의 능력향상을 위하여 주기적인 세미나를 개최하고 있다.

4.2.3 영국의 안전교육

영국의 산업안전보건교육은 HSWAct(사업장보건안전법)에서 사업주가 산업안전보건교육을 실시하도록 규정하고 있으며 하위규칙에서 교육대상과 교육방법만을 포괄적으로 규정하고 있다. 기본적으로 사업주가 사업장내 위험평가, 안전보건조치, 안전보건교육실시, 안전보건전문가 채용 등에 책임이 있고 사망사고와 같이 특별한 경우를 제외하고는 세부적 시행까지 사업장에서 자율적으로 시행하도록 하고 있다.

정부는 직접적으로 산업안전보건교육은 실시하지 않고 있으며 산업안전보건법령의 이행에 대한 감독과 재해조사 등을 수행하고 있다. 안전보건규정에서 신규채용, 업무내용변경, 새로운 장비 도입 및 교체 등에 국내와 유사하게 산업안전보건교육을 실시하도록 규정하고 있다.

단순히 실행지침을 위반한 경우에 대한 처벌규정은 없으나 법령을 위반하여 처벌하는 경우에는 실행지침도 증거로 채택할 수 있도록 하여 실행력을 확보하고 있다.

안내지침은 권고사항으로 실행지침의 부족한 부분을 보완하고 있다. 영국의 산업안전보건교육은 미국과 독일보다도 자율성이 강한 수준으로 국내와 비교해도 사업주의 자율성을 상당히 보장하고 있다.

영국에서 산업안전보건교육은 BSI(영국표준협회)의 BS(British Standard) CODE와 개별 교육기관에서 기준을 정하여 활용하고 있다. 영국의 주요한 교육기관은 HSE(보건안전청), RoSPA(왕실재해방지협회), IOSH(산업안전보건협회) 등이 있다(최준철, 2020). HSE는 안전보건 파트너십(Good Neighbor)과 주요기관 파트너십(Lead Authority Partnership Scheme)을 통하여 안전보건관리체계의 확산과 향상을 지원하고 있다. RoSPA와 IOSH는 안전보건전문가 대상의 전문기술과정과 경영층, 관리자, 근로자 대상의 안전보건교육을 지원하고 있으며 안전세미나 개최와 간행물을 제공하고 있다.

HSWAct 및 안전보건규정의 강행규정을 위반한 경우에는 기소되거나 벌칙을 받도록 규정하고 있다. 개선조치, 금지조치, 배상명령위반 등은 무제한 벌금 또는 징역 2년(군복무 가능)이 부과될 수 있고 제3자 사고와 양벌규정으로 자격정지 15년까지 부과될 수 있다.

4.2.4 독일의 안전교육

독일은 정부와 DGUV(산재보험조합)가 이중으로 연계되어 산업안전보건 예방활동을 하고 있다. 산업안전보건법에서 신규채용교육, 작업내용변경교육, 신기술도입교육을 의무교육으로 규정하고 있다. 제국보험법에서도 안전보건관계자에 대한 산업안전보건교육을 의무하고 있다.

사회법전(SGB: Sozialgesetzbuch)에서는 DGUV가 산업안전보건교육을 실시하도록 규정하고 있다. 산업안전보건교육에 대한 비용은 DGUV가 모두 부담하도록 규정하고 있으며 개별사업장에 소속되지 않은 안전관리자 등 안전보건 관련 전문가도 의무교육 대상으로 포함하고 있다. 또한 교육기간동안 근로자의 인건비는 사업주가 부담하도록 규정하고 있다.

DGUV 산하에 독일 최대 규모의 안전보건교육기관인 IAG(드레스덴 교육센터)가 있다. IAG는 산업안전보건교육과 컨설팅을 지원하고 있으며 산업재해예방을 위한 연구사업도 수행하고 있다. 교육과정은 예방전문가 자격과정, 산업안전분야 석사학위과정, 작업장 안전을 위한 경력근로자 자격과정, 강사자격과정, 예방전문과정 등을 운영하고 있다. 모든 교육과정은 세미나 형식을 포함하고 체험이 필요한 과정은 해당분야 전문가가 교육생과 전 과정을 체험하는 형식으로 운영하여 효과성을 높이고 있다.

독일의 안전보건교육에 관한 감독 및 처벌과 관련 사법적 권한은 연방정부 및 주정부가 가지고 있다. 연방정부와 주정부는 상호 협의를 통해 사업장 중복 출입을 피하고 방문보고서를 공유한다. 산업안전보건교육 의무를 위반한 경우 사업주는 25,000유로, 근로자는 5,000유로의 과태료 처분을 받을 수 있다. 또한 고의적이나 반복적인 개선지시의 불이행은 1년 이하의 징역 또는 벌금을 받을 수 있다.

5. 산업재해유형

5.1 교통사고

사망재해는 이렇게 발생합니다.

• 서비스업에서의 도로교통 사망사고는 배달작업의 이륜차 사고가 대부분으로 ❶ 운행 중 신호위반과 과속, ❷ 전방주시 및 확인 미흡, ❸ 운행 중 휴대폰 통화, 한 손에 배달물을 든채 운행하는 등 개인의 불안전한 행동, ❹ 안전모 등 개인보호구 미착용 등으로 발생합니다.

사망재해 예방 대책

01_ 과속, 난폭운전, 신호위반 등 불법 운전을 하지 않고 교통법규 준수
02_ 운행 중 전방의 도로 교통상황과 도로상태 확인에 집중
03_ 운전 중 흡연, 잡담, 휴대폰 통화 등 불필요한 행동은 절대 금지
04_ 운전 시 복장을 단정히 하고 반드시 안전모 등 개인보호구를 지급·착용하고 전조등 항상 켜기

5.2 떨어짐

사망재해는 이렇게 발생합니다.

• 떨어짐으로 발생하는 사망사고는 ❶ 사다리 파손이나 헛디딤에 의해 실족, ❷ 청소차량, 트럭 등 작업발판에 탑승, ❸ 트럭 화물칸 적재·포장 작업, 건축물 옥상, 단부 등 높은 곳에서의 불안전한 작업, ❹ 달비계를 사용하여 건물 외벽청소 중 구명줄 미설치 등에 의해 발생합니다.

사망재해 예방 대책

01_ 사다리는 평탄하고 미끄럼이 없는 바닥에 설치하고, 최대길이 3.5m 이하 A형 사다리만 사용, 반드시 안전모 착용 및 2인1조 작업 실시

02_ 쓰레기·폐기물 수거를 위한 이동시 안전한 승차석에 탑승 이동 및 안전모 착용 철저

03_ 적재함에 화물로 인해 이동통로가 없는 경우 별도의 작업발판 등을 통해 안전한 작업공간을 확보하고, 떨어짐 위험장소에서 작업 시 반드시 안전모 착용

04_ 달비계 작업은 안전대 부착설비 설치, 옥상 앵커에 달비계 지지로프 결속 및 안전모 착용 철저

5.3 부딪힘

사망재해는 이렇게 발생합니다.

- 부딪힘으로 인한 사망재해는 ❶ 지게차, (화물)자동차 구내 운행 부주의, ❷ 부딪힘 위험장소에 대한 유도자 미배치 등 안전조치 미흡, ❸ 크레인·호이스트 등 운반설비 이용 시 중량물 취급 부주의, ❹ 통행 중 설비와 부딪힘 등으로 발생합니다.

사망재해 예방 대책

01_ 지게차 운행 시에는 운전자 시야를 확보할 수 있도록 적재하고, 제한 속도를 지정하여 과속하지 않도록 조치

02_ 지게차, 차량 등의 작업장 내 운행경로에는 출입금지 조치 및 유도자를 배치하고, 사각지대에는 반사경 설치

03_ 크레인 등으로 중량물 인양 시에는 편심이 되지 않고 수직으로 인양하고, 걸이로프 등이 풀리지 않도록 단단히 결속

04_ 불시에 열릴 수 있는 철제문 등과 같은 장소·설비에 필요한 안전조치 실시

5.4 끼임

사망재해는 이렇게 발생합니다.

• 끼임으로 발생하는 사망사고는 ❶ 재활용 선별장내 분쇄기·파쇄기 작업, ❷ 컨베이어 화물작업 중 회전하는 체인에 말림, ❸ 주차리프트에 차량 입고 시 임의 작동, ❹ 청소차량(압축진개차) 개폐장치 레버 임의조작 등에 의해 발생합니다.

사망재해 예방 대책

01_ 물품투입, 이물질 제거 시 수공구 사용

02_ 컨베이어 동력전달부, 체인 등에 안전덮개를 설치하여 노출되지 않도록 조치

03_ 주차리프트는 반드시 기계 전원을 차단하고 "사용중지" 또는 "수리중"이라는 표지판 설치 및 조도 확보 후 작업

04_ 조작레버는 개폐장치의 작동반경 내 작업자의 접근여부 등을 확인하여 안전한 상태에서 작동

5.5 넘어짐

사망재해는 이렇게 발생합니다.

- 넘어짐으로 발생하는 사망사고는 ❶ 바닥 및 통로에 물기, 빙판, 기름 등 이물질 또는 미끄러운 원·자재, ❷ 계단청소 중 부주의, ❸ 순찰, 물품운반 등 어두운 지하 계단 보행, ❹ 계단에서 미끄러지거나 헛디뎌 넘어짐 등으로 발생합니다.

사망재해 예방 대책

01_ 작업자 스스로 바닥상태 확인, 바닥은 청결하게 유지 및 미끄러짐방지 신발 착용

02_ 계단 청소는 아래에서 위쪽으로 실시, 슬리퍼 착용 금지 등 작업안전 수칙 준수

03_ 중량물은 나눠서 운반하고 어두운 장소는 손전등 등 휴대용 조명기기 지참

04_ 계단을 오르내릴때 손잡이를 잡고 뛰지 않으며, 계단에 미끄러짐방지용 테이프 부착

5.6 산업현장 안전수칙

5.6.1 추락위험 방지조치

① 추락위험장소에 안전난간 설치

② 개구부 덮개 및 경고표지 설치

③ 추락방호망 설치

④ 지붕 위 작업 시 작업발판 등 설치

⑤ 달비계 작업 시 안전대 및 구명줄 설치

⑥ 안전대 착용 시 안전대 부착설비 설치

5.6.2 끼임위험 방지조치

① 원동기, 회전축 등에 덮개, 울 등 설치

② 정비, 보수작업 시 운전정지

③ 기동장치 잠금조치, 표지판 설치

5.6.2 안전보호구 지급 및 착용

1) 안전대

2) 안전모

3) 안전화

CHAPTER 03

강의 교수법

1. 강의 기법
2. 교안 작성법
3. 교육프로그램 작성법
4. 피드백
5. 교육 평가
6. 교안 작성법

CHAPTER 03 강의 교수법

1. 강의 기법

인간존중과 생명의 가치

1. 생명의 가치에 대한 윤리적 고찰

생명존중은 모든 생명의 고귀성·유일성·동등성에 대한 인식을 의미한다.

윤리적인 인간은 이 생명 저 생명이 얼마나 값이 나가는지 묻지 않으며
또 그것이 얼마만큼 지각할 수 있는지 묻지 않는다.
삶 자체가 거룩한 것이다.

– 슈바이처(1875.1.14.~1965.9.4.)

생명윤리 → 내재적 규율을 통해 힘의 행사를 약화

2. 생명 존중 사상의 적응적 가치

- 생명체들이 가지고 있는 형질은 많은 부분이 적응의 결과
- 생명존중 사상 역시 생존을 유리하게 만든다.

'생명 존중 사상'의 적응적 가치

3. 인간존중, 인류의 보편적 가치

우리는 안전하게 살고 있는 것 같지만 끊임없이 생명의 위협에 시달리고 있습니다.

생명을 지키는 일, 우리 모두의 책임입니다.

인간은 성스러운 존재: 스토아 철학의 세네카(B.C.4–A.D.65)

프랑스 혁명: 인간의 존엄에 대한 요구

천부인권사상: 존 로크

- 자기를 인식할 수 있다
- 자주적으로 행동 → 도덕적 주체
- 유혹, 권력에 대항하는 용기와 자존심

HUMAN RIGHTS

인간의 존엄성: 절대(Absolute), 가치(Value)

매슬로 욕구 단계 이론

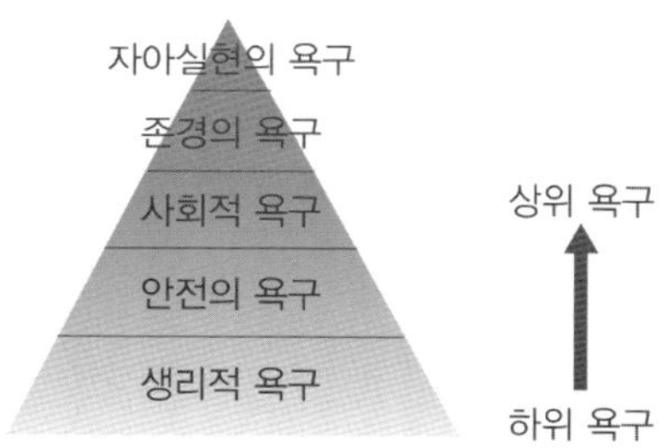

유엔 헌장: "인간의 존엄과 가치 및 기본인권의 불가침성"

4. 생명존중과 안전교육

생명존중 선언문

생명은 소중하다. 우리는 생명을 무엇보다 더 사랑하고 존중해야 한다. 인간은 생명이 있음으로써 행복을 비롯하여 여러 가치들을 추구하며 살 수 있다.

우리 사회에 만연한 이기주의, 물질만능주의, 다른 사람에 대한 배려 부족, 지나친 경쟁위주의 교육 등은 인간의 생명을 경시하는 원인이 되고 있다.

우리는 이를 극복하고 생명존중을 위한 핵심적 가치들을 구현함으로써 우리의 삶과 사회를 좀 더 평화롭고 조화롭게 만들어가야 한다.

안전의 가치 = 최우선의 가치

안전교육

제반의 안전사고의 가능성과 위험을 제거할 목적으로 인간의 행동 변화와 물리적 환경에서 발생한 상황 또는 상태에서 인간에게 위험을 줄 수 있는 요건에 대해 적극적으로 대처하는 방법을 익히는 일련의 과정(이재민 2011)

교수설계 개론

1. 안전전문 교수자의 역할

나(교수자)의 역할은?
전달 VS 촉진

■ **교수자의 역할**

Instructor(정보제공자)	Facilitator(학습조력자, 촉진자)
• Present information & direct structured learning experiences • 강의: 제시 → 연습 → 피드백 → 활동	• manage group discussions & group process so that group members fell the experience is positive • Project, Problem-Based Learning • team based learning

가르치는 수업인가요? OR 배우는 수업인가요?

Teaching VS Learning

- Teaching for Teaching: 가르치고 싶은 것을 어렵게 쫓기듯이 가르친다.
- Teaching for Learning: 꼭 배울 필요가 있는 것을 쉽게 가르친다.

나 혼자 수업

- 많은 내용을 가르치기 위해서 숨 돌릴 여유 없이 수업을 진행하는 현상 → 수업목표, 핵심이 무엇인지?
- 학생 이해 여부와는 상관없이 교수자가 설정한 진도를 나가는 현상
- 수업 중간중간에 '학생의 이해 여부'를 확인 안 함
- 수업 중에 효과적으로 학습 동기 및 학생 참여를 유발/유지시키는 전략을 사용하지 못함
- 학생과 적극적으로 '커뮤니케이션'하지 않음

■ 커뮤니케이션 방해 요소

외형적인 수업 행동 측면	교육매체 활용 측면
• 목소리 톤, 목소리 크기, 시선, 몸동작 및 동선 등 • 작고 단조로운 목소리 톤, 지루함	• 판서, 그림, 사진, 동영상을 포함한 PPT활용 등 작은 글씨나 그림

■ 커뮤니케이션 구성 요소

- 메러비언의 법칙(the law of Mehrabian)

말의 내 용(언어)	청각적 요소(목소리, 톤)	시각적 요소(바디랭귀지)
7%	38%	55%

- 언어 : 7%
- 비언어 : 93%　－ 몸통작, 목소리 / 강의 진행 강의 구성

학생을 방해하는 수업행동들

안절부절, 무의미하게 이리저리, 몰입이 안 돼요, 빠름, 웅얼거림, 작고, 단조롭고, 스크린과의 대화, 매미형, 어려워요, 내용이 너무 많아요, 핵심이 뭐지?, 지루해요, 졸려요, 진행 속도가 너무 빨라요

Best 안전교육강사로서 필요한 것

- 열정
- 교육생과의 상호작용 능력
- 주제에 대한 전문지식
- 새로운 교육방법의 적용능력
- 강의스킬

Best 안전교육강사로서 필요한 것은?

1. 현장감 있는 교육
2. 타당성 있는 교육
3. 전문 기술 업무 수행능력
4. 교육 관심 높이기
5. 교육과정과 조직 목표 일치
6. 교육내용의 내실화
7. 교육과 현업의 유기적 관계
8. 강사를 통하여 간접 경험 습득
9. 상호 의사소통의 기회

■ **VUCA 세상에서 Learning은 매우 중요**

Volatility Uncertainty Complexity Ambiguity

- 매킨지가 2015년 트렌드 키워드로 선정한 VUCA

변동성	불확실성	복잡성	모호성
(Volatility)	(Uncertaunty)	(Complexity)	(Ambiguity)

- 계속 변화하지만 복잡하며, 확실하지도 않은 모호함이 가득한 정보와 지식을 배우고 활용해야 하는 이러한 사회에서, '배우는 능력'은 더욱더 중요한 생존도구가 된다.
- 경영학 지식을 갖춘 전공자 VS. 어느 낯선 분야도 가장 효율적으로 빨리 알 수 있는 능력(기술)을 가진자, 세상은 갈수록 메타인지를 가진 인재를 더 원하게 될 것이다.

학습은 어렵다!

■ **How many people change?**

70% 학습을 시도함	학습에 대해 긍정적 태도 그러나 박스 안에 갇혀 있어 박스 밖으로 나가지 못함
15% 전이 성공	학습을 통해 Change Behaviors
15% 학습에 관심 없음	

교육과정(curriculum)

- 라틴어 쿠레레(cu-rere)에서 기원
- 말이 뛰는 길(course of race)

학습을 위한 방법과 명확한 지침을 준비해야 한다.
이것이 교수체제 설계

교수체제설계는 수업의 청사진과도 같다.(Blue Print)

교수체제설계

- 설계지향적(≠기술지향적)이다.
- 수업 방법과 상황 규명
- 보다 세분화된 방법 제공
- 개연적(≠결정적) 방법을 제공

■ **교수체제설계의 고려사항**

학습 요인	• 학습자 성별, 나이, 학년, 지적 수준, 사전지식, 경험 • 학습내용, 난이도 • 학습동기	
교수 요인	• 교수자 나이, 성별 • 감정, 동기, 경험	• 교육적 역할, 수준, • 교수 방법, 전략, 설계
기타 요인	• 수업시간 • 교실환경 • 사용 매체 • 예산	• 소속기관 • 조직 목적, 의도 • 교수 내용

교수체제설계

학습내용, 학습자, 환경 등이 주어졌을 때 학습자 요구에 맞는 내용을 체계화하고 설정된 교수목표를 성취하는 방법을 계획하고 개발하는 과정

2. 안전전문교육을 위한 교수설계 방법론

■ **과정개발 모델**

ISD	CBC	DACUM
Instructional System Design	Competency Based Curriculum	Developing A Curriculum:

■ **ISD 모델**

개념	현재와 바람직한 상태의 갭을 해소하기 위해 교육 필요 지점을 찾고 이를 교육프로그램으로 반영하여 교육과정을 설계하는 것
사용 범주	직무 중심의 교육과정 설계, 새로운 이슈의 규명과 전달
절차	교육목적 규명 - 직무, 요구분석 - 설계 - 개발 - 실시 - 평가 *반드시 교육 결과에 대한 평가가 수반되어야 함
참고 사항	보안이 필요하거나 새로운 직무지식, 스킬, 위주로 교육 내용 구성

■ CBC 모델

개념	바람직한 성과를 바탕으로 성과를 창출할 수 있는 필요 역량과 각 역량의 typical Action을 도출하고 typical Action별 KSA를 도출함으로써 성과를 낼 수 있는 역량요소를 개발하는 것
사용 범주	계층, 직책중심의 과정 설계
절차	기대되는 성과 규명–성과를 나타내는 역량도출–역량을 구성하는 전형적 행동요소 도출–행동요소별 KSA 도출–설계–개발–실시–평가
참고 사항	커리큘럼의 구성은 교육대상자의 역량개발 필요에 따라 종합적인 커리큘럼, 단위역량별 커리큘럼 등으로 다양하게 개발할 수 있음

■ DACUM 모델

개념	특정직부를 세부적으로 분석하여 해당 직무를 수행하기 위해 필요한 각종 지식, 스킬, 태도 등을 우선순위에 따라 분석하고 이를 토대로 해당 직무를 효과적으로 수행할 수 있도록 지원하는 프로그램을 개발하는 것
사용 범주	직무 중심의 교육과정 설계
절차	오리엔테이션–직무 개요–책임(의무) 영역 도출–수행 특정 임무 도출–임무, 의무 내용 검토 및 논술–임무, 의무에 대한 내용 정렬–필요사항 목록 작성–다른 기타 선호되는 사항 점검
참고 사항	직무분석을 통하여 교육과정 개발을 하는 접근방법으로, 교육의 우선순위를 정하고, 현재 최적의 교육과정을 정의할 때, 새로운 교육프로그램 개발 시 적합한 모델

■ 과정개발 모델의 비교

구분	ISD	CBC	DACUM
과정개발 방법	직무분석	역량분석	직무분석
분석의 포인트	교육요구가 있는 해당 직무의 분석을 통하여 기대수준과 현상의 갭 해소를 위해 교육이 필요한 KSA의 도출	직책, 직무별로 우수 성과자의 역량과 이에 따른 전형행동을 분석하고 행동별 KSA를 도출	직무별 우수수행자에 의한 직무분석을 바탕으로 직무수행에 필요한 KSA를 도출
주요 분석자	교육 담당자	교육 담당자	직무 수행자
교육내용	보완이 요구되는 KSA	전체 또는 단위역량별 KSA	우수한 직무수행에 요구되는 KSA
개발 프로세스	요그분석/평가단계 증요	역량분석 이후 동일	직무분석 이후 동일
적용 대상과정	직무교육(개선 or New)	계층별 교육, 직무교육(기본교육)	직무교육(기본교육)
장점	1. 교육목적에 부합되는 교육내용 2. 실제의 문제점 해결에 적합	1. Best Practice의 제시 2. 인재육성을 위한 로드맵 3. 교육 모듈의 다양화 기능 4. 비용 및 개발시간의 절감	1. Best Practice의 제시 2. 실제 업무와 상관성이 높은 부분 도출 가능 3. 비용 측면에서 효과적임

단점	1. 단순 문제점 해결에 치중 2. 외부요인에 의한 직무분석의 반복 3. 직무분석의 오류에 의한 문제 발생 4. 개발시간과 비용의 과다	1. 상황의 변화에 대한 적용성이 떨어짐 2. Focus 그룹에 의한 역량 오류 가능	1. SME 주관개입으로 직무분석 오류 2. SME 선발의 문제 3. 상황 변화에 따른 적응성이 떨어짐

■ **교수체제설계(Instrucional Systems Design)**

학습자와 경영상의 욕구를 파악하여 이를 충족시킬 수 있는 교육적 해결대안을 제시하고, 제시된 해결대안을 실행하기 위해 교육대상, 목표, 내용, 방법. 매체 등을 분석, 설계, 개발, 실행, 평가하는 일련의 체계적인 접근방법

현실적 문제점을 해결하기 위한 과정 개발

* 체계적이다? 수업 과정에 있어서 적어도 목표와 방법과 평가의 활동이 서로 유기적이고 상호보완적 작용의 관계를 유지하는 것

교수설계 방법론

1. 교수설계방법론: 분석

■ **도식화한 교수체제설계 ISD 모델**

구분	단계	주요 내용	주요 Output
Plan	분석(Analysis) ↓↑	• 조직의 요구(수행문제) 분석–문제 파악 및 원인 분석 • 교육 니즈 분석 – 직무/과제분석 – 학습자분석	→ Instructional Goal(교육목적)
	설계(Design) ↓↑	• 학습목표 기술 • 내용영역 설정 • 교수전략/기법 선택 • 평가전략 수립	→ Blueprint(과정개요)
	개발(Development) ↓↑	• 과목 내 세부활동개발 • 학습자료개발(교재 등) • 평가도구 개발 • Pilot Test 및 보완	→ Lesson Plan & Materials (수업계획, 교재/교보재)
Do	운영 (Implementation)	• 학습환경 조성 • 교육 운영	→ Delivery(실제과정 운영)
See	평가 (Evaluation)	• 평가 실행 • 결과보고서 작성 • 결과 활용	→ 교육 효과성 (과정평가 결과보고서)

■ **교수설계 모델**

분석	• 오구 분석 • 환경분석	• 학습자 분석 • 직무 및 과제 분석
설계	• 수행목표설정 • 구조화	• 평가도구설계 • 교수 전략 및 매체 선정
개발	• 고수자료 개발 테스트 및 수정	• 제작
실행	• 사용 및 설치	• 유지 및 관리
평가	• 교육훈련성과 평가	

■ **분석단계**

요구분석	• 0 해관계자의 명확한 정의: 개인, 팀, 조직 • Performance가 낮은 이유 결정 • 교육/교육 외적 문제의 구별 ▶ 교육적으로 해결할 수 있는 문제 기술
교육대상자 분석	• 학습자의 선수지식과 Skill • 일반적 특성: 연령, 성별, 학력, 직무, 직위 등 • 학습유형, 학습자들이 선호하는 학습방법 ▶ 교육대상자에 따라 학습내용을 달리하기 위해서
직무/과제 분석	• 대상자들의 일, 방법, 성과에 대한 시스템적 조사 • 비공식적 업무 파악–인터뷰 • 공식적인 업무파악–직무기술서 요청 서류/문서 검토 ▶ 요구분석에서 나타난 영역을 세부적으로 분석
환경분석	• 새로운 내용을 습득하는 학습환경의 특성 분석 • 습득한 지식, 기술, 태도를 활용하는 직무환경 분석

요구분석

요구(Needs)란? 현재 상태와 바람직한 상태와의 격차(Gap)

현재의 상태	Gap	미래의 바라는 상태
As is	요구=문제	To be

• 현재 상태와 바람직한 상태와의 격차(gap)를 결정
• 그것의 본질과 원인을 점검
• 미래의 행동을 위한 우선순위를 찾는 체계적인 행위

■ 분석단계: 요구분석/ Brinkerhoff의 요구에 대한 4가지 관점

1. 수행결핍	• 하고 있는 것과 해야 할 것 사이의 차이
2. 민주적 관점	• 많은 사람들이 원하고 선호하는 것 • 집단의 다수에 의해 요구되는 바람직한 변화
3. 진단적 관점	• 원래 기준이 되어야 하는 원칙이나 개념, 절차, 원리 등에 문제가 존재하여 요구가 발생하는 경우
4. 분석적 관점	• 수행성과를 향상시키기 위한 방법을 찾는 관점 • 전문가의 의견, 직관, 통찰력 등을 사용하여 요구를 추출

■ 조직요구분석

조직/기관요구 정의	요구발생 배경파악	수행문제/원인 및 해결방안	교육과정 개발 필요성 확보

• 조직 요구분석의 내용

구분	분석내용	분석도구	산출물
조직/ 기관분석	정책, 제도, 지침	문헌분석	교육의 필요성 교육주제/내용
	조직, 기관 재개편 (신규조직 개설 등)	문헌분석	
	조직, 기관요구	인터뷰 또는 설문	

• 요청기관의 방침, 전략을 이해하고, 기관에서 요구하는 교육목적을 정확히 파악하기 위함
• 교육과정에 있어서 정책적 필요성이나, 관련 부처의 필요에 의해 구성되는 경우가 있으므로 중요함

■ 분석단계: 조직 요구분석 사례

수행문제/원인		해결방안	교육 해결방안
안전보건담당자가 재해처리역할을 원활히 수행하지 못했다.	재해 처리 수행프로세스에 대한 명확한 공식자료가 없다.	재해처리 프로세스에서의 key point를 정립한다.	제도적으로 해결한다.
		재해처리 프로세스에서의 key point를 보급한다.	교육과정으로 해결한다.
	일부 전문가들만 재해처리 프로세스를 이해하고 있다.	재해유형별 안전보건담당자에게 재해처리와 관련된 명백한 역할을 규정한다.	제도적으로 해결한다.
		재해유형별 안전보건담당자가 재해처리와 관련된 명백한 역할을 수행한다.	교육과정으로 해결한다.
		재해 관련 법규(산업안전보건법, 산업안전재해보상법)에 대한 지식을 제공한다.	교육과정으로 해결한다.

■ **분석단계 / 환경분석 방법**

구분	분석내용
과정 개발의 제약조건을 기술	• 제약조건에는 인적, 물적 제약조건 및 개념적, 기간적 제약조건을 기술
기존 교육자료 기술	• 교육내용과 관련 참고할 수 있는 도서, 논문, 웹사이트 등을 파악 • 개발하려는 교육과정과 관련성이 높은 기존의 교육자료 등 제시 (과거 국립방제교육연구원의 교육과정 또는 외부교육기관의 유사한 교육과정)
교육과정 체계도상 위치를 기술	• 교육과정체계상에서 개발하려는 교육과정이 차지하는 위치를 기술
과정개발 협력자 기술	• 교육과정 개발에 도움을 줄 수 있는 조직 내·외 인적자원과 기여할 수 있는 영역 기술 • 교육내용과 관련하여 전문지식을 갖고 있거나, 관련 직무에 오랜 경험이 있는 교육원 내·외부, 각 부처, 외부 전문가를 의미하며, 전문가들의 자문을 통해 교육과정 개발에 도움을 받을 수 있음 • 향후 사내강사로 활용할 수도 있음
종합환경 기술	• 국립방재교육연구원의 특성을 고려한 전반적인 교육개발 환경을 기술

교육생 분석

1. 출발점 행동 확인
   - 출발점 행동이란 학습내용과 관련하여 학습자가 이미 알고 있는 행동이다.
2. 일반적인 학습자 특성
   1) 학습자 공통 특성
      - 학습자들이 처한 환경 및 연령, 학습능력, 학습 스타일 등의 일반적인 특성을 분석하는 것은 교수–학습 활동 설계나 사례 개발, 매체 선택에 중요한 영향을 미치게 된다.

   2) 개인의 학습자 특성: 킨처(1997)의 학습 스타일

1. 시각형 학습자	2. 청각형 학습자	3. 근육지각형 학습자
• 눈으로 보는 것을 가장 잘 이해하고 기억하는 유형 • 표, 그래프, 도형 등의 시각자료를 많이 제공하거나, 이것들을 스스로 만들도록 격려하는 것이 좋다.	• 소리로 들을 때 학습을 잘 하는 유형 • 말로 설명을 해주고, 이해가 안 되는 부분은 그룹 또는 혼잣말로 정보와 생각을 스스로 이야기하게 함으로써 학습 효과를 향상시킬 수 있다.	• 신체를 통해 정보를 체득할 때 학습이 잘 되는 유형 • 몸을 움직이며, 사람들이나 물건들과 상호작용하면서 학습하도록 배려한다.

3) 개인의 학습자 특성:Grow(1996)의 '단계화된 자기주도 학습 모델'

1. 의존적인 학습자	권위적이고 전문가적인 교수가 바람직하다.
2. 관심 있는 학습자	교사는 열정과 동기 부여를 통해 학습에 흥미를 불어넣어 주고, 학습목표 및 궁극적으로 무엇을 수행해야 하는지를 명백히 알려줘야 한다.
3. 참여적 학습자	정보를 가르친다기보다는 세미나 또는 협력 학습, 프로젝트 수행 등의 참여활동을 촉진하여 이들이 스스로 목적을 달성하도록 배려한다.
4. 자기주도적 학습자	학습자와 의논하여 학습목표와 학습계획을 사전에 결정한다. 즉, 학습자에게 권한을 대폭 위임한다.

■ **생애주기별 안전교육 분석-실습**

구분	내용	세부내용	비고
요구분석	• 요청부서		
	• 교육의 목적		
	• 요청부서의 요구사항		
	• 이전 교육의 문제점		
	• 요구사항의 해결방안(제도/환경, 동기부여, 교육 등)		
교육생 분석	• 기관명/업체명		
	• 대상연령		
	• 성별/인원		
	• 선수 교육 이수 여부 및 내용		
	• 교육생 특징(동기, 태도, 수준 등)		
	• 특기사항		
환경분석	• 교육장 형태(스쿨식, 모둠형태 확인)		
	• 기자재		
	• 교육시간(오전/오후, 강의시간)		
	• 기타		

2. 교수설계 방법론: 설계

■ **설계단계**

학습목표기술	• ABCD Rule에 의해 목표를 기술 – Adience – Condition – Behavior – Degree ▶ 목표기술의 이점
평가전략 수집	• 평가유형 선택: 필기, 역할연기, 관찰 • 과정평가 설문구성 • 진단/형성/총괄평가/강의평가

계열화=수업설계	• ARCS이론 • 계열화 내용의 기법 – 낮은 → 높은 스킬 시작 → 최종 단계 – 단순 → 복잡 – 쉬운 → 어려운 것 • 계열의 중요성 판단 – 내용 간의 복잡성 – 교수 시간 – Topic 간의 상호관계
교수전략 및 기법선택	• 학습내용과 학습 활동을 가장 효과적으로 성취할 수 있는 교수전략과 교수매체 선정 • 내용제시: 교수순서, 내용, 사례 • 학습자참여: 연습, 피드백 • 매체형식: 교자, 그래픽, 오디오, 비디오

■ **설계단계: 목표의 기술방법**

구성요소	기술방법	목표기술의 이점
• Audience[대상] • Behavior[행동] • Condition[조건] • Degree[기준]	• 구체적으로 기술 • 대상이 명확하면 생략 가능 • 검증, 관찰, 측정이 가능할 것 • 학습자에게 주어지는 자원 • 바람직한 행동을 수행할 수 있는 상황 • 가능하면 현장과 유사한 수준에서 • 양적/질적 수행 정도 • 실수의 허용도	• 목표달성여부의 확인 • 평가에 용이(목표설정에 이미 평가방법이 내재) • 교육내용의 선정기준 • 조직의 목표와 연계성 확인 • 효과성과 효율성 제고

■ **수업 설계**

수업의 3단계

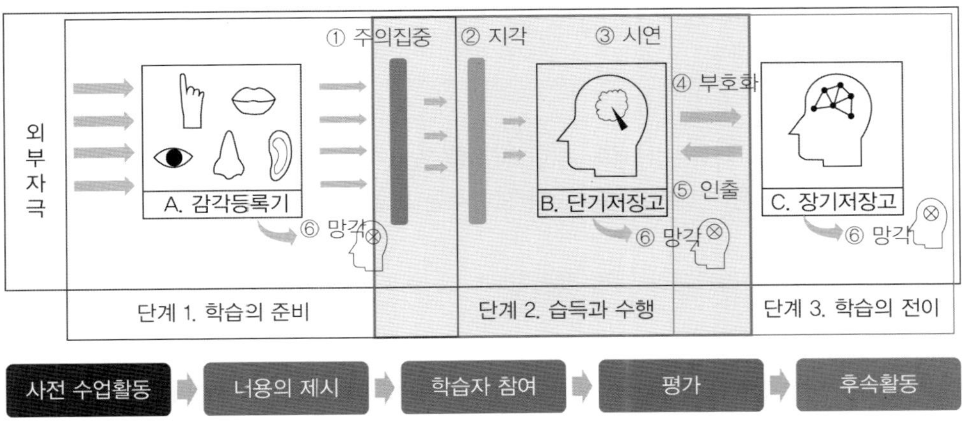

수업설계 – 구체적 수업절차

• 사전 수업활동: 수업을 시작하기 전에는 학습자가 학습에 준비되도록 만드는 것이 핵심

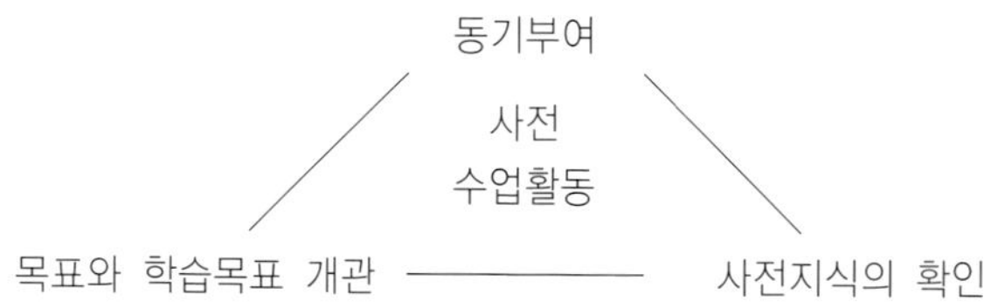

사전 수업활동

• 동기 부여하기
  – 사전 수업활동에서의 학습동기는 '유발적 동기'를 의미
  – 켈러(keller, 1987)는 학습동기를 ARCS의 네 가지 요소로 제시

주의집중(Attention)	내게 관심이 있는 것인가?
관련성(Relevance)	나의 개인적 요구를 반영하는 것인가?
자신감(Confidence)	이것을 배울 수 있을까?
만족감(Satisfaction)	나의 흥미를 만족시키는가?

내용의 제시

• 목표와 명확하게 관련된 내용만 순서에 맞추어 제시하기
  – 논리적으로 조직
    전체 → 부분, 간단 → 복잡, 쉬운 것 → 어려운 것
  – 중요한 내용 강조, 다양한 사례 활용
  – 각 개념을 어떤 형태, 어떤 사례를 통하여 설명할지에 대한 결정 필요
  – 사례와 비사례를 비교론적 관점에서 제공하는 것도 효과적
  – 하위 단계 지식에 대한 완전한 숙달은 필수

학습자 참여

학습에 대한 연습의 기회는 내용에 대한 파지를 높일 수 있음

1. 연습은 학습한 내용에 대한 이해수준을 보여주는 역할과 장기기억에 저장된(될) 정보를 회상하도록 함
2. 연습은 교수자의 피드백과 함께 제공될 때 그 효과가 극대화됨
   • 피드백
     – 정/오적, 교정적 성격을 지님
     – 강화의 기능 수행

■ **수업설계: 평가 및 마무리**

• 평가는 학습자의 수행수준이 과연 수업목표에서 요구하는 사항을 정확히 반영하고 있는지에 대한 정확한 판단을 요구

1. 교수자가 요구하는 수행을 하더라도 그것이 단순 암기에 의한 것일 수 있음
   → 이 경우 동일한 법칙이 작용하는 다른 사례를 통하여 확인하는 것이 바람직
2. 요구하는 수행이 정확하게 수업목표를 반영하는지에 대한 꾸준한 관심 필요
3. 주요 내용에 대한 반복은 기억의 향상과 학습내용의 구조화에 기여

■ **설계단계: 교수전략 및 기법선택 수업방법**

목적	교육방법	특성	활용방법	유의사항
지식	강의	• 단시간 내 다수에게 대량의 정보제공 • 교육효과 낮음 • 강사의 자질에 좌우	• 기본지식, 공통개념 소개	• 시청각 교재활용 • 중요한 키 포인트에 질문방법사용
	시범	• 실제 실물을 보거나 직접 조작함 • 비용과다	• 기기사용법 • 조작법 교육	• 시범준비, 강사는 기기에 대해 완전히 마스터할 것
태도	토의법	• 흥미 끄는 정도가 강함 • 토의 중 경험,정보 교류 • 동료의식 좋아짐 • 정보량이 적음	• 해결방법이나 아이디어 개발 시 • 문제의식, 문제공유를 위해서	• 주제에 대해 무관심한 참여자의 적극적인 참여 촉진
	역할연기 (Role play)	• 장시간 소요 • 촉진자의 능력 중요 • 상대편의 감정이해 • 적극적인 의사소통 가능	• 접객응대, 전화응대 • 회의진행 방법 • 대인관계 스킬 (면접, 상담 등)	• 평가체크리스트 활용 • 녹화를 통한 피드백
행동	사례연구	• 판단기준 내면화 기능 • 행동으로 전환용이 • 유연한 사고 전환 • 사례개발 및 시간 노력소모	• 상황분석력이나 문제해결 능력을 높일 경우	• 개인 연구시간을 충분히 줄 것 • 적극적인 토론추진
	과제법	• 강의, 워크숍 • 동기부여 되지 못할 경우 학습효과 저조	• 집합교육의 사전 학습으로서 활용	• 치밀한 후속조치

3. 교수설계 방법론: 개발, 실행, 평가

■ 개발단계

학습자료 준비	• 설계 단계에서 만들어진 청사진에 따라 실제 수업 또는 수업자료를 개발하고 제작 • 연습 및 피드백 활동 제작 • 필요한 자원 정보 추가
매뉴얼 제작	• 학습자용 매뉴얼 • 강사용 매뉴얼 → 교재용과 강의용 매뉴얼이 같을 필요는 없음
시범실시	• 학습대상자 중 소수 인원을 통한 Formative Evaluation • 실제 학습상황을 통한 수정 • 내용 및 매체전문가를 통한 피드백
교재/매체 제작	• 대부분의 기업이 외부에 주문하여 제작함 • Instruction 구조화 • 교수전략에 맞게 간결하게 명확한 그림 및 삽화 사용 제작

■ 형성평가

• 분석에서 교수자료개발 단계까지 이루어진 후 수정보완을 목적
→ 실제 수업을 실시하기 전에 개발된 수업자료, 프로그램, 매체, 평가도구 등을 검증함으로써 타당성 및 신뢰성을 확보하는 것
– 형성평가의 결과에 따라 개발된 자료들은 또다시 수정이 이루어짐
– 이후 수업자료 및 프로그램 제작 등을 실시

■ 실행 및 평가 단계

실행	평가
실제로 학습대상자에게 개발된 코스를 학습하게 하는 단계	수업 프로그램의 가치를 판단하는 총괄평가 실시
• 학습촉진 분위기 조성 – 경영자로부터 공개적인 지원 확보 – 비공식적 여론주도 리더를 파악하고 그들의 지지를 얻어낸다. – 강사양성 과정 실시 • 유지/보수 – 모니터링 메커니즘을 만든다. – 학습에 필요한 교보재 및 장비 점검 및 준비 – 프로그램을 질적으로 계속 혁신시킨다.	• 다단계 평가→Kirkpatrick – L1: 반응평가(설문서, 교육 만족도) – L2: 학습평가(교육목표 달성도) – L3: 행동평가(현업적용도 평가) – L4: 업적평가(성과기여도) – L5: ROI(Return of Investment) $\frac{\text{프로그램 이익 - 프로그램 소용}}{\text{프로그램소용비용}} \times 100$

평가단계

■ **총괄평가**

- 수업이 완전히 끝난 후에 실시하는 것
- 목적: 수업프로그램을 계속 사용할 것인가, 새로운 수업프로그램을 채택할 것인가에 관한 결정을 수행
  - 프로그램과 목적 간의 일치도
  - 수업 프로그램에 제시된 내용을 완벽성과 정확성
  - 수업 전략의 양호도, 유용성, 학습자의 대한 영향
  - 학습자의 성취도, 태도
  - 교사의 태도 및 수행 요건별 프로그램의 장단점

■ **작성실습**

지도일시	ㅇㅇㅇㅇ.ㅇㅇ.ㅇㅇ.ㅇ교시	지도대상	ㅇ학년 ㅇ반	지도교사	ㅇㅇㅇ
활동명			차시	1/1	
본시학습목표	1. 화재 예방법과 발생 시 대처법을 설명할 수 있다. 2. 화재 시 소화기 사용 및 심폐소생술을 실행할 수 있다.				
교수학습 모형 및 방법	직접 교수모형, 소집단 협동학습모형				
학습자료	교사		학생		
	ppt자료		소화기, 심폐소생 실습용 인형		

지도 단계	학습내용	시간 (분)	교수·학습활동: 교사활동	교수·학습활동: 학생활동	자료 및 유의점
도입 (5″)	인사 및 학습준비	2″	• 학생들과 인사를 하고 자기소개를 하며 학습 분위기를 조성한다.	• 교사와 인사를 한 후, 교사의 소개를 들으며 수업에 임할 준비를 한다.	(자료) ppt (유의점) 학생들이 학습 목표를 직접 읽도록 한다.
	학습동기유발	3″	• 최근 안전사고가 빈번하게 일어나고 있음을 상기시키고 특히 화재에 대한 우리의 안전 불감을 상기시켜 올바른 대처법에 대한 학습동기를 유발시킨다.	• 교사의 설명을 경청하고 안전 사고 문제에 대해 반성적으로 사고한다.	
	학습목표확인	1″	• 학습목표를 제시하고 학생들에게 확인하도록 한다.	• 학습목표를 인지하고, 배울 내용에 대해 생각해 본다.	
전개 (40″)	강의활동 1 강의	10″	• ppt를 사용하여 화재의 예방, 대피, 대처법을 직접적으로 설명한다(직접교수모형 중 설명하기).	• 교사의 설명을 경청하고, 교사에게 질문을 받았을 시 적극적으로 참여한다.	(자료) ppt (유의점) 질문을 통해 대답을 유도하는 등 학생들의 주의가 흐트러지지 않도록 조절한다.
	: 화재 예방, 대비, 대처	5″	• 강의가 끝나면 활동을 위해 학생들을 인솔하여 운동장으로 이동한다. 이동 후 학생들을 소집단으로 모이게 한다.	• 교사의 인솔에 따라 운동장으로 신속하고 안전하게 이동한다.	(유의점) 이동 중 학생들의 주의가 흐트러지거나 이탈이 발생할 수 있기 때문에 번호순으로 줄을 세우는 등 체계적으로 이동한다.
	운동장으로 이동 학습활동2 활동	10″	• 소화기를 다루는 방법을 시범 보이고 소집단별로 직접 소화기를 분사하는 활동을 하도록 한다. 교사는 반드시 학생들의 활동을 지속적으로 점검한다(직접교수모형 중 시범보이기와 활동하기).	• 교사의 시범을 보고 소집단별로 직접 분말 소화기를 분사한다. 절대 장난을 치지 않도록 유의한다.	(자료) 분말소화기 (유의점) 학생들이 장난을 치면 안전사고가 발생할 수 있기 때문에 지속적으로 활동을 점검한다.
	: 소화기 다루기, 심폐소생술	15″	• 심폐소생술을 시범 보이고 소집단별로 심폐소생 실습용 인형으로 직접 심폐소생을 실행하는 활동을 하도록 한다. 교사는 학생들의 활동을 지속적으로 점검한다. 모든 학생이 해볼 수 있도록 유도한다.	• 교사의 시범을 보고 소집단별로 직접 심폐소생술을 실행한다. 절대 장난을 치지 않도록 유의한다.	(자료) 실습용인형 (유의점) 학생들이 장난을 치면 안전사고가 발생할 수 있기 때문에 지속적으로 활동을 점검한다.
정리 및 평가 (5″)	학습정리	2″	• 학습 내용을 구두로 정리한다. 학생들에게 이해가 안 된 부분이 있으면 질문하도록 하고, 보충설명을 한다.	• 교사의 설명을 들으며 학습한 내용을 정교화한다. 궁금한 점이나 잘 듣지 못한 부분이 있으면 손을 들어 질문한다.	(자료) 형성 평가 설문지
	형성평가	3″	• 프로그램평가 설문지를 통해 학생들의 교육효과를 조사한다.	• 형성펴가 설문지를 정성스럽게 작성한다.	

■ **교수설계 모델(앞부분과 반복)**

분석	설계	개발	실행	평가
• 요구분석 • 학습자 분석 • 환경분석 • 직무 및 과제분석	• 수행목표 설정 • 평가도구 설계 • 구조화 • 교수전략 및 매체 선정	• 교수자료 개발 테스트 및 수정 • 제작	• 사용 및 설치 • 유지 및 관리	• 교육 훈련 성과 평가

2. 교안 작성법

영유아기 및 아동기 교수설계

1. 영유아기 학습자 특성에 맞는 교수기법 적용과 활용

영유아기, 아동기 학습자의 특성

영유아, 아동기 (0~12세)	청소년기 (13~18세)	청년기, 성인기 (19세~64세)	노인기 (65세)

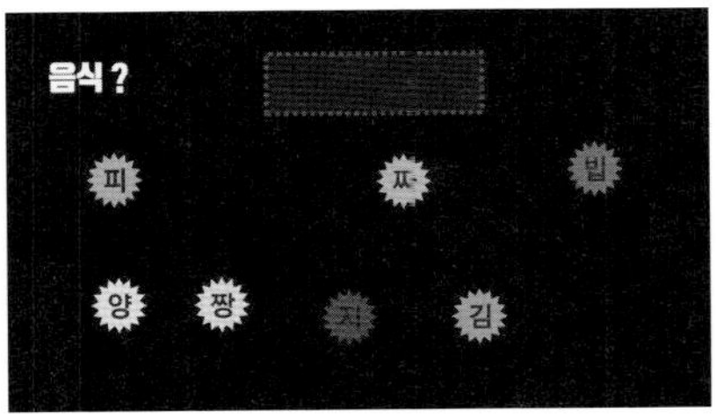

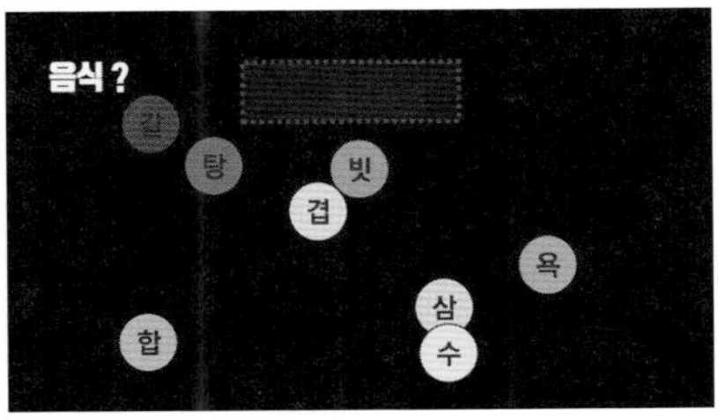

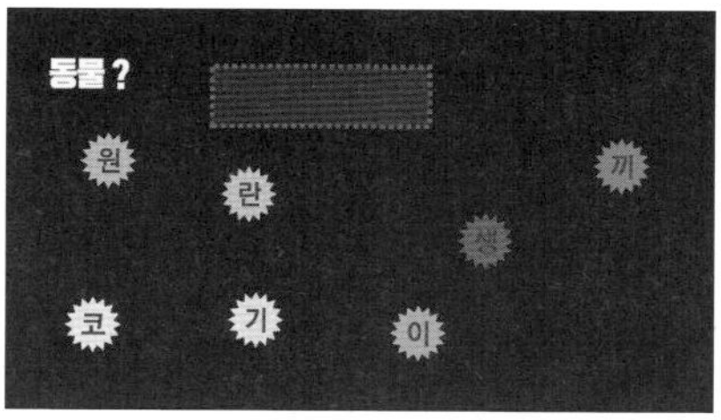

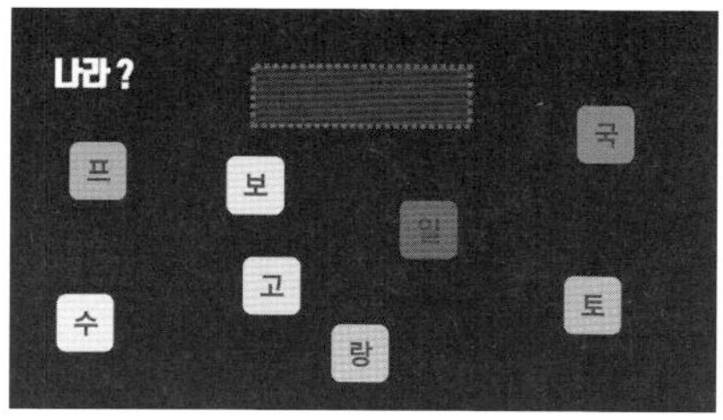

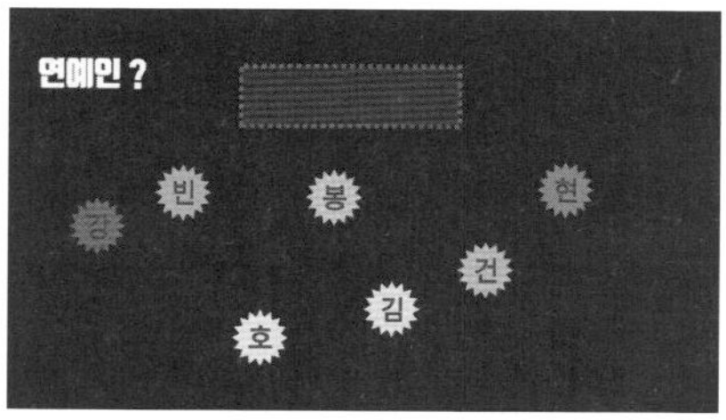

■ 안전교육을 위한 영유아기 학습자의 특성

• 영유아기(1~5세): 안전교육 의존기

구분	신체변화	인지변화	사회심리변화
영아기 (1~2세)	• 호기심기 • 뇌의 급격한 성장	• 감각(깊이지각) • 모형 • 놀이 • 의사표현	• 신뢰 • 의존 • 자기인식
유아기 (3~5세)	• 활동기 • 운동기술 향상 • 배변 훈련	• 기억 향상 • 흉내 내기	• 의존적 • 타인의식 • 공포 표현 • 낯가림

영아기(1~2세)발달 특성 6가지

- 인간의 생애 중 신장과 몸무게의 성장 속도가 가장 빠른 시기
- 신체성장과 함께 근육 운동이 점차 분화되어 여러 가지 새로운 운동활동이 가능해진다.
- 인지적 측면에서 매우 많은 변화가 나타난다.
  - 주변 세계에 대한 정보를 감각에 의해 획득
  - 오감
  - 대상영속성
  - 목표지향적 행동
- 정확한 의사전달은 유아기가 되어서야 가능하다.
- 영아기는 정서가 완성된다.
- 영아기는 아직 사회성이 발달하지 못한다.

영아기(1~2세)발달 특성 6가지: 안전교육 의존기

보호자의 안전교육을 신뢰하고 모방하는 행동이 나타나므로 보호자를 대상으로 한 안전교육 필요

유아기(3~5세) 발달 특성 6가지

- 신장과 몸무게의 성장 속도는 매우 급속하기는 하지만 영아보다는 느리다.
- 신체 성장과 근육 운동이 점차 분화되어 여러 가지 활동이 가능해진다.
- 인지적 측면에서 매우 많은 변화를 보인다.
- 영아기보다 정확한 의사전달이 가능하다.
- 감수성이 예민해지고 표현방식이 세련되어진다.
- 사회성이 발달한다.

유아기(3~5세) 발달 특성 6가지: 안전교육 준비기

학교에서 아동의 안전고육이 좀 더 성장할 수 있도록 준비시키는 과정 필요

영유아기 교수학습의 고려사항

- 집단 활동과 선택 활동
  - 영유아는 선천적인 호기심을 가지고 학습 흥미 중심의 놀이를 통해 자발적으로 학습이 일어나도록 하는 것이 중요
  - 교사에 의해 주도되는 집단 활동과 영유아가 스스로 선택할 수 있는 놀이 환경을 제공
- 보다 넓은 의미에서의 접근 필요
  - 교사에 의해 진행되는 수업, 하루 일과 부모교육, 체험학습, 행사 등 모든 생활이 교수–학습의 과정이 됨

영유아기에 맞는 교수기법

가능하면 직접 보거나 만져 볼 수 있는 실제적이고 구체적인 사례를 제공하며, 호기심과 흥미유발 교수기법이 필요하다.

■ **영유아기 교수학습 과정**

학습주기	인식	탐색	놀이	활용/적용
교수학습 과정	저시	탐색	놀이	놀이확장
	• 관심 • 호기심 유발	• 학습 • 자가 점검 • 지식 습득	• 실습 • 몸에 체득화	• 적용 • 반복학습

영유아기 교수학습 과정

지진이 발생했을 때 이렇게 해요!

제시	[오감 질문] 지진이 발생했을 때?
탐색	[동영상 시청] 지진발생 시 이렇게 행동해요.
놀이	[훈련 실습] 놀이를 활용한 훈련을 통해 체득화 한다.
놀이 확장	[적용] 집에서 부모와 함께 지진 발생 시 행동요령 반복 학습하기

영유아기 교수학습 과정

지진이 발생했을 때 이렇게 해요!

제시

[오감 질문] 지진이 발생했을 때…?

- 오감을 자극할 수 있는 흔들림 제공

탐색

[동영상 시청] 지진이 발생 시 이렇게 행동해요!

놀이

[훈련 실습] 놀이를 활용한 훈련을 통해 체득화 한다.

1. 머리를 보호하며 책상 밑으로 들어갑니다.
2. 흔들림이 멈추면 머리를 보호하고 계단을 이용하여 밖으로 나갑니다.
3. 넓은 곳에서 선생님의 안내에 따라 행동합니다.

놀이확장

[적용] 집에서 부모와 함께 지진 발생 시 행동 요령 반복 학습하기

제시	탐색	놀이	놀이 확장
• 관심 • 호기심 유발	• 학습 • 자가점검 • 지식습득	• 실습 • 몸에 체득화	• 적용 • 반복학습

자연주의 철학자 루소에 의하면 인간은 태어날 때부터 본능적으로 잘 성장할 수 있는 내적인 힘을 가지고 있다. 인간의 발달은 내부의 생물학적인 시간표에 따라 진행되며 발달에 미치는 환경의 영향은 미미하다. 유아는 생물학적 성숙에 따라 스스로 성장하고 학습할 수 있는 존재이므로 과도한 환경적 자극은 오히려 자연스런 성장을 방해하거나 부정적인 영향을 끼칠 수 있다. 그의 책 『에밀』에서 루소는 '가르쳐 주지 말고 스스로 배우게 함으로써 알게 하라'고 주장한 바 있다. 이는 루소이후의 교육에 있어서 아동중심 교육철학의 근간이 되었다.

–루소–

2. 아동기 학습자 특성에 맞는 교수기법 적용과 활용

안전교육을 위한 아동기 학습자의 특성

■ 아동기(6~12세):안전교육 준비기

구분	신체변화	인지변화	사회심리변화
아동기 (6~12세)	• 실천기 • 성장둔화	• 활동적 • 학습능력 향상 • 인과관계 이해 • 언어, 수리 능력	• 학교활동 위주 • 탈의존정 시도

아동기(6~12세)발달 특성 6가지

- 남,녀의 신체 차이가 나타남(2차 성징)
- 다양한 관점에서 생각할 수 있음(이렇게 저렇게 살펴보는 여러 가지 생각을 한다)
- 다양한 감정을 이해할 수 있음(TV프로그램 보면서 상대의 감정을 말하지 않아도 느껴지는 것)
- 내 감정을 억제할 수 있으며,감정이 복잡해지고 쉽게 변함(기분 나쁘다고 무작정 짜증내고 화를 내고 울기만 하는 것이 아니라 감정을 추스르고 다스릴 수 있는 힘을 기를 수 있다)
- 친구와의 관계가 끈끈해짐(친구와 노는 것이 더 좋아짐)
- 협동심을 보이며, 다른 사람을 배려하는 마음이 커짐

안전교육 준비기

- 안전교육 준비기: 행동의 허용기준을 배우며 이 기준에 따라서 행동하고 기준과 원칙을 어길 때 죄책감을 느끼는 시기
- 행동의 허용기준을 습득하기 위해 강사의 모델링을 통한 행동의 반복적 연습이 필요

아동기에 맞는 교수기법

- 공감
  - 게임이피케이션으로 호기심을 자극한다.
  - 표준화된 기준, 원칙을 제시한다.
  - 모의훈련(시범)으로 실습한다.
  - 반복학습한다

아동기 교수학습 과정

친구가 물에 빠졌다면 내가 도와줘야 해요

○ ×

안돼요 Oh~~~NO~~~!

원칙1 주변 어른들에게 도움을 요청한다.

맨발로 물에 들어가도 괜찮아요

○ ×

Oh!!No~~~!!

뾰족 뾰족 다칠지도 몰라요! 물 안은 위험해요!!

원칙2 물에 들어갈 때에는 신발을 꼭 착용한다.

누가 보낸 건지 모르는 문자메시지의 링크를 클릭 해도 된다.

○ ×

사이버 범죄에 노출이 되어 많은 돈을 잃을 수도 있으니 조심해야 합니다.

원칙3 이상한 문자가 왔을 경우에는 신고한다

때로는 두려움을 이겨 내야 그 건너편의 아름다움을 볼 수 있단다

한편 에릭슨의 발달 단계에서는 1단계 영아조차 사회적 요인이 중요하다고 언급하고 있다. 특히 3단계의 발달 시기에 있는 유아에게는 가족뿐만 아니라 또래와 사회적 관계가 중요함을 강조하고 있다. 친구에게 관심을 갖기 시작하면서 상호 의사소통이 가능해지는 유아에게 사회적 흥미를 고무시키고 진정한 사회적 관계를 유지해 가도록 돕는 것은 부모와 교사의 당연한 과제다.

—에릭슨

3. 교육프로그램 작성법

청소년기 교수설계

1. 청소년기 학습자 특징

청소년기 학습자의 특성

영유아, 아동기 (0~12세)	청소년기 (13~18세)	청년기, 성인기 (19세~64세)	노인기 (65세)

청소년기 교수기법

■ **과일**

ㅋㅇ – ㅂㄴㄴ – ㄱ – ㅊㅇ – ㅅㅂ

ㅅㄱ – ㅁㄱ – ㄹㅊ – ㅁㄱㅅㅌ

키위 – 바나나 – 귤 – 참외 – 수박

사과 – 망고 – 리치 – 망고스틴

■ **동물**

ㅋㄲㄹ – ㄱ – ㅎㅁ – ㅅㅈ – ㄱㅇㅇ –

ㄴㅁㄴㅂ – ㄴㄱㄹ – ㅇㅅㅇ – ㅍㄷ

코끼리 – 개 – 하마 – 사자 – 고양이 –

나무늘보 – 너구리 – 원숭이 – 판다

■ 나라

ㄷㅎㅁㄱ－ㅇㅂ－ㅈㄱ－ㅂㄹㅈ－
ㅋㄴㄷ－ㅁㅅㅋ－ㅇㅌㄹㅇ－ㅌㅋ－ㄱㄹㅅ

대한민국 – 일본 – 중국 – 브라질 –
캐나다 – 멕시코 – 이탈리아 – 터키 – 그리스

■ 꽃

ㅎㅂㄹㄱ－ㅈㅁ－ㅌㄹ－ㅋㅅㅁㅅ－
ㅁㄱㅎ－ㄴㅍㄲ－ㄱㄴㄹ－ㅂㅎ－ㅍㄹㅈㅇ

해바라기 – 장미 – 튤립 – 코스모스 –
무궁화 – 나팔꽃 – 개나리 – 백합 – 프리지아

■ 가전제품

ㄴㅈㄱ－ㅇㅇㅋ－ㅈㄱㅂㅅ－ㅌㄹㅂㅈ－
ㅊㅅㄱ－ㄱㄱㅊㅈㄱ－ㄱㅅㄱ－ㅈㄱㅈㅍ－ㅅㅌㅇㄹ

냉장고 – 에어컨 – 전기밥솥 – 텔레비전 –
청소기 – 공기청정기 – 가습기 – 전기장판 – 스타일러

안전 교육을 위한 청소년기 학습자의 특성

청소년기(13~18세): 안전교육 성숙기

구분	신체변화	인지변화	사회심리변화
청소년기 (13~18세)	• 전환기 • 성숙기 • 가임기	• 독립적 의사결정 • 미래설계 • 결과예측 • 가치결정력	• 존재감 확인 • 관계형성 • 외모 중시 • 권위에 대한 도전 • 미래결정

청소년기(13~18세)발달 특성 4가지

- 소속집단의 규범을 이해하고 자신의 가치관에 대해 신념을 갖고 행동할 수 있는 아동기 안전개념이 더 성숙될 수 있다.
- 뇌의 발달이 급진적으로 이뤄진다(전두엽–조절 이성적 사고).
- 브레이크가 형성이 안 되어 있다.
- 이성보다는 감성적으로 반응(감정 중추가 먼저 자극을 한다.)

안전교육 성숙기

- 사건의 시작과 결과의 연관성을 생각하는 과학적 사고와 논리적 사고 역량이 증가하는 시기
- 집중력을 유지 시켜 주기 위해 게임, 퀴즈 등의 흥미유발 요소를 교수기법에 포함 시켜 주는 것이 필요

청소년 학습자의 학습 특징

- 교육의 가치관이 자신과 일치할 때 잘 학습한다.
- 당면문제와 관련된 경험을 학습하고자 한다.
- 자신의 기대치와 부합되지 않으면 즉각 잠을 청한다.
- 현실적용이 가능한 경험을 학습하고자 한다.
- 육체적, 정신적 안정이 됐을 때 잘 학습한다.
- 자신의 경험과 관련이 적은 사항은 학습속도가 느리다.
- 자기가 필요한 분야가 아니면 곧 망각한다.
- 자기 나름대로 기준을 갖고 있다.
- 강사뿐만 아니라 학습자 상호 간에 학습한다.
- 실제 생활과 밀착된 경험을 학습하고자 한다.
- 가능하면 빨리 적용하고 싶어 한다.
- 어디 한번 해보라! 내가 들어 볼 테니까!
- 민방위 교육과 같은 방식의 교육을 싫어한다.
- 자신의 경험을 표현하고 참여하고 싶어 한다.

공감(共感) 또는 동감(同感)

2. 청소년기 학습자 특성에 맞는 교수기법 적용과 활용

청소년기 교수기법

- 학습이란?
  - 새로운 것들, 습관, 언어, 태도 등을 몸에 익숙하게 하여 자연스럽게 행동에 변화를 가져오게 하는 것
  - 변화된 행동이 지속적으로 이루어지는 것
- 교수법의 분류
  - 교수–학습에 대한 철학 기준: 발견학습과 수용학습
  - 주도적 학습의 활동 기준: 개인학습과 집단 학습

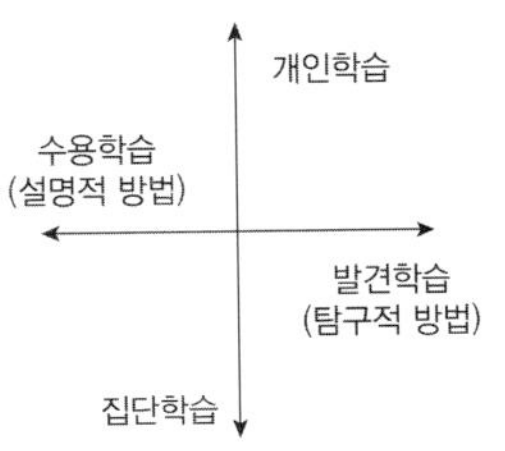

사이버 언어폭력이란?

인터넷과 휴대전화를 통하여 욕설을 하거나 감정을 상하게 하는 등 약자를 괴롭히거나 따돌리는 모든 행동을 말해요!

오프라인에서의 폭력 대비, 사이버 폭력의 심각성

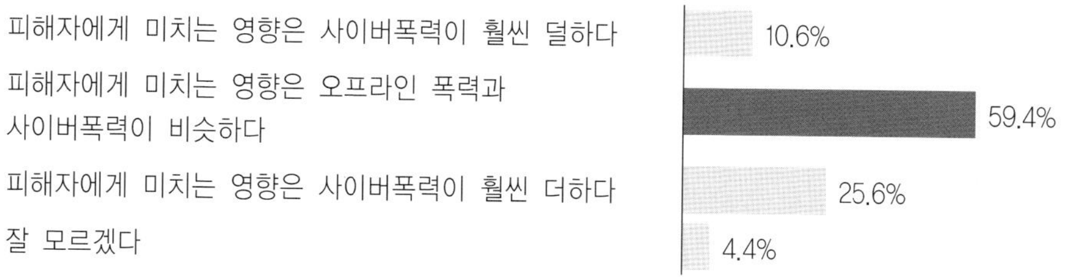

사이버 폭력 전화상담

1388 청소년 전화 접수 현황

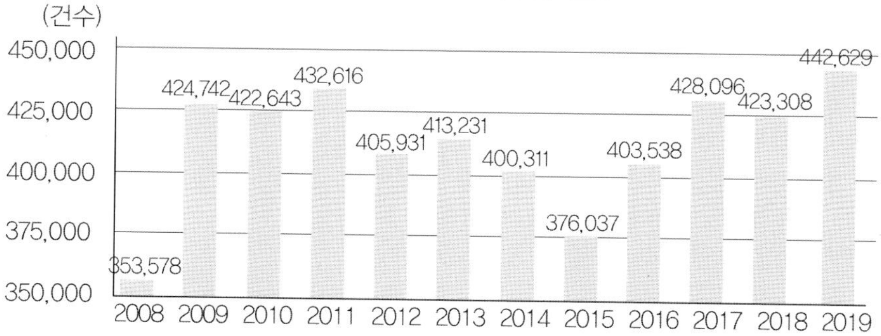

자료: 여성가족부 청소년백서 및 한국청소년상담복지개발원상담통계

사이버 폭력이 뭐죠?

사이버 폭력(Cyberbullying)이란 메일, 메신저, SNS, 휴대전화, 인터넷 게시판 등에서 개인이나 집단이 특정인을 의도적이고 지속적으로 괴롭히는 행위로, 이것은 모두 '폭력'입니다.

사이버 언어폭력	욕설, 비하, 거짓 및 비방글 유포
사이버 명예훼손	사실 또는 거짓말로 인격 훼손
사이버 성폭력	성적 묘사, 성적 비하, 성차별적인 내용의 글/그림을 업로드 유포
사이버 스토킹	원치 않는 문자, 사진, 영상 반복 전송
신상정보 유출	동의없이 타인의 개인정보 유출
사이버 따돌림	SNS, 채팅방에서 타인을 욕하고 놀리고 참여 훼방

사이버 폭력 유형 정의

언어폭력	인터넷에서 누군가에게 욕설을 하거나 감정을 상하게 하는 행위
명예훼손	인터넷에서 다른 사람에 대한 거짓된 이야기나 잘못된 이야기를 퍼뜨리는 행위
스토킹	싫어하는데도 인터넷에서 e메일이나 쪽지를 계속 보내거나, 블로그, SNS에 글, 사진을 남기는 행위
성폭력	상대방이 싫어할 줄 알면서도 인터넷에서 야한 글, 사진, 동영상을 보내는 경우
신상정보유출	인터넷에서 누군가의 신상정보(이름, 사는 곳, 학교, 사진 등)를 퍼뜨리는 행위
따돌림	인터넷 대화방, 스마트폰 SNS 등에서 상대방을 퇴장하지 못하게 막고, 놀림, 욕, 대화참여 방해 등의 행위

소리없는 폭력도 폭력입니다.

학교폭력 피해 유형별 비율

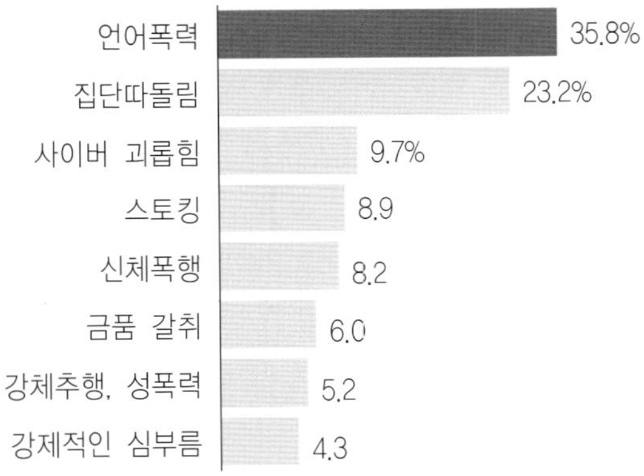

자료: 경기도교육청

청원 진행중인 사이버 언어 폭력

– 청원진행중 –

청소년들에게 사이버 공간의 세상은 현실보다 더 현실같은 공간입니다. 선배가 16세 소녀 후배에게 메신저로 '얼굴 못들고 다니게 해주겠다.'의 글은 협박입니다.

참여인원: 962명

온라인 폭력 피해자의 온오프라인 전이 비율

온라인에서만 71.7%

오프라인 폭력 후 온라인에서도 당함 20.7%

온라인 폭력 후 오프라인에서 당함 7.6%

자료: 청소년 사이버폭력의 유형분석 및 대응방안 연구

사이버 폭력 가해자는 누구?

초등 5학년~고등 2학년 총 5356명 대상으로 설문

같은 학교 학생 54.6%

전혀 모르는 사람 35.1%

다른 학교 학생 10.3%

자료: 한국형사정책연구원.

영상 시청 후 생각해 보세요

• 친구가 인터넷에 올린 글을 보고 영희의 기분은 어떨까요?
• 친구가 쓴 간단한 글이 학교폭력과 관련이 있을까요?

사이버 폭력 대표적인 괴롭힘(불링)유형

구분	내용
카톡감옥	피해자를 카카오톡 대화방에 초대한 뒤 무시하고, 방을 나가지 못하게 하는 것
방폭	단체 대화방에서 피해자만 남겨놓고 다른 참가자들이 한꺼번에 나가는 행위
데이터 셔틀	피해자 휴대전화를 여러 명의 인터넷 공유기처럼 사용해 데이터를 뺏는 것
떼카	단체 대화방에서 특정 피해자를 향해 단체로 욕설이나 폭언 등을 퍼붓는 행위

사이버 따돌림도 학교폭력이에요
'방관'하지 말고, 친구를 돕거나 신고하세요!

사이버 언어폭력 피해학생이라면!?

삭제하지 말고 저장하여 증거를 확보하고 언제든 주변 어른들이나 선생님께 알려요!

사이버 언어폭력 가해학생은 어떻게 될까요?

심각성, 지속성, 고의성 등을 조사하여 학교폭력예방 법률에 따라 서면사과, 학교봉사, 사회봉사, 특별교육, 출석정지, 전학 등 학교폭력으로 처벌받아요!

사이버 폭력에 대하는 7가지 자세

① 처음에는 무시
② 반복 시 확실하게 거부
③ 반복이 심화되면 증거확보(캡처, 사진, 녹음 등)
④ 대응하지 말고 자리에서 벗어나기
⑤ 부모, 교사께 말씀드리기
⑥ 필요 시 학교, 경찰서 및 사이버수사대 신고
⑦ 신체적, 정서적 안정확보에 힘쓰기

여러분은 카카오톡이나 SNS 메신저, 디엠으로 어떤 말을 자주 하고 있나요?

사이버 공간에서 이것만은 꼭!

언어폭력에 해당하는 말이 있다면 긍정적인 말로 바꾸어 봅시다.

사이버 공간에서 언어 사용 규칙

1. 친구들의 의견을 천천히 읽어보기
2. 상대방의 기분을 생각하여 표현하기
3. 칭찬하는 댓글 달아주기
4. 항상 다른 사람을 배려하는 마음 갖기

QUIZ

친구들 단체 채팅방에 초대하여 모욕적인 말로 괴롭히거나 한 사람을 공격하는 행동은 언어폭력일까요?

○ ×

네! 언어폭력입니다.

뿐만 아니라! 이상한 말이나 문자를 보내면서 상대방을 괴롭히는 행위도 사이버 언어폭력입니다.

짧은 나쁜 말이나 욕이 담긴 댓글도 언어폭력일까요?

거짓말, 명예훼손, 욕설, 성적 욕설 , 도배, 놀리는 말

다 사이버 언어폭력이예요

사이버 공간에서 이것만은 꼭!

3가지를 기억하세요!!

1. 개인정보 최소 공개 원칙을 지켜주세요!
2. 확신할 수 없는 정보는 함부로 공유하지 마세요.
3. 인터넷에서는 항상 신중하게 글을 작성하세요!

젊은이여, 그대 이름을 가치 있게 하라.
그대가 지금 보내는 1분 1초가
그대가 함께 어울리는 사람이
그대가 그들과 나누는 대화가
그대를 가치 있게 하는지 늘 되물어 봐야 한다.

–앤드류 카네기

4. 피드백

청년기 및 성인기 교수설계

1. 성인 학습자 안전교육

생애주기별 안전교육

영유아, 아동기 (0~12세)	청소년기 (13~18세)	청년기, 성인기 (19세~64세)	노인기 (65세)

성인기 창의적 교수기법

- 자율성을 획득하고 심신의 성숙이 안정되는 시기
- 사회적 책임과 수행에 대한 열정이 풍만하여 안전에 대한 스스로의 책임과 의무를 중요하게 생각하는 단계
- 학습자 스스로 생각하고 유추하여 정답을 알아갈 수 있도록 하는 교수설계 필요

청년기와 성인기의 특성

신체적 특성	심리적 특성
• 급격한 신체발달과 인지 발달 • 활발한 신진대사를 나타냄 • 성장에 따른 신체적, 정신적 변화가 끝나는 시기 • 부분적 노화가 서서히 시작 • 사회 활동력이 가장 왕성한 시기	• 자이의식이 강해지면서 자신을 이해해 주지 않은 부분에 대해 반발하는 경향이 있음 • 간섭을 싫어함 • 독특한 개인적 성향을 지님 • 자신의 경험을 진리로 여김 • 인정받고 싶어 함

성인 학습자의 주요 특징

1. 학습 필요에 의해 학습한다.
2. 자아개념이 뚜렷하다.
3. 이전의 경험을 바탕으로 경험 중심적이다.
4. 학습 준비도가 높다.
5. 학습의 방향이 중요하다.
6. 동기부여가 중요하다.

안전교육에 대한 구체적인 성찰과 자기주도적으로 실천할 수 있도록 학습 기회를 제공 및 독려 필요

2. 성인 학습자를 위한 5가지 원칙

성인학습자를 위한 5가지 원칙

1. 성인 학습자들에게 왜 학습을 해야 하는지를 이해시켜라.
2. 학습자들은 각기 다른 학습스타일을 지니고 있음을 인정하라.
3. 성인 학습자들에게 자신들이 배운 것을 경험하도록 만들어라.
4. 스스로 답을 찾아갈 수 있도록 하라.
5. 성인 학습자의 학습을 독려하라.

1. 성인 학습자들에게 왜 학습을 해야 하는지를 이해시켜라.

정보 지식 기술

WHY?

사람들이 많이 모이는 다중이용시설에서는 언제나 안전사고에 대한 위험이 숨어 있습니다.

국내 공연장 안전취약 요소

대형공연장(공연법 적용대상)	소형공연장(공연법 미적용)
• 스피커 등 무대장치 추락 • 공연 중 화재 • 비좁은 출입구 등으로 인한 압사	• 안전보다 수익 추구 • 경찰·소방서 관리 사각지대 • 안전요원·보험가입 미비

하지만, 안전교육과 훈련을 지속한다면 인명피해 등 큰 사고를 막을 수 있습니다.

이번 교육과정은…

안전교육 전문인력 역량강화 과정 개요

교육 목적
- 안전교육 전문인력에게 강의역량의 필요성을 공감하고 강사로 기본 역할을 이해한다.
- 전문강사로 갖춰야할 기본적인 역량과 skill을 습득한다.
- 강단에 서는 두려움을 없애고 자신만의 강의를 연출할 수 있도록 한다.

교육 대상
- 안전교육 전문인력 대상

기간
- 2일 과정 14시간으로 구성

운영 예시
- 차수당 50명 내외로 구성

Approach

학습대상에 적합한 학습내용 도출 및 설계	• 행안부에서 안전교육 전문인력에게 요구하는 역할과 역량수준에 적합한 과정 설계
체험 및 실습 중심 교수활동설계	• 교육과정에의 몰입과 학습내용의 체화를 위한 활동 설계 실무에서 실제 적용할 수 있는 사례별 실습 위주 교육 설계
내용 및 강의 전문가의 Know-how 기반	• 교육과정 개발 및 강의경험이 풍부한 전문가의 참여
과정 운영 효율성 및 지속적인 활용 고려	• 교안, 교재, 활동 보조교구 등의 총괄적인 개발을 통해 운영의 효율성과 지속적인 활용을 지원

2. 성인 학습자들은 각기 다른 학습 스타일을 지니고 있음을 인정하라.
- 시각적 스타일
- 청각적 스타일
- 운동감각적 스타일

대부분의 성인학습자는 이 세 가지 학습 스타일을 모두 활용하여 학습한다.

2001~2010년 10년간 자연 재난의 원인별 피해액 현황 태풍 발생 건수 多

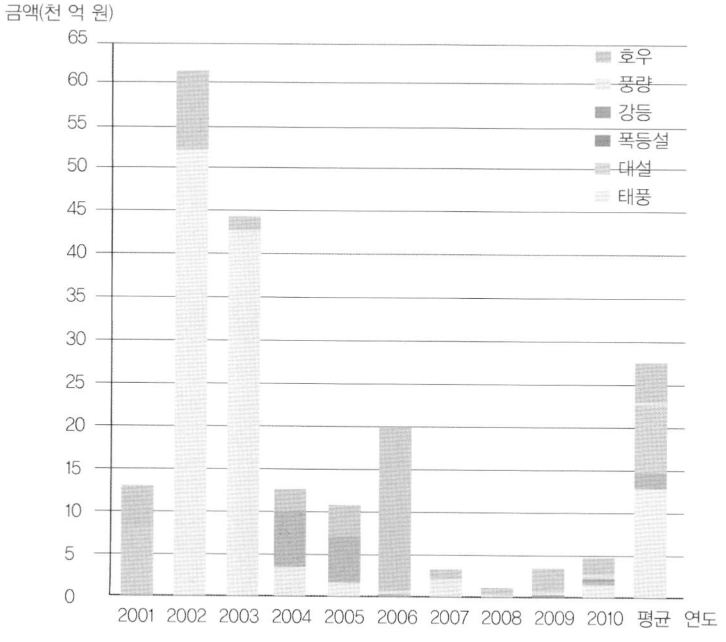

자료: 국민안전처

뉴스 "어머머 지진이다"… 생방송 도중 대피

Two to One Game
① 개인별로 1개의 줄을 받는다.
② 2인 1조로 줄의 고리를 양 손목에 걸고, 상대방과 줄이 서로 꼬이도록 한다.
③ Mission "꼬인 줄을 풀어라!" 단, 손목에 있는 줄을 끊거나 매듭을 풀 수 없다. 훼손하지 않고, 각각 분리가 되도록 풀어보세요!

3. 성인 학습자들에게 자신들이 배운 것을 경험하도록 만들어라.

- 토론, 실험, 역할 연기, 테이블이나 그룹활동, 특정한 사물이나 내용을 쓰거나 그리게 하는 것
- 학습자들을 활기 있게 만드는 데는 학습자들을 일어나 움직이게 하는 것이 효과적

당신은 저주를 받아 동물로 변하게 되었습니다. 다음 동물 중 어떤 동물이 되고 싶은가요?
돼지 말 뱀 하이에나

1. 돼지: 당신은 인생데서 가장 중요하게 생각하는 것은 돈입니다. 이성을 선택할 때에도 경제력이나 재물을 보는 경향이 있으며 계산적인 성향을 가지고 있습니다.
2. 말: 힘과 건강을 의미합니다. 살면서 가장 중요한 것은 건강이라고 생각하는 당신 몸을 챙기기 때문에 운동을 좋아하고 활발한 성격을 가졌습니다.
3. 뱀: 당신은 아름다운 외모와 겉모습에 신경을 많이 쓰는 사람입니다. 다른 사람에게 어떻게 보여 지는지가 중요한 사람으로 자칫 허세가 많은 사람일 수 있습니다.
4. 하이에나: 당신은 삶에 가장 중요한 부분을 사랑으로 생각하는 사람입니다. 이성, 가족, 친구를 누구보다 아끼며 정이 많고 사랑하는 사람으로 사랑만 있다면 뭐든지 극복할 수 있다고 믿는 성향을 가졌습니다.

- 심리검사 제작
  - 제작목적의 설정
  - 검사내용의 정의
  - 검사방법의 결정
  - 문항작성
  - 예비검사
  - 문항분석 및 수정
  - 신뢰도와 타당도 검증

PLAN	제작 목적의 설정, 검사내용의 정의, 검사방법의 결정, 문항 작성
DO	예비검사
SEE	문항분석 및 수정, 신뢰도와 타당도 검증

지진게임

반드시 해야 할 7가지 행동과 불필요하거나 해를 끼칠 5가지 행동을 순서대로 번호로 표기하십시오.

- 1층으로 가는 통로를 만들기 위해 바윗덩어리들을 치운다.
- 샌드위치를 나누어서 다음 며칠간 먹을 수 있도록 남겨둔다.
- 초를 켜서 내부를 밝히고 구조자들이 알아볼 수 있도록 한다.
- 물을 공급할 장소를 정하여서 안전하게 보존한다.
- 저녁이 되면 샌드위치를 적당히 나누어서 먹는다.
- 모두 함께 모여서 장기적인 생존 전략을 짜보도록 한다.
- 망치로 파이프를 강하게 내리친다.
- 라디오를 들으며 계속 소식을 전해줄 사람을 정한다.
- 부상자를 확인하고 응급조치를 한다.
- 전기를 차단한다.
- 밤/낮으로 구조신호를 보낼 방법을 생각한 다음 바로 실시한다.
- 물을 정수한다.

• 지진게임 결과표

구분	1조	2조	3조	4조	5조	6조	7조
팀 점수							
개인 평균							

종류	용도 및 사용장소	사용장소(예시)
출입금지 	출입을 통제해야 할 장소	조립・해체작업장 입구
보행금지 	사람이 걸어 다녀서는 안 될 장소	중장비 운전 작업장소
차량 통행금지 	제반 운반기기 미 차량의 통행을 금지시켜야 할 장소	집단 보행 장소
사용금지 	수리 또는 고장 등으로 만지거나 작동을 금해야 할 기계, 기구, 설비	고장 난 기계

종류	용도 및 사용장소	사용장소(예시)
탑승금지 	엘리베이터 등에 타는 것이나 어떤 장소에 올라가는 것을 금지	고장 난 엘리베이터
금연 	담배를 피워서는 안 될 장소	인하물질 취급장소
화기금지 	화재 발생의 염려가 있는 장소로서 화기 취급을 금하는 장소	화학물질 취급장소
물체이동 금지 	움직여서는 안 될 물체를 보존하기 위하여 필요한 장소	절전 스위치 옆

4. 스스로 답을 찾아갈 수 있도록 하라.

애매한 운전상식 OX 퀴즈

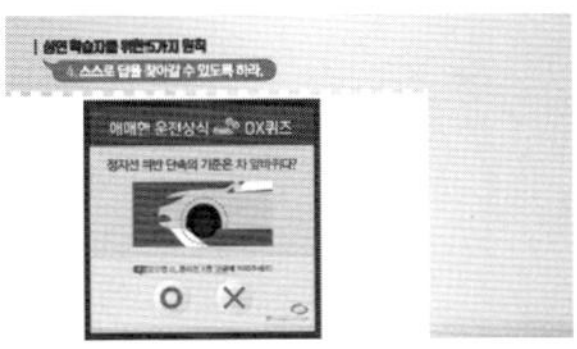

정지선 위반 단속의 기준은 차 앞바퀴다?
맞으면 O, 틀리면 X를 댓글에 적어주세요!

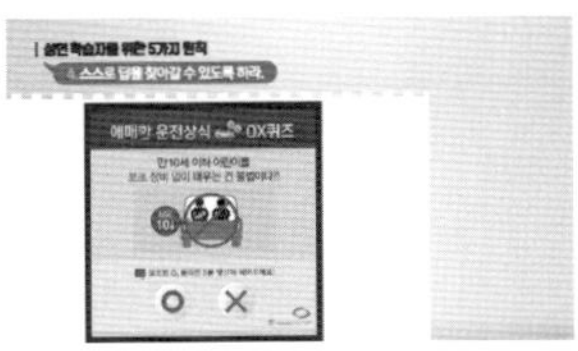

만 10세 이하 어린이를 보호 장비 없이 태우는 건 불법이다.
맞으면 O, 틀리면 X를 댓글에 적어주세요!

위기발생 시 총력 대응

- 위기유형: 화재, 지진, 테러, 침수, 폭설, 붕괴, 가스누출
- 평상시: 안전점검 및 시설을 정비
- 위기상황지휘본부

대피유도반	현장대응반	의료지원반
• 층별 대피유도 실시 • 재해약자 우선대피	• 위기 확산지연 및 위험요소 제거 • 유관기관 도착 시 안내	• 부상자 응급처치 지원 • 응급환자 병원 이송 지원

현장대응반	위기상황지휘본부
방재팀	비상연락망 가동
대피유도반	재해약자 우선 대피
현장대응반	위험요소 제거
의료지원반	부상자 응급처치 지원

- 위기대응 기본절차

위기단계	대응절차
평상시	방재팀 시설관계자 등 예방, 대비활용

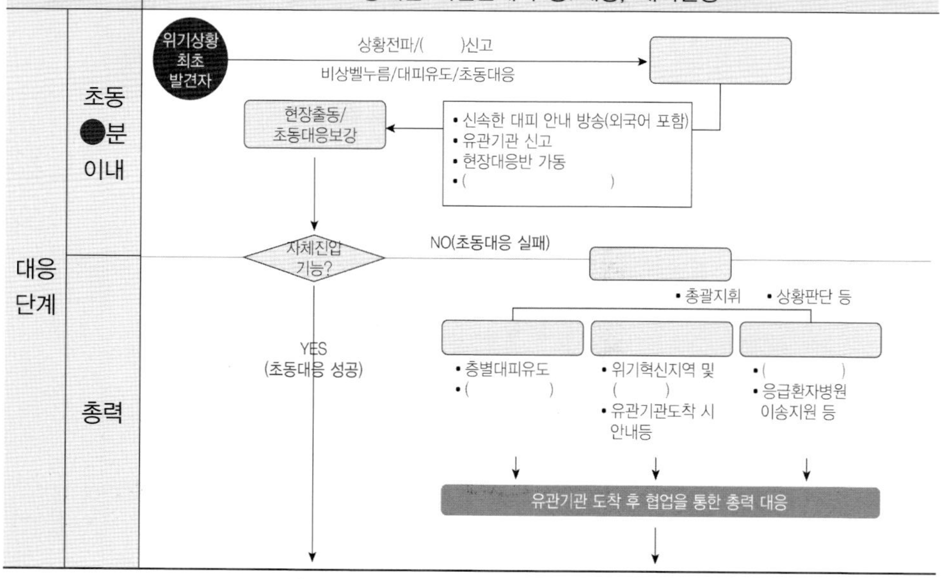

5. 성인 학습자의 학습을 독려하라.

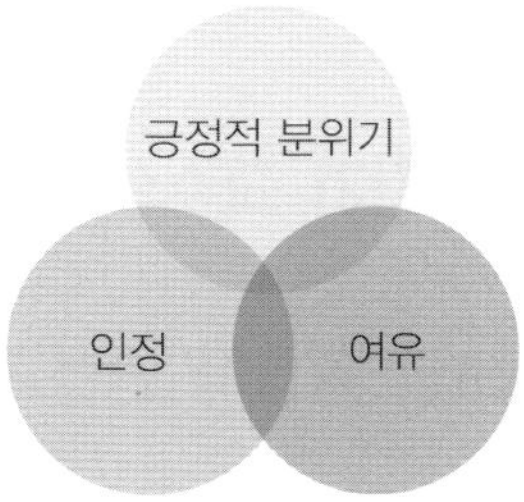

무엇을 기대하는지를 명확하게 설명

그라운드 룰 정하기

우리팀 그라운드 룰

- 시간을 지킨다
- 모든 의견은 소중하다
- 서로에게 인정과 격려를 아끼지 않는다

강사가 바라는 1가지

_______________를 부탁드립니다.

성인학습자를 위한 5가지 원칙

1. 성인 학습자들에게 왜 학습을 해야 하는지를 이해시켜라.
2. 학습자들은 각기 다른 학습스타일을 지니고 있음을 인정하라.
3. 성인학습자들에게 자신들이 배운 것을 경험하도록 만들어라.
4. 스스로 답을 찾아갈 수 있도록 하라.
5. 성인 학습자의 학습을 독려하라.

성인기 안전교육은 학습에 대한 동기부여와 다양한 방식의 활동으로 학습내용을 경험하게 하여 학습자가 체득할 수 있도록 해야 한다.

5. 교육 평가

노인기 교수설계

1. 노인 학습자 안전교육

생애주기별 교수기법

영유아, 아동기 (0~12세)	청소년기 (13~18세)	청년기, 성인기 (19세~64세)	**노인기 (65세)**

노년기의 창의적 교수기법
- 인지능력의 변화, 만성질환 등으로 일상생활 활동에 제한을 받고 자신을 보호할 수 있는 능력이 감소하는 단계
- 학습자에게 쉽고 익숙한 용어의 사용과 자신의 삶에서 정답을 유추해볼 수 있는 동시에 다각도로 생각해 볼 수 있도록 설계하는 방법이 필요

노년기의 주요 특징

신체적 특성	심리적 특성
• 전반적 건강 악화 • 각종 질병 유병률 높음 • 골격 및 운동기관 쇠퇴 • 야간 수면시간 단축 • 기동력 저하, 감각기관 쇠퇴 • 순발력 민첩성 감소	• 환경 적응력, 활동영역약화 • 성격 변화 • 지적 능력 감퇴 • 과거에 대한 집착 • 호기심이 많음

노년기의 학습자 특성
- 안전교육 유지기
- 안전에 대한 새로운 교육을 준비하는 것보다 기존의 안전 지식과 실천을 유지할 수 있도록 반복학습 필요

노인학습자를 위한 교육 준비

교육자료	교육방법
시각자료	• 굵은 글씨 사용 • 흑백의 강한 대비 • 밑줄을 긋거나 자료구성을 크게 하고 나이 특성에 맞게 노인의 사진이나 그림을 사용 • 뚜렷한 형태 • 푸른색, 보라색, 녹색 등의 구별능력이 떨어지므로 빨강, 검정, 진회색의 색을 대신 사용
시청각자료	• 나이 특성에 맞게 보여준다. • 느린 속도로 분명하게 말한다. 그러나 너무 끊어서 말하지 않는다(청력장애를 보상하기 위하여 입술을 읽는다). • 교수자가 말할 때 화면에 정면으로 나오도록 한다. • 크고 검은 글씨를 사용한다. • 주위의 소음을 없애고 교수자가 말할 때 배경음악은 줄이거나 생략한다. • 부드럽고 흰 조명, 검은색 슬라이들 사용한다. • 어두운 방을 피한다. • 한 번에 1~3개의 새로운 내용을 제공한다. • 개념과 복습 사이에 시간을 준다. • 잘 알려진 개념으로 새로운 개념을 설명한다. • 노인과 관련된 정보를 만든다(그들의 요구, 문제, 생활방식).

2. 노인 학습자를 위한 5가지 원칙

노인학습자를 위한 5가지 원칙

1. 인생경험을 나누는 장으로 만들어라
2. 자발적으로 참여하게 하라
3. 생활에 연결 짓자
4. 다양한 활동으로 반복 학습시켜라
5. 시청각자료는 최대치로 사용하자

1. 인생경험을 나누는 장으로 만들어라

노인학습자가 인생 경험뿐만 특정 분야에 대한 경험도 더 많다.
자신의 경험을 공유하는 시간을 주어 학습 촉진을 일으키자.

• 경험을 나눠요
안전사고, 어떻게 예방할 수 있을까요?
– 안전사고를 경험한 적 있으신가요?
– 어떻게 대처하셨나요?
– 예방방법은 무엇일까요?

2. 자발적으로 참여하게 하라

강압적, 타율적으로 이루어져서는 안 되며 노인들의 흥미에 입각한 자발성에 그 기초를 두어야 한다.
노인 중심의 발표, 토론, 수강, 평가 등 자발적인 활동방식도 고려해야 한다.

이구동성 게임

게임설명

주어지는 두 개의 제시어를 보고 둘 중 더 선호하는 것을 고른 후 5초 카운트가 끝나는 순간 동시에 말하면 되는 게임입니다.
(커플게임입니다. 꼭 둘일 때 하세요!)

김치 ______________

짜장 ______________

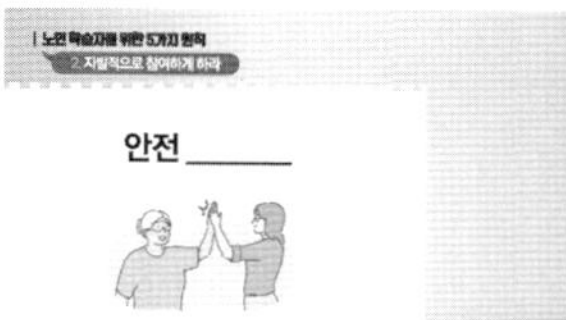

안전 ______________

• 다섯 글자로 말해요

주제 1 나에게 안전이란?

또	다	른	친	구
안	전	은	필	수
나	의	지	킴	이

• 오늘 하루 어떠셨나요?
오늘 느낀 것
오늘 배운 것
앞으로 활용할 것

3. 생활에 연결 짓자

교육 내용이나 방법은 노인들의 생활과 밀접한 관련이 되어 있어야 한다.
일상생활 속에서 나타나는 문제를 중심으로 노인 교육이 이루어져야 할 것이다.
교육을 받는 것이 확실히 낫다는 소리가 노인들에게 나타나도록 가르쳐야 할 것이다.

금연스트레스와 흡연을 하면서 건강을 해치는 일
어떤 것을 선택하시겠습니까?

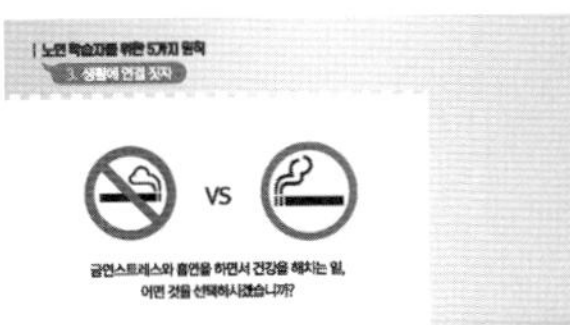

내 자녀라면 무슨 말을 해주시겠습니까?

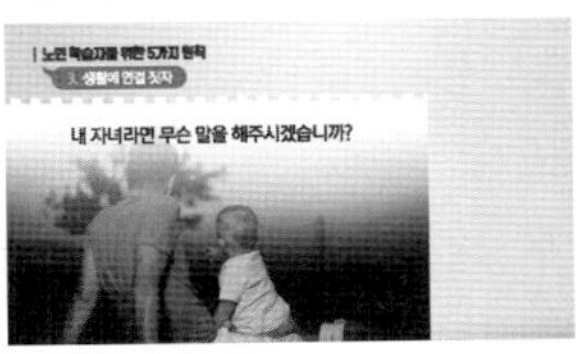

주량이 어떻게 되세요?

나의 숙취 혹은 주사는 몇 번입니까?

① 혀가 꼬부라짐
② 비틀비틀 걸음
③ 말할 때 단어가 생각이 안 남
④ 감정적으로 흥분함
⑤ 필름이 끊김

자동차 안전운전 용어 및 법적기준

• 음주운전 처벌기준

알코올 농도 결과	0.03%~0.08%미만	0.08%이상
처벌	형사처벌, ( )간 면허정지	형사처벌, 면허취소
	측정 불응 시에는 형사 처벌, 면허취소	

*형사 처벌 시:()이하의 징역 또는 ( ) 만원 이하의 벌금

• 제동력의 한계

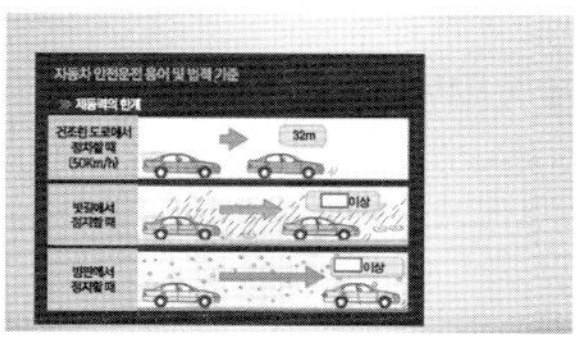

4. 다양한 활동으로 박복 학습 시켜라

여러 가지 활동이 다양하게 전개될 수 있도록 함이 바람직하다.
견학,토론,영화감상,슬라이드,발표하기 등과 같이 다양한 학습 활동이 전개될 수 있도록 계획을 세워야 할 것이다.

OUIZ

다음은 무슨 시설일까요?

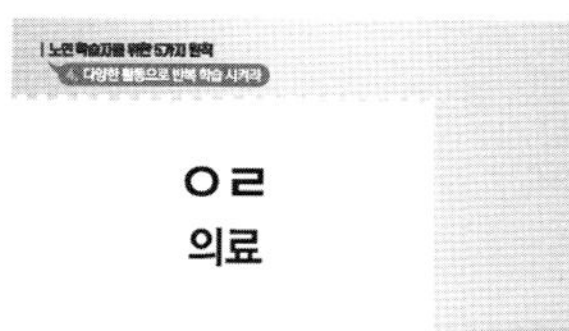

• 다중이용시설 위기사항 대처방법

법적근거	[재난 및 안전관리 기본법] 제34조의 6
대상	[건축법 시행령] 제2조17호 가목에 의한 다중이용거축물 – 문화- 및 집회시설, 종교시설, 판매시설, 운수시설 중 여객용시설, 의료시설 중 종합병원, 숙박시설 중 관광숙박시설 등의 용도로 쓰는 바닥면적의 합계가 5천m^2 이상인 건축물

• 진동이 발생한 경우

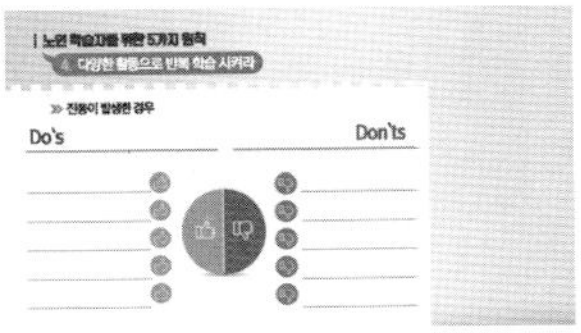

5. 시청각자료는 최대치로 사용하자

• 사진, 그림을 활용

• 그래프나 표 활용

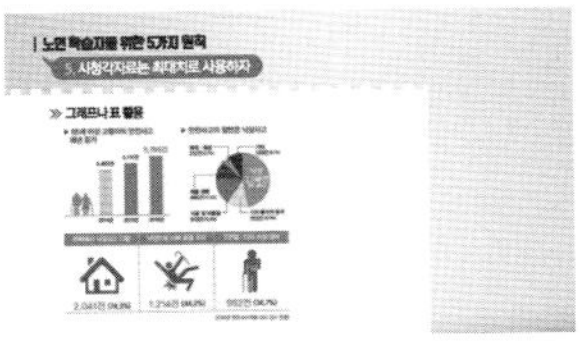

• 동영상 활용

다음뉴스에서 이륜자동차 운전자가 어떤 실수를 했나요?

1. 인생경험을 나누는 장으로 만들어라
2. 자발적으로 참여하게 하라
3. 생활에 연결 짓자
4. 다양한 활동으로 반복 학습시켜라
5. 시청각자료는 최대치로 사용하자

노년기 안전교육은 쉬우면서 흥미로운 시청각 자료와 활동을 통해 학습자들이 반복학습을 할 수 있도록 하여 생활 속에서 안전을 실천하도록 이끌어야한다.

6. 교안 작성법

학생들은 학교에서 많은 가장 많은 시간을 보낸다. 학교가 안전하지 않다면 학생들은 불안감으로 인해 학습 활동에 집중하기 어렵다.

안전교육 교안작성전략1: OBM 모델

1. OBM 강의설계란?

집을 짓기 전에 필요한 것은?
(설계도)

강의교안 설계도의 중요성

1. 전체 흐름을 한 눈에 파악
2. 구조의 논리성 확인
3. 교수방법의 적절성 확인

명강의를 위한 강의 교안 설계 O.B.M. 시스템

Open	• 강의의 포문을 열다. • 강사소개/ 라포형성/ 학습기대감
Belibve	• 강의내용의 신뢰를 높이다. • 핵심선정/ 핵심제시/ 방법풀이/ 강조
Move	• 행동으로 실천하게 하다. • 핵심정리 / 동기부여

2. Open단계의 필수 구조

Open의 중요성

Open: 강의의 서론 부분에 해당하는 것으로서 강의 도입 시 학습자에게 습의 준비를 시키는 단계

- 강사에 대란 신뢰감 증진
- 강사와 학습자, 학습자와 학습자간의 공감대 형성
- 학습에 대한 동기부여로 학습 집중도 향상

- 라포 형성하기
- 강사 소개 만들기
- 학습 기대감 높이기

1. 라포 형성하기

- 라포(Rapport)란?
  - 친밀한 관계
  - 강사와 교육참가자와의 관계
  - 교육 참가자간의 관계
- 첫 인사
  - 공감: 시의성, 학습자의 관심 소재
  - 칭찬: 진정성 있게 감사를 표현
  - 유머: 친숙한 소자, 반전, 교훈
- 강사와 학습자의 라포 형성
  - 첫 인사, 복장, 표정 등
  - 강사 소개
- 학습자와 학습자간 라포 형성
  - 단계별 접근: 눈맞춤, 가벼운 인사, 간단한 스킨십, 자기소개
  - 가벼운 눈 맞춤과 인사: 편안한 분위기로 진행

– 간단한 스킨십: 게임 등과 같은 장치를 통해 자연스럽게 유도

• 강사와 학습자의 라포 형성
  – 첫 인사, 복장, 표정 등
  – 강사 소개
• 학습자와 학습자간 라포 형성
  – 단계별 접근: 눈맞춤, 가벼운 인사, 간단한 스킨십, 자기소개
  – 가벼운 눈 맞춤과 인사: 편안한 분위기로 진행
  – 간단한 스킨십: 게임 등과 같은 장치를 통해 자연스럽게 유도
  – 자기소개: 질문을 미리 준비하고 가벼운 질문으로 시작하여 주제와 관련된 의견을 낼 수 있도록 구성

파트너 인터뷰

1. 사는 곳은?
2. 혈액형은?
3. 안전강사 유무?(Yes/ No)
4. 교육 주제는? 생활안전, 보건안전, 재난안전
5. 교육 대상은? 생애주기별 대상 구분(아동/청소년/성인/노인)
6. 좋아하는 강사 스타일? 싫어하는 강사 스타일?

2. 강사 소대 만들기

• 강사의 전문성
  – 경력, 업적, 수상실적 등
• 교수자–학습자간 라포형성 강사 소개
  – 진진진가 강사소개
  – 4가지 강사소개를 준비
  – 4가지 중 하나의 거짓 소개를 포함하여 퀴즈 형태로 제시
  – 작은 선물을 준비하여 학습자의 참여를 유도
• 사진 및 동영상 활용

강사 소개(진진진가 소개)

선한 영향력으로 행복한 세상

홍길동

1. 저의 직업은 3개 이상입니다.
2. TV출연 경험이 있습니다.
3. 떡과 김치를 좋아 합니다.
4. 8세~87세 교육생들을 만납니다. (×)

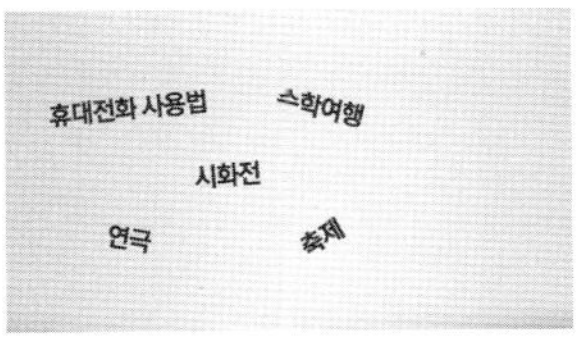

안전교육 교안작성법

구분	Module	학습목표	학습주제(세부내용)	강사
18차시	안전교육 교안 작성법(1)	1. 강의초기 학습자와의 라포형성을 위한 교안작성을 할 수 있다. 2. 강사의 신뢰감을 높일 수 있는 강사소개를 작성할 스 있다. 3. 본론으로 연결되는 학습내용의 기대감을 높이는 교인을 작성할 수 있다.	1. OBM 강의설계란? 2. Open단계의 필수구조 3. Open단계의 설계 예시	
19차시	안전교육 교안 작성법(2)	1. 본론 Believe단계의 교안작성 구성요소를 파악할 수 있다. 2. 강의목적(Why)과 핵심메시지(What)를 명확히 전달하는 교안을 작성할 수 있다.	1. Believe단계의의미와구조 (Why–What–How–Vision) 2. Why:강의의 존재이유 3. What:핵심메시지 설정	김상우
20차시	안전교육 교안 작성법(3)	1. 핵심 메시지의 다양한 전달 방법을 알 수 있다. 2. 핵심 메시지를 효과적으로 전달 할수 있다. 3. 핵심 메시지를 정리하고 요약할 수 있다.	1. How: 핵심메시지 풀이 방법 2. Vision:본론의 요약 및 정리 3. Believe: 단계의 Check List	
21차시	안전교육 교안 작성법(3)	1. 결론 단계의 의미와 필요성을 이해할 수 있다. 2. 다양한 강의 마무리 기법을 적용할 수 있다. 3. 효과적인 엔딩을 통해 강의의 전체 균형을 확인할 수 있다.	1. Move단계의 의미와 구조 2. 가의 마무리 기법 3. 상황별 활용법	

학습목표	학습내용
• 강의 초기 학습자와의 라포형성을 위한 교안작성을 할 수 있다. • 강사의 신뢰감을 높일 수 있는 강사소개를 작성할 수 있다. • 본론으로 연결되는 학습내용의 기대감을 높이는 교안을 작성할 수 있다.	• OBM 강의 설계란? • Open단계의 필수 구조 • Open단계의 설계 예시

> **3. 학습 기대감 높이기**
> - 강의의 제목 제시
>   강사 소개와 연결고리를 찾아 자연스럽게 제시
> - 학습목표 제시
>   강의의 목적과 방향성 제시
> - 목차 제시
>   강의 흐름과 전체 구조를 제시

Open: 강의를 여는 기법

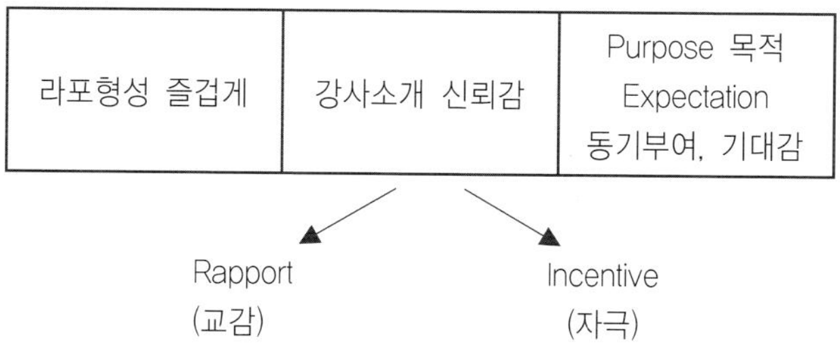

Open: 흥미로운 오프닝

표준교안	개발교안
라포형성	
첫인사	
교수-학습자 간 라포형성	
학습자-학습자 간 라포형성	
강사소개	
신뢰감 형성	
진진진가 강사소개	
다양한 매체 활용	
학습 기대감	
강의 제목	
학습 목표	
목차	

안전교육 교안작성전략2: OBM 모델

1. Believe단계의 의미와 구조

Believe: 강의 전달 기법

Beileve의 중요성

강의 본론에 해당하는 부분으로 주제에 대한 학습자의 충분한 이해를 돕기 위한 단계

- 학습 대상자에 맞는 내용으로 선정
- 강의 주제에 부합되는 내용으로 구성
- 강의 시간에 맞추어 내용 구성
- 학습자들의 실행력을 높일 수 있는 방법 제시

Believe: 강의 전달

핵심선정	핵심제시	핵심풀이	핵심강조
Why? • 강의 목적 • 고려사항	What? • 핵심내용 • 사례제시	How? • 노하우 • 방법론	Vision? • 반복정리 • 비전제시

Believe: 구성요소

Why?	What?	How?	Vision?
전달하고자 하는 핵심내용 제시	강의의 명확한 목적 설명	강의 핵심에 맞는 실행방법 제시	핵심내용의 반복 정리

2. Why: 강의의 존재 이유

'소화기 사용방법'에 대한 안전교육

Why?(강의의 목적)

1. 왜 소화기 안전교육을 실시하는가?
2. 소화기 안전교육을 하고 나면 무엇이 달라지는가?

화재발생 시 초기 대응책으로써의 소화기 사용

건물관리인을 위한 소화기 관리 지침 숙지

소화기에 대한 친밀드 높이기

3. What: 핵심메시지 설정

What?(핵심메시기)
1. 강의시강? 1시간 기준 3개의 핵심 메시지
2. 교육 대상자? 아동? 청소년? 성인? 노인?
3. 핵심메시지 간 흐름 및 논리구조 설정

1. 마인드맵

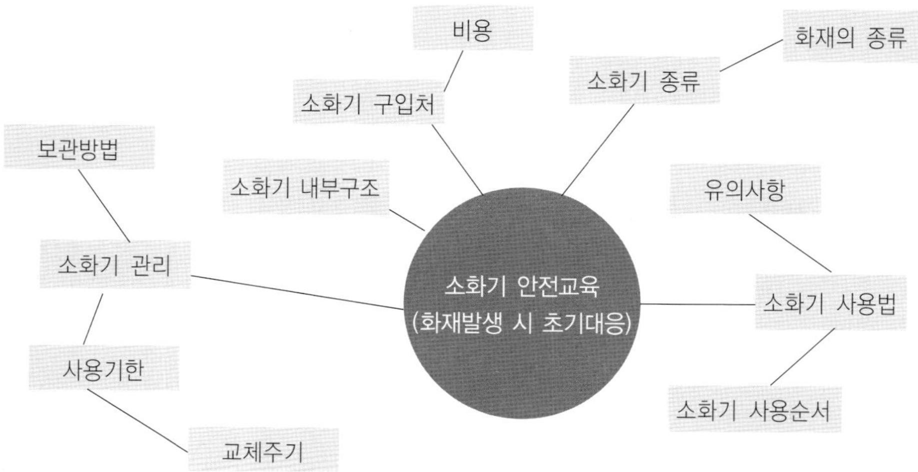

2. KJ 기법

전 도쿄공업대학 교수인 가와기타 지로(Kawakita Jiro)의 영문 성명의 머리 글자를 따서 만든 정보 정리법

- 진행방법
  1. 데이터 작성: 포스트잇 등을 활용하여 한 장에 하나의 데이터를 작성
  2. 그룹편성: 비슷하거나 연관성이 있는 정보끼리 그룹핑
  3. 관계성을 도식화
  4. 도해를 바탕으로 문장화

1그룹
- 소화기 사용법
- 주의사항
- 사용 순서

3그룹
- 소화기 관리
- 보관 방법
- 사용기한
- 교체 주기

2그룹
- 소화기 종류
- 화재의 종류

4그룹
- 소화기 구조
- 소화기 구입처
- 비용

소화기 사용법
- 사용 순서
- 주의 사항

▶

핵심메시지

1. 소화기 사용법
   1) 소화기 사용 순서
   2) 사용시 주의 사항

소화기 종류
- 화재의 종류

▶

핵심메시지

2. 화재별 소화기 사용
   1) 화재의 종류
   2) 소화기 종류

소화기 관리
- 보관 방법
- 사용 기한
- 교체 주기

▶

핵심메시지

3. 소화기 관리 방법
   1) 보관방법
   2) 사용기한
   3) 교체주기

소화기 구조 / 소화기 구입처 / 비용

▶

핵심메시지

보류

핵심메시지

1. 소화기 사용법
2. 화재별 소화기종류
3. 소화기 관리 방법

What?(핵심메시지)

1. 소화기 사용법

1) 소화기 사용 순서

2) 사용시 주의사항

4단계 소화기 사용 순서

1. 소화기를 바닥에 내려 놓고 안전핀을 힘껏 잡아 당겨 뽑음
2. 손잡이 아랫부분을 잡고 불이 난 곳으로 각까지 업근해 손잡이를 움켜 잡음
3. 바람을 등지고 호스를 뽑아 불이 난 곳을 향함
4. 불길 주위에서 빗자루로 쓸 듯이 골고루 분사함

소화기 사용시 4가지 주의사항
1. 소화기 호스는 내 몸이 아닌 바깥쪽을 향하게 들어야 함
2. 소화기를 들고 바람이 마주보고 서면 안 됨
3. 소화기호스는 절대 얼굴 쪽으로 향하게 하지 않음
4. 소화기 몸통이 아닌 손잡이를 잡아야 함

2. 화재별 소화기 사용

1) 화재의 종류(가연물 종류)
 - 일반화재, 유류 및 가스화재, 전기화재, 금속화재

2) 소화기의 종류(화재 종류별)
 - A급, B급, C급, D급

3. 소화기 관리 방법

1) 소화기는 잘 보이고 통행에 지장이 없는 곳에 비치합니다.
2) 반드시 세워서 보관해야 합니다.
3) 직사광선이 없고 습기가 적으며 서늘한 곳에 둡니다.
4) 화재시 빨리 사용할 수 있도록 다른 물건을 올려놓지 말아야 합니다.
5) 1달데 1회 정도 소화기를 거꾸로 뒤집거나 흔들어 주어 분말약재가 굳지 않도록 합니다.
6) "압력 게이지"화살표가 녹색지점을 가리켜야합니다.
7) 교체주기를 확인하여 사용하기 점에 교체를 해줘야 합니다.
8) "안전핀"이 빠지지 않도록 주의 하시기 바랍니다.

Believe : 신뢰를 주는 본론구성(1)

표준교안	개발교안
Why	
강의 목적	
왜 강의가 존재하여야 하는가?	
강의가 끝나면 무엇이 달라지는가?	
What	
핵심메시지	
강의시간?	
교육대상자?	
논리구조?	

안전교육 교안작성전략3: OBM 모델

1. How: 핵심메시지 풀이 방법

Believe: 구성요소

What ②	Why ①
전달하고자 하는 핵심 내용 제시	강의의 명확한 목적 설명
How ③	**Vision ④**
강의 핵심에 맞는 실행 방법 제시	핵심내용의 반복 정리

'소화기 사용방법'에 대한 안전교육

- Why?

  화재 발생 시 초기 대응책으로써의 소화기 사용
- What?

  1) 소화기 사용법
  2) 화재별 소화기 사용
  3) 소화기 관리 방법

How?(풀이방법)

1. 소화기 사용법

1) 소화기 사용 세부 순서
2) 사용 시 주의사항
   - 실제 소화기를 활용하여 학습자가 체험해 보기
   - 강사가 대표로 시범
   - 영상>사진>Text

2. 화재별 소화기 사용

1) 화재의 종류(가연물 종류): 일반화재, 유류 및 가스 화재, 전기화재, 금속화재
2) 소화기의 종류(화재 종류별): A급, B급, C급, D급

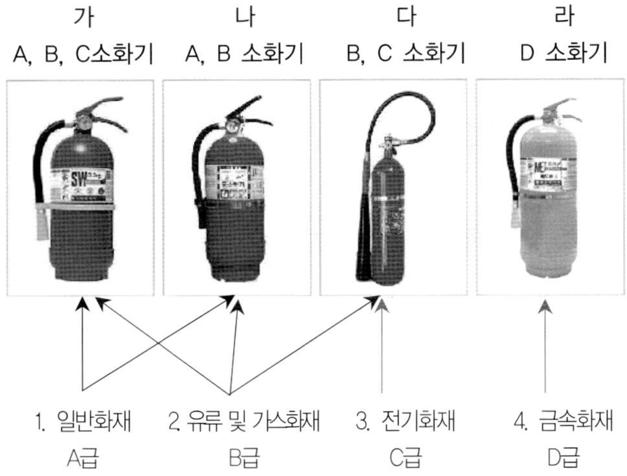

QUIZ

이 소화기의 이름은 무엇일까요? ABC 소화기
이름의 뜻은 무엇일까요?

3. 소화기 관리 방법

화재가 발생했고 소화기가 있지만 소용없는 경우는 언제 일까요?
그렇다면 어떻게 관리해야 할까요?

3. 소화기 관리 방법

1) 소화기는 잘 보이고 통행에 지장이 없는 곳에 비치합니다.
2) 반드시 세워서 보관해야 합니다.
3) 햇빛이 잘 드는 곳에 보관해야 합니다.
4) 화재 시 빨리 사용할 수 있도록 다른 물건을 올려놓지 말아야 합니다.
5) 소화기를 흔들지 않고 그대로 두어야 합니다.
6) "압력 게이지" 화살표가 0을 가리켜야 합니다.
7) 교사용기한이 지난 후 1년 안에 교체해야 합니다.
8) "안전핀"이 빠지지 않도록 주의 하시기 바랍니다.

3. 소화기 관리 방법
1) 소화기는 잘 보이고 통행에 지장이 없는 곳에 비치합니다.
2) 반드시 세워서 보관해야 합니다.
3) 직사광선이 없고 습기가 적으며 서늘한 곳에 둡니다.
4) 화재 시 빨리 사용할 수 있도록 다른 물건을 올려놓지 말아야 합니다.
5) 1달에 1회 정도 소화기를 뒤집거나 흔들어 주어 분말 약재가 굳지 않도록 합니다.
6) "압력 게이지" 화살표가 녹생지점을 가리켜야 합니다.
7) 교체주기를 확인하여 사용기한 전에 교체를 해줘야 합니다.
8) "안전핀"이 빠지지 않도록 주의 하시기 바랍니다.

2. Vision: 본론의 요약 및 정리

Vision?(반복정리)
1. Why?(강의의 목적)
2. What?(핵심메시지)
3. How?(풀이방법)
4. Vision(반복정리)

3. 소화기 관리 방법
1) 소화기는 잘 보이고 ㅌㅎ에 지장이 없는 곳에 비치합니다.
2) 반드시 세워서 보관해야 합니다.
3) 직사광선이 없고 ㅅㄱ가 적으며 ㅅㄴㅎ 곳에 둡니다.
4) 화재 시 빨리 사용할 수 있도록 다른 물건을 올려놓지 말아야 합니다.
5) 1달에 1회 정도 소화기를 뒤집거나 흔들어 주어 분말 약재가 ㄱㅈ 않도록 합니다.
6) "압력 게이지" 화살표가 ㄴㅅ 지점을 가리켜야 합니다.
7) 교체주기를 확인하여 ㅅㅇㄱㅎ전에 교체를 해줘야 합니다.
8) "ㅇㅈㅍ"이 빠지지 않도록 주의 하시기 바랍니다.

3. 소화기 관리 방법
1) 소화기는 잘 보이고 통행에 지장이 없는 곳에 비치합니다.
2) 반드시 세워서 보관해야 합니다.
3) 직사광선이 없고 습기가 적으며 서늘한 곳에 둡니다.
4) 화재 시 빨리 사용할 수 있도록 다른 물건을 올려놓지 말아야 합니다.
5) 1달에 1회 정도 소화기를 뒤집거나 흔들어 주어 분말 약재가 굳지 않도록 합니다.
6) "압력 게이지" 화살표가 녹생지점을 가리켜야 합니다.
7) 교체주기를 확인하여 사용기한 전에 교체를 해줘야 합니다.
8) "안전핀"이 빠지지 않도록 주의하시기 바랍니다.

Believe: 신뢰를 주는 본론 구성(2)

표준교안	개발교안
How	
풀이방법	
학습자의 참여	
핵심메시지의 포함	
Vision	
Why?(강의목적)	
What(핵심메시지)	
How(풀이방법)	

Believe: 구성요소

Why	What	How	Vision
전달하고자 하는 핵심내용 제시	강의의 명확한 목적 설명	강의 핵심에 맞는 실행방법 제시	핵심내용의 반복정리

안전교육 교안작성전략4: OBM 모델

1. MOVE: 강의 마무리 기법

Move의 중요성

강의의 결론에 해당하는 부분으로 핵심에 대한 요약, 정리와 더불어 재 동기 부여로 학습자들의 실행력을 높이는 단계

- 강의 전체 핵심에 대한 요약, 정리
- 강의 핵심에 대한 요점만 정리(길게 설명하지 말 것)
- 강의 주제에 대한 재동기 부여
- 강의 주제에 맞는 시, 글, 명언, 음악과 함께 활용

MOVE

1. 내용요약
2. 동기부여
3. Q&A 활용

1. 내용요약

1) 강의 전체를 마무리
2) 키워드 중심의 리마인드
3) 한 장표로 전체 정리

2. 동기부여 하기

1) 인상적인 문구 활용(명언, 시, 고사성어 등)

인생에서 원하는 것을 얻기 위한 첫 번째 단계는 내가 무엇을 원하는지 결정하는 것이다

–벤 스타인

2. 동기부여 하기

1) 인상적인 문구 활용(명언, 시, 고사성어 등)
2) 긍정적 미래를 그려보게 하기

"우리가 함께한 내용들이 소중한 내 가족을 지켜줍니다."

2. 동기부여 하기

1) 인상적인 문구 활용(명언, 시, 고사성어 등)
2) 긍정적 미래를 그려보게 하기
3) 구체적 행동을 제시하기

3. Q&A 활용하기

1) 질문자와 Eye-Contact
2) 질문에 감사와 칭찬
3) 질문을 반복하여 전체와 공유
4) 답을 하기 전 학습자에게 다시 질문
5) 답변 후 질문자의 이해도 점검

표준교안	개발교안
내용요약	
전체내용정리	
키워드중심요약	
한 장표로 표현	
동기부여	
인상적인 문구	
긍정적인 미래	
구체적 행동	
Q&A 활용	
Eye-Contant	
질문에 감사와 칭찬	
질문을 반복하여 전체와 공유	
답을하기 전 학습자에게 다시 질문	
답변 후 질문자의 이해도 점검	

2. O.B.M. 모델 마무리

Open	Believe	Move
라포형성	Why	**내용요약**
첫 인사	강의 목적	전체 내용 정리
교수자-학습지간 라포형성	왜 강의가 존재하여야 하는가?	키워드 중심 요약
학습자-학습자간 라포형성	강의가 끝나면 무엇이 달라지는가?	한 장표로 표현
강사 소개	What	**동기부여**
신뢰감 형성	핵심메시지	인상적인 문구
진진진가 강사소개	강의시간?	긍정적 미래
다양한 매체 활용	교육대상자? / 논리구조	구체적 행동
학습 기대감	How	**Q&A 활용**
강의 제목	풀이방법	Eye-Contact
학습 목표	학습자의 참여	질문에 감사와 칭찬
목차	핵심메시지의 포함	질문을 반복하여 전체와 공유
	Vision	답을 하기 전에 학습자에게 다시 질문
	Wיy/ What / How	답변 후 질문자의 이해도 점검

Open	• 강의의 포문을 열다. • 강사소개 / 라포형성 / 학습기대감
Belibve	• 강의내용의 신뢰를 높이다. • 한심선정 / 핵심제시 / 방법풀이 / 강조
Move	• 한동으로 실천하게 하다. • 핵심정리 / 동기부여

안전전문인력의 전달력을 높이는 전략스피치1: 기본발성법

1. 스피치의 중요성

스피치의 중요성

스피치 능력은 중요한 경쟁력이다.

지식을 습득하는게 아니라 교육생에게 얼마나 잘 전달하고 공유하는가

전달력을 높이는 방법

강사의 청각 이미지	강사의 시각 이미지	강의 콘텐츠 완성도
• 발음 • 억양 • 톤 • 발성 • 호흡 등	• 자세 • 제스처 • 표정 • 움직임 등	• 적절한 시각자료 • 내용충실성 등

2. 강사의 청각 이미지: 발성법

목소리는 타고 나는 걸까요?

목소리 진단

안녕하십니까?(안녕하세요)000입니다.

어제 충북 지역에 기록적인 폭우가 발생하여 곳곳에서 비 피해가 발생했습니다.

철도역이 물에 잠겨 기차 운행이 중단 됐고, 사망과 실종 사고도 잇따랐습니다.

모두 안전에 각별히 유의하시기 바랍니다.

목소리의 3대 기술

발음 말의 소리값
- 자음: 혀 근육
- 모음: 입 근육

발성 소리의 울림

호흡 숨
- 복식
- 흉식

기본 발성법

- 숨 관찰하기
- 목소리 이해하기
- 호흡법 / 호흡량
- 키톤 찾기

준비운동

아~~~~~~~~~~~~~~~~~~~~~~~~~~~~~~~~~~~~

음~~~~~~~~~~~~~~~~~~~~~~~~~~~~~~~~~~~~

와~~~~~~~~~~~~~~~~~~~~~~~~~~~~~~~~~~~~

오~~~~~~~~~~~~~~~~~~~~~~~~~~~~~~~~~~~~

우~~~~~~~~~~~~~~~~~~~~~~~~~~~~~~~~~~~~

목소리 이해하기

- 목소리: 폐에서 나오는 공기가 성대를 진동시켜 생기는 것

호흡할 때 발성할 때

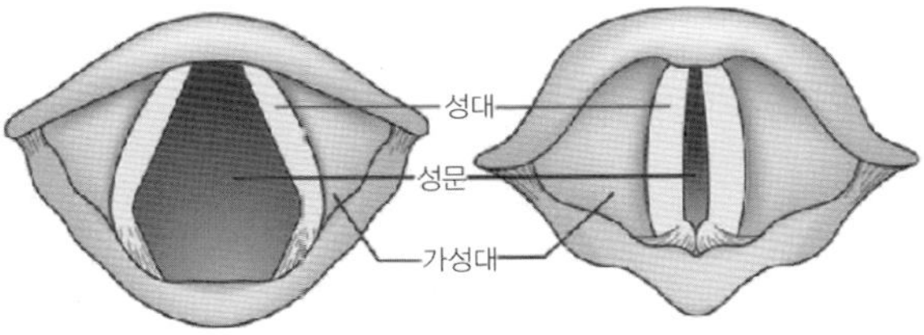

후두의 하부에서 섬유조직으로 만들어진 두 개으 성대가 있다. 호흡할 때는 셩문이 삼각 모양으로 열린다.

공기를 밖으로 내보낼 때는 닫힌 성대가 진동해서 소리를 낸다. 가성대는 발성과는 상관이 없고 음식물을 삼킬 때는 후두를 닫는다.

목소리를 바꾸려면 호흡부터 바꿔야 한다!

호흡종류

복식호흡 ▶ '힘점'을 내려라

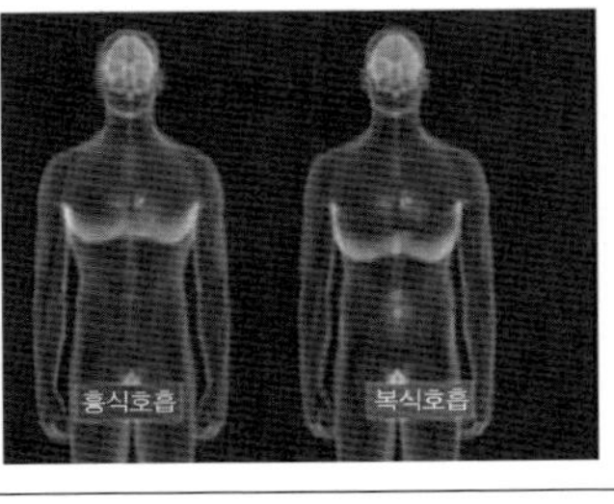

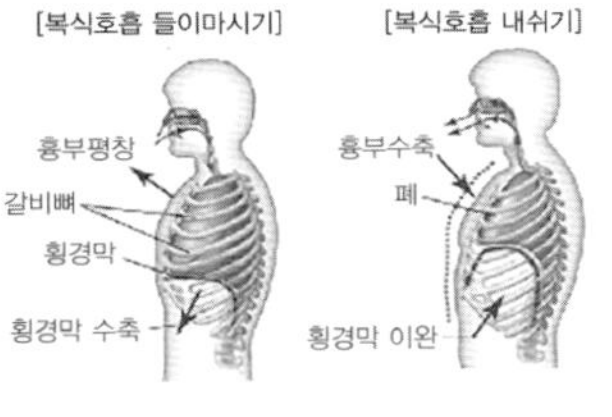

호흡법/호흡량

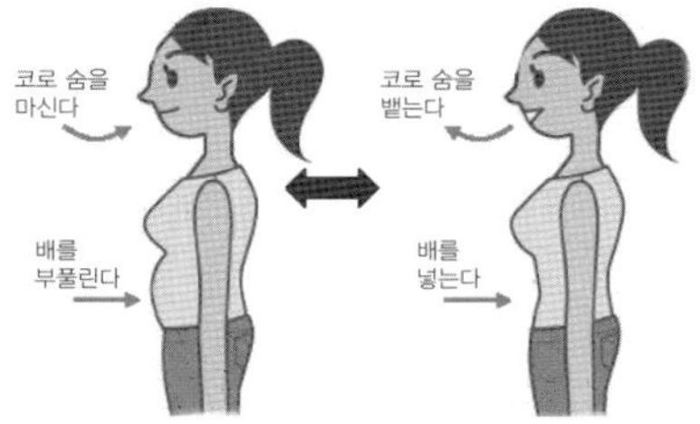

호흡법: 복식호흡

호흡량

호흡법/호흡량

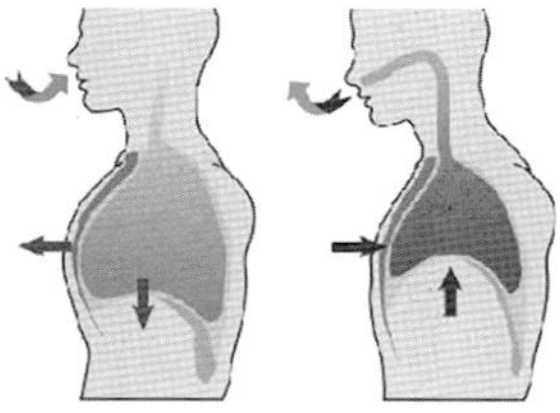

들숨 날숨

복식호흡의 효과

- 흉식호흡보다 30% 많은 폐활량확보
- 호흡을 뱉을 수 있게 됨
- 자율신경을 안정시켜 심리적 안정감을 줌
- 뇌를 활성화 시켜 집중력이 높아짐

복식호흡이 되는데 목소리가 안 좋은 이유는?

- 소리를 안 뱉기 때문!
- 공기의 양이 많을수록 힘차고 안정적인 소리가 난다.

말 끝까지 힘 있게 말하기

- 글자를 점진적으로 크고 멀리 소리 내는 훈련
  예 안녕하십니까

연습하기

안
안녕
안녕하
안녕하십
안녕하십니
안녕하십니까

3. 키 톤 찾기

나의 '키톤'을 활용하라

• 키톤: 태어날 때부터 가지고 있는 자기의 톤

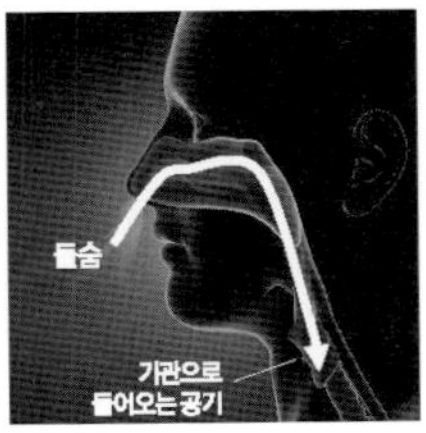

'아': 고음
'에': 중간음
'어': 저음

▶ 울림이 큰 것이
나의 베스트 톤

목을 열어보자

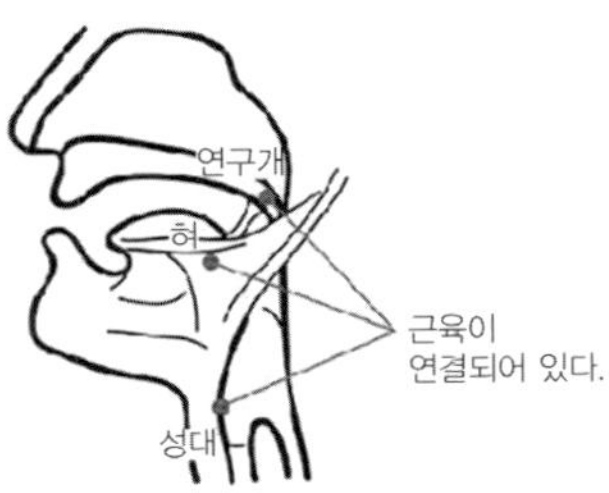

• 연구개: 입천장에서 비교적 연한 뒤쪽 부분

입 근육 스트레칭

• 양손을 펴서 볼을 동그라미 그리며 문지르기(10초)
• 볼에 바람을 넣어 빵빵하게 만들어 부풀리기(10초)
• '푸르르르'하고 입술털기(10초)
• 입술을 모아 앞쪽으로 내밀고, 시계방향–반시계 방향으로 돌리기
• '아에이오우'를 자극이 느껴질 만큼 최대한 입을 크게 벌려 발음하기(5번씩)
• 가로, 세로 입 근육 운동(하나당 5번 이상씩 반복)
'으아' – '아으' / '오아' – '아오'
'어으' – '으어'/ '오어' – '어오'

발음

아 야 어 여 오 요 우 유 으 이
가 갸 거 겨 고 교 구 구 그 기
나 냐 너 녀 노 뇨 누 뉴 느 니
다 댜 더 뎌 도 됴 두 듀 드 디

발음 연습

똠양꿍 대한관광공사	조달청 청사 창살은 쇠창살, 항만청 청사 창살도 쇠창살 저기 계신 저 분이 박 법학박사이고, 여기 계신 이 분이 백 법학박사이시다 앞 집 팥죽은 붉은 팥 풋팥죽이고, 뒷 집 콩죽은 해콩단콩 콩죽

빨리 읽기 연습

안촉촉한 초코칩 나라에 살던 안촉촉한 초코칩이
촉촉한 초코칩 나라의 촉촉한 초코칩을 보고
촉촉한 초코칩이 되고 싶어서 촉촉한 초코칩 나라에 갔는데
촉촉한 초코칩 나라의 문지기가
"넌 촉촉한 초코칩이 아니고 안촉촉한 초코칩이니까
안촉촉한 초코칩 나라에 살아라" 라고 해서
안촉촉한 초코칩은 촉촉한 초코칩이 되는 것을 포기하고 안촉촉한 초코칩 나라로 돌아갔다.

빨리 읽기 연습

너와 헤어진 후 힘들어하는 내게 박 법학박사님과 백 법학박사님께서
차라리 상담담당 선생님 성 선생님을 추천해주셨어.
그렇게 찾은 러브코치 상담담당 선생님 성 선생님이 내게 말했어

자기는 참치 꽁치낌을 좋아한다고
이게 무슨 헛소린가 싶어 안 청송콩찰떡이 좋다고 했지
시답잖은 농담 속에 서울 찹쌀 촌 찹쌀같이 나눠져 있던 마음이
쿵더더덕 덩기더더덕 녹아버렸어.

너랑 헤어진 후 난 편판선 군의 소개로 판편숙 양을 만났어.
그녀는 간장공장 공장장의 친구
중앙청 창살 외창살 시청 창살 쌍창살 관리했어.
〈형돈이와 대준이 한번도 안 틀리고 누구도 따라 부르기 어려운 노래 가사 중〉

안전전문인력의 전달력을 높이는 전략스피치2: 임팩트발성법

1. 신뢰감 있는 목소리 연출법

최악의 강의 3가지

요정 無	교육생과의 상호작용 無	완급조절 無
• 짜임새 있는 구조가 아님 • 단순히 정보만 나열 • 스토리 텔링, 핵심 메시지 부족	• 내용만 단순 설명 • 슬라이드만 읽는 일방적 강의	• 음성, 콘텐츠 변화가 없는 지루한 강의

음성전달의 3포인트

- 소리의 직진성: 우물거리지 말고, 자신있게 목소리를 앞으로 냅니다.
- 발음의 명료도: 말끝을 흐리지 말고 정확히 발음합니다.
- 역동감 있는 억양: 앞쪽에 강세를 두거나, 부드러운 파도 모양의 억양을 유지합니다.

목소리 연출법

- 모음만 발음하기
- 빨리 읽기
- 젓가락 연습법

모음만 발음하기

강원 영동선 철로에서 승용차와 열차가 충돌해 2명이 숨졌습니다.	아워 여오어 어오에어 으요아와 여아아 우오애 우여이 우여으이아.
오늘 오전 강원도 동해시 망상동의 캠핑장 인근 철길에서 아반떼 승용차가 영동선 청량리행 무궁화호 열차와 부딪혔습니다.	오으 오어 아워오 오애이 아아오의 애이아 이으 이이에어 아아에 으요아아 여오어 어야이애 우우아오 여아와 우이여으이아.
이 사고로 30대 운전자와 70대 여성 등 2명이 다쳐 병원으로 옮겨졌지만 결국 숨졌습니다.	이 아오오 아이애 우어아와 이이애 여어 으 우여이 아여 여워으오 오여여이아 여우 우여으이아.
경찰은 사고 당시 차단기가 내려져 있던 것으로 파악한다는 코레일측 발언을 토대로 정확한 사고 원인을 조사하고 있습니다.	여아으 아오 아이 아아이아 애여여 이어 어으오 아아아아으 오에이으 아어으 오애오 어아아 아오 워이으 오아아오 이으이아.

빨리 읽기

가정에서의 홈 트레이닝에서 사용 되는 런닝머신, 바이크, 짐볼, 아령과 같은 운동기구로 인해 어린이 안전사고 발생률이 높아지고 있습니다.
런닝머신과 바이크에 어린이 손가락 및 발가락이 끼거나 짐볼에서 미끄러져 타박상을 입는 상황이 발생합니다.
가정 내 운동기구 사용 시 주의 사항을 말씀 드리겠습니다.
첫째 운동기구 구입 즉시 부품이 헐겁거나 날카로운 부분이 없는지 확인합니다.

젓가락 연습법

1. 젓가락을 송곳니까지 깊게 낀다.
2. 윗니와 아랫니가 벌어져 소리가 나올 수 있는 공간을 만든다.
3. 입안이 열린다는 느낌으로 소리를 꺼내 울림을 만든다.
4. 소리를 무조건 앞으로 꺼낸다(숨 밀어내기).

젓가락 연습법 발음 연습

안녕하세요? 000입니다. 오늘은 선생님과 어린이 심폐소생술을 체험해보겠습니다.
계단을 빨리 오르거나 달리기를 할 때 내 몸에서는 심장이 일하는 소리가 들립니다.
이렇게 심장이 뛰는 것을 '박동' 이라고 합니다.
심장은 우리가 자고 있을 때나 가만히 앉아 있을 때도 열심히 일하고 있어요.

2. 임팩트를 주는 목소리 연출법

Q 청중이 듣기 쉬운 말의 속도는?

말의 속도

느림	빠름
답답함 두뇌 회전이 느려 보임	전달이 어려움 성격이 급해 보임

"청중이 가장 듣기 쉬운 말의 속도 분당 270~280"

뉴스 시간에 아나운서가 하는 말: 분당 300자 정도
스포츠 중계 때 아나운서의 말: 분당 350~500자 정도

매력적인 보이스 연출법 6종 세트

발음 | 발성 | 호흡 | 강조 | 어미 | 장, 단음

강조

속도 강조 기법

1. 느린 강조 기법

저희는 그래서 직원들의 출근, 직장 안에서의 생활, 퇴근 그리고 퇴근 후 모습까지 꼼꼼히 살펴보았습니다.

2. 멈춤 기법(포즈 강조)

그 새끼 양을 잘 키워야 할텐데~
나는 민수와 미경이를 때렸다.
철이가 울면서 떠나는 순이를 배웅했다.
아줌마 파마돼요?

끊어 읽기 연습

화재가 나면 119에 신고할 수도 있고 직접 불을 끌 수도 있지만 우리 어린이들은 가장 먼저, /
대피해야 해요.
대피하는 방법은 첫 번째, / 불을 처음 발견한 사람이 '불이야!'하고 큰 소리로 주위 사람들에게 알려요.
두 번째, 젖은 수건으로 코랑 입을 막고 낮은 자세로 대피해요.
젖은 수건이 없다면 / 입고 있는 옷으로 코와 입을 막고 입안의 물인 '침'을 통해 축축하게 적셔요.
세 번째, 낮은 자세로 / 벽을 짚으며 대피해요. 화재 연기는 위로 올라가기 때문에 / 최대한 낮은 자세로 대피해야 해요.

강약 강조 기법

톤 활용

이 현상이 지속된다면 앞으로 어떤 피해가 발생할까요?

강조법1 : 강조단어를 아래로 꾹꾹 눌러 발음한다.

바로 이것이 문제입니다.

강조법2 : 작은 강조법을 활용한다.

준비된 안전 의식이 사고를 예방할 수 있습니다.
→ 준비된 안전 의식이 사고를 예방할 수 있습니다.

사후 대처보다는 사전 예방이 중요합니다.
→ 사후 대처보다는 이 중요합니다.

강조 부분에 따른 의미 차이
저는 안전교육의 중요도가 낮다고 말하지 않았어요
→ 다른 사람이 말한 것이라는 뜻
저는 안전교육의 중요도가 낮다고 말하지 않았어요
→ 절대 내가 말한 것이 아니다라는 뜻
저는 안전교육의 중요도가 낮다고 말하지 않았어요
→ 다른 것이 나빴다고 말했다라는 뜻

포즈(Pause)기법: “그런데 말입니다”

어미

주어 뒤~
연결 부분~
문장 끝

어미를 잘 처리하면
전문성 신뢰도 재미가 업

1. 끌기: ~했는데
2. 끊기: 했습니다.
3. 올리기: 해서~

종결어미를 1톤 올려라
상냥한 말투: 안녕하십니까(끝을 올리기)　감사합니다
신뢰감 말투: 안녕하십니까(끝을 내리기)　감사합니다

문단 또는 전체 스피치의 마지막까지 힘있는 톤을 유지하자

높은 산으로 뛰어올라갔습니다

큰 사람과 작은 사람이 나란히 서 있습니다

끊어 읽기 연습

안녕하십니까./ 000입니다./
식사 맛있게 하셨습니까.(하셨나요)/
나른하기셨지만,/
좋은 정보 많이 준비했으니
조금만 집중해주시면 감사하겠습니다./
그럼 지금부터/프레젠테이션을 시작하겠습니다./

상냥한 말투(끌기, 올리기)	신뢰감 말투(끊기)
오늘은/ 상냥한 말투에 대하/ 훈련해 볼게요/ 상냥한 말투는/ 말 끝을 부드럽게,/ 중요한 단어는/ 천천히 표현하면 됩니다./ 오늘부터/ 상냥한 말투로/ 부드러운 카리스마를/ 표현해 보세요./	오늘은/ 신뢰감 말투에 대해/ 훈련해 볼게요./ 신뢰감 말투는/ 말끝을 단호하게,/ 중요한 단어는/ 힘있게 표현하면 됩니다./ 오늘부터/ 신뢰감 말투로/ 멋진 카리스마를/ 표현해 보세요./

장, 단음

- 숫자 장음 : 2, 4, 5, 두(둘), 세(셋), 네(넷), 열, 쉰
- 자주 쓰이는 장음

  방 : 송 / 보 : 도 / 취 : 재 / 현 : 재 / 현 : 황 / 계 :획 / 예 : 정 / 오 : 전 / 오 : 후/

  말 : 씀 / 사 : 람 / 대 : 통령 / 장 : 관 / 이 : 하 / 이 : 상 / 말 : 했다 / 위 : 하다 / 없 : 다

장, 단음

- 245(이 : 백사 : 십오)
- 두 명(두 : 명)
- 천 다음의 숫자 단위는 만 : 이다
- 이 : 는 그 수량이 둘 : 임을 나타낸다
- 말이 말 : 을 한다
- 밤에 밤 : 을 먹는다
- 눈으로 눈 : 을 본다
- 돌잔치에 가다가 돌 : 을 주웠다
- 자기 손으로 일을 하다가 오히려 큰 손 : 해를 봤다.

안전전문인력의 전달력을 높이는 전략스피치3: 바디랭귀지발성법

1. 강사 시각 이미지의 중요성과 동선 활용법

메러비언의 법칙

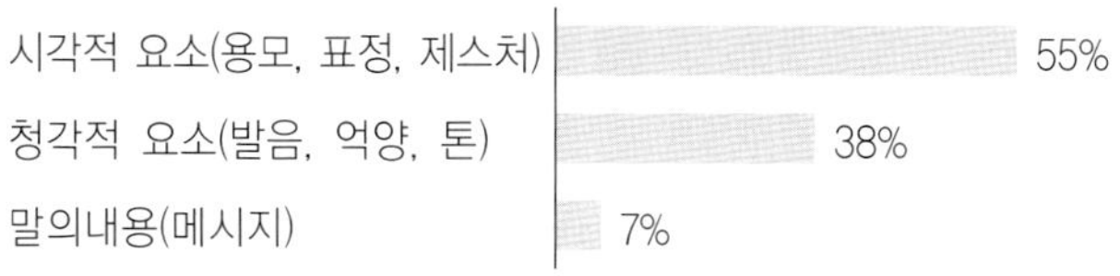

- 첫 인상은 2~3초 안에 결정
- 늦어도 7초안에 결정
- 첫인상 복구는 무려 40시간

비언어적 표현 93%	Body	표정, 눈빛, 자세, 제스쳐
	Mood	음정, 음색, 말의 빠르기
언어적 표현 7%	Word	말의 내용

시각이미지

- 上의 정보: 얼굴(표정)머리방향
- 中의 정보: 어깨, 손의 위치
- 下의 정보: 발의 위치와 방향

자세

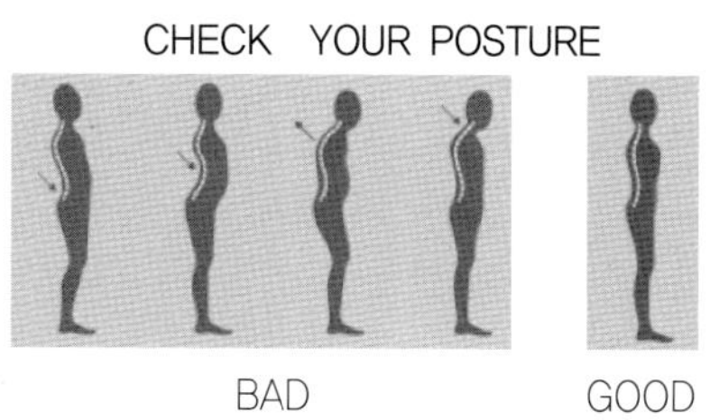

기본자세

엉덩이	엉덩이가 쳐지면 행동이 느려지고 긴장이 풀리게 됨
배	배에 힘을 주고 복근을 활용해 뚜렷한 목소리로 전달력을 높임
탁	턱을 위로 치켜 세우면 깔보거나 거만해 보일 수 있음
입꼬리	입꼬리를 올리면 웃는 표정이 되어 따뜻한 인상이 됨
눈꼬리	웃을 때 눈이 같이 웃어야 하고 눈꺼풀에 힘을 줘서 생기는 표정을 유지함

시각 이미지 메이킹

- 눈, 표정, 어깨: 시선 처리
- 손: 제스처
- 발: 발 움직임

시선처리

Good? Bad?

GCOD	Bad
• 교육생의 얼굴을 보면서 선을 정확히 맞춘다. • 전후좌우로 시선을 적절히 안배하면서 강의를 진행한다.	• 시선을 바닥으로 떨어뜨린다. • 시선을 고정하지 않고 짧게 돌린다. • 스크린이나 교재만 본다.

제스처

GOOD	Bad
• 상황과 내용에 맞는 제스처를 사용한다. • 강의 내용에 맞추어 자연스럽게 움직인다. • 의도적으로 주어진 공간으로 이동한다.	• 과도하게 많은 제스처를 사용한다. • 한 손가락으로 교육생이나 화면을 가리킨다. • 한 손을 허리에 짚거나, 주머니에 손을 넣는다. • 등을 보이거나 빔 프로젝트 화면을 가린다.

동선활용

인사

1. 다리를 붙이고 어깨를 펴고 선다.
2. 손은 '남좌여우'를 한다.
3. 청충을 한번 오른쪽에서 왼쪽으로 둘러본다.
4. 말을 한후에 행동을 한다.
5. 단상 옆으로 나와서 보통례(또는 목례)를 한다.
6. 머리, 등, 허리가 일직선으로 숙여진다.
7. 시선은 바닥을 향한다.

손

1. 말을 시작함과 동시에 손을 움직인다.
2. 손끝은 위를 향한다.
3. 손 끝에 힘을 주고 안에서 밖으로 동선을 취한다.
4. 팔모양은 'ㄴ'자가 되도록 한다.
5. 네 손가락은 붙이고 엄지는 자연스럽게 떨어뜨린다.
6. 팔을 벌릴 때는 농구공을 집는 정도의 공간을 유지한다.

발
1. 말을 시작하면서 너무 많이 움직이면 '산만함,긴장감' 의 느낌을 줄 수 있다.
2. 편하게 양쪽으로 어깨 넓이만큼 벌리고 시작한다.
3. 인사를 할 때는 발을 모은다.
4. 발이 움직이는 범위는 두 걸음 정도가 좋다.
5. '시작점–우측으로 두 걸음–다시 시작점– 좌측으로 두 걸음' 이 안정적이다.
6. 동선은 직선 말고 사선으로 움직여야 한다.

2. 안전교육 상황에 맞는 바디랭귀지 연출법

바디랭귀지 활용 기법
- 자연스러운 시선
- 움직임 따뜻한 인상, 미소
- 자신감있는 자세, 태도

스타강사는 어떤 특징이 있을까?

감정 + 목소리 + 표정

감정톤 연습하기

감정톤 연습(1): 목소리에 다양한 감정을 싣는 연습

안녕하세요?	상냥하게/당차게/활기차게/시큰둥하게
저를 좋아하세요?	놀라서/느끼하게/못마땅하게
무슨 일이야 있겠어?	아무렇지 않게/울먹이며/힘차고 밝게/숨죽이며
이게 만원이야?	기뻐하며/실망하며/놀라서/분노하며

감정톤 연습(2)
기쁨: 와~~ 너무 좋아, 날씨도 너무 좋고 여기 너무 좋다.
노여움: 믿는게 아니었어…은혜를 원수로 갚다니…배은망덕한 놈
걱정: 휴…별일 없어야 할 텐데…하아…걱정되네…
명령: 움직이지마. 내가 얘기하지 전까지 거기서 꼼짝하지말고 있어.
놀람: 그게 진짜야? 그게 정말 가능한 거야?
사과: 내가 잘못 했어. 생각이 짧았어. 다신 안 그럴게. 한 번만 용서해줘.

Q 연습처럼 실전에서도 될까?

안녕하세요. 반갑습니다.
두 가지 특징에 대해서 알려드리겠습니다.

목소리 점검하기

1. 오프닝: 기상캐스터
안녕하십니까?(안녕하세요) 000입니다.
며칠 전 경북 포항에서 규모 2.3의 지진이 발생해 시민들이 공포에 떨었습니다.

9월 한 달간 우리나라에서
5건의 지진이 발생한 것입니다(것인데요).

그래서 오늘은 강의를 총해 지진 발생 시 대처법에 대해 알아보도록 하겠습니다.

2. 핵심내용: 뉴스앵커
위기 대응 취약시설에서의 평상 시 행도 지침은 3가집니다.
첫째, 신규 인원이 들어오면 가까운 비상구 위치를 확인하고, 대피 방법과 위기 상황 시 어떻게 조치하는지 등에 대한 교육을 철저히 합니다.

3. 마무리: 라디오DJ
현명한 사람은 미리 준비하는 사람이고,
우둔한 사람은 겪고 후회하는 사람이라고 합니다.
준비된 안전의식과 생활화가 예상치 못한 위기상황이 발생했을 때 피해를 최소화 할 수 있습니다.
감사합니다.

습관을 만드는 데 걸리는 시간 66
새로운 스피치 습관 66일 도전

당신의 목소리가 무기입니다.

부록

위험예지훈련 도해자료

참고문헌: 한국산업안전보건공단, "위험예지도해자료"

01 위험예지훈련 도해자료

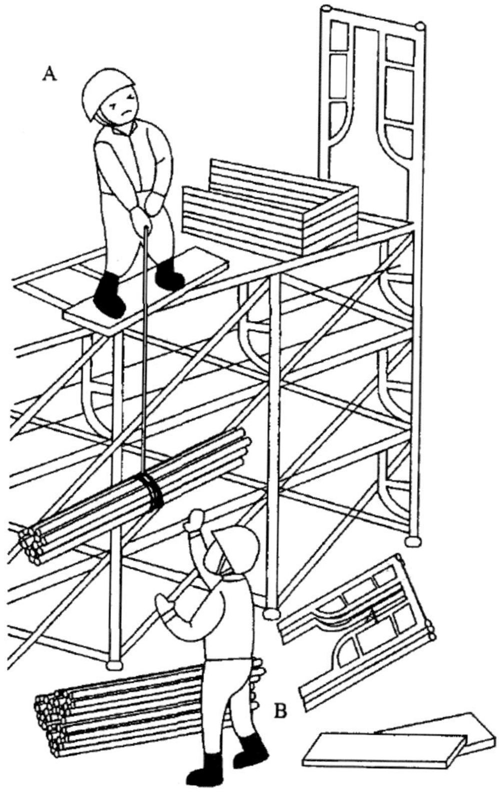

상황	작업자 A와 B가 이동식비계를 조립작업으로, 작업자 B가 끈으로 묶은 자째를 작업자 A가 끌어 올리고 있다. 작업자 A가 작업하고 있는 장소에는 아직 작업발판이 조립되지 않아서 발판을 고정하지 않고 상부에 걸쳐놓고 작업하고 있으며, 안전대는 착용하지 않고 있다.
위험포인트	1) 자째를 끌어 올리던 중 발판 틈에 끼어 작업자 A가 추락한다. 2) 자째를 올리던 중 발이 미끄러져 A가 추락한다. 3) 묶여있는 자재가 쏟아져서 작업자 B가 다친다. 4) 끌어 올려 둔 자재가 무너져 떨어진다. 5) 이동식 비계가 너무 높아서 쓰러진다. 6) 적재된 자재가 너무 많아 비계가 쓰러진다.
지적확인 (대책)	1) 작업발판 고정 2) 안전대 착용 3) 자재결속시 2곳 이상 결속 4) 자재 3단 이상 적재금지 5) 비계 높이 준수 {밑변 최소 폭의 4배 이하) / 높이 초과 시 벽면에 고정 6) 자재 적재중량 초과적재 금지

02 위험예지훈련 도해자료

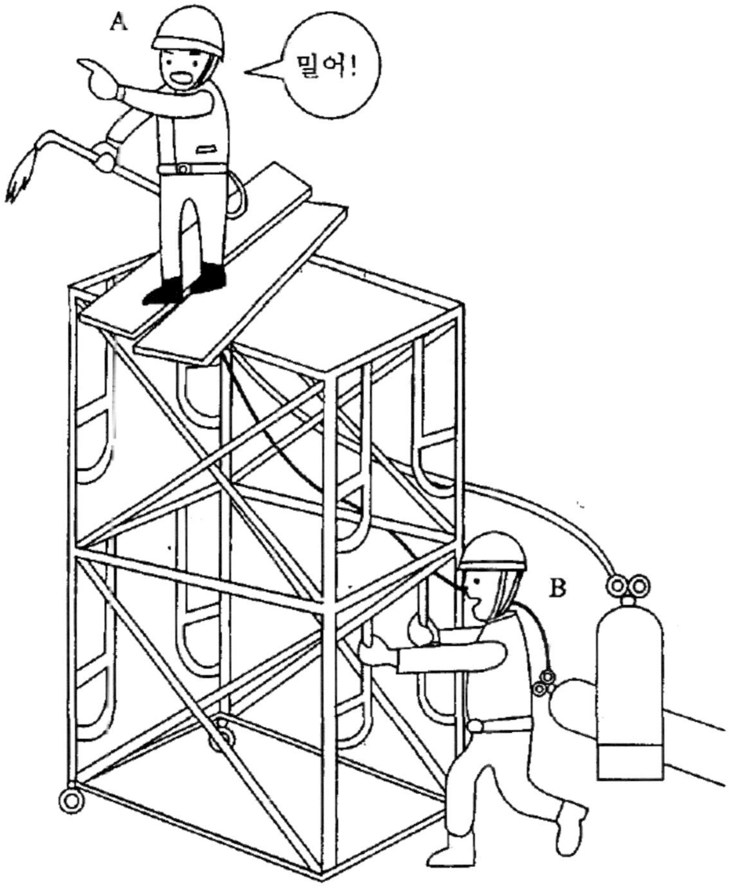

상황	작업자 A가 이동식비계 위에서 용접작업을 하고, 다른 장소의 용접작업을 위해 작업자 E가 이동식비계를 밀면서 이동하고 있음
위험포인트	1) 이동하는 순간 A가 균형을 잃고 추락함 2) 발판이 부러지면서 A가 추락함 3) 용접호스가 팽팽해져 몸의 균형을 잃고 A가 추락한다. 4) 가스통이 넘어져 계기가 고장 나서 가스가 새어 나온다. 5) 가스통에서 호스가 빠지면서 가스가 새어 나와 폭발한다. 6) 발판이 고정되어 있지 않아 판이 움직여 A가 떨어진다. 7) 이동할 때 울퉁불퉁한 바닥 때문에 이동식 비계가 넘어져 B가 깔린다.
지적확인 (대책)	1) 이동식비계를 탑승한 채로 이동금지 2) 작업발판고정 3) 안전대 착용 4) 이동식비계 이동 중 전도주의

03 위험예지훈련 도해자료

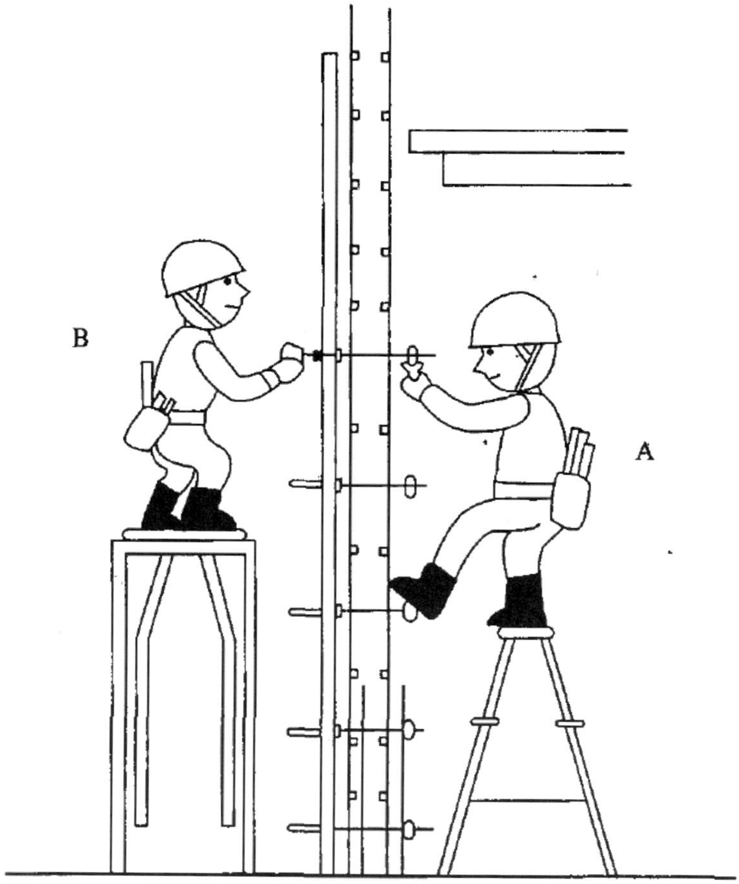

상황	작업자 A와 B가 형틀조립을 위하여 쇠붙이를 부착하고 있음. A는 A형 사다리 위에서 작업을 실시하고 있으며, B는 작업발판 위에서 작업을 실시하고 있음
위험포인트	1) 한쪽 발을 걸치고 있는 쇠붙이가 부러지면서 중심을 잃고 A가 추락함 2) B와의 호흡이 맞지 않아 반동 때문에 균형을 잃어 A가 사다리에서 추락함 3) B가 작업발판 오르던 중 미끄러져 추락함 4) A가 앞으로 기운 자세를 취했을 때 중심을 취하는 방법이 부적당하여 사다리가 기울어지면서 추락 5) A와 B가 장화를 신었기 때문에 발이 미끄러져 떨어진다.
지적확인 (대책)	1) 사다리 고정 2) 사다리 작업 시 2인 1조 작업 실시 3) 동시 작업 시 작업신호 통일 4) 고소 작업 시 안전화 착용 5) 사다리 사용 전 이상유무 확인(접속부, 흔들림, 미끄럼 방지장치)

04 위험예지훈련 도해자료

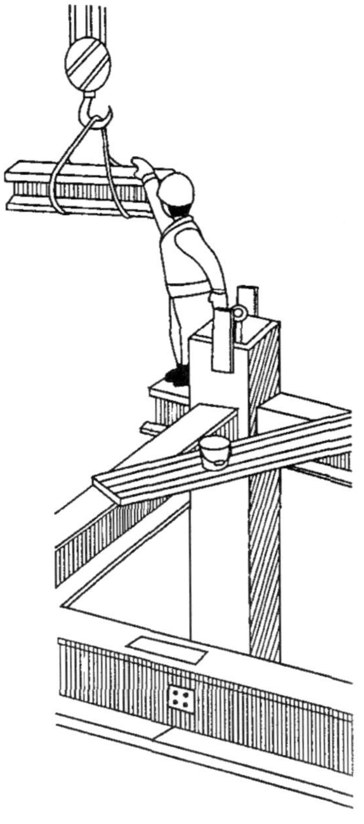

상황	작업자가 높은 곳에서 철골조립작업 중이다. 크레인에 의해 철골이 부착될 장소로 옮겨지고 있고 작업자는 철골을 유도하고 있다.
위험포인트	1) 철골 위를 이동 중 발이 미끄러져 추락하거나 철골 위를 이동 중 화물에 밀려서 추락한다. 2) 달려있는 화물에 팔려 추락하거나 달려 있는 화물에 부딪혀 추락한다. 3) 조립 중 균형을 잃고 추락하거나 와이어가 끊어져 걸려있던 화물이 낙하한다. 4) 걸려있는 화물이 철골에 부딪혀 그 충격으로 와이어로프가 절단 또는 와이어로프로부터 화물이 낙하한다. 5) 철골 조립 중 볼트 또는 공구를 떨어뜨린다. 6) 걸려있는 화물이 흔들려 걸려있는 화물과 철골 사이에 끼인다.
지적확인 (대책)	1) 철골 이동 중 안전로프 착용 2) 철골 이동 중 미끄럼 주의 3) 와이어결속 전 와이어 이상유무 확인 4) 철골 조립 중 볼트/공구 낙하주의 5) 철골작업반경 내 안전모 착용 6) 화물 이동 중 충돌 주의

05 위험예지훈련 도해자료

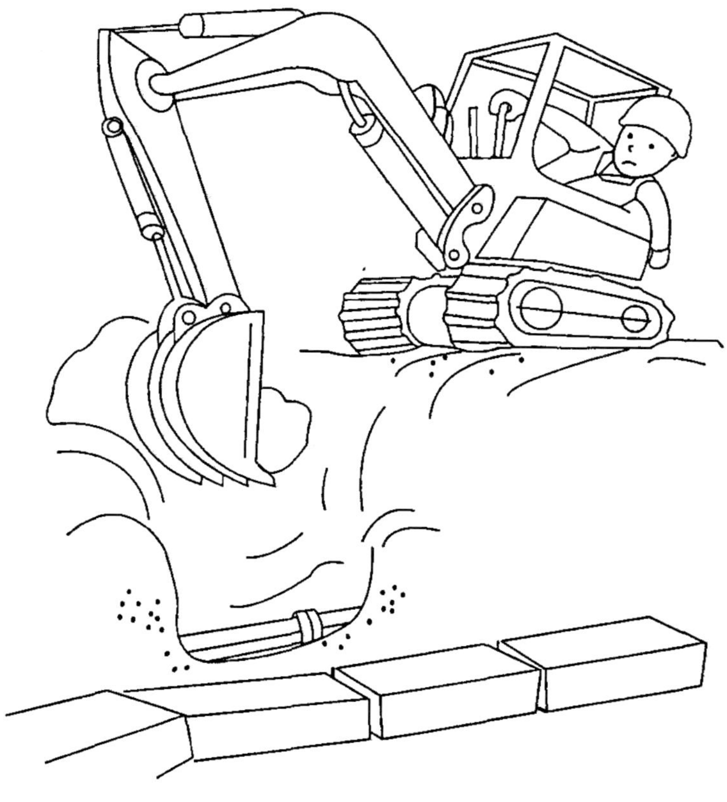

상황	옥외배관을 위하여 터파기 도중 여러 배관(송유관, 하수관, 가스관, 전기/전화선 등)이 묻혀 있는 것을 확인하지 못하고 포크레인으로 굴착작업을 실시하고 있다.
위험포인트	1) 바켓의 발톱으로 배관을 손상시킨다. 2) 고압 전선케이블이 절단되면서 바켓에 접촉하여 감전된다. 3) 송유관의 파손에 의해 누유/화재가 발생한다.
지적확인 (대책)	1) 굴착 전 매설물 유무 확인 2) 감시인 배치

06 위험예지훈련 도해자료

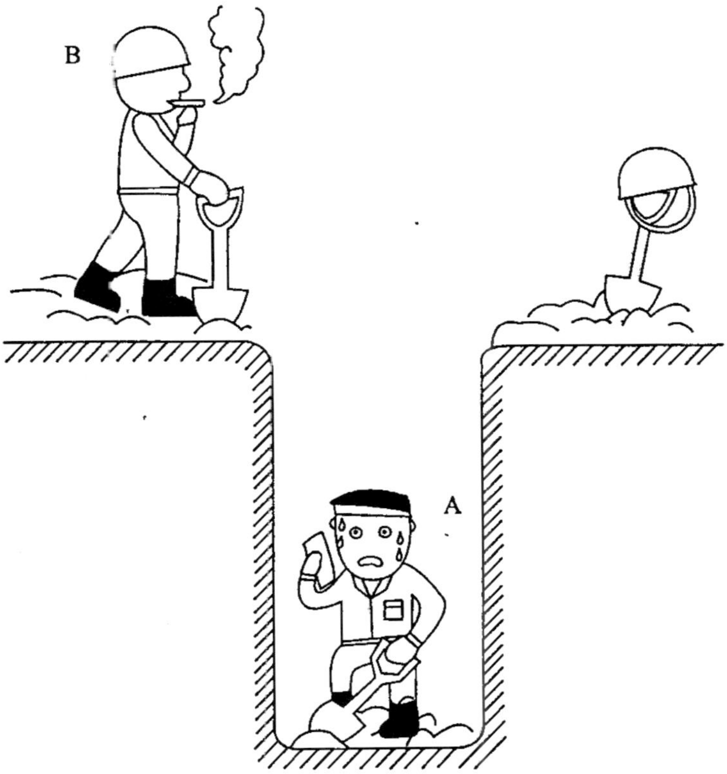

상황	작업자 A는 맨홀용 터 파기를 실시하고 있고, 작업자 B는 퍼 올린 토사를 치우고 있다.
위험포인트	1) 굴삭토가 떨어져 A의 머리를 다친다. 2) 토사가 무너져 A가 생매장 당하게 된다. 3) A가 퍼 올린 토사가 B에 부딪힌다. 4) A가 긴급 시 대피를 할 수 없다. 5) E의 삽이 떨어져 A에 부딪힌다.
지적확인 (대책)	1) 굴착구배 춘수 2) 글착 시 비상통로 확보 3) 안전모 착용

07 위험예지훈련 도해자료

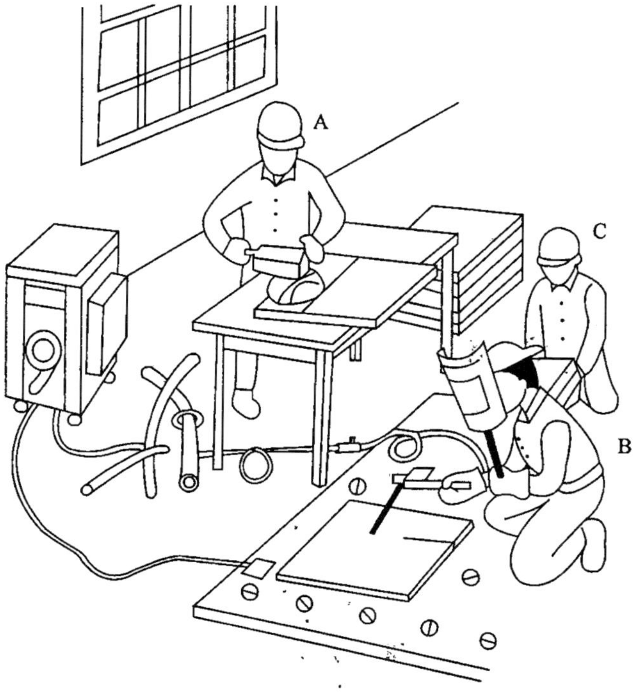

상황	B는 전기용접작업을 하고 있고, A는 그라인더 작업을 하고 있으며, C는 재료를 맞추고 있다.
위험포인트	1) 그라인더가 깨져 파편이 튀어 A와 B, C에 부딪힌다. 2) 캡타이어 코드의 피복이 파손되어 있어서 접촉 감전된다. 3) A, C 및 주위 작업자가 전기용접의 빛에 의해 눈을 다친다. 4) 그라인더의 철분이 B, C의 눈에 들어간다. 5) 전기용접기의 외함에 감전된다. 6) 발밑이 난잡해 작업자가 이동 중 걸려 넘어지면서 그라인더에 베인다. 7) B가 코드를 끌어당길 때 코드에 휘감긴 파이프가 A에 부딪힌다. 8) 용접 시 발생하는 유해가스에 작업자가 노출된다.
지적확인 (대책)	1) 그라인더 작업 전 숫돌의 상태 확인 2) 전동기구 사용 전 캡타이어 코드의 피복 이상유무 확인 3) 용접작업 시 보안경/보안면 착용 4) 그라인더 작업 시 보안경 착용 5) 전기용접기 외함 접치실시여부 확인 6) 전기 전 정리정돈 철저 7) 용접작업 시 환기유무 확인

08 위험예지훈련 도해자료

상황	작업자가 A형 사다리의 상단에 서서 전기드릴로 구멍을 뚫는 작업을 실시하고 있음
위험포인트	1) 사다리 위의 A가 발판이 좁아서 몸의 균형을 잃고 추락 2) 드릴이 뚫는 가루가 날려 A의 눈에 들어간다. 3) 드릴이 구부러져 들어가기 때문에 부러져 균형을 잃고 쓰러진다. 4) 통행인이 코드에 걸려 넘어지면서 작업자 A도 중심을 잃고 추락한다.
지적확인 (대책)	1) A형 사다리 상부작업 금지 2) 드릴 작업 시 보안경 착용 3) 전기드릴의 코드정리 확인 4) 드릴 작업 전 드릴 날 확인

09 위험예지훈련 도해자료

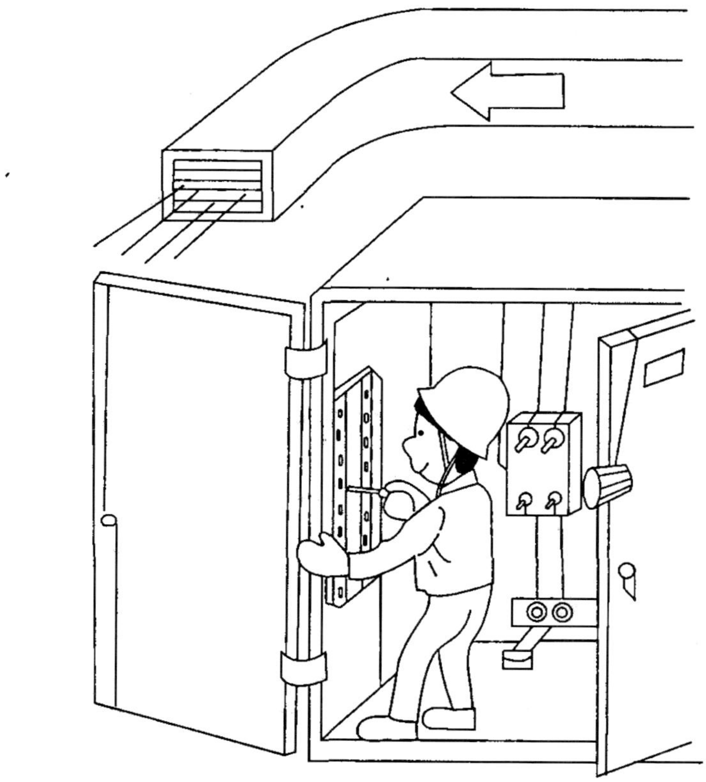

상황	전원판의 보수 중 제어케이블 단자판의 조임작업을 실시하고 있다.
위험포인트	1) 단자부 출입구가 위에 지나는 급기에 의해 갑자기 닫히게 되어 작업자가 손을 다친다. 2) 오른손이 드라이버의 금속부분에 접촉되어 감전된다. 3) 오른손 팔꿈치가 NFB단자에 접촉되어 감전된다. 4) 힘을 넣을 때 발이 미끄러지면서 균형을 잃어 손이 단자판을 짚어 감전된다.
지적확인 (대책)	1) 출입구 개방 작업 시 출입구 고정 확인 2) 절연장갑 착용 3) 절연의 착용 4) 안전화 착용

10 위험예지훈련 도해자료

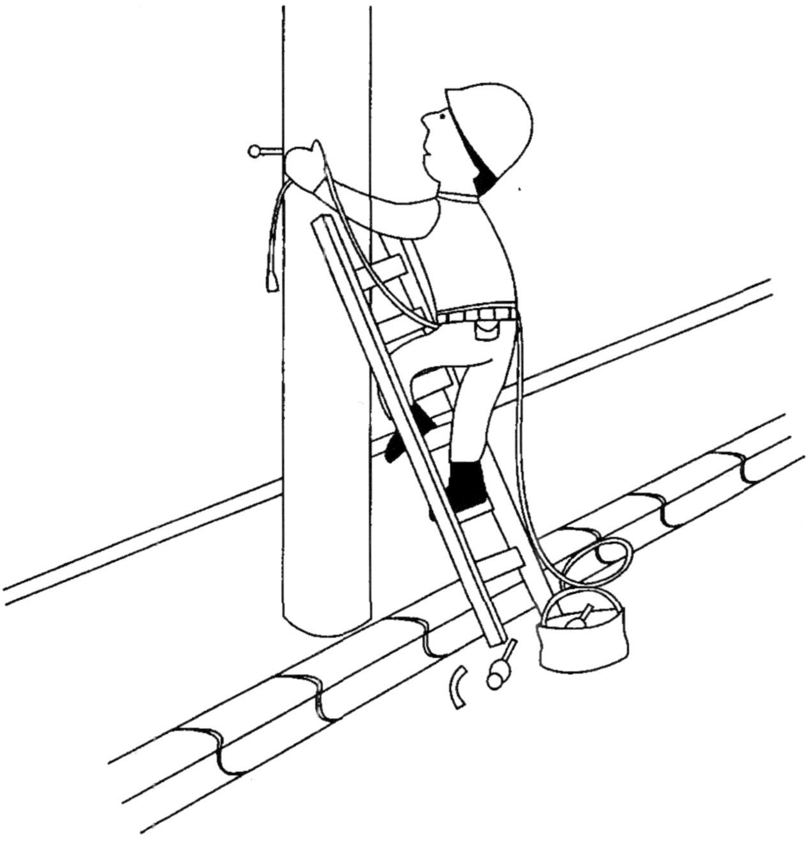

상황	전선공사를 위하여 차도와 인도의 경계석 밑에 사다리를 놓고 전주를 올라가려고 하고 있다.
위험포인트	1) 사다리가 차도에 있어 자동차가 건드려 추락한다. 2) 사다리가 쓰러지면서 추락한다. 3) 공구자루의 망이 자동차에 걸려 굴러떨어진다. 4) 자동차가 공구나 재료를 튕겨 통행인이 다친다.
지적확인 (대책)	1) 차도에 사다리 설치 금지 2) 승강 전 사다리 고정 확인 3) 승강 전 작업공구 정리정돈 확인

11 위험예지훈련 도해자료

상황	변압기의 전선작업을 위해 전주 위를 오르고 있다.
위험포인트	1) 발 디딤판을 헛디뎌 떨어진다. 2) 발 디딤판을 잡고 있는 왼손이 미끄러져 떨어진다. 3) 발 디딤판이 빠져서 떨어진다. 4) 플랫폼에 올라가던 중 변압기에 머리를 부딪친다.
지적확인 (대책)	1) 발 디딤판을 확실히 밟았는지 중심이동 전 확인 2) 미끄러지지 않는 장갑 착용 확인 3) 발 디딤판을 밟기 전 상태 확인 4) 플랫폼에 승강 전 변압기 위치 확인

12 위험예지훈련 도해자료

상황	배관작업을 위하여 창고에서 현장으로 Steel Pipe를 운반하고 있다.
위험포인트	1) 어깨에 메고 있는 전선관이 빠져서 발등이 다친다. 2) 그부러진 모서리 등에서 사람이나 물건 등을 바로 보기가 어렵기 때문에 부딪힐 수 있다. 3) 뒤에서 오는 사람이 전선관의 선단에 부딪힌다. 4) 옆으로 돌 때 전선관의 뒤가 전주에 부딪힌다.
지적확인 (대책)	1) 전선관 운반 시 양 끝을 묶었는가 확인하자. 2) 모서리에서 천천히 주위를 확인하면서 이동(방향전환 시 크게 돌자) 3) 전선과 앞/뒤에 적색 천을 묶자. 4) 방향전환 시 주위 확인 철저

13 위험예지훈련 도해자료

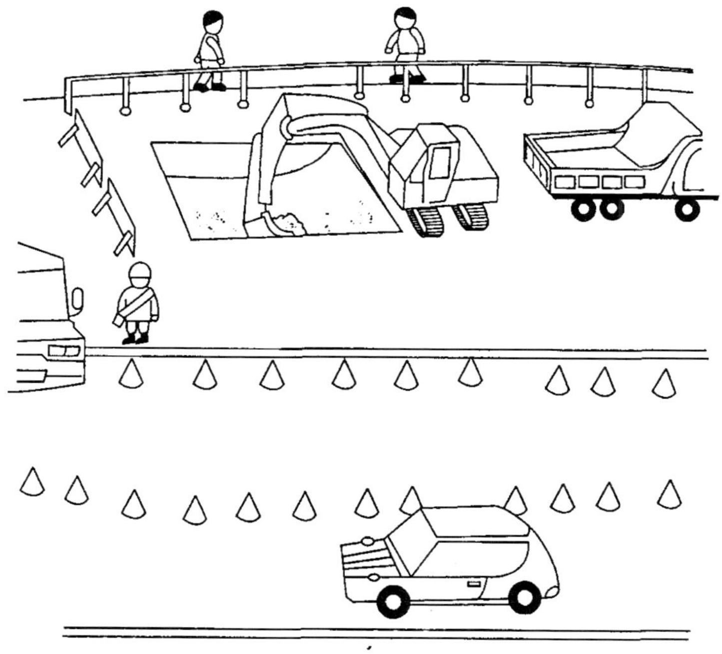

상황	관로공사를 위하여 도로 굴착작업을 실시하고 있다. 신호수를 배치하여 보행자와 차량을 유도하고 있다.
위험포인트	1) 차량이 직진해 와서 감시인과 충돌한다. 2) 작업용 트럭의 출입 시 일반 차량과 충돌한다. 3) 우회로 출구가 정체하여 차량이 충돌하여 사고를 일으킨다. 4) 포크레인이 부움을 회전/선회할 때 통행인과 부딪힌다.
지적확인 (대책)	1) 우회로 입구 전방 100M/50M에 표지(작업 중, 방향지시)를 설치한다. 2) 작업용 트럭의 출입과 일반 차량의 주행을 신호수를 배치하여 깃발로 정리한다. 3) 우회로 출구의 정리자와 연락신호를 확인한다. 4) 보행로의 앞/뒤에 "작업 중", "포크레인에 주의"의 표지를 명시하고 포크레인 작업 상태를 항상 감시하며 주의한다.

14 위험예지훈련 도해자료

상황	두 사람이 말뚝을 박고 있다.
위험포인트	1) 마주 보고 일을 하고 있기 때문에 해머가 B의 머리에 맞는다. 2) 파편이 튀어서 눈을 다친다. 3) 발의 위치가 불안전하기 때문에 발이 해머에 맞는다. 4) 해머가 자루에서 빠져서 A 또는 B가 다친다. 5) 장갑을 끼고 있어 해머의 진동으로 손이 미끄러져 B를 때린다.
지적확인 (대책)	1) 해머 가격물을 손으로 잡지 말자. 2) 해머 가격물을 손으로 잡을 때 가격자와 마주 보지 말자. 3) 보안경 착용 4) 해머 작업 전 해머상태 확인 5) 해머 작업 시 장갑착용 금지

15 위험예지훈련 도해자료

상황	보수작업을 위한 사다리 위에 있는 작업자 A에게 B가 해머를 던져주고 있다.
위험포인트	1) 사다리가 미끄러져 B가 떨어진다. 2) B가 해머를 받아 잡을 때 균형을 잃어 추락한다. 3) B가 해머를 잡지 못해 해머에 맞아서 다친다. 4) A가 해머를 힘차게 던져 B가 해머에 맞아 추락한다.
지적확인 (대책)	1) 작업 전 사다리 고정 확인 2) 작업공구는 절대 던지지 말자.

16 위험예지훈련 도해자료

상황	한 손에 관통을 들고 사다리를 오르고 있다
위험포인트	1) 발이 미끄러져 사다리에서 떨어진다. 2) 한 손에 들고 있던 공구가 떨어져 통행인은 다치게 한다. 3) 사다리를 잡고 있던 손이 미끄러져 땅에 떨어진다. 4) 사다리가 부식되어 부러지면서 추락한다.
지적확인 (대책)	1) 작업 공구통을 들고 사다리 승강 금지(달줄/달포대 이용) 2) 고정사다리 승강 전 사다리 이상유무 확인 3) 사다리 승하강 시 미끄럼 주의 4) 안전대/안전모 착용

17 위험예지훈련 도해자료

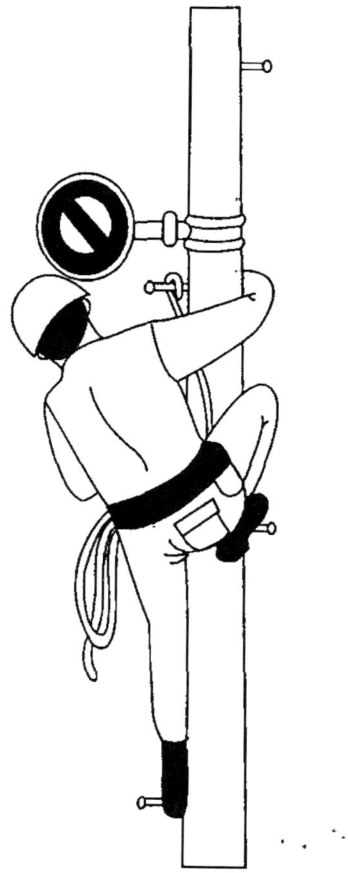

상황	전주에 오르던 중 장해물이 있어, 넘어가려고 하고 있다.
위험포인트	1) 올라갈 때 표지에 부딪힌다. 2) 발판못(발판, 보울트)이 빠져서 추락한다. 3) 안전대로프, 보조로프의 착탈 시 균형을 잃어 추락한다. 4) 표지가 흔들려서 균형을 잃어 추락한다. 5) 손, 발이 미끄러져 추락한다.
지적확인 (대책)	1) 표지판 주의 2) 숭하강전 발판 못 확인 3) 안전대/보조로프 착탈 시 확인 4) 이동전 안전대 체결여부 확인 5) 안전화/전모 착용

18 위험예지훈련 도해자료

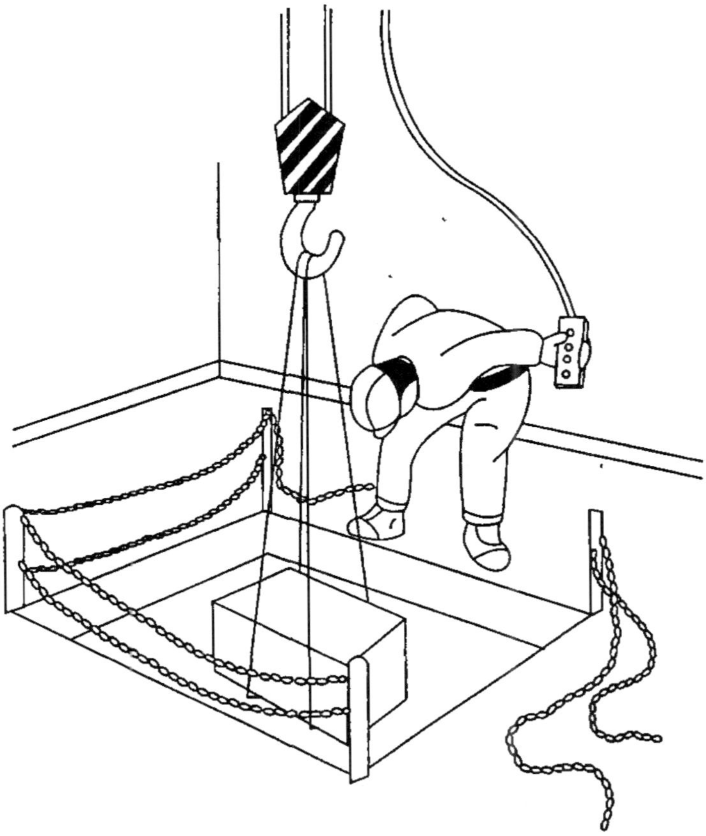

상황	2층 개구부에서 호이스트 크레인으로 하물을 달아 올리고 있다.
위험포인트	1) 체인을 벗기고 개구부를 들여다보며 크레인 조작을 하고 있을 때 균형을 잃고 추락한다. 2) 하물이 개구부에 걸려서 떨어져 밑의 사람이 부딪힌다. 3) 추락방지 체인이 낮아 걸려 추락하거나 벗겨진 체인에 걸려 넘어져 추락한다. 4) 크레인 고리에 안전핀이 없어 개구부에 화물이 걸릴 때 와이어가 빠져 화물이 떨어져 아래 있는 사람에게 부딪힌다. 5) 와이어가 끊어져 화물이 떨어져 밑에 있는 사람이 다친다. 6) 추락할 때 머리를 다친다. 7) 밑을 보고 있을 때 갑자기 어지러워져 추락한다.
지적확인 (대책)	1) 개구부 접근시 안전대 착용 2) 크레인 후크에 안전핀 설치 확인 3) 크레인 작업 전 와이어로프상태 확인

19 위험예지훈련 도해자료

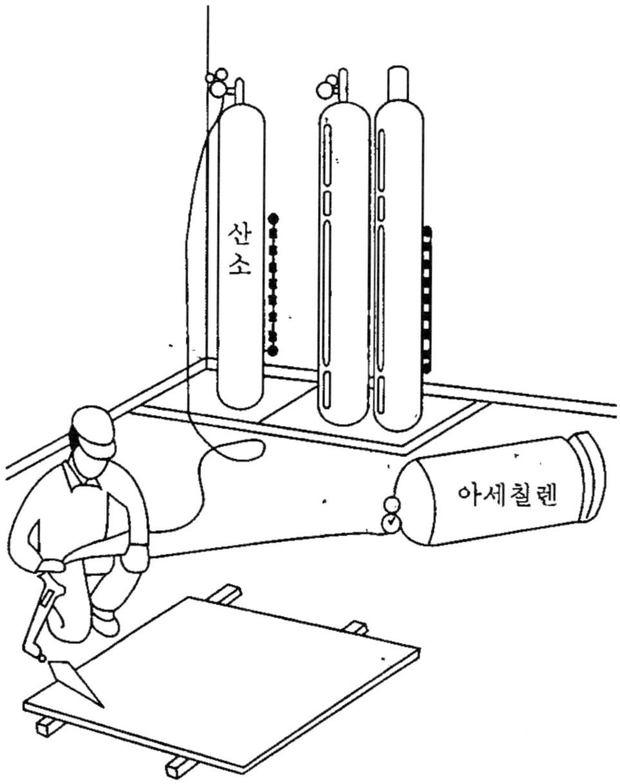

상황	산소-아세틸렌 가스 용접기를 사용하여 철판을 절단/접합하고 있다.
위험포인트	1) 아세틸렌 연결 부위에서 아세틸렌 액이 유출해 폭발한다. 2) 절단 불꽃에 화상을 입는다. 3) 절단 불꽃에 시력장해가 온다. 4) 호스를 강하게 끌어당기면 호스가 빠져서 인화/폭발한다. 5) 호스를 강하게 끌어당기면 산소통이 넘어져 작업자가 다친다. 6) 절단 불꽃이 주위의 인화물질에 접촉하여 화재가 발생한다.
지적확인 (대책)	1) 가스용접기 사용 전 가스누출여부 점검 2) 보안경/용접용 장갑/앞치마 착용 3) 용접호스 정리정돈 철저 4) 용접호스 당기기 전 가스통 확인 5) 작업반경 내 인화물 확인/제거

20 위험예지훈련 도해자료

상황	케이블에 사다리를 걸고 전화가입자가 끌어들인 옥외선을 철거하려고 하고 있다.
위험포인트	1) 옥외선 절단 시 반동에 의하여 가공케이블 지지선이 크게 흔들려 사다리의 후크가 벗어나 굴러떨어진다. 2) 돋을 이동할 때 사다리의 발 디딤판에서 발이 미끄러져 굴러떨어진다. 3) 몸을 이동할 때 케이블 지지선이 움직여서 사다리의 후크가 벗겨져 굴러떨어진다. 4) 절단된 옥외선이 떨어지면서 통행 중인 사람이나 차량에 부딪힌다. 5) 차량 또는 통행인이 머리 위에서 고소작업 중임을 몰라 낙하물에 다친다.
지적확인 (대책)	1) 온외선 철거 전 장력 확인/조치 2) 사다리 후크고정 3) 작업 전 작업반경 내 위험표지판 설치 4) 감시인 배치

21 위험예지훈련 도해자료

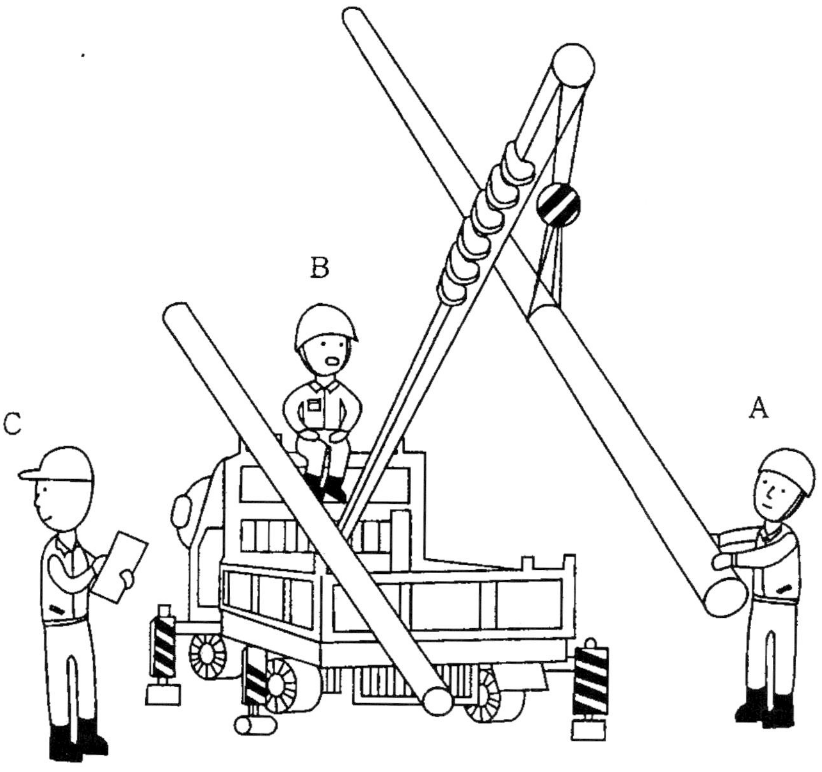

구분	내용
상황	이동식 크레인을 이용하여 전주를 트럭에서 내리고 있다. 작업자 B는 크레인 운전자이고 A는 유도자 그리고 C는 전주의 수량을 체크하고 있다.
위험포인트	1) 전주를 트럭에서 내려놓을 때 A의 손이 전주와 하대 사이에 끼인다. 2) 전주가 회전하여 A, B의 봄에 닿는다. 3) 트럭에서 내릴 때 와이어가 벗겨져 전주가 미끄러지면서 떨어져 A가 전주에 깔린다. 4) 전주의 균형이 맞지 않아 전주의 끝이 내려가 운전자 B에 맞는다. 5) 크레인 운전자 B가 급히 붕대를 움직여 전주를 받치고 있던 A가 쓰러진다. 6) C가 돌아온 전주에 머리를 부딪친다.
지적확인 (대책)	1) 전주 하차 시 전주균형 확인 2) 전주를 묶을 때 2곳 이상 묶기 3) 전주 이동시 급회전/급정지 금지 4) 전주 이동 반경 내 접근금지

22 위험예지훈련 도해자료

상황	책상 위에 접었다 폈다 하는 의자를 놓고 전등을 갈아 끼우고 있다.
위험포인트	1) 발의 위치를 이동하였을 때 의자가 접혀서 떨어진다. 2) 균형을 잃고 뛰어내리다 발을 삔다. 3) 전등취부 작업에 열중하다 의자에서 굴러떨어진다. 4) 형광등의 파손으로 손을 다친다. 5) 내려올 때 책상 위에서 뛰어내리다 발을 다친다.
지적확인 (대책)	1) 고소작업 시 규정된 작업발판 사용 2) 작업발판 위에서 사다리/의자사용 금지 3) 형광등 파손주의 4) 작업발판 승하강 시 미끄러짐 주의

23 위험예지훈련 도해자료

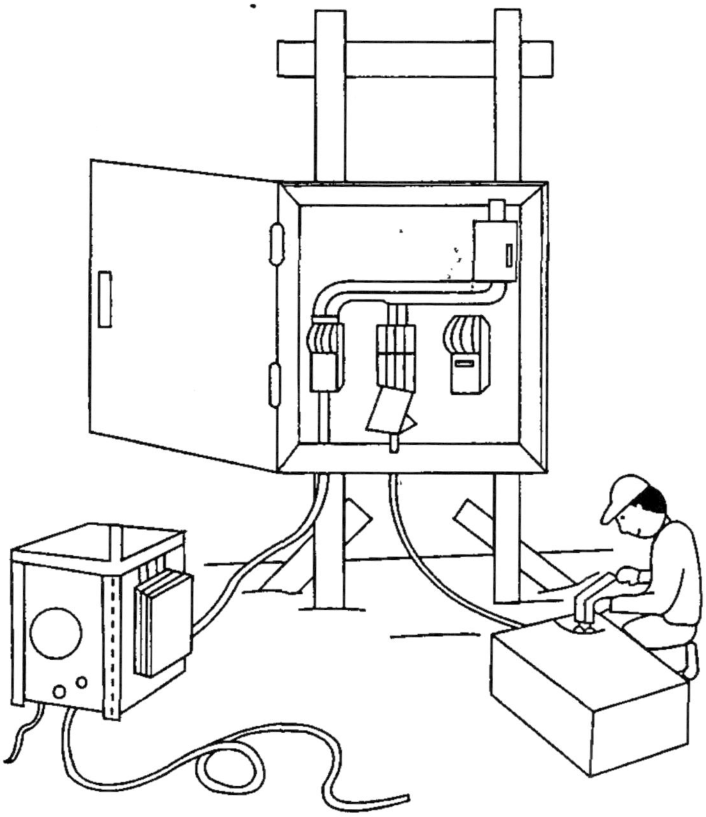

상황	현장에 설치된 가설 배전반에서 전원을 끌어내 강재의 연마(그라인더)작업을 실시하고 있다.
위험포인트	1) 스위치 커버가 파손되어 있어 스위치 조작 시 감전된다. 2) 눈에 이물질이 들어간다. 3) 배전반에 펜치나 드라이버가 놓여 있어 개폐 시 단락된다. 4) 작업 중 발생하는 분진으로 호흡기 장애를 일으킨다. 5) 그라인더의 누전전류에 작업자가 감전된다. 6) 배전반의 뚜껑이 열려있어 통행할 때 닿는다. 7) 스위치를 개폐할 때 바람에 문이 닫히면서 손에 끼인다.
지적확인 (대책)	1) 그라인더 사용 시 보안경 착용 2) 그라인더 사용 전 누전여부 확인 3) 분전반 내 작업공구 놓지 말자. 4) 작업 중 분전반 뚜껑 닫음 확인

24 위험예지훈련 도해자료

상황	작업자 A가 맨홀에 들어가 맨홀에 찬 물을 용기에 담고 있고, 작업자 B는 용기가 하나 가득 차면 위로 올리려고 기다리고 있다.
위험포인트	1) 부패가스에 의해 산소부족 또는 중독으로 A가 쓰러진다. 2) 넘어진 A를 도우러 내려간 B도 졸도한다. 3) 용기를 끌어올릴 때 줄이 끊어지거나 미끄러져 용기가 A의 머리 위에 떨어진다. 4) 사다리를 오르내리던 중 A가 미끄러져 떨어진다. 5) 1인 작업이어서 오랫동안 휴식을 취하지 않고 작업 중 지쳐서 A가 쓰러진다.
지적확인 (대책)	1) 맨홀 작업 전 산소농도 측정 2) 맨홀 작업 전 가스탐지기 확인 3) 작업 전 줄 이상유무 확인 4) 맨홀 승하강 중 미끄럼 주의 5) 휴식시간 엄수

25 위험예지훈련 도해자료

상황	약 100L의 기름이 들어있는 드럼통을 일으키려고 하고 있다.
위험포인트	1) 혼자서 드럼통을 세우다 허리를 다친다. 2) 장갑 미착용으로 손을 다친다. 3) 손이 미끄러져 드럼통이 발 위에 떨어져 발을 다친다. 4) 바닥에 흘린 기름에 미끄러져 드럼통을 발 위에 떨어뜨려 다친다.
지적확인 (대책)	1) 단독작업 금지 2) 허리를 꼿꼿이 펴고 다리 힘으로 일어설 것 3) 미끄러지지 않는 장갑 착용 확인 4) 드럼통 주위의 바닥 기름 확인

26 위험예지훈련 도해자료

상황	포크리프트 운전사 A가 하물을 높이 싣고 후진하고 있다. 작업자 B는 포크리프트 뒷면에 편승하여 가고 있다.
위험포인트	1) 뒷켠에 탑승하고 있는 B가 흔들려 떨어져 포크리프트에 깔린다. 2) 적재화물이 무너져 A와 B의 머리에 부딪힌다. 3) 운전도충 B가 뛰어내리다 걸려 넘어져 깔린다. 4) 급정지 할 때 A, B가 전락한다. 5) 펑크가 나서 하물이 무너지면 B가 전락한다. 6) 급히 핸들을 꺾을 때 A, B가 하물과 함께 떨어져 넘어진다.
지적확인 (대책)	1) 포크리프트 탑승이동 금지 2) 2M 이상 화물적재 금지 3) 도크리프트 급정지/급회전 금지 4) 도크리프트 사용 전 타이어 손상유무 확인

27 위험예지훈련 도해자료

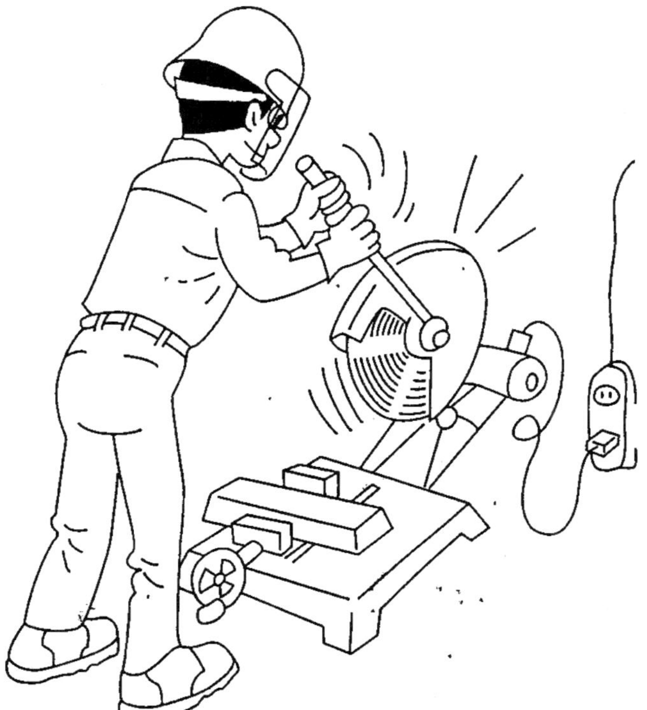

상황	고속 절단기로 철근을 절단하는 작업을 실시하고 있음
위험포인트	1) 철근의 고정이 불충분하여 톱날이 부러져 다친다. 2) 절단되면서 튀는 불꽃 같은 철 가루가 몸에 맞는다. 3) 고속커터의 고정불량으로 회전 진동에 의하여 이동됨으로써 작업자의 위치가 변동되어 작업 상태가 불안정해진다. 4) 구부리고 작업을 하다 요통에 걸린다. 5) 커터날이 부러져 날아가 작업자가 다친다.
지적확인 (대책)	1) 절단 전 철근고정 확인 2) 작업 전 절단기고정 확인 3) 작업 전 커터날 이상유무 확인 4) 작업 전 인화물질 확인 5) 1시간 이상 연속작업 금지

28 위험예지훈련 도해자료

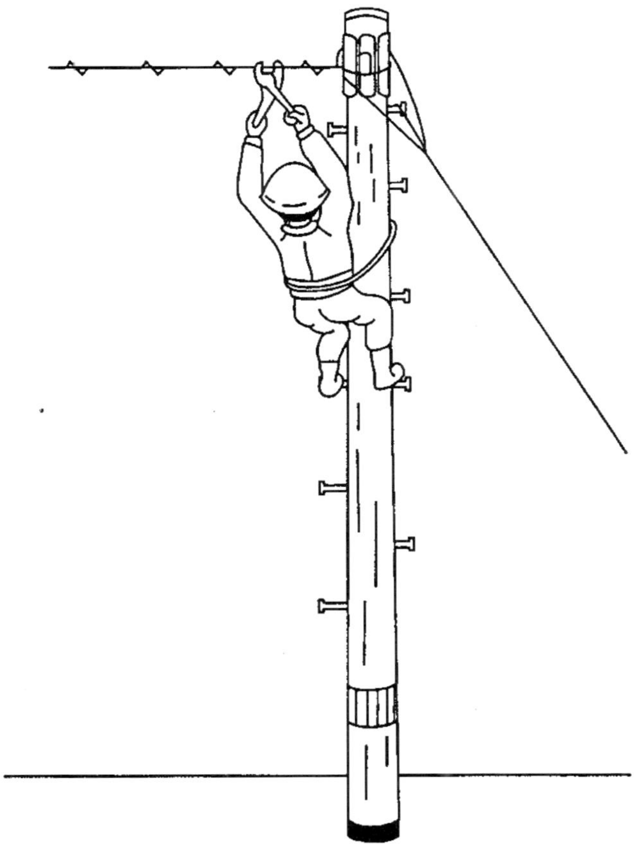

상황	전주이전(도로확장 또는 지하매설)으로 인하여 케이블을 철거한 후, 전선 지지선을 절단하려고 한다.
위험포인트	1) 지지선 절단 시 전주가 넘어져 작업자가 전주에 깔린다. 2) 지지선이 아래로 떨어지면서 보행자가 다친다. 3) 지지선 절단 시 쇼크로 몸이 회전하며 떨어진다. 4) 케이블 행카가 아래로 날아가 보행자가 다친다. 5) 지지선이 차에 걸려 전주가 넘어져 작업자가 다친다. 6) 전주의 진동으로 작업자가 떨어진다. 7) 전주의 묻힌 부분이 썩어서 지지선 절단 시 전주가 넘어진다.
지적확인 (대책)	1) 지지선 절단 전 전주 상태 확인 2) 작업 전 작업반경 내 위험표지판 설치 3) 지지선 절단 전 장선기(장력을 늦추어 균형을 맞춤) 사용 4) 지지선 절단 전 전주삼각지지대 설치

29 위험예지훈련 도해자료

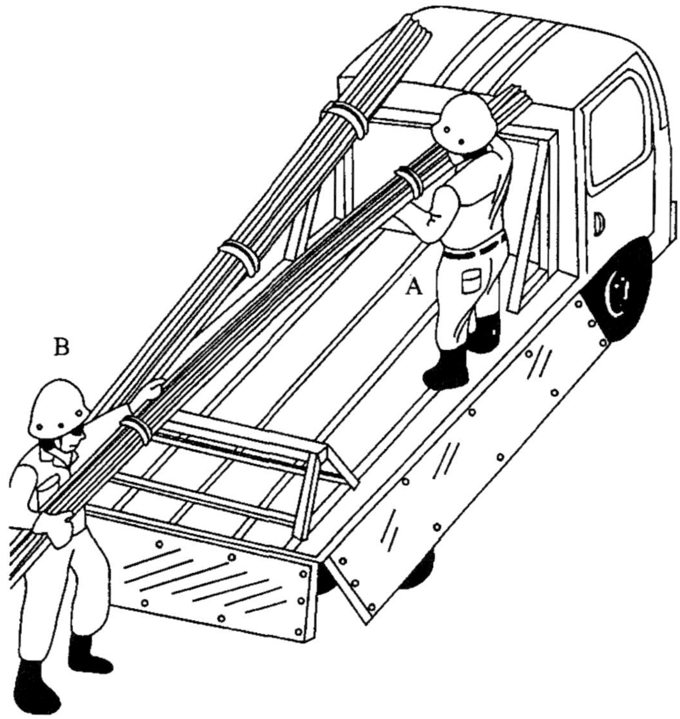

상황	A와 B 두 명의 작업자가 트럭으로부터 철근을 내리고 있다.
위험포인트	1) A가 트럭의 끝에 서 있어 짐과 같이 추락한다. 2) B의 왼손이 받침틀과 철근 묶음의 틈에 있기 때문에 짐의 반동으로 끼인다. 3) B의 쪽으로 짐이 많이 실렸기 때문에 짐이 떨어져 A와 B가 부상당한다. 4) 현재의 짐을 내렸을 때 나머지 철근 묶음이 반대쪽으로 떨어져 받침틀의 반동으로 A와 B가 다친다.
지적확인 (대책)	1) 트럭 끝에 서서 작업 금지 2) 작업 중 손 위치 확인 3) 철근 하역 시 양쪽으로 균형 있게 하역할 것

30 위험예지훈련 도해자료

상황	양손에 화물을 들고 경사가 급한 계단을 내려가고 있다.
위험포인트	1) 두 손으로 물건을 들고 급히 계단을 내려오다 발을 헛디뎌서 떨어진다. 2) 물건이 기울어져 바로 받치고자 할 때 중심을 잃고 물건과 함께 떨어진다. 3) 두 손에 물건을 받쳐 들고 계단을 옮겨 디딜 때 중심을 잃고 떨어진다. 4) 물건이 떨어져 통행인이 맞아 부상을 당한다. 5) 물건이 떨어져 다리를 다친다. 6) 위층에서 추락한다.
지적확인 (대책)	1) 중량물 운반 시 시야확보 2) 중량물 운반 시 미끄럽 주의 3) 계단 이동 시 발 디딤판 확인

참고문헌

박두용, 21C 노동환경권 변화에 따른 산재예방 실효성 확보방안에 관한 연구 —산재사고처리 절차 및 처벌 특별법 중심으로-, 산업안전보건연구원, 2003.

박두용, 21세기 노동환경권변화에 따른 산재예방 실효성확보방안에 관한 연구, 산업안전보건연구원, 2003.

박두용, 위험성평가제도의 구체적인 도입방안연구, 산업안전보건연구원, 2009.

박두용, 주요 선진국의 사업장 안전관리 일원화제도 및 운영실태에 관한 연구, 노동부, 2003.

박두용, 주요선진국의 사업장 안전관리 일원화 제도 및 운영실태에 관한 연구, 노동부, 2003.

박두용외, 위험성 평가제도의 도입방안에 대한 연구, 노동부, 2004.

송강직 · 이진국, 산업재해 은폐에 대한 처벌방안, 산업안전보건연구원, 2015.

정진우, 안전관리론, 청문각, 2020.

조영수, 전부개정 산업안전보건법 업무 편람, 메이킹북스, 2020.

조흠학, 산업안전보건법, 신광문화사, 2020.

조흠학외, 산재발생보고제도 개편방안에 관한 연구, 산업안전보건연구원, 2016.

노동부, 「노동백서」, 2008.

노동부, 「산업안전보건법 제 · 개정 발자취」, 노동부산업안전국, 2003.

산업안전공단, 한 · 일 산업안전위반 판례집, 1995.

산업안전보건공단, 재해조사 분석.

김성돈, "가칭 질서위반법의 체계와 이른바 질서위반행위의 구조", 법조 2004 · 10(Vol.577).

김승년, 노동법 발달에 관한 비교법제사적 고찰, 단국대 박사학위논문, 1997.

김원주, "집행벌", 월간고시, 1988.

김유성, 사업자의 안전배려의무, 한국사법행정학회, 1992.

김형배, 미국노동입법의 전개과정, 고시연구 제8권7호 1987.

김희성, 미국의 노동쟁의조정제도, 노동법에 있어서 권리와 책임, 김형배교수화갑기념논문집, 박영사 1994.

민경식, 노사분쟁의 소송외적 방법에 의한 해결, 중앙대 법학논문집 제13집, 김이열교수화갑기념논문집 1988.

박 준, 동남아제국의 노동쟁의조정제도, 노동 제113호 1984.

이상국, 산업안전보건법, 대명출판사, 2019.

박두용, "외국의 위험성 평가제도-EU Directive 89/391/EEC)", 「산업보건」 통권 제228호, 대한산업보건협회, 2007.

국가법령정보센터, https://www.law.go.kr/

교육부. 사이버폭력예방 리플렛, 2015.

경상남도 진주교육청. 학교폭력 및 성폭력 예방을 위한 직무연수, 2007.

교육인적자원부. 유아를 위한 성교육프로그램, 2006.

교육인적자원부・부산광역시교육청. 성교육 및 성폭력 예방자료개발연구, 2007.

교육인적자원부. 함께 풀어가는 성 이야기(고등학교), 2001.

구니자키 노부에 저, 윤나영 역. 우리 아이는 내가 지킨다, 2009.

김준호, 김선해. 학교폭력에 대한 종단적 연구, 한국청소년연수 제14권 2호, 2003;pp.5-47.

대검찰청. 범죄 분석 자료, 2010.

대덕구청." 아이사랑프로젝트" 리플릿.

대법원. 집단따돌림 자살 사건, 2007.11.15.

여성가족부. 성희롱의 예방과 대처요령, 2007.

여성부. 아동성폭력 대응 매뉴얼(학부모용), 2009.

여성부. 아동성폭력 대응 매뉴얼(학교용), 2009.

유형근 외 3인. 집단따들림에 갇힌 아이들, 학지사, 2010.

채혜선, 임미혜. 영유아 안전교육, 양서원, 2011.

청소년폭력예방재단. 1998년 조사 결과, 1998.

쿠키뉴스. 2011.7.10.

한국교육문제탐구. 바람 든 한국교육, 문음사, 2009.

강윤현(2016). **학교폭력 치유프로그램 참여 청소년의 임상적_신경심리학적_뇌구조적 변화**. 서울대학교 대학원 박사학위논문.

강지숙(2016). **초등학생의 불안수준에 따른 인터넷 중독**. 한양대학교 임상간호정보대학원 석사학위논문.

고영택(1991). **학교안전사고에 대한 교원의 법적 책임에 관한 연구**. 한국외국어대학교 교육대학원 석사학위논문.

교육부(2016). **교육 분야 안전 종합 대책**.

구현자(2005). **학교안전사고의 실태와 교사 인식 분석**. 부산교육대학교 교육대학원 석사학위논문.

권미수(2015). 2015년 인터넷 과의존 실태조사. **한국정보화진흥원**.

권정관(2012). **학교폭력실태에 대한 학생들의 인식분석에 관한 연구**. 영남대학교 행정대학원 석사학위논문.

김민아(2000). **서울시 고등학생의 안전교육 실태 및 요구도 조사**. 이화여대학교 대학원 석사학위논문.

김시연(2016). **청소년의 스마트폰 사용기간 및 이용 동기와 스마트폰 중독과의 관계분석**. 고려대학교 교육대학원 석사학위논문.

김지영(2009). **한국과 일본의 초등학교 안전교육 실태 비교**. 서울교육대학교 교육대학원 석사학위논문.

김현기(2014). **초등학생들의 안전사고 발생요인 분석에 관한 연구**. 한국교원대학교 교원정책전문대학원 석사학위논문.

남상길(2004). **서울초등학교의 안전교육현황과 교내안전사고 실태조사**. 한국교원대학교 교육대학원 석사학위논문.

남윤신(2014). 학교안전사고 통계분석 및 예방정책수립방안연구. **덕성여자대학교 스포츠과학연구원 정책연구과제**.

노연순(2014). **학교폭력 실태 및 예방에 관한 연구**. 배제대학교 교육대학원 석사학위논문.

노정해(2015). **학교안전사고에 대한 법적책임**. 강릉원주대학교 대학원 석사학위논문.

박세철(2015). **학교안전사고의 민사책임에 관한 연구**. 경기대학교 대학원 박사학위논문.

박재향(2002). **학교안전사고와 교사의 책임한계**. 동아대학교 교육대학원 석사학위논문.

박재희(2013). **교사와 학생의 인식에 터한 대전광역시 초등학교의 안전교육 실태 및 요구조사**. 충남대학교 교육대학원 석사학위논문.

박현근(2007). **학교안전사고에 관한 조사연구**. 춘천교육대학교 교육대학원 석사학위논문.

백동현(2007). **학교폭력 피해청소년의 학교적응을 위한 대처방안에 관한 연구**. 경희대학교 행정대학원 석사학위논문.

배지연(2013). **학교폭력 및 배움터지킴이의 활동에 대한 교사·학생의 인식**. 군산대학교 대학원 석사학위논문.

오승연(2015). **괴롭힘 상황에서 자기 주장성과 주변인의 행동유형의 관계**. 이화여자대학교 교육대학원 석사학위논문.

이정춘(1999). **학교안전사고에 대한 교원의 태도에 관한 연구**. 순천향대학교 교육대학원 석사학위논문.

이창희(2010). **초·중·고등학교 안전교육이 안전의식에 미치는 영향**. 아주대학교 대학원 박사학위논문.

이은혜(2014). **유아교육기관의 안전교육 및 안전사고에 대한 교사와 학부모의 인식**. 한양대학교 교육대학원 석사학위논문.

이소라(2016). **학교폭력의 실태, 예방 방안에 대한 초·중·고등학교 학생, 학부모, 교사 인식의 비교분석**. 서강대학교 교육대학원 석사학위논문.

이진호(2016). **관리자의 안전의식이 조직의 안전문화에 미치는 영향**. 인천대학교 공학대학원 석사학위논문.

전연경(2016). **유치원에서의 안전교육 및 관리에 대한 교사들의 어려움**. 중앙대학교 대학원 석사학위논문.

정은주(2013). **초등학교 학교폭력에 영향을 미치는 요인에 관한 연구**. 대구대학교 사회복지대학원 석사학위논문.

정지혜(2013). **초등학교 남아의 인터넷 폭력게임 사용시간과 게임중독정도가 공격적 행동에 미치는 영향**. 연세대학교 대학원 석사학위논문.

태백장성초등학교(2016). 위기대응 능력신장. **안전교육연구시범학교 운영보고서.**

최기영(2014). **학교사고 발생에 대한 교원의 법적 책임 판단 기준**. 경인교육대학교 교육전문대학원 석사학위논문.

최은(2016). **학교안전 행정법제에 관한 연구**. 한국교원대학교 교육정책전문대학원 석사학위논문.

최송우(2007). **초등학교 학교폭력 실태와 예방 방안**. 전북대학교 교육대학원 석사학위논문.

학교안전공제회(2011). **학교안전사고 통계 체계 개선 및 학교안전교육 활성화 방안 연구.**

한승희(1999). **학교안전사고에 대한 교사의 책임범위**. 고려대학교 대학원 박사학위논문.

홍정순(2006). **학교안전사고에 대한 교사와 학부모의 인식연구**. 강릉대학교 교육대학원 석사학위논문.

Development of Health(1992). The Health of the Nation, pp. 134-135.

Development of Health and Human Services(1991). Health United States DHHS Pub, No.(PHS) 92-1232: pp. 161-162.

건강샘 www.healthkorea.net

대검찰청 www.spo.go.kr

보건복지부 국가건강정보포털 http://health.mv.go.kr

사이버 경찰청 www.police.go.kr

서울시 자살예방센터 www.suicide.or.kr

성폭력 · 유괴납치예방운동본부 www.cw112.or.kr

국민안전처 http://www.mpss.go.kr

한국성폭력상담소 www.sisters.or.kr

한국심리교육연구소 www.mindnlp.com

아동안전사이버교육센터 www.childsafedu.go.k

도로교통공단. 신호등지, 2010~2011.

안전생활실천시민연합. 어린이 놀이시설의 안전성 확보 방안, 1999.

여성부. 아동성폭력 대응 매뉴얼(학부모용), 2009.

여성부. 아동성폭력 대응 매뉴얼(학교용), 2009.

윤선화. 안전한 학교, 행복한 아이들 I , 한국생활안전연합, 2004.

윤선화. 안전한 학교, 행복한 아이들 II, 한국생활안전연합, 2004.
윤선화. 영유아를 위한 안전관리, 한국생활안전연합, 2010.
유형근 외 3인. 집단따돌림에 갇힌 아이들, 학지사, 2010.
장희주. 유아의 사고위험 지각과 가정안전 환경과의 관계, 연세대학교, 2006.
채혜선, 임미혜. 영유아 안전교육, 양서원, 2011.

청소년폭력예방재단. 1998년 조사 결과. 1998.
한국소비자보호원. 가정 내 어린이 중독사고 실태조사, 2003.04.
한국소비자원. 어린이 놀이시설(놀이터) 안전 실태조사, 2011.
행정안전부. 엄마, 아빠와 함께하는 어린이 안전 365일, 2009.
허 억. 엄마는 교통안전 선생님, 1995.
Hendricks,C.M., & Reichert, A. Parents self reported behaviors related to health and safety of very young children. Journal of School Health, 1996; 66 : 247-251.
국민권익위원회. 아동청소년 성폭력 피해근절을 위한 국민신문고 전자공공토론 분석결과, 2013.

어린이안전학교 www.go119.org
현대자동차 www.happyway-drive.com
성폭력 · 유괴납치예방운동본부 www.cw112.or.kr
세이프키즈코리아 http://www.safekids.or.kr/
한국생활안전연합 http://www.safia.org/
한국소비자원 어린이안전넷 http://www.isafe.go.kr

가리키 히데아키. 생활 속의 음식독물 60, 국일미디어.
강성희. 가정 내 영 · 유아 안전사고 분석을 통한 부모안전교육 프로그램 개발 연구, 숙명여자대학교, 2003.
교육과학기술부. 고등학교 안전과 건강, 2010.
이명선. 안전보건학, 계축문화사, 2001.
이의평. 가정 내 사고의 발생실태 분석. 한국화재소방학회논문지, 2005;19(4):7-17.
장희주. 유아의 사고위험과 지각과 가정안전 환경과의 관계, 연세대학교, 2006.
한국산업안전공단. 가정생활의 안전실천은 이렇게, 2002.
한국소비자원. 주방내 안전사고 실태조사, 2010.08.
한국소비자원. 노인 생활안전 사고 실태조사, 2007.08.
한국소비자원. 가정 내 전기제품 안전실태 조사, 2004.12.

한국소비자보호원. 가정 내 어린이 중독사고 실태조사, 2003.04.
한국음식업중앙회. 위생교육교재, 2009.
Hendricks,C.M., & Reichert, A. Parents self reported behaviors related to health and safety of very young children. Journal of School Health, 1996 ; 66 : 247-251.
CPSC Final Rule: Requirements for Child-Resistant Packaging.

세이프키즈코리아 http://www.safekids.or.kr
국민안전처 http://www.mpss.go.kr
식품의약품안전처 http://www.mfds.go.kr
한국가스안전공사 http://www.kgs.or.kr
한국생활안전연합 http://www.safia.org
안전보건공단 http://www.kosha.or.kr
한국소비자원 소비자안전넷 http://www.ciss.or.kr/index.jsp
한국소비자원 어린이안전넷 http://www.isafe.go.kr
한국전기안전공사 http://www.kesco.or.kr

충청북도교육청보건교과연구회중등연구분과. 질병예방 관리를 위한 학습자료, 2011.
교육과학기술부. 학교감염병예방관리대뉴얼, 2011.
교육부, 보건복지부. 메르스 학교대응 매뉴얼, 2015.
교육부, 보건복지부, 질병관리본부. 2015년 청소년결핵 집중관리사업안내(교육청 및 학교용), 2015.
보건복지부. 감염병 위기관리표준매뉴얼. 2014.
질병관리본부, 감염병 관리사업 지침, 2015.
질병관리본부, 대한의학회, 예방접종전문위원회, 예방접종감염병의 역학과 관리, 2013.
질병관리본부, 검역업구 지침, 2015.
질병관리본부, 동물인플루엔자 인체감염예방 홍보리플릿, 2015.
질병관리본부, 에볼라바이러스병 바로알기 홍보리플릿, 2015.
보건복지부, 질병관리본부, 중동호흡기즈후군(MERS) 예방 및 신고안내 홍보리플릿, 2015.
질병관리본부, 홍콩독감예방안내 홍보리플릿, 2015.

심폐소생술 및 심혈관 응급처치에 관한 2010 미국심장학회(AHA) 지침의 주요 내용.
미국심장학회(American Heart Association). 2010.
생활응급처치. 대한응급의학회, 보건복지부. 1999.
응급처치와 심폐소생술. 대한응급구조사협회 역. 한미의학. 2010.

구급 및 응급처치론. 이희순. 정훈사. 2010.
기본응급처치학. 전국응급구조학과교수협의회. 한미의학. 2010.
생명을 살리는 심폐소생술, 대한심폐소생협회, 2011.
응급처치법, 대한적십자, 2011.

대한응급의학회. http://www.emergency.or.kr
대한심폐소생협회. http://kacpr.org
중앙응급의료센터. http://www.nemc.go.kr
대한응급구조사협회. http://www.emt.or.kr
심폐소생술 및 심혈관 응급처치에 관한 2010 미국심장학회(AHA) 지침의 주요 내용. 미국심장학회(American Heart Association). 2010.
생활응급처치. 대한응급의학회, 보건복지부. 1999.
응급처치와 심폐소생술. 대한응급구조사협회 역. 한미의학. 2010.
구급 및 응급처치론. 이희순. 정훈사. 2010.
기본응급처치학. 전국응급구조학과교수협의회. 한미의학. 2010.
생명을 살리는 심폐소생술, 대한심폐소생협회, 2011.
응급처치법, 대한적십자, 2011.

한국산업안전보건공단, "위험예지도해자료".
한국산업안전보건공단, '2022 개정판 안전보건 나침판(서비스업)". 2022.
한국산업안전보건공단, '2022 개정판 안전보건 나침판(건설업)". 2022.

Adler, A. and Ansbacher H. L. "*Superiority and social interest.*" Northwestern University Press, (1964)

Ajzen., I. "*Belief, attitude, intention, and behavior.*" Chicago: Dorsey Press, (1988)

Ajzen, I. "*Attitudes, personality, and behavior.*" Milton-Keynes, England: Open University Press/McGraw-Hill, 2(2005)

Ajzen, I., and Fishbein, M. "*The influence of attitudes on behavior.*" In D. Albarracin, B. T. Johnson and M. P. Zanna (eds), Handbook of Attitudes and Attitude Change : Basic Principles. Mahwah, NJ: Lawrence Erlbaum Associates, (2005)

Bass, B. M. "*Leadership and performance beyond expectations.*" Free Press, (1985)

Bass, B. M. "*Bass and Stogdill's handbook of leadership: theory, research, and managerial applications.*" Free Press, (1990): 92-112.

Brock, V. G. "*Grounded Theory of The Roots And Emergence of Coaching.*" International

University of Professional Studies, (2008): 1-71.

Burns, J. M. "*Leadership*." New York: Harper & Row, (1978)

Csikszentmihalyi, M. "*The Contribution of Flow to Positive Psychology*." Laws of Life Symposia Series Templet on Foundation Press, (2000): 387-398.

Ellinger, A. D., Ellinger, A. E., Hanmlin, R. G., and Beattie, R. S. "Achieving improved performance through managerial coaching. In R. Watkins and D. Leigh(Eds.), Handbook of improving performance in the workplace Volume 2: Selecting and implementing performance interventions." San Francisco, CA: Co-published by The International Society for Performace Improvement and Pfeiffer, (2010): 275-296.

Fishbein, M., and Ajzen, I. "*Predicting and changing behavior: The reasoned action approach*." New York, Hove: Taylor and Francis Group, (2010)

Gary, A. Y. "*Leadership in organizations*." Englewood Cliffs, N. J.: Prentice Hall, (1989)

Greene, J. and Grant, A. M. "*Solution-focused Coaching: A Manager's Guide to Getting the Best from People*." London: Peason Education Limited, (2003)

Hannaford, E. "*Supervisors Guide to Human Relations*." National Safety Council Chicago, (1976)

HSE, "*Successful Health and Safety Management*." Health and Safety Executive, HSE Book, (2002)

Hunt, J. M. and Weintraub, J. R. "*The coaching organization: a strategy for developing leaders*." Thousand Oaks: Sage Publications, (2007)

Hunter, J. E. and Schmidt, F. L. "*Methods of meta-analysis*." CA: Sage Publications, (2004)

Kilburg, R. R. "*Executive coaching: Developing Managerial Wisdom in a World of Chaos*." Washington, DC, US: American Psychological Association, (2002)

Kubicek, M. "*Is coaching being abused?*" Training, (2002) : 12-14.

Lussier, R. N. and Achua, C. F. "*Leadership: theory, application, skill development*." Mason: Thomson/South-Western, (2004)

McCauley, C. D. and Hezlett, S. A. "*Individual development in the workplace*." Handbook of industrial, work and organizational psychology, (2002): 313−335.

McSween, T. E. "*The Value-based Safety process: Improving your safety culture with a behavioral approach*." Hoboken, NJ: Wiley, (2003)

Mosak, H. and Michael Maniacci. "*A Primer of Adlerian Psychology: The Analytic-behavioral -cognitive Psychology of Alfred Adler*." Psychology Press, (1999): 12-29.

NSWMC, "*Submission to the 2005 NSW Mines Safety Review*" NSW Minerals Council, (2005)

Park, Y-S. "*Development of Safety Psychology Coaching Program*." Research Report,

KOSHA. (2017)

Peters, T. J. and Dorling, K. "*Leadership.*" New York: Dorling Kindersley, (2005)

Reason, J. "*Human Error.*" New York: Cambridge University Press, (1990)

Robinson, P. S. "*Organization behavior.*" New Jersey: Pearson Education: Pretice Hall, 11(2011)

Schein, E. H. "*Organizational culture and leadership.*" San Francisco: Jossey - Bass, (1992): 121-122.

Stogdill, R. M. "*Handbook of leadership; a survey of theory and research.*" Free Press, (1974): 430-581.

Whitmore, J. "*Coaching for performance: GROWing human potential and purpose : the principles and practice of coaching and leadership.*" Boston: Nicholas Brealey, (2009)

Whitworth, L., Kimsey-House, H. and Sandahl, P. "*Co-active Coaching.*" Davies-Black, (1998)

국외논문

Ajzen, I. and Madden, T. J. "Prediction of goal-directed behavior: Attitudes, intentions, and perceived behavioral control." *Journal of Experimental Social Psychology* 22(1986) : 74-453.

Ajzen, I. "The Theory of planned behavior." *Organizational Behavior and Human Descision Processes* 50(1991): 179-211.

Ajzen, I. and Driver, B. L. "Application of the Theory of planned behavior to lesisure choice." *Joumal of Leisure Research* 24(1992): 24-207.

Ajzen, I. "Residual effects of past on later behavior: Habituation and reasoned action perspectives." *Personality and Social Psychology Review* 6(2002) : 22-107.

Anthony, M. G. and Richard-Zackon M. S. "Executive, Workplace and Life Coaching: Findings from a Large-Scale Survey of International Coach Federation Members." *International Journal of Evidence Based Coaching and Mentoring* 2(2) (2004): 1-15

Armitage, C. J. and Conner, M. "Efficacy of the theory of planned behaviour: A meta-analytic review." *British Journal of Social Psychology* 40(4) (2001): 471-499.

Arvey, R. D., Zhang, Z., Avolio, B. J., and Kruger, R. "Understanding the developmental and genetic determinants of leadership among females." *Journal of Applied Psychology* 92(2007): 693-706.

Barling, J., Loughlin, C. and Kelloway, E. K. "Development and Test of a Model Linking Safety-Specific Transformational Leadership and Occupational Safety." *Journal of applied psychology* 87(3) (2002): 488-496.

Bettencourt, L. A. "Customer voluntary performance: Customers as partners in service delivery." *Journal of Retailing* 73(3) (1997): 383－406.

Biswas-Diener, R., Vitters, J. and Diener, E. "The Danish Effect: Beginning to Explain High Well-Being in Denmark." *Social indicators research* 97(2) (2010): 229-246.

Bob E. H., Jill P., Tara S. and Jennifer T. "Measuring Perceptions of Workplace Safety: Development and Validation of the Work Safety Scale." *Journal of Safety Research* 29(3) (1998): 145－161.

Forcier, B. H., Walters, A. E., Brasher, E. E. and Jones, J. W. "Creating a safer working environment through psychological assessment: A review of a measure of safety consciousness." *Journal of Prevention and Intervention in the Community* 22(1) (2001): 53-65.

Browne, M. W. and Cudeck, R. "Alternative Ways of Assessing Model Fit." *Sage focus editions* 154(1993): 136.

Burke, M. J., Sapry, S. A., Tesluk, P. K. and Smith-Crowe, K. "General safety performance: a test of a grounded theoretical model." *Pers. Pstchol* 55(2002): 429-457.

Fugas, C. S., Silva, S. A. and Melia, J. L. "Another look at safety climate and safety behavior: Deepening the cognitive and social mediator mechanisms." *Accident Analysis and Prevention* 45(2012): 468-477.

Carrillo, R.-A. S. "Expanding Managers' Leadership Role in Safety." *Professional safety* 43(6) (1998): 38-41.

Clarke, N. "Valuating Leadership Training and Development: A Levels-of-Analysis Perspective." *Human resource development quarterly* 23(4) (2012) : 441-460.

Cohen, J. B. and Reed II, A. "A multiple pathway anchoring and adjustment(MPAA) model of attitude generation and recruitment." *Journal of Consumer Research* 33(1) (2006): 1-15.

Compeau, D. R. and Higgins, C. A. "Computer self-efficacy: Development of a measure and initial test." *MIS Quarterly* 19(1995): 189-212.

Cooke, R. and French, D. P. "How well do the theory of reasoned action and theory of planned behavior predict intentions and attendance at screening programmes? A meta-analysis." *Psychology and Health* 23(7) (2008): 745-765.

Cooper, M. D. and Phillips, R. A. "Exploratory Analysis of the Safety Climate and Safety Behavior Relationship." *Journal of Safety Research* 35 (2002): 497-512.

Coutu, D. and Kauffman, C. "What Can Coaches Do for You?: Executive coaches are increasingly in demand." *Harvard business review* 87(1) (2009): 91-98.

Parker, D., Manstead, A. S. R. and Stradling, S. G. "Extending the theory of planned behaviour: The role of personal norm." *British Journal of Social Psychology First published* 34(2) (1995): 127-138.

Davis, P. "Coaching performance: What sort of job are you dong?" *Sprts Coach* 27(1) (2004): 6-8.

Ellinger, E. A., Ellinger, A. B. and Keller, S. "Supervisory coaching in a logistics context" *Emerald Group Publishing Limited* 35(9) (2005): 620-636.

Ellinger, A. D., Hamlin, R. G. and Beattie, R. S. "Behavioural indicators of ineffective managerial coaching: A cross-national study." *Journal of European industrial training* 32(4) (2008): 240-257.

English, D. and Branaghan, R. j. "An empirically derived taxonomy of pilot violation behaviour, " *Safety Science* 50(2012): 199-209.

Erwin, P. "Attitude and persuasion." Contemporary Psychology 49(1) (2004): 73.

Fishbein, M. and Ajzen, I "Belief, attitude, intention and behavior." *Richard J. Hill Contemporary Sociology* 6(2) (1977): 244-245.

Fitch, H. G., Hermann, J. and Hopkins, B. L. "Safe and unsafe behavior and its modification." *Journal of Occupational Medicine* 18(1976): 618-622.

Flin R., O Dea A. and Yule S. "HSE Horizons: Leadership Behaviors for Maximizing Safety." *Journal of Petroleum Technology Society of Petroleum Engineers of AIME* 54(11) (2002): 28-32.

Fugas, C. S., Melia, J. L. and Silva, S. A. "The 'is' and The 'Ought': How do perceived social norms influence safety behaviors at work?" *Journal of Occupational Health Psychology* 16(1) (2011): 67-79.

Fugas, C. S., Silva, S. A. and Melia, J. L. "Another look at safety climate and safety behavior: Deepening the cognitive and social mediator mechanisms." *Accident Analysis Prevention* 45(2012) : 77-468.

Garavan, T. N. and O Brien, F. "An Investigation into the Relationship between Safety Climate and Safety Behaviours in Irish Organisations." *The Irish journal of management*: the journal of the Irish Academy of Management 22(1) (2001): 141-170.

Latham, G. P., Almost, J, Mann, J. and Moore, C. "New Developments in Performance Management." *Organizational Dynamics* 34(1) (2005): 77−87.

Gautam, K., Campbell, C. and Arrington, B. "Financial performance of safety-net hospitals in a changing health care environment." *Health services management research* : an official journal of the Association of University Programs in Health Administration 9(3) (1996): 156-171.

Gordon W. A. "The functional autonomy of motives." *First published in American Journal of Psychology* (1937): 141-156.

Grant, M. "smart leadership in tough times." *Supervision* 64(6) (2003): 3-6.

Grant, A. M. "A personal perspective on professional coaching and the development of coaching psychology." *International Coaching P sychology Review* 1(1) (2006): 12-22.

Grant, A. M. "Enhancing Coaching Skills and Emotional Intelligence Through Training." *Industrial and Commercial Training* 39(5) (2007): 257-266.

Grant, M. M. "Performance Management: Use quality principles to manage people." *Leadership Excellence* 24(3) (2007): 9.

Heather A. Hausenblas, A. C. and Carron, D. E. M. "Application of the Theories of Reasoned Action and Planned Behavior to Exercise Behavior: A Meta Analysis." *Journal of Sport and Exercise Psychology* 19(1997): 36-51.

Heslin, P. A., Latham, G. P. and Vande Walle, D. "The effect of implicit person theory on performance appraisals." *Journal of Applied Psychology* 90(5) (2005): 842-856.

Hofmann, D. A. and Mark, B. "An investigation of the relationship between climate safety and medication errors as well as other nurse and patient outcomes." *Personnel Psychology* 59(2006): 547-869.

Hunt, J. M. and Weintraub, J. "How coaching can enhance your brand as a manager." *Journal of organizational excellence* 21(4) (2002): 39-44.

Julian, Turner, Nick, Barling, Epitropaki, Olga, Butcher, Vicki, and Milner, Caroline, "Transfromational Leadership and Moral Reasoning." *Journal of Applied Psychology* 87(2002): 11-304.

Kets, d. and Vries, M. F. "Star Performers." *Organizational dynamics* 41(3) (2012): 173-182.

Killburg, R. R. "Toward a conceptual understanding and definition of executive coaching." *Consulting Psychology Journal: Practice and Research* 48(1) (1996): 134-144.

Kraft, P., Rise, J., Sutton, S. and Rosamb, E. "Perceived difficulty in the theory of planned behaviour: perceived behavioural control or affective attitude?" *British Journal of Social Psychology* 44 (2005): 96-479.

Kramer, C. S. and Karen P. P. "Food Safety: consumers Report Their Concerns." *National Food Review* 33(1986): 21-24.

Latham, G. P., Almost, J., Mann, S. and Moore, C., "New Developments in Performance Management." *Organizational dynamics* 34(1) (2005): 77-87.

Lutz, R. J. "Affective and cognitive antecedents of attitude twoard the Ad." *Information Processing Research in Ad* 46(1983): 1-16.

McLean, G. N., Yang, B., Kuo, M. C., Tolbert, A. S., and Larkin, C. "Development and initial validation of an instrument Measuring managerial coaching skill." *Human Resource Development Quarterly* 12(2) (2005): 157-178.

Michael J., Burke, W. and Dunlap, P. "Estimating Interrater Agreement with the Average Deviation Index: A User's Guide." *Organizational Research* 5(2) (2002): 159-172.

Muhammad Owais Munir, Rabia Furqan, Saba Shahzad and Abdul Basit. "Examining The Role of Leadership of Portfolio Managers In Project Performance." *Journal of Strategy and Performance Management* 5(1) (2017): 23-41.

McLean, G. N., Yang, B., Kuo, M. C., Tolbert, A. S., and Larkin, C. "Development and initial validation of an instrument Measuring managerial coaching skill." *Human Resource Development Quarterly* 12(2) (2005): 157-178.

Neal, A., Griffin, M. A., and Hart, P. M. "The impact of organizational climate on safety climate and individual behavior." *Safety Science* 34 (2000): 99－109.

O&apos, Dea, A. and Flin, R. "Site managers and safety leadership in the offshore oil and gas industry." *Safety Science* 37(1) (2001): 39-57.

O'Dea A and Flin R. "Site managers and safety leadership in the offshore oil and gas industry." *Safety Science* 37(1) (2001): 39-57.

Peter G. N. "Book Review, Leadership: Theory and Practice." *Journal of education for business* 83(2) (2007): 116-117.

Peterson, David B. and Little, B. "Invited reaction: Development and initial validation of an instrument measuring managerial coaching skill." *Human resource development quarterly* 16(2) (2005): 179-184.

Peterson, S. J., Luthans, F., Avolio, B. J., Walumbwa, F. O. and Zhang, Z. "Psychological capital and employee performance: A latent growth modeling approach." *Personnel Psychology* 64(2011): 427-450.

Petraitis, J., Flay, B. R. and Miller, T. Q. "Reviewing theories of adolescent substance use: Organizing pieces in the puzzle." *Psychological Bulletin* 117(1) (1995): 67-86.

Phipps M., Ozanne, L. Luchs, M. Subrahmanyan, S. et al. "Understanding the inherent complexity of sustainable consumption: A social cognitive framework." *Journal of Business Research* 66(3) (2013): 1227-1234.

Quinn, J. B. "Team Innovation: Innovative teams share some common patterns of behavior in the workplace." *Executive Excellence* 13(7) (1996): 13-14.

Richard M., Dienesch, R. and Liden, C "Leader -Member exchange model of leadership: a critique and further development." *The Academy of Management Review* 1(3) (1986): 618-634.

Stowell, S. J. "Coaching: A Commitment to Leadership." *Training and Development Journal* 42(6) (1988): 34-38.

Tobias, L. L. "Coaching executives." *Consulting Psychology Journal: Practice and Research* 48(2) (1996): 87—95.

Trafimow, D. and Finlay, K. A. "An investigation of three models of multitrait representations.' *Personality and Social Psychology Bulletin* 27(2) (2001): 226—241.

Trafimow, D., Sheeran, P., Conner, M. and Finlay, K. A. "Evidence that perceived behaviorsal control is a multidimensional construct: perceived control and perceived difficulty." *British Journal of Social Psychology* 41(2002): 21-101.

Whitmore, S., Marks, J. and Djobadze, M. "Mechanical Properties of Co-Cured Non-Metallic Sandwich Structures." *International Sampe Symposium and Exhibition* 1(39) (1994): 441-456.

Wu, J. B. "The Dual Processes of Team Leadership: A Multilevel Perspective." *Conference Proceedings - Academy of Management* 1(1) (2007): 190.

Wu, T.-C., Lin, C.-H. and Shiau, S.-Y. "Predicting safety culture: The roles of employer, operations manager and safety professional." *Journal of Safety Research* 41(5) (2010): 423-431.

Yule S., Flin R. and Murdy A. "The role of management and safety climate in preventing risk-taking at work." *International Journal of Risk Assessment and Management* 7(2007): 137-151.

Allen, N. and Meyer, J., "Testing the 'Side-Bet theory' of Organizational Commitment: Some Methodological Considerations." Journal of Applied Psychology 69 (1984).

Amold, J., Arad, S., Rhoades, J. A., and Drasgow, F., "The Empowering Leadership Questionnaire: The construction and Validation of a New Scale for Measuring Leader Behaviors." Journal of Organizational Behaviors 21 (2000).

Angle, H. and Perry, J., "Organizational Commitment." Work and Occupation 10 (1983).

Bacon, T. R. and Spear, K. I., "Adaptive coaching; The Art and Practice of a Client- centered Approach to Performance Improvement." Palo Alto, CA: Davis-Black, 2003.

Bae, Soo Hyun. and Park, Jung Sook. "Developing and Verifying the Effectiveness of Extracurricular Coaching Programs to Improve the Communication Skills and

Leadership of Nursing College Students." Korea Nursing Education Institute 21(2) (2015).

Bae, Yong Kwan, "A Case of 'Happy Coaching' Methodology and Application Based on Happiness Numbers." Coaching Research 3(2) (2010).

Baek, Myung Sung, and Jang Geum Sung, "Developing Coaching Programs for Nurses and Validation of Effectiveness." Korea Institute of Health Information Statistics 41(1) (2016).

Bagozzi, and Richard P., "Salesforce Performance and Satisfaction as a Function of Individual Difference, Interpersonal and Satisfactional Factors." Journal of Marketing Research 15 (1978).

Bandura, A., "Self-efficacy: The Exercise of Control." NY: W. H. Freeman, 1997.

Baron, L. and Morin, L., "The Coach-Coachee Relationship in Executive Coaching: A Field Study." Human Resources Development Quarterly 20(1) (2009).

Barrett P. T., "The Effects of Group Coaching on Executive Health and Team Effectiveness: Quasi- Experimental Field Study." Regent University Doctoral dissertation, 2006.

Bergmann, J., and Sams, A., "Flip Your Classroom: Reach Every Student in Every Class Every Day." Washington DC: International Society for Technology in Education, 2012.

Blattner, J., "Coaching: the Successful Adventure of a Downwardly Mobile Executive." Consulting Psychology Journal: Practice and Research 57(2005).

Bonwell, C. C. and Eison, J. A., "Active Learning: Creating Excitement in the Classroom. ASHE- ERIC Higher Education Report No.1." Washington, D.C. George Washington University, 1991.

Bourgeois et al., "The Adult University." Buckingham: The Society for Research into Higher Education & Open University Press, 1999.

Boyatzis, R. E. Smith, M. L. and Blaize, N., "Developing Sustainable Leaders through Coaching and Compassion." The Academy of Management Learning and Education 5 (2006).

Carstensen, S. S., Kjaer, C., Möller, S., and Bloksgaard, M., Implementing Collaborative, Active Learning Using Peer Instructions in Pharmacology Teaching Increases Students.' Learning and Thereby Exam Performance. European journal of pharmacology, 867 (2020) 5.

Cavanagh, M. J. and Grant, A. M., "Executive Coaching in Organizations: The Personal is the Professonnal." International Journal of Coaching in Organizations 2(1) (2004).

Central Education Committee "For the Qualitative Transformation of University Education to

Build a New Future ~ Learn for Life" To a University that Fosters the Power to Think Subjectively ~" (Reply) (2012).

Chang, Jeong Aae. "A Study on Factors Affecting Caregiver's Job Satisfaction." Inha University Graduate School of Policy Studies Master's thesis, 2011.

Chang, Kyung Won. et al., "A Study on the Trends of Research on Action Learning in Schools" A Study on the Education Methods 27(3) (2015).

Chang, Taek Kwan. "A Study on the Improvement of Leadership through Coaching." a thesis on the Master's Degree from the Graduate School of Industrial Management, Chung-Ang University Master's thesis, 2005.

Chickering, W. and Gibbs, Zealda F., "Seven Principles for Good Practice in Undergraduate Education." AAHE Bulletin 3(39) (1987).

Cho, Dae yeon. et al., "A Study on the Restructuring and Revitalization of the Lifelong Education College and the Lifelong Education System for University-oriented Lifelong Education." Ministry of Education, 2015.

Cho, Hyun Wook. "Safiens" (Seoul: KimYoung-sa, 2015).

Cho, Seong Jin. "A Study on the Effect of Coaching on Self-Effectiveness, Self-Effectiveness and Path Preparation Behavior." Coaching Skills Development Site 19(3) Korea Institute of Coaching Skills Development (2017).

Cho, Seong Jin. "Human Resources Development Using Coaching- Focused on the Western Life Coaches Training Case in Daejeon City." Research on Human Resources Development 20 (2017).

Cho, Sung Jin. "Journal Design and Coaching Leadership." (Seoul: Jungmin-sa, 2015).

Cho, Sung Jin. "The Effect of Coaching on Self-Effectiveness, Family Relations and Performance of University Students." Study on Culture Education 74 (2013b).

Cho, Sung Jin. "The Effects of Coaching on Self-Efficiency, Career Preparation Behavior and Career Accommodation among University Students." Coaching Capacity Development Site 16(1) (2014).

Cho, Sung Jin and Jeong, Jeong Soo. "Standards of Domestic Coaching Research and Future Research." Research on Human Resources Development 21(3) (2018).

Cho, Yoon Hee, Cho Sung Yong and Hong Gye Hoon. "Effects of Authentic Leadership and Team Empowerment on Team Commitment and Team-Level Organizational Citizenship Behavior: Coaching as a Moderator." Korean Journal of Business Administration 30(4) (2017).

Cho, Yoon Kung. "Basic Study of Parent Emotion Coaching Programs to Participate in

Caring for Fathers in Korean Society." Coaching Research 2(2009).

Cho, Young Ah. "Structural Relationship between Career Management Behavior and Core Self- Assessment, Perceived norms, Outcome Expectations and Will to Execute of Office Workers in Large Enterprises." Seoul National University Graduate School Doctoral dissertation, 2015.

Choi, Chi Young. "A Study on the Influence of Coaching the Boss on Employee and Customer Satisfaction: Focused on Nurses at University Hospital in Korea." Education and Culture Research 11(2005).

Choi, In Sook. "The Effect of Coaching-Based Personality Education Program on the Personality Improvement of Elementary School Students." Seoul: The Journal of the Korean Convergence Society 9(9) (2018).

Choi, Jeong Bin and Kim, Eun Kyung. "Developing a Flipped Learning Model and Curriculum Operation" Journal of Engineering Education Research 18(2) (2015).

Choi, Kyung Hwa and Tak, Jin Guk. "The Impact of the Career-Saving Group Coaching Program on Self-esteem, Job-seeking Effectiveness and Resilience." Korea Psychological Association: Coaching 1 (2017).

Choi, Sang Deok. et al., "Research on Model Development and Support Strategies of University Lifelong Learning." Korea Educational Development Institute (2009).

Choi Sang Duk, and Han Hyo Jung, "Tasks and Policy Implications for University Lifelong Education: A Needs Analysis Study on Adults." Journal of Lifelong Learning Society 15(4) (2019).

Choi Yu Seon. et al., "Experiences of Pre-Service Teacher's Self-Directed Learning Coaching." The Korean Journal of the Human Development 23(3) (2016).

Chung Tae Youn, "The Structural Relationship between Corporate Managers Life-Long Education Coaching Leadership and Its Member's Problem Solving Ability and Interpersonal Ability." Ajou University Graduate School Department of Education Doctoral dissertation, 2011.

Chung Tae Youn, "The Stuctural Relationship between Corporate Managers' Life-Long Education Coaching Leadership and Its Member's Problem Solving Ability and Interpersonal Ability." The Ajou University Graduate School, Department of Education a Doctoral dissertation, 2011.

Clark, S., "Work Cultures and Work/Family Balance." Journal of Vocational Behavior 59 (2001).

Collins, G. R., "Christian Coaching." Colorado Spring, (CO: Nav Press, 2001).

Cox, E., Bachkirova, T., and Clutterbuck, D., "The Complete Handbook of Coaching." (London: Sage, 2010).

Deci E. L., "Intrinsic Motivation." (New York: Plenum, 1975).

Do, Mi Hyang. "The Effect of Family Leadership Coaching Program on Teacher Efficacy and Job Satisfaction of Child Care Teachers." Korean Family Welfare 13(3) (2007).

Kim, Do Yeon. "Design and Implementation of Integrated E-Coaching system Based on Synchronous and Asynchronous." The Journal of the Institute of Internet, Broadcasting and Communication (IIBC) 15(4) (2015).

Choi, Don Min. "The Ways to Improve the Function and Role of Universities for Adult Learners." Journal of Lifelong Learning Society 9(3) (2013).

Drucker, P. F., "Post-capitalist society." (New York: Harper Collins Publishers, 1994).

Edwards. L., "Coaching-the Latest Buzzword or a Truly Effective Management Tool?" Industrial and Commercial Training 35(7) (2013).

Ellinger, A. D., Ellinger, A. E., and Keller, S. B., "Supervisory Coaching Behavior, Employee Satisfaction, and Warehouse Employee Performance: a Dynamic Perspective in the Distribution Industry." Human Resources Development Quarterly 14(4) (2003).

Kim, Eung Ja. "The Construction and Effect of Parents Coaching Program for Childhood Career Guidance." Korean Journal of Family Welfare 19(4) (2014).

Evered, R. D., and Sclman, J. E., "Coaching and the Art of Management." Organizational Dynamics Autumn 15(1989).

Fink, L. D., "Creating Significant Learning Experiences: An Integrated Approach to Designing College Courses." (San Francisco, CA: Jossey-Bass, 2003).

Fink, L. D., "Designing Our Course for Greater Student Engagement and Better Student Learning." Perspectives on Issues in Higher Education 13(1) (2010).

Foray, D. and Lundvall, B., "The Knowledge-based Economy: From the Economics of Knowledge to the Learning Economy. In OECD, Employment and Growth in the Knowledge-based Economy." Paris: Author (1996).

Gamson, Z., "A Brief History of the Seven Principles for Good Practice in Undergraduate Education." New Directions for Teaching and Learning No.47 (1991).

Go Eun Hyun, et al., "Development of Hybrid Career Coaching Model and Effect Analysis."The Journal of Korean Association of Computer Education 18(6) (2015).

Grant, A. M., "Keeping up with Cheese Research as a Foundation for Professional Coaching of the Future. International Coach Federation Conference Symposium." (Denver, Colorado, 2003).

Grant, A. M., and Stober, D., "Introduction. In D. Stober & A. Grant (Eds.)." (New Jersey: Wiley and Sons. Evidence based coaching: Putting best practices to work for your clients, 2006).

Gregory, J. M, "Employee coaching: The important of the supervisor/subordinate relationship and related constructs." Akron University Doctoral dissertation, 2010).

Haberleither. E., "Fuehren, Foerdern, Coachen: So entwickeln Sie die Potenziale Ihrer Mitarbeiter." (Seoul: Korea Securities Research Institute, 2002).

Hahn, Yong Jin. "Educational Paradigm Changes in Japan during the Fourth Industrial Revolution: focusing on the Haksu concept of active learning." Korean Journal of the Japan Education 22(3) (2018).

Hall, D. T., "Human Resource Development and Organizational Effectiveness. In C Fombrun, N. M. Tichy, & M. A. Devanna(Eds.), Strategic Human Resource Management." New York: John Wiley & Sons (1984).

Hamlin, R. G., Ellinger, A. D., and Beattie, R. S., "Toward a Profession of Coaching? A Definitional Examination of 'Coaching', 'Organization Development', and 'Human' Resource Development." International Journal of Evidence Based Coaching and Mentoring 7(1) (2009).

Han, Byung Chul. "The Fatigue Society." (Seoul: Munhak & Jisung-sa, 2012), Kageyama noboru (1998).

Han, Huh Jung. "A Study on the Coaching Skills of the Organization's Intermediate Managers" Seoul National University Graduate School Master's thesis, 2007).

Han, Ki Eon. "Open Education: Understanding Modern Education," Seoul: Park Young-sa (1984). Han Sook Jung, and Jung Hyun Chul, "Study on Flip Learning Effect and Experience." Asia-Pacific Journal of Multimedia Services Convert with Art, Humanities, and Sociology 6(1) (2016).

Han Sung Hee, and Lee Eun Jung, "Commonization of Higher Education and Systematic Complexity: Chemical Combination of Higher Education with Lifelong Learning." Lifelong Learning Society 12(1) (2016).

Han, Young Soo and Park, Yoon Hee. "The Effect of Coaching Leadership on the Organizational Immersion of Small and Medium Business CEOs." Coaching Capacity Development Zones 17(4) (2015).

Heo, J. E. et al., "A Study on the Relationships among Coaching Leadership, Directive Leadership, Self-efficacy and Cohesion-focused on the Marine Corps Soldiers." Journal of Convergence security 16(3) (2016).

Hiroki Sanji "What is Active Learning." University Education and Information 1 (2-7) (2014).
Hodgetts, W and Knutson, M J., "Maximizing Coaching Effectiveness: Coaching Internally VS.
Externally." Paper Presented at The Coaching and Mentoring Conference, Linkage, Inc., Washington, D.C , 1988.
Hong, Song Yi and Lim, Sung Taek. "The Effect of Learning Consulting Support Torturing Programs on Learning Motives and Academic Achievements of University Students." Educational Studies 54(4) (2016).
Hwang, Sung Won. "A Plan to Introduce Effective Action Learning to the Public Sector." Korea Institute of Public Administration, 2005.
Hyun, Young Sup and Kim, Woo Cheol. "Research Trends on Meta Research in Lifelong Education: Centered on the Articles Published in Korean." Journal of Comprehensive Study on Education 15(4) (2017).
International Coaching Federation ICF Korea. Coaching philosoph, http://icfkorea.or.kr, (2018).
International Coaching Federation, Consumers consider coach certifications/credentials very important, according to new ICF study, (2011).
Ives, Y., "What is 'Coaching?' An Exploration of Conflicting Paradigms." International Journal of Evidence Based Coaching and Mentoring 6(2) (2008).
Jarvis, P., "Toward a Comprehensive Theory of Human Learning" (London: Routledge, 2006).
Jeong Chan Pil, "Training from the View of Journalists, Reverse Classroom and Argument Cartel." Seoul: Education Plaza 52 (2014).
Jeong, Dong Ryeol. "The Hierarchical Relationship between the Career Immersion of Early Graduates of Specialized High Schools in Small and Medium Enterprises and Their Personal and Organizational Characteristics," Seoul National University Graduate School Doctoral dissertation, 2014).
Jeong, Gyeong Sook and Jeong, Bong Kyo. "The Effect of Positive Self-expression Coaching Program on the Self-esteem, Emotional Well-being and Interpersonal Relations of the Elderly" Psympathy and Behavior Disorder Studies 32(2) (2016).
Jeong, Im Eun. "An Integrative Coaching Model of Development: The Implications for Research and Professional Training in Coaching Psychology." The Korean Journal of Coaching Psychology 1(1) (2017).
Jin, Sung Hee. et al., "Plip-learning Professor Design Guidebook for Engineering

Professionals," Study Report of Engineering Education Innovation Center, 2016).

Joh, Seong Jhin. "Development of Human Resources Using Coaching: A Case Study of Life Coach Training Project in Daejeon." Korean Journal of Resources Development 20(4) (2017).

Joh, Seong Jhin. "The Effect of Communication Ability and Life on University Students through Coaching Curriculum." Korean Journal of General Education 10(3) (2016).

Joh, Seong Jhin and Jung, Yi Su. "Review of Research Trends on Coaching Studies and Recommendations for Future Research Direction in Korea: Progress from 1995 to 2017 and Challenges." Human Resource Development Study 21(3) (2018).

Joh, Seong Jhi. "A Study on the Effects of Coaching on Self-efficacy, Career Decision-Making Self-Efficacy, and Career Preparation Behavior." Journal of Coaching Development 19(3) (2017).

Jung, Hyo Jung. "The Development of a Career Education Program Based on Group Coaching Model for College Students." Journal of Learner-Centered Curriculum and Instruction 16(2) (2016).

Junichi Kanbe "The Challenge for Realization of a Circular Society of Knowledge" Annual Report of the Japan Society for Continuing Education 32 (2011).

Kang, Hee Sun. "The Influences of College Students Sex, Grade, and Career Consciousness on Career Development Preparation and Career Decision Self-Efficacy." Journal of Educational Research & Implementation 9(3) (2010).

Kang, Jae Hoon. "A Case Study on Industrial-Academic Cooperation Model, a Small Businessman Using Action Learning." Kyungnam Science and Technology University master's thesis, 2013.

Kang, Ki Jung. "A Study on Parent Coaching Experiences for Strengthening Parent Skills of Muticuitural Family Women." Korea Journal of Family Welfare 14(3) (2009).

Kang, Yeon Jeong and Yang, Eun Kyeong. "Christian Coaching Program for self-management and leadership development of adolescent." Korean Journal of Christian Counseling 22 (2011).

Kets de Veris, M. F. R, "Leadership Group Coaching in Action: The Zen of Creating High Performance Team." Academy of Management 19(1) (2005).

Kilburg, R. R., "Toward a Conceptual Understanding and Definition of Executive Coaching." Consulting Psychology Journal: Practice and Research 48(2) (1996).

Kim, Bo Gyeong. "The Influences of Director's Coaching Leadership and Early Childhood Teacher's Emotional Intelligence on Teacher-child Interactions." The Journal of Eco

Early Childhood Education & Care 15(1) (2016).

Kim, Guk Gun. "The Influence of Transformational Leader and Human Resource Promotion Behavior in the Intermediate Executive of Naval Ships on the Organizational Immersion of Underlings." Korea University Graduate School Doctoral dissertation, 2012.

Kim, Ha Na and Kim, Hye Yeon, "The Effect of Career Coaching Program on Self-Efficiency and Career Accommodation: For Middle School Students in Jeju Regional Children's Center." Coaching Study 8(1) (2015).

Kim, Hae Ryong. "A Study on the Effect of Self-Efficiency on the Relationship between Job Self- Protection and Organizational Member Attitude." Organization and Personnel Management Research 30(3) Korean Society for Historical Management (2006).

Kim Hee Jung, "A Preliminary Study for a Academic Probation Target Individual Learning Coaching Program Development." Fisheries and Oceanographic Education Research 28(4) (2016).

Kim, Heung Kuk. "The Theory and Practice of Career Development." (Seoul: Dasan Publishing Co, 2000).

Kim, Hyun Jung. "Case of Organizational Development of Small and Medium Businesses after Acquisition." HRD Study 16(2) (2014).

Kim, Hyung Sook. "A Study on the Development of a Capability Model for Action Learning Coaches." Chonbuk National University Graduate School Doctoral dissertation, 2010).

Kim, Il Bu. "The Effects of the Interaction Training of Early Childhood Parents Using the Method of Mentor Coaching and the TREASURE Talk Coaching Model." Korean Journal of Family Welfare 21(3) (2016).

Kim, Il Park. "A Study of Coaching Leadership Influence on the Job Autonomy and Organizational Citizenship Behavior -Multicultural Family Support Center-." Human Resource Management Study 24(5) (2017).

Kim, Ju Seob. "Linkage of the Principle of Andragogy and Major Adults Learning Theories to Mentoring and Coaching Process." Andragogy Today Interdisciplinary Journal of Adult & Continuing Education 15(4) (2012).

Kim, Kyu Soo and Lee, Jong Soon. "The Effect of Art activity Coaching Method on Young Childrens Drawing and Appreciation ability." Korean Journal of Children's Media 9(3) (2010).

Kim, Kyung Sup, "Coaching Conversation Technology." (Seoul: KimYoung-sa, 2015).

Kim, Mi Ok. "A Study on Exploring Key Success Factors in Action Learning Program for Small and Medium Businesses." Jeonbuk University Master's thesis, 2013.

Kim, Mi Ok. "A Study on the Key Success Factors in Action Learning College Classes." Chonbuk National University Doctoral dissertation, 2017.

Kim, Mi Soo. "The Study of Narrative Coaching Usefulness for Mature Leadership." Yon Sei Journal of Counseling and Coaching 4 (2015).

Kim, Mi Wha. "The Development of Enneagram Personality Type Inventory of the Coaching for Young People." Journal of the Korea Institute of Safety Management 13(4) (2011).

Kim, Na Mi. et al., "The Effect of Restoration Elasticity Program and Fellow Mentoring for College Students." Open Education Study 22(1) (2014).

Kim, Pan Soo and Baek, Hyun Ki "The Absolute Period of Studying: Self-directed Learning." (Seoul: Education and Science History, 2007).

Kim, Sang Bum. "A Case Study on Differences between High- and Low-Sales Organizations-With a Focus on the Coaching Behavioral of Sales Managers at K-." CRM Research 3(1) (2010).

Kim, Sang Bum. "Conceptualizing Sales Manager's Coaching and its Effect – Moderating effect of Salesperson's motivation and ability." A Study on Consumption and Culture 13(3) (2010).

Kim, Sarah Hyoung Sun. "The Development and the Effectiveness of a Parenting Coaching Program for Parenting Competence, Empathy, and Parenting Stress in Mothers." Journal of Korean Home Management Association 29(5) (2011).

Kim, Seon Young. "The Changes in Identity through Narrative Coaching: Based on the Stories of Esther and Mordecai." Korean Journal of Christian Counseling 26(4) (2015).

Kim, So Yoon. "Development of a Measurement Scale for the Career Coaching Competencies of Team Leaders in Corporations." Interdisciplinary Journal of Adult & Continuing Education 20(3) (2017).

Kim, Soon Chun and Do, mi Hyang. "The Effect of the Family Leadership Coaching Program on the Teaching Efficacy and Job Satisfaction of Child Care Teachers." Korea National Ethnic Welfare 13(2008).

Kim, Yang Hee and Shin, Mi Nyeo. "A Case Study of Coaching Program for Social Adaptation of North Korean Refugees to South Korea." North Korean Studies 39(1) (2014).

Kim, Yun Min. "Evaluation of Design and Operation of Action Learning based Nursing Professionalism Course for Nursing Students Chonnam National University Graduate

School, Doctoral dissertation, 2012.

Kim, Jae Kyung. "Learner Perception and Attitude toward Three Types of Coaching Instruction in Liberal Arts English Education." Korean Journal of General Education 10(3) (2016).

Kim, Jae Kyung and Moon, Eun Joo. "Learner Perception and Attitude toward Three Types of Coaching Instruction in Liberal Arts English Education." Korean Journal of General Education 10(3) (2016).

Kim, Jeong Sik. "Impact of Leader's Coaching on Employees' Job Satisfaction and Job Involvement: Focusing on Mediating Effect of Self-efficacy." Journal of the Korean Content Society 11(7) (2011).

Kim, Jeong Sik. "Linking Leader's Coaching and Employees' Performance: The Influence of Intrinsic Motivation, Job Satisfaction, and Job Involvement." Journal of the Korean Management Association 125, 12 (91) (2012).

Kim, Jong Un. "The Effect of Coaching Program focused on Vision Establishment on Self-Efficacy and Career Maturity of Children." The Journal of Career Education Research 24(4) (2011).

Kim, Jong Un and Jung, Bo Hyun. "The Effect of Learning Coaching Program on Self-Efficacy and Self-Directed Learning Ability of Youth-After-School-Academy Children." Journal of Fishries and Marine Sciences Education 24(2) (2012).

Kim, Jong Un, and Jung, Bo Hyun, "The Effect of Coaching Program Focused on Vision Establishment on Self-Efficacy, Career Maturity and Achievement Motivation of After-School-Academy Children." Journal of Learner-Centered Curriculum and Instruction 15(6) (2015).

Kim, Young Joo. "The Changes in the Leadership of Child Care Center Middle Manager Based on Coaching Leadership Program." Early Childhood Education Research & Review 19(5) (2015).

Kim, Joo Yun. "A Study of Coaching Model for English Speaking Ability." Foreign Languages Education 17(3) (2010).

Ko, Eun Hyun. "A Study on University professor's Experience in Developing Action Learning Classes." A Study on the Education Methods 25(1) (2013).

Ko, Hyon Sook. "Comparison of Coaching Models and Process." Leadership Research 5(2) (2014). Kohli and Ajay K., "Some Unexplored Supervisory Behaviors and Their Influence on Salespeople's Role Clarity, Specific Self-Esteem, Job Satisfaction, and Motivation." Journal of Marketing Research 22 (1985).

Korea Coach Association, Coaching Gide,-Coaching Philosophy. http://www.kcoach.or, (2018).

Korea Ministry of Education, "Opening of Lifelong Education Institutions by Year." Korea Educational Development Institute 2018 National Institute of Lifelong Education Statistics (2019).

Korean Journal of the Japan Education, "The 4th Industrial Revolution and the Transformation of the Teaching and Learning Paradigm- Focused on Active Running in Japan." Korean Journal of the Japan Education Annual Conference Data Sheet (2017).

Kwon, Mi Kyung. "A Study on Airlines Employee's Coaching Leadership, Service Attitude, and Innovation Behavior-Focusing on Moderation Effects from Job Autonomy-." Journal of the Korean Aviation Management Association 13(1) (2015).

Kwon, Soon Chul. "Analysis on the Effect of Action-Running-Based Core Competency Curriculum." A Study on the Education Methods 7(6) (2013).

Kwon Soon Chul, "The Effects Analysis of General Arts Class of Core Competencies based on Action Learning." Korean Journal of General Education 7(6) (2013).

Kwon, Jeong Ok and Lim, Sun Young. "A Convergence Study about Influences of Coaching Behavior Level and Emotional Intelligence on Organizational Effectiveness of Nurse." Journal of the Korea Convergence Society 8(7) (2017).

Lawrence Lyman and Harvey C. Foyle, "Cooperative Grouping for Interactive Learning: Students, Teachers, and Administrators." (Washington, DC: National Education Association, 1990).

Lee, Dong Yup. "Explore the design model of Flipped Learning teaching." Digital Fusion Study 11(12) (2013).

Lee, H. K. "Coaching Psychology Workbook." (Seoul: Hakji-sa ,2014).

Lee, Hee Soo. et al., "A Study on Mid- and Long-term Development of the University-centered Lifelong Learning Enablement Project." National Institute for the Promotion of National Lifelong Education, 2014.

Lee, Ji Hye and Oh, Sang Jin. "Effects of Managerial Coaching Behaviors of Corporation on Career Planning Practical Behaviors for Employees: Focused on the Moderating Effect of Organizational Climate." Korean Association for Management Education 32(2) (2017).

Lee, Jung Hee. "The Education of the Sovereign through Active Running of Japan." Korea-Japan Education Study 22(3) (2018).

Lee, Jung Hi. "Japanese Citizenship Education through Active Learning" Korean Journal of the Japan Education 22(3) (2018).

Lee, Min Kyung. et al., "A Study on the Micro-education Reform through the Innovation of Classroom Education." Korea Society of Social Sciences 95 (2015).

Lee, Myung Sil. "Japan Reforms Public Education and Develops Learner-Oriented Education." Korean Journal of the Japan Education 20(2) (2016).

Lee, Myung Sil. "Table of Japan's Active Running Policy." Korea Japan Education Research 22(3) (2018).

Lee, Myung Sil. "Both Sides of 'Active Learning' in Japan." Korean Journal of the Japan Lim Jung sup, Choi Young Lm and Kim Kyo Heon, "The effect of the coaching program on the college students' dysfunctional career accidents, career maturity and self-efficiency in career decisions." Korea Psychological Association: General 32(2) (2013).

Lee, Si Kyun. et al., "The Mid- and Long-term Manpower Demand Forecast Reflecting Technological Innovation (2016-2030)." Korea Employment Information Service (2017).

Lee, Soon Kyu. "The Effect of Group Coaching Program on the Emotional Intelligence and Self- Efficiency of Nurses." Coaching Study 1(2008).

Lee, Yoon Ho and Seo, Young Kyu. "According to the Influence of Post-Occupancy (POS) of Hotel Staff on Organizational Immersion and turnover." Tourism Research Journal 24(3) (2010).

Lee, Hee Sook. et al., "Research on the Effect of Flip Learning on Learning Motives and Academic Achievements." Journal of the Korean Academy of Computer Education 18(2) (2015).

Lee, Sook Jeong and Kyeung, Ae Jang. "The Relationship between the Leadership and the Organizational Effectiveness of the Dental Hygienists." Journal of the Korea Convergence Society 8(3) (2017).

Lim, Kyung Wha and Kim, Tae Hyun. "Explore the Design Model for the Application of Flipped Learning in Engineering and Engineering Education." Silience Journal 6(2) (2014).

Lim, Seung Ok. "Analysis on the Relationship between Corporate Organizers' Perception of Human Resources Strategy and Organizational Immersion and Career Immersion." Korea University Graduate School Doctoral dissertation (2007).

Lim, Young Kyu. et al., "Experimental Study on the Utility of Active Learning." A Study on the Education Methods 11(1) (2017).

Lim, Young Kyu, et al., "An Empirical Study on the Effectiveness of Active Learning." Korean Journal of General Education 11(1) (2017).

Mackie, D., "Evaluating the Effectiveness of Executive Coaching: Where are We Now and Where Do We Need to Be?" Australian Psychologist 42(4) (2017).

Marsh H. W., "Age and Gender Effects in Physical Self-concepts for Adolescent Elite Athletes and Nonathletic." Journal of Sport and Exercise Psychology 20(1998).

Masaaki Ogasawara, "The Trap and Structural Problems of Active Learning" IDE Modern Higher Education 582 (2016).

Maslow A. H., "Motivation and Personality." (New York: Harper & Row, 1954).

Mckeachie W. J. and Gibbs Graham, "Mckeachie's teaching tips: (A Guidebook for the Beginning CollegeTteacher 7th ed. Lexington." ass: Heath, 1978).

Miho Kiyu "The Preliminary Method of Reversal Class and Active Learning" The Journal of the Japanese Society of Educational Engineering 40 (2016).

Ministry of Education, Culture, Sports, Science and Technology Japan's Glossary, 2012. Ministry of Education, Culture, Sports, Science and Technology Japan, "Active Learning.", 2012.

Ministry of Education, Culture, Sports, Science and Technology Japan "To Build Undergraduate Education (Reply)." Ministry of Education, Culture, Sports, Science and Technology Japan (2008).

Ministry of Education, Culture, Sports, Science and Technology Japan, "To Build Undergraduate Education (Reply)" (2012).

Ministry of Education, Culture, Sports, Science and Technology Japan, "Toward a Qualitative Transition in University Education to Build a New Future." Ministry of Education, Culture, Sports, Science and Technology Japan (2012).

Ministry of Education, Culture, Sports, Science and Technology Japan, "What should be the Curriculum Standards for Elementary and Secondary Education: Ap pendix 1-2 (Reply)."

Ministry of Education, Culture, Sports, Science and Technology Japan (2015).

Ministry of Education, Culture, Sports, Science and Technology Japan, "To Build Undergraduate Education (Reply)" (2008).

Moon, J. Y. "An Empirical Study of the Strategy Development and Deployment Effects on the Hospital Management and Hospital Performance." Journal of the Korea Convergence Society 6(6) (2015).

Na, Il Joo. et al., "Business Education Theory." (Seoul: Hakji-sa, 2010).

Nam, Joong Soo. "The Hierarchical Relationship between Subjective Career Success and Individual and Organizational Characteristics of Office Workers in Large Companies." Seoul National University Graduate School Doctoral dissertation, 2014).

Nam, Sang Eun and Ryu, Ki Ung. "An Action Research Study of Development and Implementation of Coaching Program for College Students on Academic Probation (Action Research)." Korean Journal of General Education 11(1) (2017).

National Commission on Excellence in Education, "A Nation at Risk: The Imperative for Educational Reform." The Elementary School Journal 84(2) (1983).

National Statistical Office, "Special Estimation of Future Population: 2017-2067." Press Release , 2019.

Nielsen, K. and Munir, F., "How Do Transformational Leaders Influence Followers' Affective Well-being? Exploring the Mediating Role of Self-efficacy." Work & Stress 23(4) (2009).

Nishi Shun. "Introduction to Active Tea Learning" (Meiji Book, 2015).

Noh, Yoon Shin and Jung, Chul Young. "Experimental Study on the Effectiveness of Coaching in Developing Leadership for University Students." Professional Education Study 34(1) (2008).

Noh, Yun Shin and Jyung, Chyul Young. "A Experimental Study of the Effects of Coaching for University Students on Leadership Development." The Journal of Vocational Education Research 34(1) (2015).

O, Min Suk and Lee, Ji Yeon. "Implications of Japan's Active Learning in terms of Continuing Education." Korean Journal of the Japan Education 23(1) (2018).

O'Neil D. A. and Hopkins M. M, "The Teacher as Coach Approach: Pedagogical Choices for Management Educators." Journal of Management Education 26 (2002).

Oh, Min Seok. "The Lifelong Educational Implications of Active Learning in Japan." Korean Journal of the Japan Education (2018).

Oh, Min Seok and Jang, Ji Eun. "Introduction and Development of Active Learning in Japan." An Annual Academic Conference of the Korean Association of Japanese Education (2017).

Palmer, S. and Whybrow, A., "Coaching Psychology: An Introduction. In S. Palmer & A, Why brow (Eds.), Handbook of Coaching psychology: A guide for practioners." (London: Routledge, 2007).

Park, So Hee. "The Effect of the Leader's Coaching Behavior on the Learning and

Organizational Immersion and Turnover of His Subordinates." Research on Vocational Ability Development 13(3) (2010).

Park, Soon Yong and Hong Hyun, "A Study on the Participation and Transitional Experience of University Students Returning from North Korea." Korea HRD Study 10(3) (2015).

Park, Sun Hee. et al., "The Effects of Learning Coaching on Self-Directed Learning Ability and Academic Achievement in College Students." The Korean Journal of Growth and Development 25(3) (2017).

Park. Sun Young. "The Influence of Leader's Coaching Leadership on Organizational Immersion and Career Immersion." Korea University's Graduate School Master's thesis, 2009.

Park. Tae Soo, "The Impact of the Hotel Employee's Self-esteem and Job Satisfaction on the Service Level." Tourism Research Journal 19(3) (2005).

Park. Yun Hee. "The Theory and Practice of Career Coaching." (Seoul: Sigma Press 2015).

Park, C. G., "Empowering Coaching." (Seoul: Leadership Coaching Center, 2009).

Park, J. J., "An Analysis on the Trend of Theses Regarding Coaching Leadership and the Performance Variables of Organizational Members." The Journal of Lifelong Education and HRD 8(1) (2012).

Passmore, J. and Fillery-Travis, A., "A critical review of executive coaching research: A decade of progress and what's to come." Coaching: An International journal of Theory, Practice, and Research 4(2) (2011).

Peltier, B., "The Psychology of Executive Coaching: Theory and Application" (New York: Brunner-Routledge, 2001).

Peterson D. B. and Little B., "Invited Reaction: Development and Initial Validation of an Instrument Measuring Managerial Coaching Skill." Human Resource Development Quarterly 16(2) (2005).

Peterson, D. B. and Hicks, M. D., "The Art and Practice of Executive Coaching." Phoenix Arizona: Society of Consulting Psychology Conference, 1999.

Peterson. D. B, and Hicks. M. D., "Leader as Coach: Strategies for Coaching and Developing Others. Minneapolis." (MN: Personal Decisions International, 1996).

Phillips. R., Richard. T., "Coaching for Higher Performance." Management Development Review 7(5) (1994).

Ri, Sang Sub. "A Case Study on the Coaching Program of the Director of Korean Global Companies." HRD Study 12(4) (2010).

Robert B. Barr and John Tagg, "From Teaching to Learning: A New Paradigm for

Undergraduate Education." Change 27(6) (1995).

Rohfeld R. W., "Expanding Access to Knowledge: Continuing Higher Education." NUCEA 1915- 1990 (1990).

Seo, Ja I and Hyun, Dai Hao. "The Influence of Leader's Coaching on Surface Acting And Deep Acting of Emotional Worker: The Role of Resilience." Leadership Research 9(1) (2017).

Seo, Young Sook and Chung, Chu Young. "The Effect of Jinro Coaching Program on the Self- Effectiveness, Self-Prediction and Employment Stress of Nursing University Students." A Thesis from the Korean Academy of Industrial Science and Technology 17(12) (2016).

Seon, Hyae Yeong. et al., "The Effects of Strengths Coaching Program on Strengths Self Efficacy, Positive Affect, Self-Efficacy, Job Engagement and Organizational Commitment Based on Korean employees." Korean Journal of Industrial and Organizational Psychology 30(2) (2017).

Seong, Jhin Joh. "A Field Experimental Study on the Effects of Coaching on Emotional Intelligence and Communication Competence." Journal of the Korea Convergence Society 8(6) (2017).

Seong, Nak Chung. et al., "The Effect of Distribution Enterprise Leader's Coaching Behavior on Organizational Citizenship Behavior and Turnover Intention: Mediating Role of Authentic Leadership and Moderating Role of Emotional Intelligence." Journal of Distribution Science 14(1) (2016).

Shim, Hee Ah and Song, Hae Duk. "The Effect of the Problem-Based Learning on the Problem- Solving and Satisfaction of the Tudor by the Cognitive Role Type." Educational Engineering Research 27(4) (2011).

Shim, Mi Young. "Frontier Career Orientation and Career Success: Role of Career Development." Korea University Graduate School Doctoral dissertation 2012.

Shin, Hyun Jung. "Policy Factors Affecting Freshmen Education in Japan." Korean Journal of the Japan Education 22(3) (2018).

Shinichi Mizogami, "Active Learning Background and Development" IDE 582 (2016).

Shinichi, Mizokami. "The Transformation of the Active Learning and Teaching-Learning Paradigm" (2014).

Shinichi, Mizokami. "The Background and Development of Active Learning." IDE Modern Higher Education 582, IDE University Association (2016).

Showers. B. and Joyee. B., "The Evolution of Peer Coaching." Educational Leadership 3

(1996).

Soo, Young Kwon. "Interface between Counseling and Coaching for Couple`s Interpersonal Desires: On the Clinical Use of the FIRO-B Instrument." Korean Journal of Christian Counseling 24(1) (2013).

Soo, Young Kwon. "The Integration of Coaching and Counseling in Early Sessions: Based on Short-Term Question-Centered Therapy." Korean Journal of Christian Counseling 20 (2010).

Standing in New Power. Promoting Education:http://www.mext.go.jp

Seo Young sook and Chu yeong Jeong, "Effect of Career Coaching Program for Career Decision Making Self-efficacy, Self-leadership, and Employment-stress of Nursing Students." Journal of the Korea Academia-Industrial cooperation Society 17(12) (2016).

Steers R. M., "Antecedents and Outcomes of Organizational commitment." Administrative Science Quarterly 22 (1977).

Stowell S., "Coaching: A Commitment to Leadership." Training and Development Journal 42(6) (1988).

Stowell, S. J., "Leadership and the Coaching Process in Organizations." Doctoral dissertation, ProQuest Information & Learning (1987).

Sun ,Hye Young. et al., "The Effect of Strong Coaching Programs on the Worker's Strong Self- Effectiveness, Positive Emotion, Self-Effectiveness, Job Intensity and Organizational Immersion." Korea Psychological Society: Industry and Organization 30(2) (2017).

Tak, Jin Kook. "Coaching Psychology." (Seoul: Hakji-sa, 2018).

Talarico M., "Manager as Coach in a Pharmacy Benefit Management Organization: A Critical Incidents Analysis." University of Minnesota Doctoral dissertation, 2002.

The Japanese Society of Cognitive Sciences, The Cognitive Science Dictionary, Tokyo: Kyoritsu Publishing, 2002.

Tobias L. L., "Coaching Executive." Consulting Psychology Journal: Practice & Research 48(2) (1996).

Toshiki, Nakai and Hidehiro, Nakajima. "Seven Principles and Practice Techniques for Good Class Practice" Nagoya Higher Education Research 5 (2005).

Toshio, Umehara. "Cultivating Education and Living Power: through the Drama of Imagination of Human Beings" Bulletin Board of Modern Human Faculty at Wako University, 2011.

Toshio, Umehara. "Cultivating Education and Living Power: through the Drama of Imagination of Human Beings", 2011.

Turnbull. J., "Coaching for Learning: A Practical Guide for Encouraging Learning." (Translation of Y. M. Lee, Seoul: Hakji-sa, 2014).

Weltman D., "A Comparison of Traditional and Active Learning Methods: An Empirical Investigation Utilizing a Linear Mixed Model." The University of Texas at Arlington, 2007.

Wen, Quan JIN. "Design and Implementation of Hybrid Coaching System Based on Web Service for College Career Guidance." The Journal of the Institute of Internet, Broadcasting and Communication (IIBC) 15(5) (2015).

Werner. J. M., and Desimone. R. L., "Human Resource Development." Cengage Learning (2011). Whitmore J., "Coaching for Performance, 3rd Eds. London: Nicholas Brealey Publishment." International Coach Federation (2002).

Whitmore J., "Coaching for Performance: A Practical Guide to Growing Your Own Skills." (London, UK: Nicholas Brealey Publishing, 1992.

Whitrmre, J., "Coaching Performance." (San Diege, CA: Pfeiffer, 2004).

Xiao Y. Chang Z. and Liu B., "An Efficient Active Learning Method for Multi-task Learning." Knowledge-Based Systems 190 (2020).

Yates, J., "The Career Coaching Handbook." (London & New York, Routledge, 2014).

Abfall wirts chafts plan. Abfälle aus Einrichtungen des Gesundheitsdienstes. Brown, R. S. et al., 1992.

AHRQ, Hospital survey on patient culture (No. 04-0041). Rockville: AHRQ Publication, 2004.

Benge H, Csako G, Parl FF. A 10-year analysis of "revenues,"costs, staffing, and workload in an academic medical center clinical chemistry laboratory. Clin Chem, 1993.

Berwick DM, James B, Coye MJ. Connection Between Quality Measurement and Improvement. Medical Care 41(suppl): 2003,

Beck, Ulich. 저(1997) · 홍성태 역. 위험사회-새로운 근대(성)를 향하여, 새물결, 2006.

Levine, M. 저(2005) · 김민주 · 이영숙 역, 깨진유리창 법칙, 흐름출판, 2014.

Perrow C. 저(1984) · 김태훈 역. 무엇이 재앙을 만드는가?, 알에이치코리아, 2013.

독일문헌

A. Weill & F. Terré Droit civil : les obligations, 3e ed., Paris, Dalloz, 1980.

C. W. Canaris, Schutzgesetze-Verkehrspflichten-Schutzpflichten, Festsc hrift für K. Larenz zum 80 Geburtstag, 1983.

Christian BÜhring-Uhle, Arbitration and Mediation in International Business(Second Edition), Kluwer Law International, 2006.

Dieter Medicus, Schuldrecht Ⅰ : Allgemeiner Teil, 6. Aufl., 1992.

Esser-Schmidt, Schuldrecht Bd Ⅰ Allgemeiner Teil 2, 8. Aufl., 2000.

G. Viney, Traité de droit civil, les obligations, la responsabilité conditions, Paris, LGDJ, 1982.

H L, et J. Mazeaud, Leçons de droit civil, t. Ⅱ ler vol Obligation, 8e éd, Montchrstien, 1991.

MünchKommBGB/Gottwald, 7. Aufl., 2015, § 328.

MünchKommBGB/Schwab, 6. Aufl., 2013, § 812.

MünchKommBGB/Wagner, 6. Aufl., 2013, § 828.

Musielak, GrundKurs BGM, 5. Aufl., 1997.

Palandt-Sprau, Bürgerliches Gesetzbuch, 71. Aufl., 2012.

Schwintowski, Hans-Peter, "Pflicht einer Privathaftpflichtversicherung für Schäden durch Kinder", ZRP, 2003.

V. Bar, Empfehlen sich gesetzgeberische Maβnahme zur rechtlichen Bewältigung der Haftung für Massenschäden?, Gutachten für den 62. Deutschen Juristentag, 1998.

V. Bar, Gemeineuropäisches Deliktsrecht I, 1996.

Zweigert-Kötz, Einführung in die Rechtsvergleichung, 3. Aufl., 1996.

일본문헌

工呼吸器・血液浄化装置・人工心肺装置, 2005.

国会議案民主党, 学校安全対策基本法案, 2008.

堀井雅道, 学校保健安全法における学校現場の役割と課題 季刊教育法(160) 2009, pp. 29-35.

吉田清, 新安全教育 逍遙書院(原稿受領日：2011年 2月 21日), 1978.

内閣府, 平成 22 年版防災白書, 2010.

文部科学省,「生きる力」をはぐくむ学校での安全教育日本体育・学校健康センター, 2001.

文部科學省, http://www.mext.go.jp, 2015.

文部科學省, 高等學校學習指導要領, 2015.

文部科學省, 今 `求められる力を高める総合的な学習の時間の展開, 2010.

文部科学省, 文部科学省 防災業務計画, 2008.

文部科学省, 防災教育支援に関する懇談会 中間とりまとめにいて —「生きる力」を育む防災教育を支援する, 2007.

文部科學省, 小学校學習指導要領, 2015.

文部科学省, 新学習指導要領「生きる力」・保護者用パンフレット(平成 22 年作成), 2010.

文部科學省, 中學校學習指導要領, 2015.

文部科學省, 特別支援學校小學部・中學部學習指導要領, 2015.

文部科学省, 学校基本調査 平成 21年版, 2009.

文部科學省, 學校安全の推進に関する計劃, 2012.

文部科学省, 学習指導要領 総合的な学習の時間 東洋館出版社, 2008.

文部科學省,"いきる力"をはぐくむ学校での安全教育, 2015.

文部科學省,"いきる力"を育む防災教育の展開, 2015.

文部科學省大臣官房文教施設企劃部, 學校施設における事故防止の留意点, 2009.

文部科學省大臣官房文教施設企劃部國立教育政策研究所文教施設研究センター, 学校施設における防犯対策の点検・改善のために, 2009.

福和伸夫, 原徹夫, 小出栄治他, 建物耐震化促進のための振動 実験教材の開発地域安全学会論文集 No.7, 2005, pp.23-34.

社団法人日本画像医療システム工業会, JIRA 第 4 回画像医療システム等の導入状況と安全確保状

山本道隆, 学校安全の歴史に関する研究 北海道教育大学紀要第一部 c 教育科学編 29(1), 1978, pp.157-161.

城下英行, 防災教育の推進に関する制度論的研究 京都大学修士論文, 2006.

城下英行, 総合防災実現のための参加型防災学習に関する研究京都大学 博士論文, 2009.

城下英行, 河田惠昭, 学習指導要領の変遷過程に見る防災教育展 開の課題 自然災害科学 J. JSNDS 26(2) 2007, pp.163-176.

秀潤社 どう防ぐ 医療機器使用中のヒューマンエラー(クリニカル・エンジニアリング別册) 人

矢守克也・吉川肇子・網代剛, 防災ゲ ームで学ぶリスク・コミュニケーション — クロスロードへの招待 ナカニシヤ出版, 2005.

渥美公秀, 防災教育をデザインする 自然災害科学 J. JSNDS 24(4), 2006, pp.350-356.

熊谷一乗, 現代教育制度論 学文社, 2007.

原洋子, 渡邉正樹, 小学生を対象とした危険予測能力・危険回避能力の評価法の開発 安全教育学研究 10(1), 2010. pp.47-55.

日本體育・學校健康センター, 學校における死亡・障害事例と事故防止の留意点, 2002.

赤田信一外11名, 新.みんなの保健3.4年/ 教師用指導書『朱書き編』. 東京: 學習研究社, 2005.

赤田信一外11名, 新.みんなの保健5.6年/ 教師用指導書『朱書き編』. 東京: 學習研究社, 2005.

中央教育審議会, 子どもの心身の健康を守り, 安全・安心を確保するために学校全体としての取組を進めるための方策について, 2008.

中央防災会議 防災に関する人材の育成・活用専門調査会(2003), 防災に関する人材の育成・活用について報告

参議院, 学校保健法等の一部を改正する法律についての関連資料, 2008.

學校施設の安全管理に關する調査研究協力者協會, 學校施設の防犯對策について, 2002.

況に関する調査報告書, 2004.

喜多明人, 橋本恭宏, 船木正文 他, 解説 学校安全基準不磨書房, 2008.

하타무라 요타로 저・정택상 역, 실패를 감추는 사람 실패를 살리는 사람, 세종서적(주), 2001.

하타무라 요타로 저・윤정원 역, 나와 조직을 살리는 실패학의 법칙, 들녘미디어, 2004.

중국문헌

陈 亮. 论义务教育学校校园安全管理中校长角色作用的发挥. 教育科学研究, 10, 2016.

陈 彪. 关于 "学生伤害事故处理办法"的法律思考. 神州旬刊, 15, 2013.

陈俊峰. 学生伤害事故及其法律责任探究. 河北工程大学学报, 23, 2016.

方益权. 论学校安全事故社会救助基金制度的构建. 温州大学学报. 28, 2015.

高 岩. 中国不适合实行判例法的原因. 中国法学, 3, 1991.

侯春平. 依法治理 "校闹" 环校园安静教学环境. 治理, 2, 2016.

胡林龙. 论学校伤害事故责任的性质. 比较教育研究, 8, 2002.

胡乐乐. 对完善校园伤害事故风险管理机制的思考. 人民教育, 2008.

李 丹. 试论建立校园伤害事故的社会赔偿机制. 商, 7, 2015.

李永军. 论监护人对被监护人侵权行为的 "替代责任". 当代法学, 3, 2013.

刘 俊. 关于学校安全事故责任主体的法理学视角解读. 法治与社会, 1, 2015.

卢进伟. 论学生伤害事故的责任认定. 视点, 377, 2012.

彭智勇. 学生安全事故案例编选. 重庆: 重庆大学出版社. 2008.

谭小勇. 学校体育伤害事故法律问题研究. 北京: 法律出版社. 2014.

王 晶. 学生伤害事故学校应承担的民事责任. 法制博览, 9, 2016.

杨秀朝. 学生伤害事故民事责任制度研究. 北京: 中国法律出版社. 2009.

杨子龙. 论学生伤害事故的民事责任. 江西社会科学, 11, 2002.

杨小明. 对 "学生伤害事故处理办法法"的思考. 魅力中国, 6, 2010.

叶名怡. 侵权法上故意与过失的区分及其意义. 法律科学, 4, 2010.

张铁微. 共同侵权行为的法理基础类型化分析. 北方论丛, 4, 2004.

张维平. 学校安全事故处理与预防的66个经典案例. 吉林: 东北师范大学出版社. 2011.

张延利. "学生伤害事故处理办法" 在高校处理学生伤害事故中的作用与不足. 自然, 科学与工程技术, 23, 2010.

郑 玲. 从学生伤害事故司法判例看学校体育管理. 教学与管理, 12, 2016.

기타자료

Center for Disease Control and Prevention, About CDC 24-7. Retrieved from http://www.cdc.gov/features/safeschools/

Center for Disease Control and Prevention. Injury Prevention & Control. Retrieved from http://www.cdc.gov/injury/colormesafe/index.html

Federal Emergency Management Agency(2014). About FEMA. Retrieved from http://www.fema.gov/media-library/assets/documents/7877

Ministry of Education(2007). Health education syllabus for primary level 2007.

Ministry of Education(2010). Committee on safety in school sports (CSSS) Report on school sports. Retrieved from safety. http://www.moe.gov.sg/media/press/files/2010/12/csss-school-sports-safety-report.pdf

Ministry of Education(2012). Media Center. Retrieved from http://www.moe.gov.sg/media/parliamentary-replies/2012/02/road-safety-in-schools.php

Ng, A.(2015). February 2) Road safety programme for pre-school pupils launched. Retrieved from http://www.straitstimes.com/news/singa pore/more-singaporestories/story/road-safety-programme-pre-school-pupils-launched-2015020

Ng, J. Y.(2014, January 20). MOE reminds schools to be vigilant about student safety after PE deaths. Retrieved from http://www. todayonline.com/singapore/moe-reminds-schools-be-vigilant-about-student-safety-after-pe-deaths

Tay, T. K. & Lee, S. G.(2014). Safety in PE. Parliamentary Replies. http://www.moe.gov.sg/media/parliamentary-replies/2014/02/safety-in-pe.php

U. S. Department of Education(2014, Sep. 23). Archived information. Retrieved from http://www.ed.gov/news/press-releases/us-depart ment-education-investsmore-70-million-improve-school-climate-and-keep-students-safe

http://www.bayern. de/politik/just iz-2/

http://www.boarddocs.com/vsba/fairfax/Board.nsf/files/8N2GXW45FF42/$f ile/R8625.pdf

http://www.cdc.gov/featu res/safeschools

http://www.cdc.gov/injury/colormesafe/index.html

http://www.doe.virginia.gov/teaching/licensure/emergency_first_aid_cpr_ae

d/index.shtml
http://www.fema.gov/media-library/assets/documents/7877
http://www.fcps.edu/is/hpe/index.shtml
http://law.lis.virginia.gov/vacode/title22.1/chapter14/section22.1279.8/
https://leg1.state.va.us/cgi-bin/legp504.exe?000+code+22.1-1373
http://leg1.state.va.us/cgi-bin/legp504.exe?000+reg+8VAC20-131-80
http://leg1.state.va.us/c gi-bin/legp504.exe?000+reg+8VAC20-131-50
http://lis.virginia.gov/cgi-bin/legp604.exe?000+cod+22.1-137.1

저자소개

- **위국환(공학박사, 법학박사, 상담학박사)**
  현, 한국해양대학교 재난안전정책법전공 교수
- **지상규(법학박사)**
  현, 한국해양대학교 법무비즈니스학부 교수
- **김선화(상담학박사)**
  현, 한국해양대학교 재난안전정책법전공 교수
- **한홍경(경영학박사)**
  현, 부산과학기술대학교 외래교수
- **방원석(경영학박사)**
  현, 경상국립대학교 연구교수
- **서준호(법학박사)**
  현, 한국인재뱅크 근로자안전보건교육원장
- **용홍출(재활심리학박사)**
  현, 성운대학교 교수
- **민윤경(사회복지학석사)**
  현, 한국인재뱅크 근로자안전보건 전문연구원

산업안전교육론

초판 1쇄 인쇄 / 2022년 8월 25일
초판 1쇄 발행 / 2022년 8월 30일

●

저 자 / 위국환 · 지상규 · 김선화
한홍경 · 방원석 · 서준호
용홍출 · 민윤경
발행인 / 이 중 수
발행처 / **동 문 사**

●

서울특별시 서대문구 홍제원 1길 12
(홍제동 137-8)
Tel: 02)736-3718(대), 736-3710, 3720
Fax: 02)736-3719
등록번호: 1974.04.27 제9-17호
가격: 23,000원

●

ISBN: 979-11-6328-388-1(93530)
E-mail: dong736@naver.com
www.dongmunsa.com